KB248659

김민복의 전기·전자시리즈 5

# 전기장치고장진단

김 민 복 · 장 형 성 ◆ 著

# 책을 펴내며

작금의 자동차는 전자 기술의 발달과 더불어 급속히 전장화가 진행되고 있어 이에 따른 전장계 A/S(After Service)율 또한 전장품의 증가와 비례하여 증가하고 있다. 과거에 기계적 중심의 고장에서 현재는 전장 중심의 고장으로 점차 진행해 가고 있다. 이러한 변화에도 불구하고 필자는 산업 현장에서 많은 기술인들이 경험에 의존하여 정비를 행하다 오수리 및 재수리가 많이 발생하는 것을 그를 가까이에서 보아 오면서 늘 안타깝게 생각해 왔다. 따라서 필자는 자동차 실무를 공부하려는 많은 분들에게 현장 실무에 도움이 될 수 있도록 평소 생각해 오던 것을 논리적이고 체계적으로 정리하여 집필하게 되었다.

이 책의 특징은 회로의 단선, 단락, 접촉 불량으로 발생하는 현상의 점검방법을 실무 중심으로 기술하여 놓아 전기 장치의 고장 진단을 배우는 사람에게 도움이 되도록 하였다. 또한 충전, 시동, 점화, 등화, 계기, 편의, 공조 장치별로 고장 현상별 점검 방법을 실무 중심으로 현장 경험을 통한 점검 방법을 논리적으로 기술하여 놓아 실무에 접근 할 수 있도록 하였다.

특히 BCM 시스템을 소개하므로 향후 고장 점검 방법에 대한 방향을 제시하였다. 아울러 필자는 매 항마다 핵심 포인트를 정리하여 놓아 쉽게 습득할 수 있도록 하였다. 그러나 필자의 이러한 노력에도 불구하고 독자의 눈으로는 미흡한 점이 많이 있으리라 생각합니다. 평소 저를 아끼는 기술인과 독자 여러분의 많은 애정 과 조언을 부탁드리며 앞으로도 독자 중심에 서서 기술인 좋아하는 책이 되도록 노력하겠습니다.

끝으로 이 책이 탄생하기 까지 필요성을 공감하고 많은 조언과 협조 해 주신 골든벨 출판사의 김길현 대표님과 편집부 여러분께 깊은 감사를 드립니다.

2005년 8월

지은이

# 차 례

## 제1장

# 고장진단과 점검

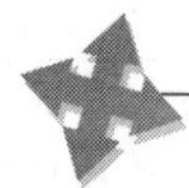

**제 2 장**

# 충전장치 점검



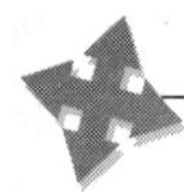

**제 3 장**

# 시동장치 점검

# 제6장

## 계기장치 점검



# 제7장

## 편의장치 점검

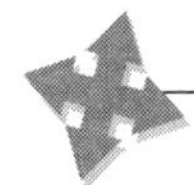

# 제 8 장

# 통합 편의장치 점검

## 제 9 장

# 공조장치 점검

# 01
## 고장진단과 점검

# CHAPTER 1

# 고장진단과 점검

## 고장과 진단

### 1. 제품의 결함

제품의 결함에는 제품의 내구 수명 한계에 의해 발생되는 결함과 제품의 제조상에 이상으로 발생되는 결함이 있다. 여기서 말하는 제조상의 결함이라 함은 설계상의 잘못으로 발생되는 설계 품질 결함과 제조 공정상에 문제로 발생 되는 공정 품질 결함 및 납입 원자재의 문제로 발생되는 자재 품질 결함으로 구분되어진다. 이러한 결함은 특히 2만개 이상의 부품으로 만들어져 움직이는 자동차의 경우에

사진1-1 자동차의 정비

는 그 발생 결함 요소가 다른 제품에 비해 훨씬 높고 안정성을 중요시 하고 있다. 따라서 각 자동차 메이커는 결함율을 최소화하기 위해 각고의 노력을 경주하고 있지만 제조사의 노력만으로는 제품의 결함 방지 하는 것은 어려운 일이다.

예컨대 제품 자체에는 결함이 없는 경우라도 사용자의 관리 소홀에 의해 야기할 수 있는 고장이나 잘못된 운행 습관에 의해 야기할 수 있는 고장 등을 예를 들 수가 있다. 따라서 이러한 여러 가지 요인에 의해 결함이 발생 하더라도 정비사 입장에서 보면 얼마나 신속하고 정확하게 원상회복을 할 수 있느냐가 현장 정비사에 주어진 과제라 할 수 있다.

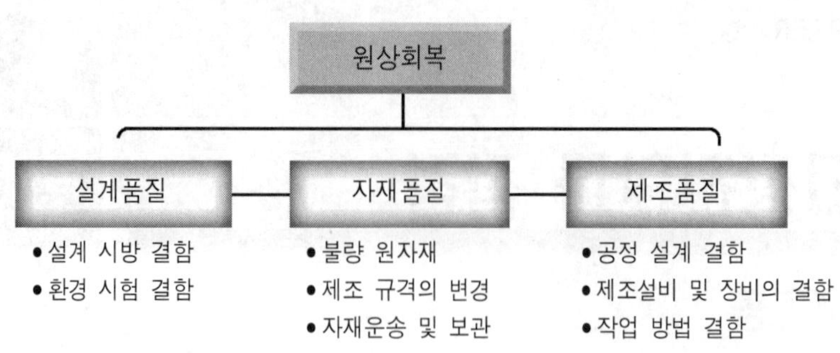

△ 그림1-1 제품의 결함 원인과 원상회복

## 2. 진단 기술

최근에 자동차는 다양한 전장 시스템의 장착으로 그 고장 유형도 다양하게 나타나고 있어 이에 대한 진단 기술 및 점검 기술이 요구되고 있다. 자동차의 정비는 그림(1-2)와 같이 고장 현상에 의해 진단하고 정비하는 사후 정비와 자동차의 점검을 통해 예측하고 정비하는 예방 정비가 있다.

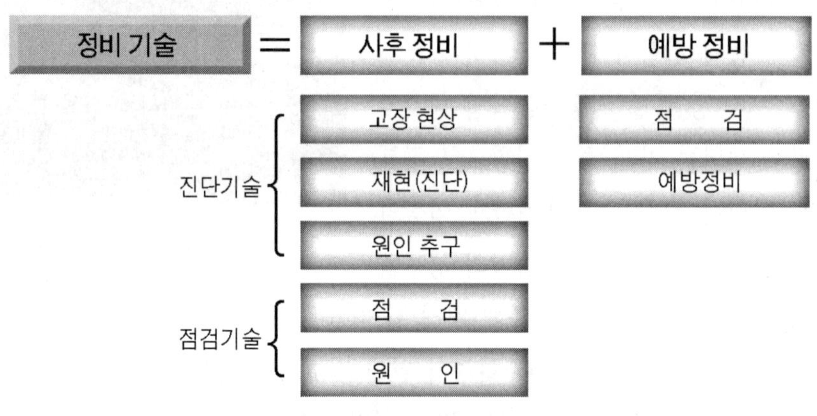

△ 그림1-2 진단기술과 점검기술

사후 정비의 경우에는 고장 현상을 통해 원인을 추구하는 정비 과정(process)으로 고장 현상 통해 좀더 정확하게 원인을 구체화하기 위한 과정을 진단 기술이라 하면 점검 기술은 진단 과정 중 점검을 통해 정비 규정치에 있는지를 확인하는 과정 또는 예방 정비와 같은 정비를 진행하기 위한 점검을 점검 기술이라 말 할 수 있다.이러한 진단과 점검 기술에는 사람의 오감에 의해 하는 경우도 있지만 전기계의 고장인 경우는 별도의 장비 없이는 진단 및 점검은 불가능하다. 따라서 전기 계통의 고장 진단은 무엇보다도 진단 기술이 요구되는 부분으로 자동차 전문가라면 반드시 갖추어야 할 정비 기술이다.

사진1-2 종합 테스터

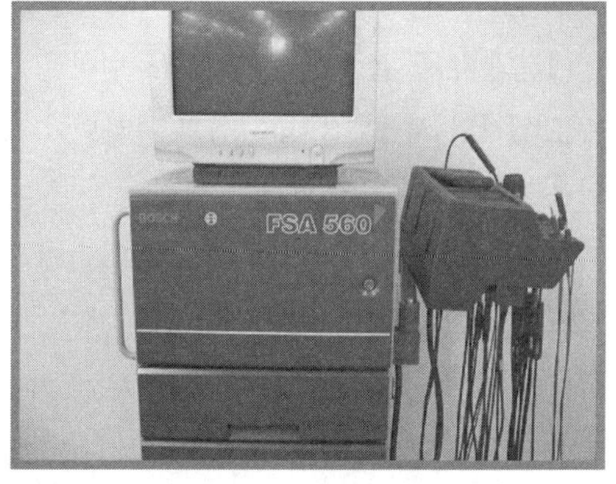

사진1-3 엔진 튜업 테스터

## 3. 전기장치의 고장

자동차의 전기 장치 고장 현상은 다양하게 나타나지만 그 원인은 실제 그림 (1-3)과 같이 배선 결함과 부품 결함으로 나타나고 있다.

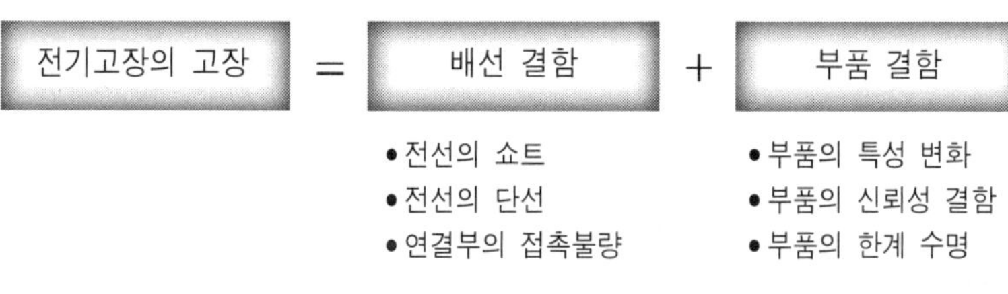


그림1-3 전기장치의 고장원인

배선 결함에 의한 고장현상은 여러 가지로 나타나지만 그 원인은 전선의 쇼트(short)에 의한 퓨즈(fuse)의 용단과 전선의 단선(open)에 의한 전기 장치의 작동 불량, 연결부위의 접촉 불량에 의한 전기 장치의 작동 불량이 발생한다. 부품의 결함에 의한 고장현상은 해당 부품의 결함에 의해 전기 장치가 작동되지 않는 경우로 그 원인은 부품의 사용

환경 변화에 의한 고장과 사용 환경의 신뢰성 결함에 의한 고장으로 나타난다. 또한 부품의 한계 수명에 이루어 결함이 발생하는 경우도 있다. 이러한 고장 원인 들은 결과적으로는 아주 단순하게 나타나지만 실제 자동차에서는 현상만으로 원인을 찾아나가야 하는 문제로 논리적인 진단 기술 없이는 불가능하다.

예컨대 부품 결함이라 할지라도 현상은 구성 부품만 작동이 안되는 단순한 고장이 있을 수도 있지만 시스템(system)과 연관되어 작동하는 부품이라면 고장 현상만으로는 쉽게 원인을 찾을 수가 없기 때문에 별도의 진단 기술 없이는 마치 장님 코끼리 다리 만지기가 되기 쉽기 때문이다. 따라서 자동차의 고장을 정비한다는 것은 고장 현상을 통해 진단하고 점검하는 기술을 의미하며 이러한 진단 기술은 단순히 진단 장비 사용에 의한 점검뿐만 아니라 점검 결과에 대한 원인 추구가 가능하여야 종합적으로 가능하다.

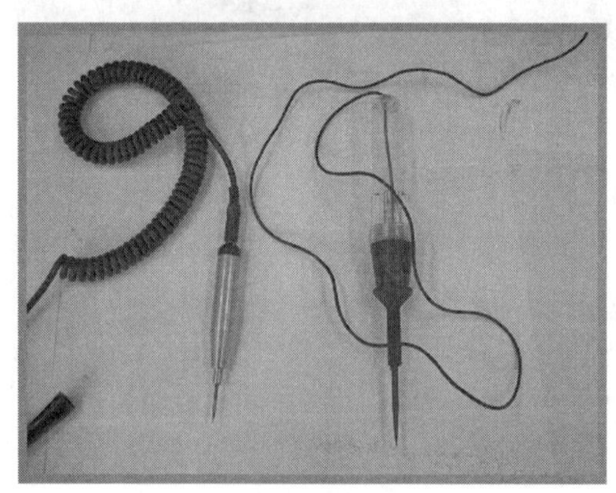

△ 사진1-4 체크 램프

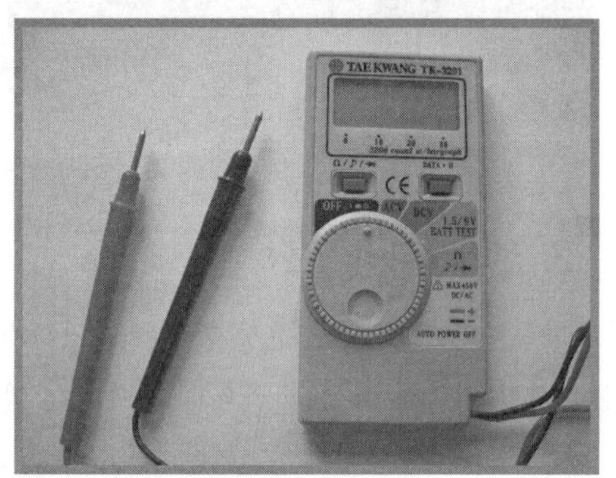

△ 사진1-5 디지털 멀티 테스터

##  2 고장 진단 절차

### ■ 1. 고장진단절차

전기 장치의 고장 원인은 배선 결함에 의한 트러블(trouble)과 부품 결함에 의한 트러블(trouble)로 나타나지만 이에 대한 고장 현상은 다양하게 나타나게 되므로 고장 현상을 탐구하여 진단하고 점검하는 방법도 고장 현상에 따라 달라지게 된다.

　전기 계통의 고장 현상은 아주 단순하여 고장 현상만으로 원인을 바로 예측 할 수 있는 것도 있지만 고장 현상만으로는 원인을 바로 예측할 수 없는 경우도 많다. 전기 계통의 고장은 현상만으로 원인을 예측 할 수 있는 경우라도 잘못 된 예측으로 의외로 작업 범위가 넓어 질 수가 있다 이러한 실수를 최소화하기 위해 고장 진단을 통한 원인을 예측하고 점검해 나가는 것이 원칙이다. 간혹 고장 현상이 재현이 안돼 장기간 고장을 탐구하고 진단하는 차량의 경우라도 고장진단은 원칙에 충실하는 것이 중요하다. 자동차의 고장 수리는 특히 진단 및 점검을 게을리 하는 경우는 오판에 의해 작업 범위가 넓어지는 것은 물론 금전적 손실을 야기 할 수 있어 논리적으로 진단하고 점검하는데 게을리 해서는 안된다.

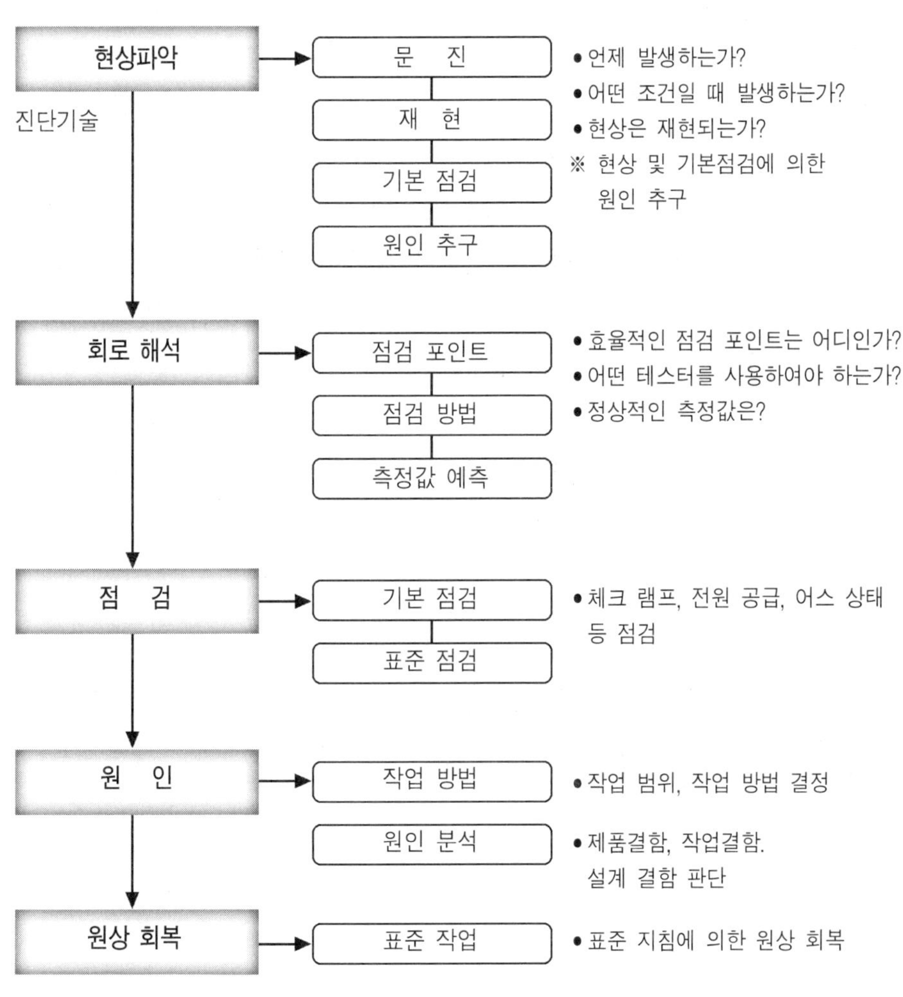


그림1-4  고장 진단 절차

  그림 (1-4)는 고장 진단과 점검 절차를 참고로 도시하여 놓은 것으로 고장 현상파악에 서부터 원상회복까지 고장 진단 절차에 대한 모델을 제시하여 놓은 것이다. 이러한 기본 모델을 통해 고장 진단에 대한 절차를 진단하고 점검하는 것을 습관화 하여 놓아야 오판 에 의한 실수를 최소화 할 수 있다.

## 2. 고장 현상 파악

  고장 현상은 말이 없는 하나의 정비 지침서이다. 자동차의 고장 현상만으로도 말이 없 이 무언의 암시를 주는 것으로 고장 현상 파악이야 말로 고장 진단의 제일가는 첩경이라 말 할 수 있다. 고장 현상을 제대로 파악 한다는 것은 작업 범위를 최소화 할 수 있을 뿐 만 아니라 발생 원인을 이미 60% 이상 추적하여 놓은 것과 같다고 생각 할 수 있다.

  자동차의 고장 현상은 시스템(system) 별로 다양하게 나타나므로 고장 현상 파악은 문 진에서부터 현상 재현 까지 6하 원칙에 의해 꼼꼼히 파악하여 놓는 것을 습관화 하는 것 이 좋다. 고장 현상이 언제 발생하는지?, 어떤 때 발생 하는지?, 발생 현상을 확인 할 수 있는지?, 고장 현상이 지속적으로 나타나는 것인지? 등을 꼼꼼히 파악하여 놓는 것은 고장 원인 범위를 최소화하기 위한 일련의 과정으로 병원에 환자의 증상을 확인하는 과정과도 같은 것이다. 고장 현상이 재현되지 않는 경우라도 병원에 환자가 진찰 받는 것과 같이 문 진을 꼼꼼히 하여 놓으면 의외로 쉽게 원인 개소를 발견하는 경우가 있어 문진과 현상 재 현을 게을리 해서는 안된다. 현상 재현을 확인하면 왜 그와 같은 현상이 일어나는 지를 추 구하고 관련된 장치에 대한 기본 점검을 하여야 한다.

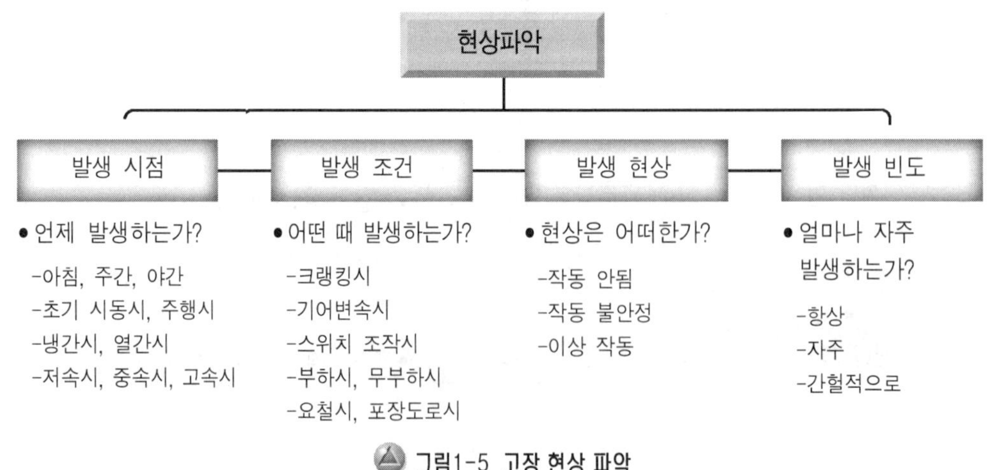


△ 그림1-5  고장 현상 파악

기본 점검은 해당 시스템의 유지 및 동작하기 위해 반드시 필요한 점검 항목으로 사람의 보고 듣는 오감에 의한 점검과 진단 장비에 의한 점검을 통해 기본적으로 점검하여야 하는 항목으로 대단히 중요하다. 조급성 때문에 기본 점검 항목을 제외하고 점검하는 경우가 많은데 필자의 경험으로는 기본 점검만으로도 의외의 원인 개소를 발견하는 일을 현장에서 많이 목격하여 왔다. 따라서 고장 현상에 따라 기본 점검을 소홀히 하지 않는 것이 고장 점검에 지름길임을 잊어서는 안된다. 이렇게 고장 현상과 기본 점검 결과를 토대로 그와 같은 현상이 왜 일어나지를 원인 추구하고 필요한 경우에는 전기 회로도를 통해 원인을 추구하여 1차 점검 개소를 파악하여 나간다.

## 3. 회로의 해석

자동차의 전장계 트러블(trouble)의 정비 지침서 중 하나가 전기 회로도이며 실제 정비 현장에서도 활용율이 가장 많은 것이 전기 회로도이다. 고장 현상에 의해 원인을 추구하고 전기 회로도를 판독하는 일은 고장 원인 범위를 구체화하기 위한 것으로 전기 회로도를 통해 시스템의 흐름을 파악하고 효율적인 점검 개소를 찾기 위한 일련의 과정으로 점검 포인트(point)를 어디로 선정하는냐에 따라 실제 정비시간과 직결되는 문제이기 때문에 핵심 점검 포인트를 찾는 것이 회로도 판독 능력 중에 하나이다.

부품을 탈착하지 않고 점검 할 수 있는 곳은 어디인지?, 탈착하여야 하는 곳이라면 탈착 범위를 최소화 할 수 있는 곳은 어디인지?, 한번 측정으로 원인을 발견 할 수 없는지 등을 파악하는 것은 전기 회로 해석에 진정한 정비 기술이기도 하다. 한편 점검 개소에 전압을 측정 할 것인지?, 전류를 측정 할 것인지? 또는 도통 시험을 할 것인지?, 스코프(scope)를 사용 파형을 측정 할 것인지? 등을 결정하고 그 점검 개소에 측정된 측정값은 얼마이어야 정상인지를 회로도를 통해 파악하고 회로도에는 나타나 있지 않는 센서(sensor)의 출력값 같은 경우에는 자동차 제조사가 제공하는 정비 지침서를 참고한다.

이와 같이 전기 회로도의 판독에 의해 점검 포인트(point)를 확인하고 점검 포인트의 측정값을 예측하는 일은 고장 개소의 범위를 최소화 하고 고장 개소를 발견하기 위한 일련의 과정으로 회로도 판독에 의해 동시에 일어나는 그림 (1-6)과 같은 과정이다.

만일 회로 해석을 통해 핵심 점검 포인트 선정 및 측정값을 예측 할 수 없다면 이것은 기본적인 전기 지식 부재에서 비롯된 것으로 고장 진단 기술을 습득하기 이전에 기초 전기와 전기 회로 판독법을 습득하여야 가능하므로 먼저 기초 전기의 이론과 회로 판독법을 습득하라고 권하고 싶다.

필자는 많은 정비사를 접하면서 보고 느낀 것이 기초 전기 지식이 빈약 한데도 불구하고 진단 장비를 사용하는 것을 보아 왔지만 결국 기초가 빈약한 정비사는 고장 진단을 단독으로 해결할 수 없다는 것을 목격하여 왔다. 특히 지금에 차량 정비는 전기 지식 없이는 진단 정비는 불가능 하므로 기초가 부족 한 분이라면 기초 지식 습득을 충실히 해 줄 것을 권한다. 더욱이 미래의 자동차 정비 기술은 첨단 메카트로닉스 시스템으로 이루어져 기초 지식과 시스템(system)의 이해 없이는 정비 기술의 한계에 벽을 부딪치는 것은 자명하기 때문이다.

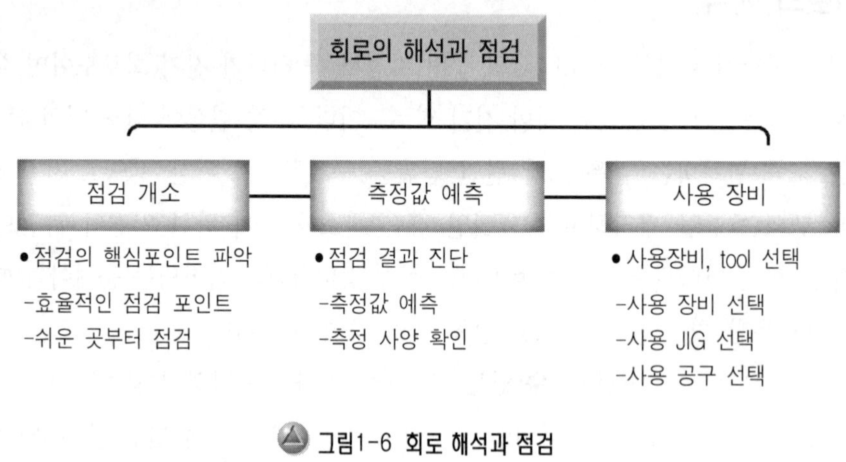

그림1-6 회로 해석과 점검

## 4. 측정값 예측

회로를 판독한 다는 것은 여러 가지 의미가 있지만 고장 점검을 의한 회로 판독의 경우에는 점검 개소와 측정값 예측이다. 측정 개소의 전압값을 통해 회로가 단선(open) 또는 단락(short)된 것인지를 파악하는 일이나 커넥터(connector)의 접촉 불량을 파악하는 일이나 규정 전압값이 출력 되는지 등을 파악하는 것은 전기 회로의 고장 점검을 하기 위해 반드시 습득되어 있어야 할 기본적인 사항이다. 그 중에서도 특히 가장 많이 이용하고 있는 것은 그림 (1-7)과 그림 (1-8)과 같은 회로의 단선(open), 단락(short)을 전압 측정을 통해 알아 볼 수 있는 기본 모델(model)이므로 반드시 이해하고 넘어가야 할 내용이다.

그림 (1-7)의 회로는 부하가 스위치(switch)의 후단에 있는 경우로서 부하의 양단 전압을 스위치(switch)를 ON, OFF 하였을 때 측정값을 예측하여 보는 기본 모델(model)로 그림 (a)와 같이 스위치(switch)를 OFF 하였을 때는 부하 양단간 전압은 0V가 되지만 스위치(switch)를 ON 시켰을 때는 12V가 된다.

이 의미를 전장 회로로 가정하여 보면 그림 (1-7)의 (a)의 회로에서 0V가 된다는 것은 부하 양단에 공급하는 전원선이 단선(open) 되었음 을 의미하며 그림 (b)의 회로에서 부하 양단간 12V가 된다는 것은 회로가 단선 없이 공급되고 있음을 의미하는 것이 된다.

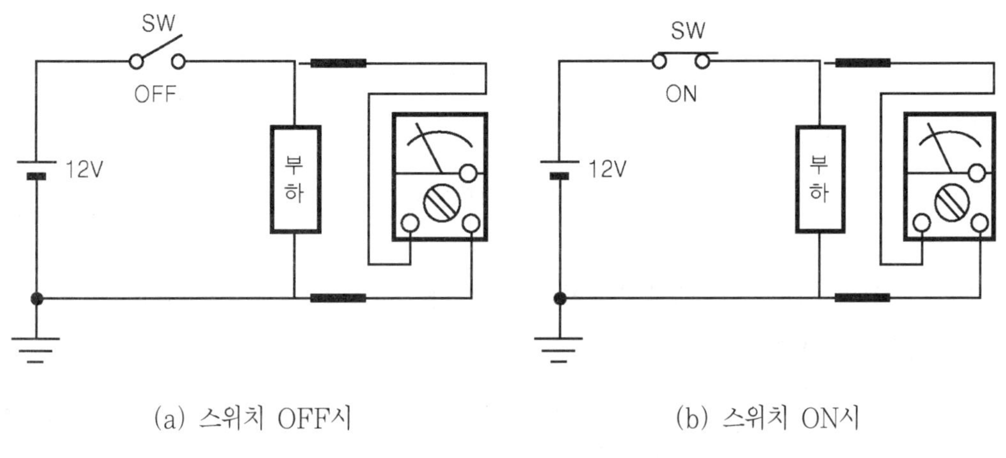

(a) 스위치 OFF시          (b) 스위치 ON시

그림1-7 부하가 스위치 후단에 있는 경우

이와 반대로 그림 (1-8)의 회로는 부하가 스위치(switch)의 전단에 있는 경우로 그림 (1-8)의 (a)처럼 스위치(switch)를 OFF 하였을 때 부하 양 단간 전압은 당연히 0V가 된다. 반면 그림 (b)의 경우에는 스위치(switch)를 ON 시킨 상태로 부하 양단간 전압은 12V가 된다.

그림 (1-8)의 회로에서도 마찬가지로 그림 (1-7)과 같이 부하 양단간 전압이 0V가 측정 되었다는 것은 부하 양단에 공급하고 있는 전원이 차단 된 것을 의미하며 그림 (1-8)의 (b)와 같이 스위치를 ON 시켰을 때 부하 양단에 전압이 12V가 측정 된다는 것은 부하 양단에 전원 공급선이 단선 없이 공급되고 있는 것을 의미하는 것이다.

이 번에는 그림 (1-9)와 같이 부하가 스위치(switch)의 후단에 있는 경우에 스위치(switch) 양단간 전압의 측정값을 예측하여 보는 것으로 전장 회로의 고장 점검에 자주 응용되는 모델(model)이다.

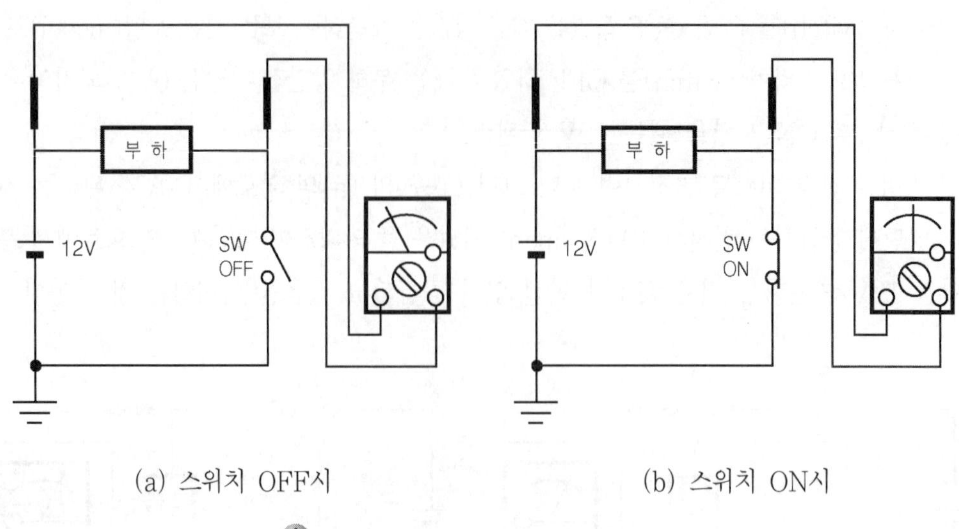

(a) 스위치 OFF시         (b) 스위치 ON시

🔺 그림1-8 부하가 스위치 전단에 있는 경우

그림 (1-9)의 (a)의 회로에서 스위치를 OFF 하였을 경우 스위치(switch) 양단간 전압을 측정하면 12V가 된다.

스위치를 OFF하였음에도 불구하고 12V가 측정 되는 것은 전압이라는 것이 무엇인지를 이해하지 못하면 얼른 이해하기가 쉽지 않은 모델(model)이다.

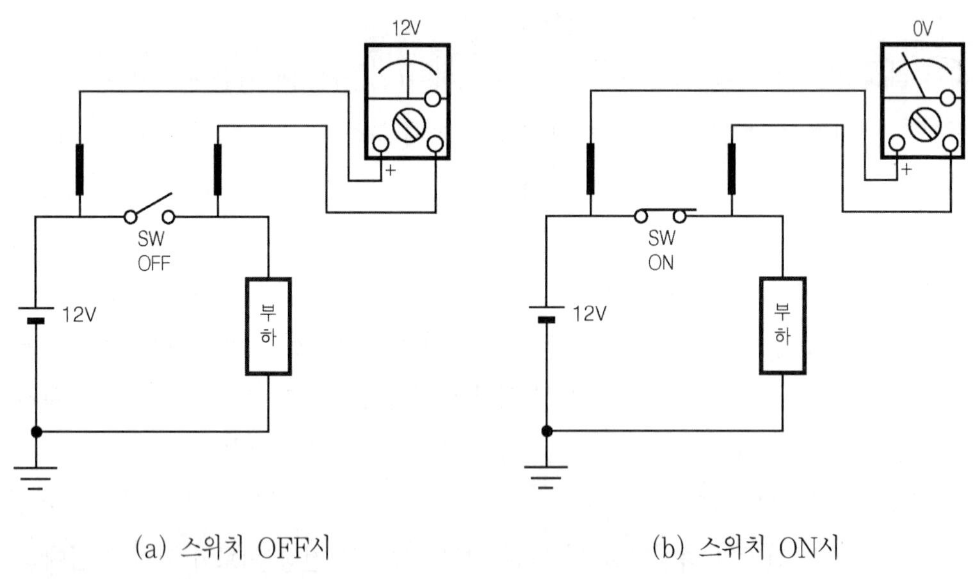

(a) 스위치 OFF시         (b) 스위치 ON시

🔺 그림1-9 부하가 스위치 후단에 있는 경우

테스터(tester)의 측정봉의 접속 상태를 살펴보면 +(플러스) 측정봉은 배터리의 +(플러스)선과 연결되어 있는 곳에 접속되어 있고 테스터(tester)의 −(마이너스) 측정봉은 어스(earth)와 연결된 부하 반대측에 접속되어 있어 전압은 12V가 측정되고 있는 데 전압이라는 것은 그 점에 있어서 전위(電位)의 차(差)를 나타낸 것으로 그림 (1-9)의 (a)와 같이 스위치(switch)가 OFF 되었더라도 스위치 양단간 전압은 12V가 측정되게 된다.

이것은 마치 물 탱크(tank)의 물이 밸브(valve)의 잠김에 의해 물이 흐르지 않는 곳에 수압을 측정하는 원리와 같은 것이다. 반면 그림 (b)와 같이 스위치의 ON 하였을 때 스위치(switch)의 양단간 전압은 0V가 되는 것은 스위치(switch) 양단간 전위차(電位差)가 없기 때문으로 당연히 0V의 측정값이 예측되어 지는 모델(model)이다.

이 번에는 그림 (1-10)의 회로처럼 부하가 스위치(switch) 전단에 있는 경우 스위치(switch)의 양단간 전압을 측정하는 것으로 그림 (a)는 스위치가 OFF 되었을 때 스위치(switch)의 양단간 전압을 측정하면 12V가 측정된다.

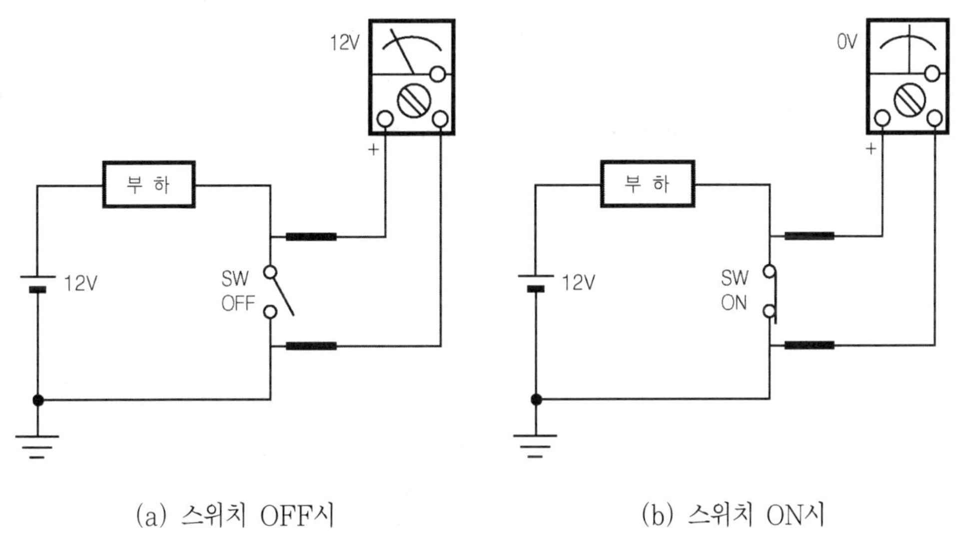


(a) 스위치 OFF시　　　　　(b) 스위치 ON시

그림1-10 부하가 스위치 전단에 있는 경우

그림 (1-10)의 (a)의 그림도 그림 (1-9)의 (a)와 마찬가지로 12V가 측정되는 이유는 동일한 이유로서 두점간 전위차를 측정하기 위해 테스터(tester)와 함께 폐회로가 구성되어 있기 때문이다. 그림 (1-10)의 (a)의 회로에서 12V가 측정 된다는 것은 전장 회로상으로 해석하여 보면 스위치(switch) 양단까지 전선이 단선됨이 없이 연결 되어 있는 것을 의미한다. 또한 그림 (1-10)의 (b)의 회로는 스위치가 ON 되었을 때 스위치 양단간 전압을 측정하는 것으로 측정값은 당연히 0V가 되어야 한다. 스위치 양단간 전압이 0V라는 것은 스위치(switch) 양단간 전위차가 없기 때문이다.

지금까지 그림 (1-7) ~ (1-10)까지 나타낸 기본 모델(model) 회로는 전기 회로의 판독을 통해 전기 장치 점검시 측정값을 예측하여 회로의 단선(open), 단락(short) 뿐만 아니라 부하에 공급되는 전압이 규정 범위에 있는지를 확인하기 위한 모델(model)로 전기 회로 점검시 반드시 이해하고 활용 할 줄 알아야 하는 내용 들이다.

## 3 퓨즈 용단시 점검

### 1. 퓨즈의 용단

퓨즈(fuse)가 용단되는 경우는 표(1-1)과 같이 퓨즈(fuse)의 정격 전류 보다 135% 이상 많이 흐르는 과전류에 의한 경우이다. 전기 회로에서 과전류의 원인은 주로 전선이 쇼트(short)에 의한 것으로 보통 전선의 쇼트(short)는 그림 (1-11)과 같이 전원의 +(플러스)측과 어스(earth)측이 직접 접촉되는 경우를 말한다.

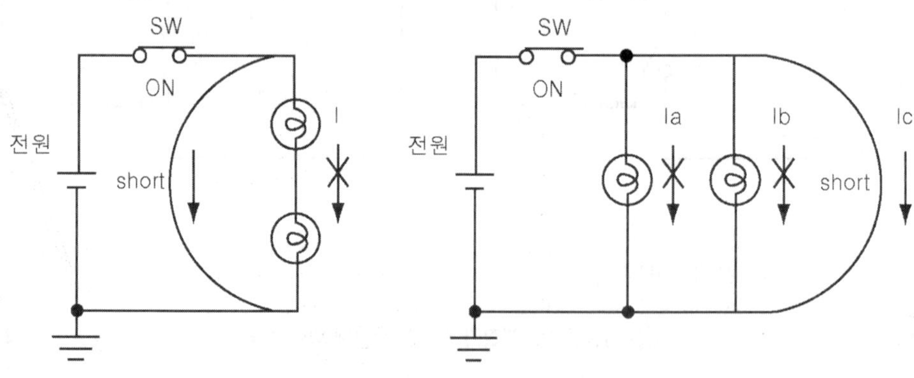


(a) 직렬전구회로가 쇼트된 경우          (b) 병렬전구회로가 쇼트된 경우

그림1-11 전구 회로의 단락

그림(1-11)의 (a)와 같이 회로가 쇼트되는 경우를 생각하면 배터리의 +(플러스) 전극을 통해 공급 되는 전류는 부하인 전구를 거쳐 어스(earth)로 흐르려 하지 않고 저항이 거의 0Ω인 쇼트(short) 된 전선을 통해 전류가 ∝(무한대)로 흐르게 돼 퓨즈(fuse)를 통해 흐르는 전선 부위는 마치 전열기의 히터(heater)와 같이 고온이 발생하게 된다. 전선의 발열은 퓨즈(fuse)를 순간적으로 용단되게 해 결국 퓨즈는 과전류에 의한 회로 보호 및 화재 예방을 하게 되는 안전장치인 셈이다.

| [표1-1] 자동차용 퓨즈의 규격 | |
| --- | --- |
| 정격 전류 | 5A, 10A, 15A, 20A, 30A |
| 용단 성능 | ① 정격 전류의 110%의 전류가 흐를 때 용단되지 않을 것<br>② 정격 전류의 135%의 전류가 흐를 때 60분 이내 용단 될 것<br>③ 정격 전류의 150%의 전류가 흐를 때 20A 이하의 퓨즈는 15초 이내에 용단 될 것<br>④ 정격 전류의 150%의 전류가 흐를 때 30A 이하의 퓨즈는 30초 이내에 용단 될 것 |

## 2. 퓨즈 용단의 현상 파악

퓨즈(fuse)가 단순히 용단되는 경우라도 작업 범위를 최소화하기 위해서는 현상 파악을 하는 습관이 필요하다. 용단 된 퓨즈(fuse)는 어떤 용도의 퓨즈인지는 용단 퓨즈(fuse)를 통해 알 수 있지만 자동차의 전원은 상시 전원, ACC 전원, IGN 전원으로 구분되어 공급되고 있어 용단된 퓨즈의 용도를 확인하는 일은 그 만큼 작업 범위를 축소하여 주게 된다. 또한 용단된 퓨즈(fuse)의 상태를 탐구하는 것도 재미있는 현상 파악 중에 하나이다.

퓨즈의 용단 상태는 대부분 육안으로 식별이 가능하지만 그렇지 않는 경우도 있다. 퓨즈의 용단 상태가 육안으로 식별이 어려운 경우에는 전선의 쇼트(short)의한 것 보다 차량의 진동에 의한 기계적 충격에 의해 발생되는 경우 나 퓨즈 홀더(fuse holder)의 접촉 불량에 의해 발생되는 경우가 많다. 이러한 경우에는 멀티 테스터의 도통 시험을 통해 퓨즈(fuse)의 용단 여부를 확인하여 보아야 한다.

또한 퓨즈(fuse)의 용단시 현상 파악을 하여야 하는 것은 퓨즈의 용단 조건이다. 용단된 퓨즈(fuse)가 상시 용단 되는 경우와 어떤 장치를 작동시키기 위해 스위치(switch)를 ON

시켰을 때 퓨즈(fuse)가 용단 되는 경우, 특정 부하가 작동 할 때 용단 되는 경우, 또는 일정 시간 경과 후 퓨즈(fuse)가 용단 되는 경우나 차량에 충격이 가해 졌을 때 용단 되는 경우 등이 있다.

**[표 1-2] 퓨즈 용단의 현상 파악**

| 퓨즈의 용단 상태 | 퓨즈의 용단 조건 |
| --- | --- |
| - 어떤 용도의 퓨즈인가?<br>- 용단 상태는 어떠한가?<br>　「육안으로 식별이 가능한 경우<br>　「육안으로 식별이 불가능한 경우 | - 상시 퓨즈 용단<br>- SW ON시 퓨즈 용단<br>- 특정 장치 사용시 퓨즈 용단<br>- 일정 시간 경과 후 퓨즈 용단<br>- 차량의 충격에 의한 퓨즈 용단<br>　※ 간헐적으로 퓨즈 용단 |

**[표 1-3] 현상 파악에 의한 원인 추정 힌트**

| 퓨즈의 용단 상태 | 퓨즈의 용단 조건 |
| --- | --- |
| - 이 전에 어떤 접촉 사고는 없었는가?<br>- 별도의 전기장치를 설치하지 않았는가? | - 자주 일어나는 쇼트 부위는 어디인가?<br>- 단선된 퓨즈의 후단에 움직이는 습동 부위는 없는가? |

　이러한 퓨즈(fuse)의 용단 조건을 파악하는 것은 원인 개소의 범위를 줄여 결과적으로는 작업의 범위를 최소화하기 위한 과정으로 소홀히 해서는 안된다. 또한 퓨즈(fuse)의 용단 원인 중 자주 일어나는 것을 토대로 잊지 말고 현상 파악을 하여야 하는 것은 과거 접촉 사고로 차체 수리를 한 이력이 있는 차량인지를 확인하여야 것과 사용자가 자동차 제조사가 공급하는 선택 사양 외에 별도로 차량에 전기 장치를 설치한 차량인지를 확인하는 것도 빼놓을 수 없는 현상 파악의 한 부분이다.

　차량에 따라서도 표 (1-4)와 같이 자주 일어날 수 있는 부위가 있으므로 점검시 참고하여 두면 좋다. 표 (1-4)에 나타낸 각 장치별 배선의 쇼트(short) 현상이 자주 일어나는 것을 정리하여 보면 배선의 습동부 및 전류 소모가 큰 부하 회로에서 많이 발생하는 것을 알 수 있다. 결국 퓨즈(fuse)의 용단은 전선의 피복 손상에 의해 전원 공급선이 차체와 접촉을 일으키는 경우가 다수를 차지하고 있다.

| 회로/장치 | 발생되는 쇼트 부위 | 특정 부위 |
|---|---|---|
| 미등 회로 | - 범퍼(사고차의 경우), 트렁크 힌지 간섭<br>- 센터 필러 하단부 | 램프 소켓 및<br>필라멘트 |
| ETACS | - 열선 커넥터, 파워 윈도우 레귤레이터부 간섭<br>- 도어 힌지 부위 간섭 | 도어 트림,<br>실내등 |
| 에어컨 | - 콘덴서 팬 모터 불량, 컴프레서 연결부 | 팬 부품류 |
| 엔진/AT | - 라디에이터 팬 모터 불량<br>- 인히비터 스위치, 유압 솔레노이드 밸브 | |

[표1-4] 자주 발생하는 회로(참고용)

※ 상기 내용은 차종에 따라 차이가 날 수 있으므로 참고용으로만 활용하기 바람

## 3. 퓨즈의 용단 형상 점검 방법

퓨즈(fuse)의 용단 원인 추구는 현상 파악과 퓨즈(fuse)의 용단 형상에 의해 점검 위치를 파악하는 것이 점검 효율을 높이는 지름길이므로 용단된 퓨즈(fuse)를 육안 점검하는 노하우(know how)를 축적하여 나가는 것이 좋다. 퓨즈는 주석(Sn)과 납(Pb)의 합금으로 주석(Sn)과 납(Pb)의 비율에 따라 녹는 융점이 달라지기 때문에 퓨즈(fuse)의 용단 형상도 온도에 따라 달라지는 모습을 띠게 된다.

사진1-6 퓨즈 제거

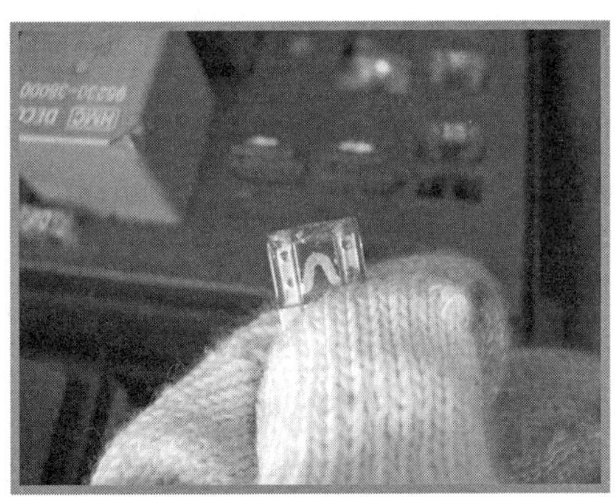

사진1-7 퓨즈 점검

　퓨즈의 정격 전류 보다 수배 이상 흐르는 쇼트(short)의 경우에는 그림 (1-12)의 (a) 와 같이 퓨즈(fuse)의 녹는 형상이 또렷하게 단선이 되어 나타나게 되며 이 경우는 전원선 이 어스(earth)와 접촉된 것으로 생각 할 수 있다. 따라서 점검 방법도 쇼트(short) 개소 를 찾는 방향으로 전개 되어야 하는 반면 연결구의 접촉 불량에 의해 발생되는 경우에는 퓨즈(fuse)에 흐르는 정격 전류에 비해 약 135% 범위에서 단선 되는 경우로 볼 수 있다.

　이 경우에는 그림 (1-12)의 (b)와 같이 퓨즈(fuse)의 중앙 부분이 가늘고 휘어지는 형상 을 띠게 된다. 퓨즈(fuse)가 서서히 녹아 끊어지는 경우에는 열전달이 퓨즈 홀더(fuse holder) 쪽으로 이동하게 돼 퓨즈 자신은 퓨즈 홀더 측보다 퓨즈(fuse)의 중앙 부위가 열에 의해 가늘고 휘어지는 형상을 띠게 된다.

　따라서 이 경우에는 점검 방법도 접촉 불량에 초점을 두어 점검하는 것이 좋다. 이와 같 이 퓨즈의 용단은 전선의 피복 손상에 의해 차체부와 쇼트(short) 되는 경우가 많이 발생 하지만 퓨즈 자체의 결함이나 접촉 불량에 의한 경우에는 육안만으로 퓨즈의 용단 상태를 확인 할 수 없는 경우가 있으므로 이러한 경우에는 테스터(tester)를 이용해 퓨즈의 도통 시험을 하여야 한다.

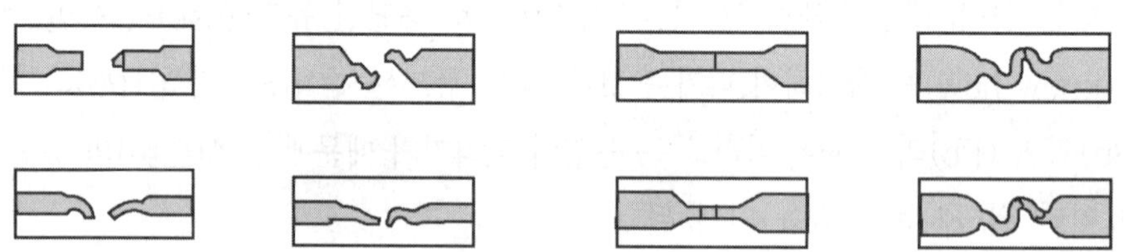

(a) 회로의 쇼트에 의한 퓨즈의 용단 형상　　(b) 접촉저항에 의한 퓨즈의 용단 형상

그림1-12 전류량에 의한 퓨즈의 용단 형상

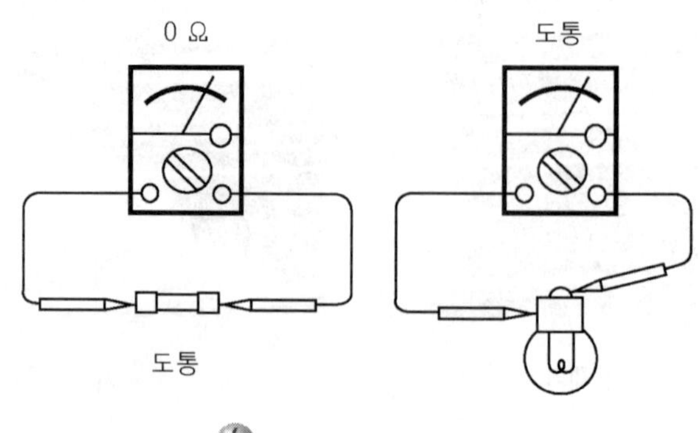


그림1-13 도통 점검

그림(1-12)는 용단 형상의 모델(model) 나타낸 것으로 접촉 저항에 용단은 실무에 있어서 자주 나타는 것은 아니지만 여러 가지 모델을 수집 해 자기만의 노하우(know how)를 축적하여 두는 것도 흥미로운 일이라 생각한다.

## 4. 퓨즈의 용단시 점검방법

퓨즈(fuse)의 용단은 조건에 따라 상시 퓨즈가 단선되는 경우와 어떤 특정 스위치를 ON 시켰을 때 만 용단되는 경우, 또는 특정 부하가 작동할 때 용단되는 경우와 일정 시간 경과 후에 용단되는 경우 등을 들 수가 있는데 이중 상시 퓨즈가 용단되는 경우에는 배터리(battery)로부터 전원을 직접 공급하는 상시 퓨즈(fuse)가 용단되는 것으로 판단 할 수 있다. 퓨즈 용단시 점검 방법으로는 우선 점검하기 쉬운 것부터 점검하여 나간다. 또한 자동차 회로는 병렬로 연결되어 있어서 병렬로 연결된 분기 커넥터(조인트 커넥터)를 제거하면서 원인 개소 범위를 최소화 한다.

| 용단조건 | 점검 범위를 줄이는 방법 |
|---|---|
| 상시용단 | 점검하기 쉬운 부분부터 우선 점검하여 나간다.<br>탈착하기 쉬운 부분부터 점검하여 나간다.<br>병렬 부하인 경우에는 분기 커넥터를 탈착하여 점검하여본다. |
| SW ON시 용단 | 스위치 관련 회로부터 점검하여 나간다.<br>스위치 전후를 나누어 점검한다. |
| 특정장치 사용시 용단 | 특정 장치의 부하를 제거하여 본다.<br>점검하기 쉬운 부분부터 우선 점검하여 나간다. |
| 일정 시간 경과 후 용단 | 특정 장치의 부하를 제거하여 본다.<br>정격 용량에 약135% 범위에서 용단되는 것으로 판단하는 경우에는 전류계를 연결하고 부하를 제거하여 본다. |
| 간헐적으로 용단 | 현상 파악을 꼼꼼히 한다.<br>예상 가능 부위부터 우선 점검하여 나간다. |

[표1-5] 퓨즈 용단시 점검하는 방법

스위치 ON시 퓨즈(fuse)가 용단되는 경우는 스위치(switch)와 관련된 회로부터 점검하여 나가는 것이 순서이다. 예컨대 스위치(switch) 회로의 경우에는 스위치의 전단인지 후단인지를 전압이나 도통 체크(check)를 통해 점검하여 작업 범위를 숨혀 나가야 한다.

　특정 장치 사용시 퓨즈(fuse)가 용단되는 경우는 특정 장치와 관련 있는 경우이므로 이 경우에는 특정 장치를 제거하여 봄으로서 특정 장치에 공급되고 있는 전원의 전단인지 후단인지를 파악할 수 있다.

　일정 시간 경과 후 퓨즈(fuse)가 용단되는 경우는 퓨즈의 용단 형상을 육안 점검하여 퓨즈의 규정 전류 보다 약 135% 부근에서 용단 되었다고 판단하는 경우는 전류계를 연결하여 전류를 측정하여 보는 방법도 있다. 이 때 주의 하여야 할 점은 전류계를 연결하기 전에 전구 부하를 이용 흐르는 전류를 어느 정도 예측하여 보는 것이 좋다.

## 5. 퓨즈의 용단시 회로 고찰

　그림 (1-14)의 회로에서 스위치 1(SW 1)만 ON 시켰을 때는 퓨즈 A(fuse A)만 용단하게 된다. 그러나 스위치 2(SW 2)만 ON 시켰을 때는 퓨즈 A가 용단 되는지 퓨즈 B가 용단 되는지 알 수가 없다. 이러한 경우는 퓨즈 A와 퓨즈 B가 동일 회로 내에서 폐회로를 구성하고 있으므로 퓨즈 A, B중 어느 퓨즈가 용단 되는 지 알 수가 없지만 퓨즈 B의 용량을 퓨즈 A보다 작은 용량으로 대치하게 되면 퓨즈 B가 먼저 용단되는 것을 알 수가 있다.

　자동차 전기회로는 메인 퓨즈(main fuse)를 거쳐 1차 서브 퓨즈(sub fuse)와 2차 서브 퓨즈로 연결되므로 이 회로와 같이 용단 된 퓨즈를 통해 서브 퓨즈의 전단 쇼트(short)인지 후단 쇼트(short)인지를 알 수가 있어 점검 범위를 최소화 할 수가 있다

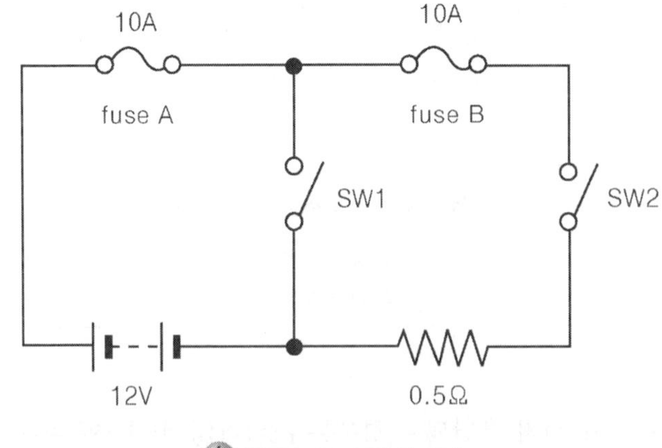


　그림1-14 퓨즈의 용단

## 4 회로 단선시 점검

### 1. 회로의 단선

퓨즈(fuse)의 단선도 회로의 단선 부분에 해당이 되지만 여기서 말하는 단선이란 커넥터 및 자동차의 배선의 단선에 의한 것을 말한다. 회로가 단선이 되는 경우는 회로를 통해 흐르는 전류 또는 신호원이 정상적으로 공급되지 못해 일어나는 여러 가지 현상 들을 말한다.

이러한 회로의 단선은 그림 (1-15)의 (a)와 같이 부하가 전원 공급원과 직렬로 연결되어 있어 폐회로를 구성하고 있는 해당 부하는 모두 동작이 안되는 경우가 있고 그림 (1-15)의 (b)와 같이 부하가 전원 공급원과 병렬로 연결되어 있어 단선된 부하만 작동이 안되는 경우가 있다. 그러나 자동차 배선은 전원 공급원과 직·병렬 회로가 많이 구성되어 있고 움직이는 제품으로 실제는 이와는 다른 현상도 나타나는 경우도 있다. 이러한 회로의 단선은 주로 커넥터에서 발생하게 되며 간혹 배선의 습동 및 스트레스(stress)에 의해 배선 내부의 심선이 단선 되는 경우도 발생한다.

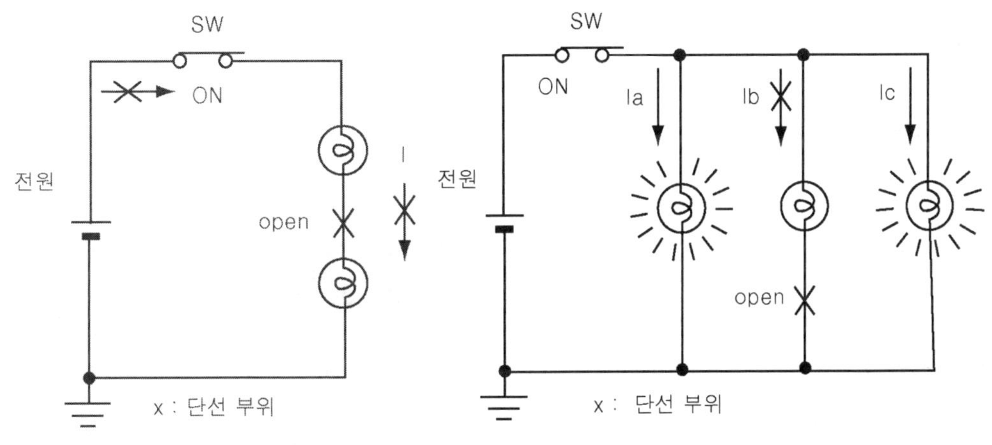


그림1-15 전구 회로의 단선

## 2. 회로 단선의 현상 파악

**[표 1-6]  회로의 단선 현상 파악**

| 상시 작동 불능 | 이상 작동 |
| --- | --- |
| - 해당 부하만 작동 불능의 경우<br>- 여러 장치의 작동 불능의 경우<br>- SW ON시 만 작동 불능의 경우 | - 해당 부하만 작동이 불안정한 경우<br>- 여러 장치의 작동이 불안정한 경우<br>- 부하 또는 장치가 이상 작동하는 경우 |

　　전기 회로의 단선에 의한 고장 현상은 상시 작동이 안되는 경우와 작동이 잘 되다 안되는 경우로 쉽게 원인 추구를 할 수 있는 특징이 있다. 회로의 단선에 의한 고장은 해당 부하만 작동이 안되는 경우인지 여러 장치가 함께 작동이 안되는 경우 인지를 확인하면 쉽게 원인을 추구 할 수가 있다. 해당 부하만 작동이 안되는 경우는 주로 커넥터 접속 문제로 커넥터(connector)의 핀(pin)이 빠짐 경우를 예를 들 수 있으며 여러 장치가 함께 작동이 안되는 경우는 주로 어스 포인트(earth point)의 접속부 문제로 볼 수 있다. 또한 커넥터의 문제로 이상 작동하는 경우도 마찬 가지로 해당 부하만 작동이 불안정 경우와 여러 장치가 불안정하게 작동하는 경우로 이 경우에도 주로 연결구인 커넥터(connector) 또는 어스 포인트(earth point)의 접속 문제가 많으므로 원인도 쉽게 추구 할 수 있다.

## 3. 회로 단선의 점검

　　회로의 단선 점검은 회로의 쇼트(short)와 달리 앞서 설명한 측정값 예측을 기본 모델로 하여 쉽게 점검 할 수가 있다. 이때 점검 장비는 일반적으로 멀티 테스터(multi tester)를 사용하는 것이 보통이지만 전원 회로의 점검은 사진 (1-8)과 같은 간단한 체크 램프를 사용하는 것이 편리하고 좋다.

　　이러한 체크 램프(check lamp)는 전구를 사용한 전구식 체크 램프와 LED를 사용한

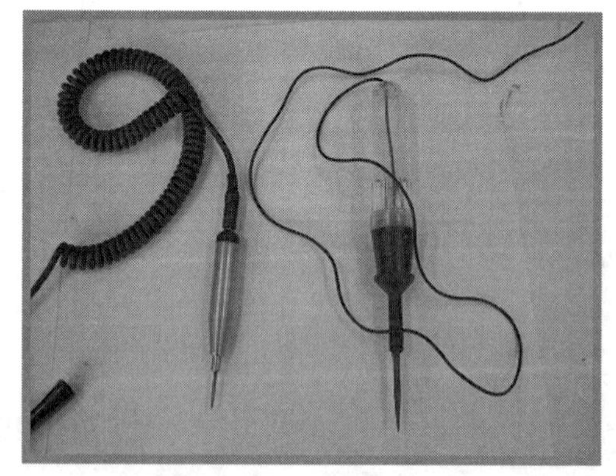

**사진1-8  회로 점검용 체크 램프**

LED 식 체크 램프가 있는데 사용 목적에 따라 2가지를 병행해서 사용하는 것이 좋다.

전구식 체크 램프의 경우에는 전원 회로 같은 비교적 전류가 많이 흐르는 회로에 적합한 반면 LED식 체크 램프는 소전류 회로 및 ECU(전자 제어 장치)와 같은 전자 회로에 적합하다. 특히 LED식 체크 램프인 경우에는 약 10(mA)이상 체크램프로 전류가 흐르면 점등되므로 점검시 참고하여 점검하여야 한다.

그림 (1-16)은 멀티 테스터(multi tester)를 사용하여 스톱 램프(stop lamp) 회로의 단선을 점검하기 위한 모델(model)로 테스터의 선택 스위치를 DC V(직류 전압)으로 선택하고 테스터의 흑색봉을 어스에 접속한 후 적색봉을 ①번 ~ ④번까지 점검해 가는 것을 나타낸 것이다. 여기서 ①번 ~ ③번 까지는 모두 12V가 측정이 되지만 스톱 램프 스위치를 거친 ④번 지점만 0V가 측정되는 것을 알 수가 있다. 만일 30A의 퓨즈가 단선이 된 경우라면 30A 퓨즈 후단 지점에는 모두 0V가 측정 되는 것은 배터리(battery)의 공급 전원과 테스터(tester)간 폐회로가 구성되지 않은 개 회로의 전압을 측정하기 때문이다. 이와 같은 기본적인 내용을 토대로 단선 개소는 쉽게 발견할 수 있다.

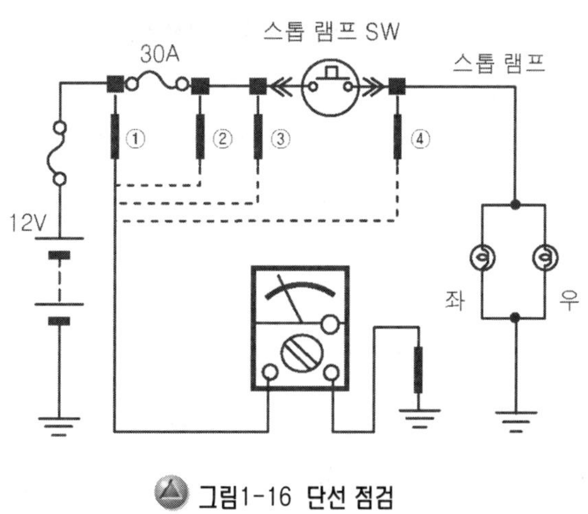


🔺 그림1-16 단선 점검

그림 (1-18)은 체크 램프(check lamp)를 사용하여 단선 개소를 점검하는 것으로 그림 (1-18)의 (a)와 같이 스위치를 ON시키면 전구는 점등하게 되고 이때 체크 램프의 클립(clip)을 어스(earth)에 물리고 LED식 체크 램프를 퓨즈 후단에 접촉하면 LED식 체크 램프도 점등하게 된다. 그러나 그림 (1-18)의 (b)와 같이 커넥터(connector) 부위가 단선 되었다고 가정하면 스위치(switch)를 ON 시켜도 소등되고 만다. 이러한 경우 단선

개소를 찾는 다고 가정하면 단선된 커넥터 이후로는 전원 공급이 되지 않아 체크 램프는 점등되지 않지만 단선된 커넥터(connector)의 전으로는 배터리로부터 전원이 공급되고 있어 LED는 점등하고 만다. 이와 같이 전원의 차단에 의한 단선 개소를 발견하는 데에는 체크 램프를 사용하면 편리하다. 이번에는 체크 램프(check lamp)를 사용하여 회로의 쇼트 부위를 찾는 방법을 생각하여 보자.

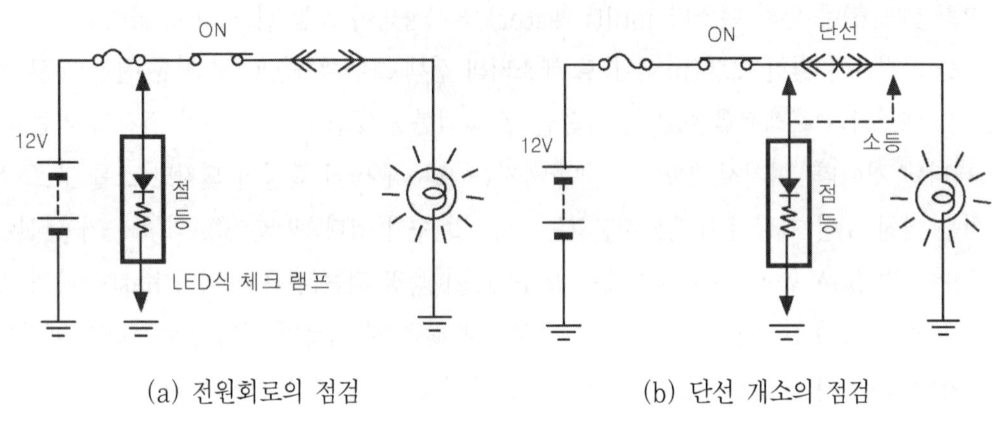


그림1-17 회로의 단선 점검

그림 (1-18)의 (a)회로와 같이 커넥터(connector) 전단 부위가 어스(earth)와 쇼트(short) 되었다고 가정하면 퓨즈(fuse)는 용단 되어 스위치(switch)를 ON 시켜도 전구는 소등하고 만다.

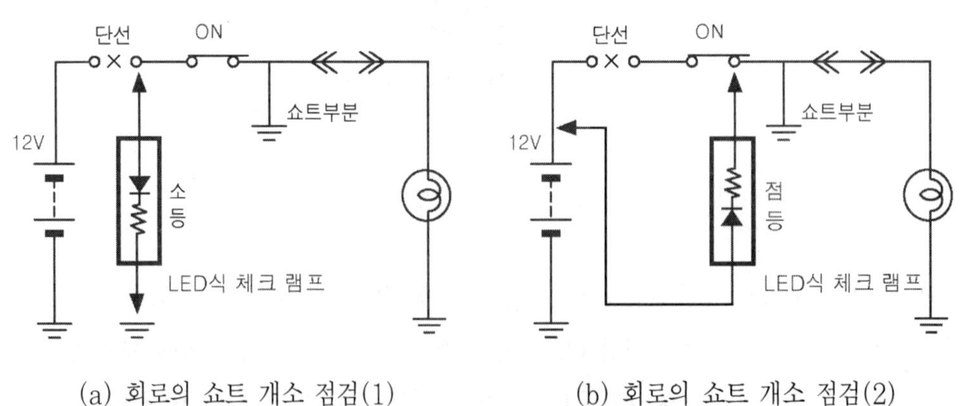


그림1-18 회로의 쇼트 점검

이 회로에 그림 (1-18)의 (a)와 같이 체크 램프의 클립(clip)을 어스(earth)에 접속하고 단선된 퓨즈(fuse) 후단에 체크 램프를 접속하면 단선된 퓨즈 후단에는 전원이 차단되어 있어 체크 램프도 소등 된다. 그러나 그림 (1-18)의 (b)와 같이 체크램프의 클립을 배터리의 +측에 접속하고 체크 램프를 단선된 퓨즈 이후에 접속하면 LED(발광 다이오드)는 점등하게 되므로 이 방식을 이용하여도 쇼트(short)개소의 범위를 최소화 할 수 있다.

쇼트(short) 범위를 최소화하기 위한 방법은 그림 (1-18)의 (b)와 같이 체크 램프(check lamp)의 클립(clip)을 +측에 접속하고 접속된 후단부의 부하부터 점검하는 방법과 커넥터를 탈착하여 나가는 방법을 병행 할 수 있다 . 이 때 탈착하기 쉬운 것부터 탈착하여 커넥터를 분리하여 나가면 체크 램프(check lamp)가 어느 순간 소등이 되는 곳이 있는 데 이때 체크 램프가 소등되는 후단부가 쇼트(short) 된 부분임을 알 수 있다.

 ## 5. 접촉 불량시 점검

### 1. 회로의 접촉 불량

회로의 접촉 불량은 주로 커넥터에서 발생되는 트러블(trouble)로서 전장 계통의 고장 원인 중 다수를 차지하고 있는 결함이다. 자동차 1대에는 약 250~500개 정도의 커넥터(connector)가 사용되므로 이에 따른 커넥터의 트러블도 많이 발생하게 된다. 커넥터의 접촉 불량은 자동차의 전장 부품에 정상적으로 공급되어야 하는 전원 전압 및 신호 전압이 접촉 저항에 의해 감소하게 되어 전장 부품에 정상적으로 흘러야할 전류를 감소시킨다. 또한 커넥터의 단속 상태로 놓이게 되면(커넥터의 연결이 불안정한 상태로 놓이게 되면) 회로의 쇼트(short)와 단선(open)과는 달리 전장 부품과 배선이 손상 될 수도 있으며 전장 회로의 작동이 불안정한 상태로 놓이게 된다.

커넥터의 접촉 불량은 시스템(system)이 성능 저하 및 특성 변화로 나타날 수 있어 쇼트(short)와 단선(open)된 현상과 달리 대체적으로 구별이 가능 하다. 회로의 접촉 불량은 마치 정수장에서 각 가정으로 보내주는 수도 파이프(pipe)가 누수가 되거나 또는 부식이 되어 각 가정에 정상적으로 공급되어야 할 수돗물이 공급되지 못하거나 불순물이 섞여 나와 정상적으로 수돗물을 사용하지 못하는 것과 같다고 할 수 있다.

## 2. 접촉 불량의 현상 파악

접촉 불량이라 하면 일반적으로 커넥터의 접촉면의 감소로 접촉 저항이 증가하는 경우를 말 하는데 연결구의 접촉 저항 증가는 전장 부품에 공급하여야 할 정상 전류를 감소하게 해 부하 작동이 원활히 되지 않게 된다. 정상적인 전류 감소는 작동이 불안정하게 하거나 성능이 저하 하는 현상이 대표적이다. 특히 자동차의 전장 부품으로 사용하고 있는 부하는 주로 전구류 및 코일류가 많이 사용되고 있다.

**[표 1-7]  접촉불량의 현상 파악**

| 불안정한 작동 | 이상 작동 |
|---|---|
| ●접촉 저항이 있는 경우<br> – 불안정한 작동<br> – 성능 저하<br> – 작동 이상 | ●단속적인 접촉이 있는 경우<br> – 작동 이상<br> – 부품의 수명 단축<br> – 전원 노이즈 |

이들 중 전구류는 접촉 저항이 발생하면 전구에 흐르는 전류는 감소하여 전구의 밝기가 어두워지는 현상이 나타나며 코일류의 부하인 경우에 접촉 저항이 발생하면 작동이 불안정하게 나타나는 경우가 많다. 따라서 현상 재현시 쇼트(short)와 단선(open)과는 쉽게 구분 할 수 있다. 또한 전류가 많이 흐르는 고부하 회로에서 연결구의 접촉 저항 증가는 연결구의 발열로 인해 심한 경우에는 배선과 커넥터(connector)가 검게 타는 경우도 발생하게 되는데 이러한 경우는 육안 점검을 통해 접촉 저항이 있는 개소를 확인할 수도 있다.

자동차는 움직이는 제품으로 차량의 진동에 의해 연결구가 단속되는 경우는 급속 전류(rush current)에 원인이 되기도 하며 전구와 같은 필라멘트(filament) 부하가 단선되는 현상이 발생되기도 하며 급속 전류(rush current)에 의해 전장 부품의 수명이 단축되기도 한다. 접촉 불량에 의한 현상 파악은 접촉 불량에 의해 작동이 불안전한 경우라도 작동하는 부하만 불안정 한지 여러 가지 장치가 함께 불안정 한지를 확인하여야 한다. 같은 커넥터라도 여러 가지 부하 또는 장치가 불안정 상태인 경우는 주로 어스(earth)의 연결 부위가 접촉 불량인 경우가 많고 단일 부하 또는 장치인 경우는 커넥터의 연결구 접촉 불량이 많다.

## 3. 전압 강하

회로에 흐르는 전류에는 저항 양단에 반드시 전압 강하가 존재하게 되는데 전압강하를 이용한 점검은 접촉 불량을 점검하는데 있어서 훌륭한 도구가 되므로 간단히 집고 넘어가 도록 하겠다.

멀티 테스터(multi tester)를 이용해 사진 (1-9)과 같이 전지에 전구를 연결한 회로에서 전지의 양단에 전압을 측정하는 경우를 생각하여 보자. 멀티 테스터(multi tester)의 표시부에는 1.5V가 측정되었다고 가정하고 이번에는 사진 (1-10)과 같이 전구 양단간 전압을 측정하면 1.45V가 측정 되었다면 전지부에서 측정한 전압값과 전구에서 측정한 전압값이 0.05V가 차이가 나게 된다. 이것은 무엇을 의미하는지를 생각하여 보아야 한다.

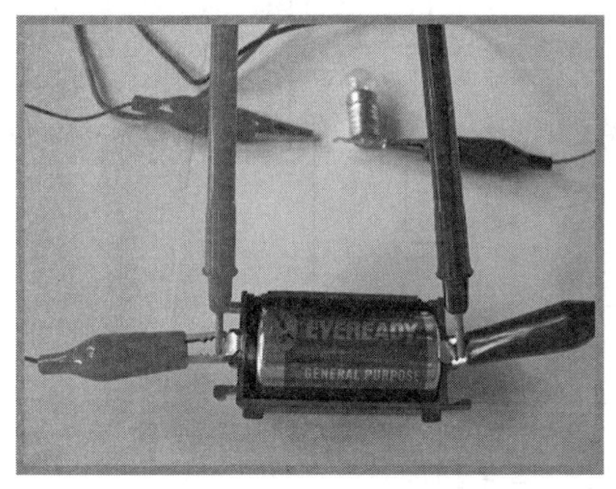

사진1-9 배터리 단자 전압 측정

사진1-10 전구의 단자 전압 측정

결론부터 설명하면 0.05V라는 전압값 만큼 전압이 감소하여 전구에 공급하는 결과를 가져 온 것을 우리는 0.05V 만큼 전압 강하 되었다고 표현한다. 이것은 선과 선 및 접속구의 접촉 저항과 전선에 고유 저항에 기인하는 것으로 전류가 흐르는 회로에는 전류가 흐르는 소모분만큼 전압 강하가 발생하는 것으로 접촉 저항을 점검하는 데 유용하게 활용 할 수 있는 하나의 도구이다.

## 4. 접촉 불량의 점검

접촉 불량에 의한 현상은 여러 가지로 나타나지만 원인은 부하 및 장치에 흐르는 전류가 정상적으로 흐르지 못해 일어나는 경우로 그 점검 방법은 동일하다. 부하 및 장치의 작동이 불안정하여 접촉 저항이라 판단되어 지는 경우 간단히 생각하면 멀티 테스터의 선택 스위치를 저항으로 위치하고 저항값을 측정하여 보면 된다고 생각할 수 있지만 접촉 저항이 저저항인 경우에는 멀티 테스터(multi tester)로 쉽게 확인할 수 없을 뿐만 아니라 실차에서는 배터리가 연결된 상태로 되어 있어 저항 측정만으로는 접촉 저항을 확인 할 수가 없는 경우가 많다.

따라서 그림(1-19)와 같이 커넥터의 연결부에 접촉 저항이 있다고 예상되는 부위를 테스터의 측정봉을 그림과 같이 접속하여 전압 강하를 측정하여 봄으로서 쉽게 알 수가 있다. 이 때 전압 강하 값은 10A 이하인 부하 에서는 0.2V를 초과 하여서는 안된다.

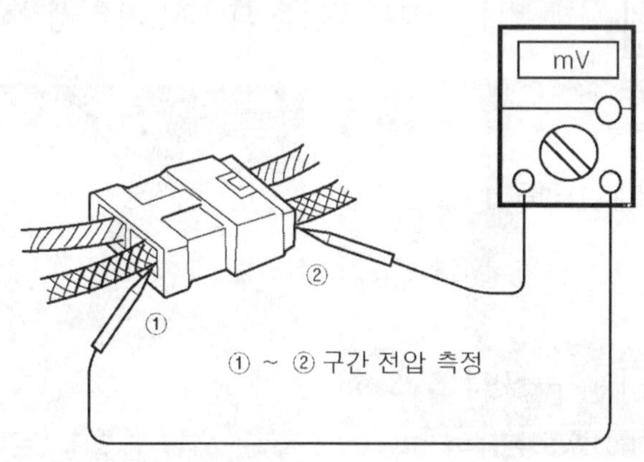


그림1-19 커넥터의 접촉 불량 점검

접촉 불량은 불안정한 작동 일지라도 여러 부하 및 장치 등이 작동이 불안정한 경우에는 주로 어스 포인트(earth point) 접촉 불량이 많다. 자동차 배선은 배선의 길이를 최소화하기 위해 차체를 어스(earth)로 하고 있다. 차체 어스는 여러 배선을 집점화하여 배선 길이를 최소화하기 위해 그림(1-20)과 같이 집점화 된 배선을 차체에 연결하고 있어 차량의 진동 및 제조 과정에서 스크류 토크(screw torque)가 작아 발생하는 문제가 의외로 많다. 따라서 여러 가지 장치가 불안정하게 작동하는 현상이 나타나는 경우에는 해당 어스 포인트(earth point)를 점검하여야 한다.

어스 포인트 점검 방법은 그림 (1-20)과 같이 멀티 테스터의 선택 스위치를 전압 레인지에 위치하고 테스터의 흑색봉은 차체에 접속하고 적색봉은 어스 포인트의 전선 클립

(clip) 부분에 접속하여 이 때 측정 전압값이 0.1V 이하이어야 좋다. 또한 접촉이 불안정하여 연결구가 단속하는 경우에는 급속 과전류의 원인이 되므로 이 경우에도 접촉저항 점검시와 같이 점검을 통해 확인하여야 한다.

이때에는 접촉 상태가 불안정한 경우로 배선을 가볍게 흔들거나 당겨 보아 고장 현상을 재현하는 방법을 사용하여 원인 개소를 찾아본다.

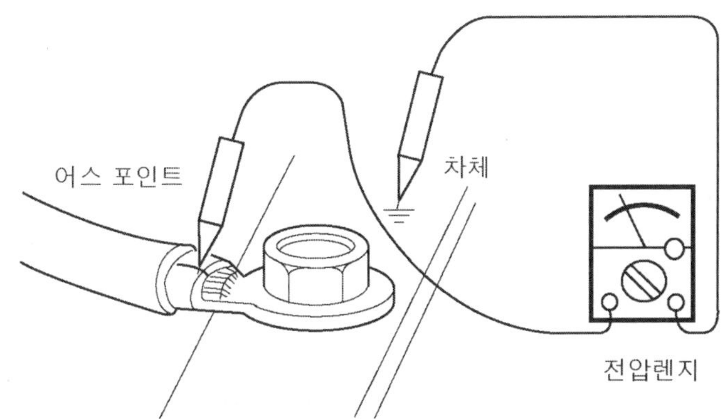


🔺 그림1-20 어스 포인트 접촉상태 점검

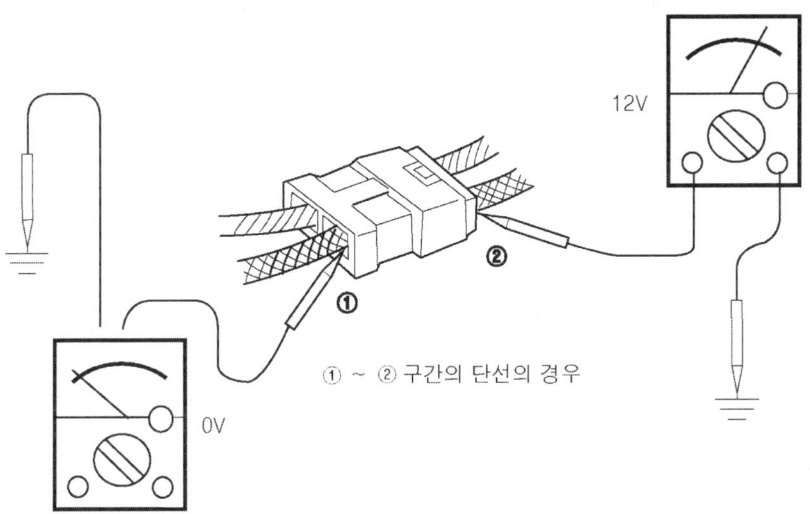


🔺 그림1-21 단선 점검

## 6 고장 재현법

### 1. 고장 재현 방법

자동차의 고장 현상은 상시 나타나는 현상의 경우도 있지만 현상이 쉽게 나타나지 않는 경우도 발생하게 된다. 이러한 경우에는 사용자의 문진 만으로는 정확한 원인을 예측 할 수 없고 원인을 예측하더라도 실수하는 경우가 의외로 많기 때문에 직접 현상을 재현하여 현상을 파악하는 것이 중요하다.

주행시 나타나는 경우는 표(1-8)과 같이 어떤 상황에서 현상이 발생하는 지를 직접 확인하여 상황에 대한 원인 추구를 통해 오진을 최소화 할 수가 있다. 주행시 나타나는 현상 재현은 주행과 동시에 현상 재현에 신경을 쓰는 문제로 주행시 주의하지 않으면 안된다.

[표 1-8]  고장 현상 재현 방법

| 정차시 재현 | 시운전시 재현 |
|---|---|
| ●냉간시, 열간시 재현<br> - 구성품의 쿨링에 의한 방법<br> - 구성품의 히팅에 의한 방법<br>●충격에 의한 재현<br> - 배선의 스트레칭에 의한 방법<br> - 구성품의 충격에 의한 방법 | ●주행시 재현<br> - 경사로시 재현<br> - 하중에 의한 부하시 재현<br>●충격에 의한 재현<br> - 요철 주행시 재현<br> - 코너링시 재현 |

또한 정차시 나타나는 현상 재현은 크게 보면 2가지로 구분할 수 있는데 첫째는 온도 변화라는 환경적 변화에 의해 나타나는 현상과 둘째 충격에 의해 나타나는 현상으로 구분할 수가 있다.

온도 변화에 의한 경우에는 냉간시 발생되는 경우와 열간시 발생하는 경우가 있는데 냉간시 발생하는 경우에는 예측 가능 개소에 기화열을 이용한 스프레이(spray)식의 냉매제를 이용해 온도를 저하시키는 방법을 사용하여 재현 할 수 있다. 반면 열간시 발생되는 현상 재현은 예측 가능 개소에 전기 드라이 히터를 이용하는 방법을 사용 할 수 있다. 충격시 나타나는 현상 재현은 예측 가능 개소에 가벼운 고무망치를 사용하여 예측한 원인 부품에 가볍게 충격을 주어 재현하는 방법이 있다.

사진1-11 운전석 하단부 배선

사진1-12 퓨즈 박스 후면

특히 전자 부품으로 이루어진 전장품은 내부에 PCB(인쇄 회로 기판) 상에 납땜으로 부품간 회로를 연결하고 있어 납땜 불량으로 인해 접촉 불량이 발생하는 경우가 있다. 또한 전기 회로의 커넥터 문제로 발생하는 현상 재현은 원인 개소라고 예측되는 배선 부위를 가볍게 스트레칭(stretching)하여 재현하는 방법을 사용하여도 좋다.

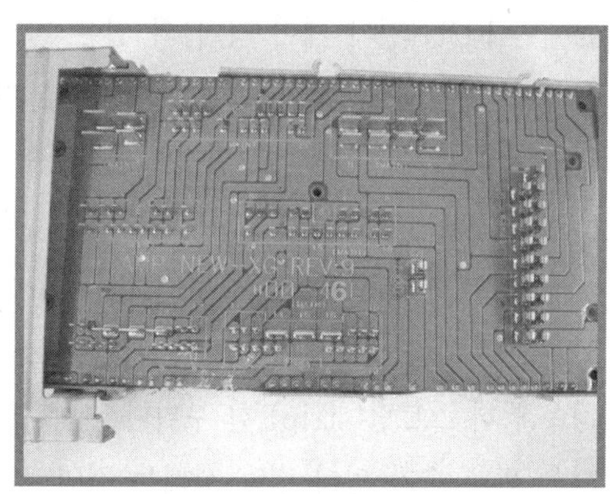

사진1-13 전장품의 PCB

##  전선과 커넥터의 리페어

### 1. 전선의 리페어

와이어 하니스(wire harness)의 손상이나 배선을 점검을 하기 위해 배선 중간을 단선하여 점검하는 일이 발생할 수가 있는데 이러한 경우 점검 후 배선을 원상회복(repair)하는 일이 생기게 된다. 잘라진 배선을 리페어(repair) 할 때는 대개 배선의 끝을 베껴내어 손으로 꼬아 텝핑(tapping)처리하는 것으로 마무리 짓는 경우를 볼 수가 있는데 이것은 자동차 전선에 대한 지식이 부족이나 전기에 대한 경험이 부족한 것에 비롯된 것으로 생각되어진다.

전선은 주로 도전율이 높은 동을 사용하기 때문에 공기 중에 습기와 만나 동이 표면은 부식하게 되고 전선의 부식은 연결부의 전기 저항을 증가시키게 돼 전선 주위의 발열로 인해 전선에 흐르는 전류는 크게 감소하게 된다. 이렇게 전선의 커넥터 저항이 증가하면 정상적으로 흘러야 할 전류량이 감소하게 되므로 전장품의 작동 불량을 일으킬 수도 있다. 또한 최근에는 ECU(전자 제어 장치)와 같은 전장품

사진1-14 배선의 리페어

이 많이 실장되어 ECU간 디지털 신호로 전송하는 경우가 많아 접촉 불량에 대한 리페어(repair)지식이 요구되고 있다.

전선 리페어(repair)는 전원 공급선의 경우 그림 (1-22)와 같이 절연된 피복을 스트립(strip) 한 후 스플라이스 클립(splice clip)을 압착하여 사용하면 좋다. 스플라이스 클립이 없는 경우에는 납땜하여 접촉 저항을 감소시켜 주는 것이 좋다. 신호를 전송하는 전선의 경우 특히 스트립(strip) 한 부위나 커넥터(connector)와 같은 연결구를 통해 노이즈의 영향을 받을 수가 있어 접촉 상태는 절연 처리시 꼼꼼히 처리하는 것이 좋다.

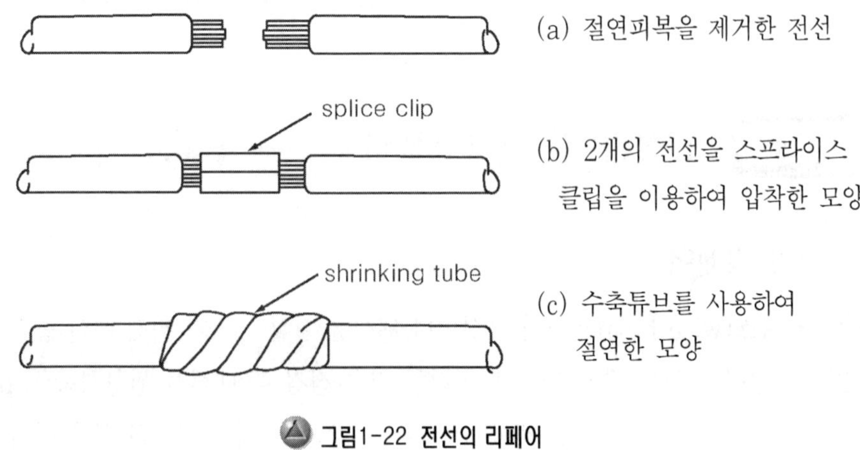


그림1-22 전선의 리페어

## 2. 커넥터의 리페어

커넥터(connector)의 리페어(repair)는 커넥터 핀의 잘못 삽입되어 있는 경우나 커넥터(connector)의 핀이 텐션(tension) 부족으로 접촉 불량을 야기하는 경우에 커넥터 핀의 수정 작업을 하게 된다. 자동차에 사용되는 커넥터의 종류는 다양하며 사용하는 재질도 다양하여 리페어(repair)시 주의를 요구한다.

커넥터의 내부 구조는 그림 (1-23)과 같이 플라스틱 하우징에 핀(pin)이 삽입되어 있는 구조로 플라스틱 하우징(plastic housing)과 핀(pin) 사이에는 핀이 삽입 후 빠져나오지 않도록 잠금쇠(shoulder)와 록킹 탱(locking tang)이 있어서 걸림(locking) 작용을 하고 있다.

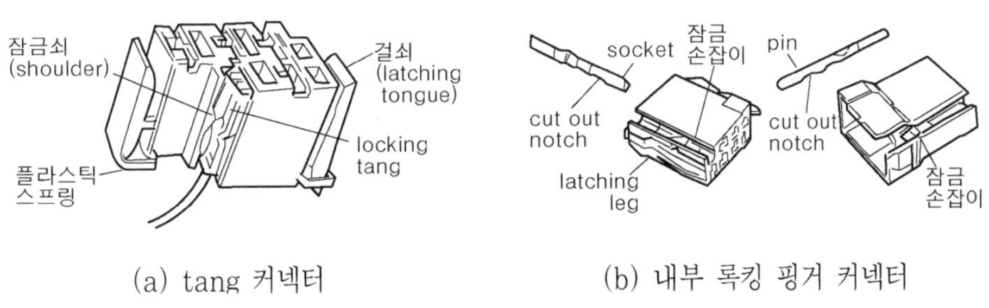


(a) tang 커넥터　　　　　　(b) 내부 록킹 핑거 커넥터

**그림1-23 커넥터의 핀과 걸쇠**

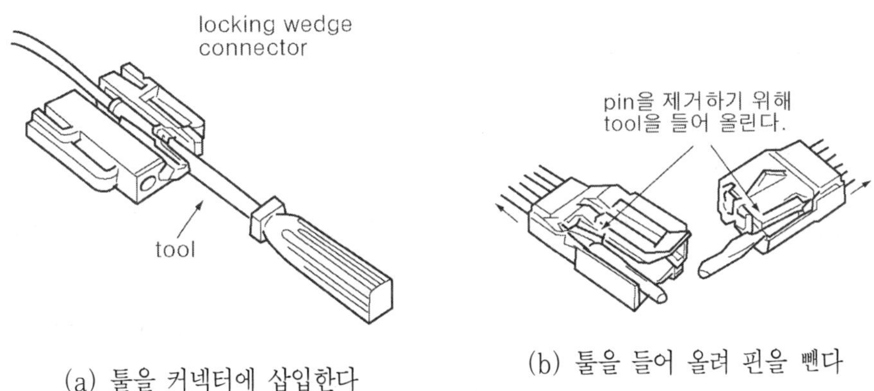


(a) 툴을 커넥터에 삽입한다　　　(b) 툴을 들어 올려 핀을 뺀다

**그림1-24 록킹 에지 커넥터의 리페어**

따라서 커넥터 핀을 제거하여 리페어(repair)하는 경우가 발생하면 그림(1-24)와 같은 특수 툴(tool)을 사용하여야 한다. 이 특수 툴(tool)은 사용하는 커넥터의 종류에 따라

규격에 맞는 특수 툴(tool)을 사용하여야 플라스틱 소켓의 잠금쇠(shloulder)가 손상되는 것을 피할 수 있다.

커넥터에 사용되는 플라스틱 소켓의 재질은 나일론 계열의 테프론 수지나 플라스틱이 주류를 이루고 있어 커넥터의 종류에 맞지 않는 툴(tool)을 사용하면 소켓의 잠금쇠 부위가 손상이 되어 핀(pin)을 삽입 하여도 잠김(locking)이 되지 않게 된다. 이 상태로 그대로 사용하게 되면 커넥터의 접촉 불량을 야기 하는 원인이 되기도 한다.

그림(1-25)는 방수용 커넥터의 예를 나타낸 것으로 방수용 커넥터는 일반 커넥터와 달리 방수용 실(seal)이 삽입 되어 있어 리페어시 빠지지 않도록 주의 하여야 한다.

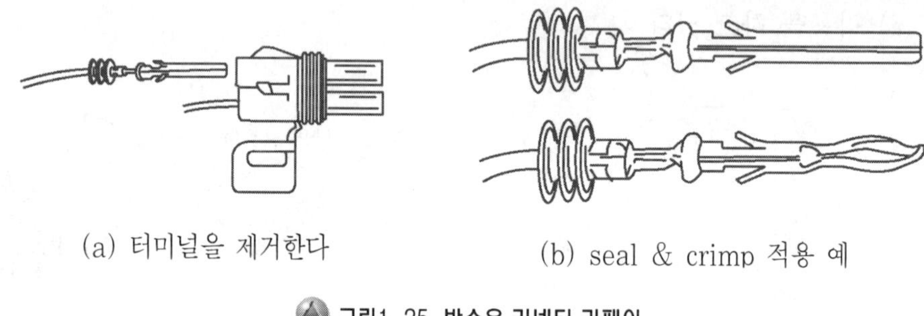

<table>
<tr><td>(a) 터미널을 제거한다</td><td>(b) seal & crimp 적용 예</td></tr>
</table>

그림1-25 방수용 커넥터 리페어

## 8 진단 장비

### 1. 체크 램프

체크 램프(check lamp)는 전기 회로 점검시 가장 편리한 점검 툴(tool) 중에 하나로 전구식과 LED식이 사용되고 있는데 2가지를 같이 사용하는 것이 좋다.

전구식의 경우에는 공급 전원을 점검 할 수 있는 것은 물론 접촉 저항에 의해 일어나는 트러블(trouble) 위치를 쉽게 확인 해 볼 수 있는 이점이 있는 반면 ECU(전자 제어 장치)와 같은 전자 부품의 출력단 점검은 금하는 것이 좋다. ECU(전자 제어 장치)와 같은 출력 회로의 내부에는 주로 TR(transistor)로 구성되어 있어서 전구식 체크 램프 사용시 ECU가 파괴 될 수 있기 때문이다.

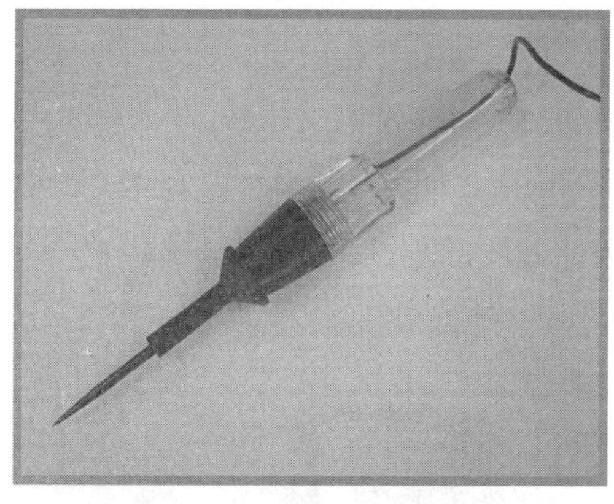

사진1-15 체크램프(전구식)

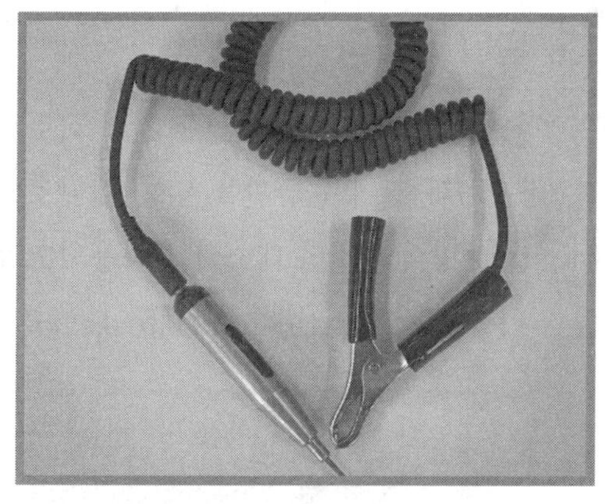

사진1-16 체크램프(LED식)

ECU의 내부 출력단에는 액추에이터를 구동하기 위해 TR을 많이 사용하게 되는데 이곳에 사용되는 TR(transistor)의 컬렉터 전류는 수백 mA 정도 밖에 되지 않아 출력단 점검 시 전구식 체크 램프를 사용하면 체크 램프를 통해 ECU 내부에 있는 TR(transistor)가 파괴되는 경우가 발생 할 수 있다. 따라서 ECU(전자 제어 장치)와 같은 입·출력단 회로 점검시에는 LED식 체크 램프를 사용하는 것이 좋다.

그러나 LED식 체크 램프인 경우에는 체크 램프를 통해 약 10mA 이상만 전류가 흘러도 LDE는 점등 되므로 점검시 전원 공급선인지 신호선인지 구분 할 수 없는 결점이 있기도 하다.

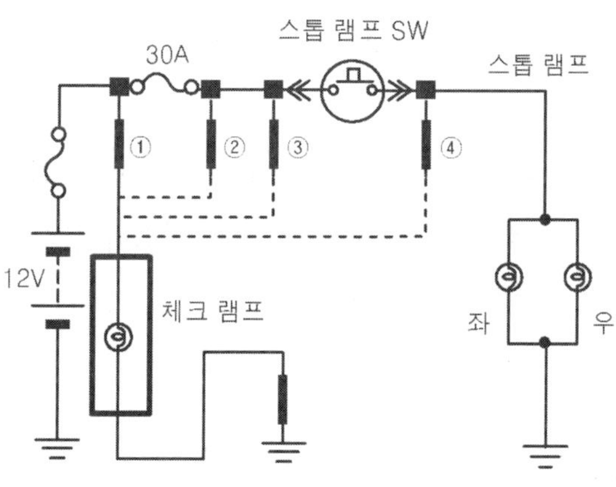


그림1-26 단선 점검

## 2. 멀티 테스터

멀티 테스터(multi tester)는 전기 회로 점검시 가장 많이 사용하는 장비 중에 하나로 사진 (1-17)과 같이 눈금판을 읽는 아날로그(analogue) 방식과 글자로 표시되는 디지털(digital) 방식의 멀티 테스터가 사용되고 있지만 정확도 및 편리성 때문에 최근에는 디지털 멀티 테스터(digital multi tester)를 많이 사용하고 있다.

사진1-17 아날로그 멀티 테스터

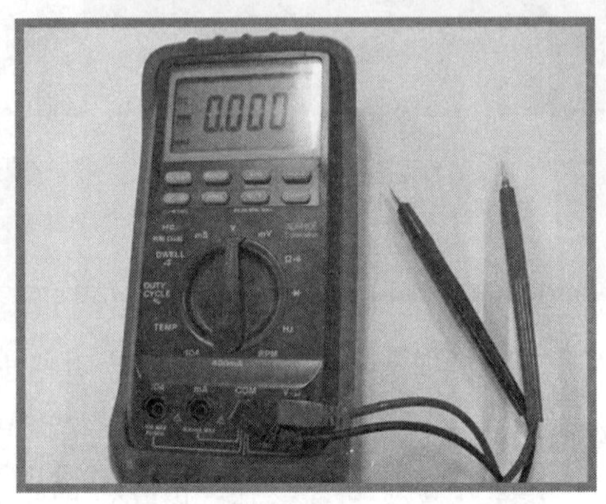

사진1-18 디지털 멀티 테스터

반면 아날로그 멀티 테스터(analog multi tester)의 경우에는 측정값의 감응성이 뛰어나 아날로그 멀티 테스터를 고집하는 전문가도 있다. 멀티 테스터(multi tester)는 글자 그대로 여러 가지 측정을 병행해서 사용 할 수는 장비로 소형이면서 편리한 이점 때문에 가장 널리 사용하는 장비 중에 하나이다. 일반적으로 멀티 테스터의 측정은 DC V(직류 전압), AC V(교류 전압), DC A(직류 전류), Ω(저항) 정도를 측정 할 수 있는 장비이지만 최근에는 그 제품이 다양하게 개발되어 사용 목적에 따라 전자 회로 점검 전용 테스터, 자동차 전용 멀티 테스터 등이 출품되고 있다. 자동차 전용 테스터인 경우에는 일반적으로 측정 할 수 있는 테스터의 항목 외에도 Hz(주파수), %(듀티비), rpm(엔진 회전수) 등을 측정 할 수 있는 멀티 테스터도 출품되고 있다.

## 3. 디지털 후크 미터

사진 (1-20)과 같은 DC 훅 미터(hook meter)는 일반적인 멀티 테스터의 측정 항목에 측정 범위가 큰 DC A(직류 전류)의 측정 기능이 추가된 미터로 전류 측정시 선간 단선 없이 전선에 걸어(hook) 측정 할 수 있는 미터이다. 이 미터는 시동계통이나 충전 계통 트러블(trouble)시 전류 측정용으로 사용하면 편리한 장비이다. 멀티 테스터(multi tester)는 DC A(직류 전류) 측정 범위는 최대 10A~ 20A 정도 밖에 측정 할 수가 없지만 디지털 후크 미터(digital hook meter)는 100 A~300A 정도 까지 측정 할 수가 있어 시동 계통이나 충전 계통처럼 대전류가 흐르는 곳에 적합한 장비이다.

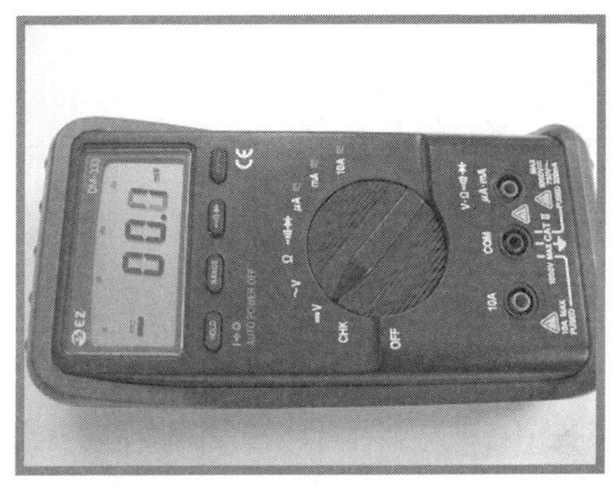

⏶ 사진1-19 디지털 멀티 미터

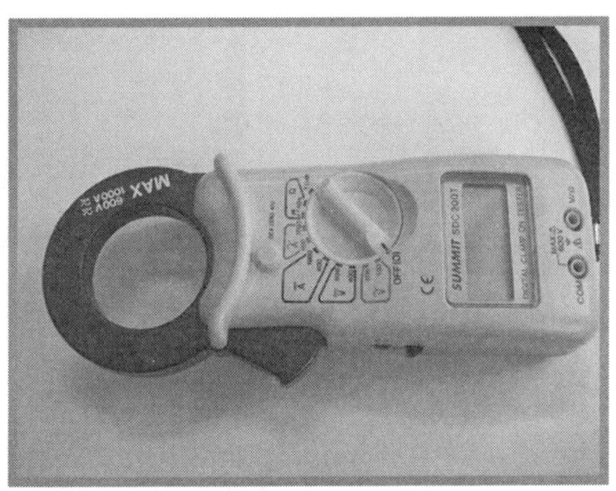

⏶ 사진1-20 디지털 DC 후크 미터

## 4. 오실로스코프

자동차의 전장화 추세로 자동차의 정비에도 그 동안 전자 회로에 사용해 오던 파형 관측 장비인 오실로스코프(oscilloscope) 장비가 정비 현장에도 사용되기 시작하였다. 오실로스코프(oscilloscope)는 사진(1-21)과 같은 음극선관을 사용한 CRT형 스코프와 사진 (1-22)와 같은 LCD 표시 장치를 사용한 디지털식 스코프가 사용되고 있다. 이들 스코프 중 현재에는 정확도 및

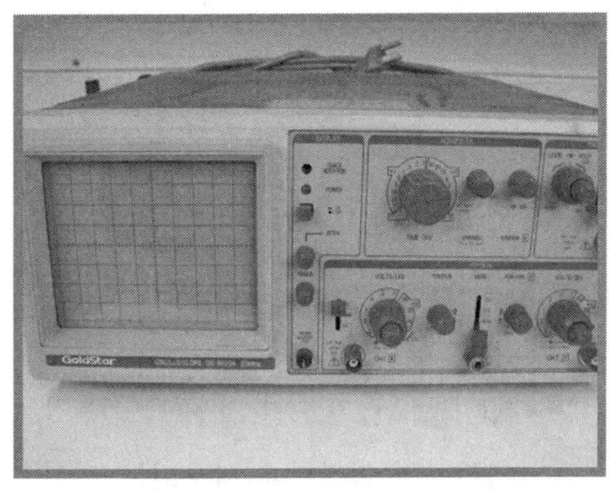

⏶ 사진1-21 CRT용 스코프

사용상의 편리성이 좋은 디지털식 스코프(scope)가 주류를 이루고 있다.

자동차의 전장 회로에는 파형을 관측하여 점검하여야 하는 개소가 있는데 이들 개소에

서 출력되는 주파수는 대부분 저주파 수로 낮은 주파수에서도 잘 측정 될 수 있는 디지털식 스코프가 좋다.

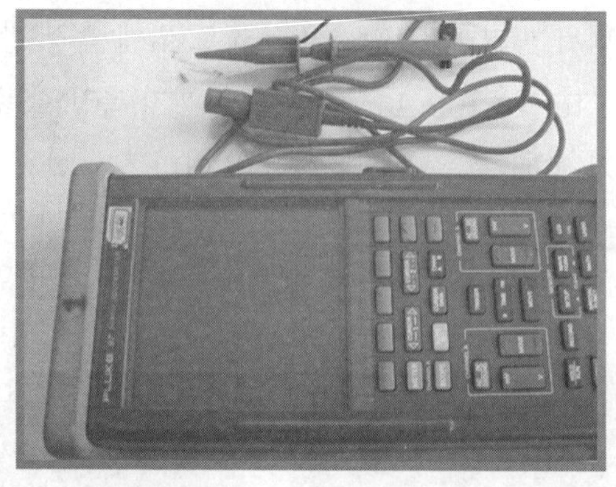

사진1-22 디지털 스코프 미터

오실로스코프(oscilloscope)를 사용하여 파형을 관측하기 위해서는 몇 가지 기능 스위치(function switch)의 조작과 측정된 파형을 읽는 방법이 요구되는데 파형을 관측하기 위해 조작하여야 하는 기능 스위치는 다음과 같다.

### [1] 파형 관측을 위해 조작하여야 하는 스위치

① AC/DC : 스코프에서 조작하여야 하는 AC(교류) 및 DC(직류)의 스위치는 멀티테스터와 달리 AC인 경우에는 고주파수 및 잡음 레벨을 측정하는데 유용하며 일반적인 교류 주파수 및 디지털 신호는 DC에 위치하여 측정하면 된다.

② SWEEP MODE : 스코프의 소인을 결정하는 모드(mode)로 측정하고자 하는 파형의 화면상에 표시하는 방법으로 SINGLE, NORMAL, AUTO 모드가 있다.

- SINGLE 모드인 경우는 파형을 1회만 화면상에 표시하는 기능으로 순간적인 전압 또는 전류의 변화량을 측정하는 데 사용한다.
- NORMAL 모드인 경우는 입력 신호가 있을 때만 소인(sweep)을 개시하는 모드로 자동차의 전장품에 사용되는 센서 신호나 출력 신호 같이 주파수가 낮은 저주파수 측정에 유용하다.
- AUTO 모드인 경우는 소인이 스코프 화면상에 선택된 sec/div 속도로 반복하여 이동하는 모드로 전압 변화량에 따라 자동으로 휘점이 상하로 변화하게 돼 일반적인 파형 측정시 편리한 모드이다.

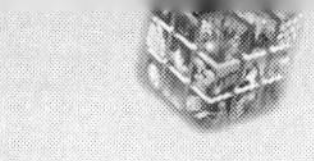

▶소인(sweep) : 휘점(spot)이 화면상에서 좌에서 우로 통과하는 것을 말하며 상하 진동하는 전압 또는 전류의 변화량을 화면상에 표시하기 위한 것이다.

③ TRIGGER 모드 : 측정하는 파형을 어디서부터 잡을 것인가를 결정하는 모드로 트리거(trigger) 선택이 잘못되면 정지된 파형을 볼 수가 없다. 트리거 모드에는 +슬롭(slop), −슬롭(slop)이 조정 단자가 있어 +슬롭에 위치하면 입력 된 파형이 +측부터 잡을 수가 있으며 −슬롭에 위치하면 −측부터 잡을 수 있다. 또한 트리거 레벨(trigger level)단자가 있어 트리거하는 변화하는 입력 신호의 전압 레벨을 어디서 잡을 것인지를 결정하게 된다.

## [2] 파형 읽기 위해 조작하여야 하는 스위치

① sec/div : 스코프의 화면은 사진 (1-23)과 같이 가로측은 10눈금으로 이루어진 시간측을 나타내고 세로측은 8눈금으로 이루어진 전압 또는 전류측을 나타낸다. 따라서 sec/div(second/division) 스위치를 10ms에 위치하면 가로측 한눈금당 10ms를 의미한다. 이 스위치는 측정하고자 하는 파형의 주기를 조정하여 화면상 파형을 잘 도시(측정) 할 수 있도록 하는데 사용한다.

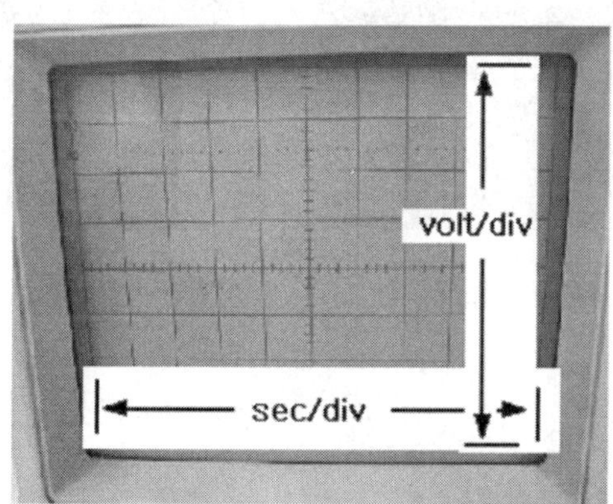


🔺 사진1-23 스코프의 화면

② volt/div : 측정하고자 하는 파형의 진폭을 조정하기 위해 사용하며 예를 들어 volt/div 스위치를 5V/DIV에 위치하면 스코프 화면의 가로측 한 눈금에 5V를 의미 한다. 이 스위치는 측정하고자 하는 파형의 진폭을 조정을 하여 화면 상에 진폭이 알 맞는 크기로 도시되도록 하기 위해 사용한다.

## 5. 엔진 튠업 장비

엔진 튠업 장비는 회전중인 엔진의 연소실 내를 점화 파형을 통해 눈으로 들여다 볼 수 있는 장비로 엔진의 성능 진단에 있어 훌륭한 진단 장비라 할 수 있다.

최근에는 DLI(distributor less ignition)방식의 점화 장치를 채택한 차량이 늘어나고 있고 점화 장치의 구성 부품이 소모품이라는 인식으로 정비 현상에서는 잘 사용하지 않고 있는 것이 현실이다. 그러나 엔진 튠업 장비는 보이지 않는 연소실 내를 파형을 통해 엔진의 성능을 진단하는 기능뿐만 아니라 실린더(cylinder)의 파워 밸런스 테스트(power balance tester), 시동 계통의 성능 테스트 및 오실로스코프의 기능을 가지고 있는 종합 테스터 장비가 주종을 이루고 있다. 이러한 튠업 장비는 일반 파형을 관측하는 스코프와 달리 점화 파형이나 인젝터 파형의 관측을 정형하여 나타내므로 엔진 계통 진단에는 훌륭한 장비라 할 수 있다.

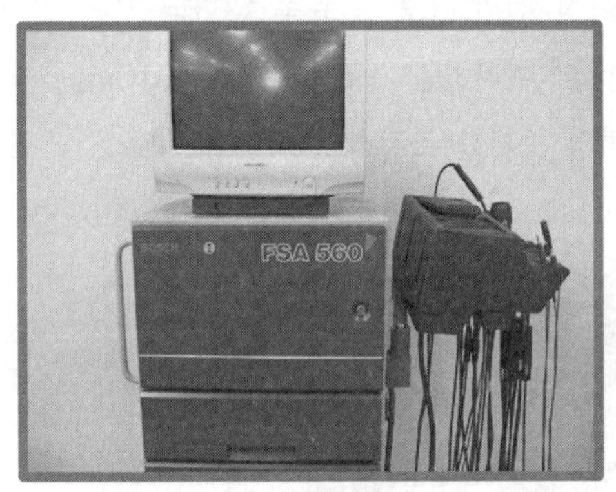

사진1-24 엔진 튠업 테스터

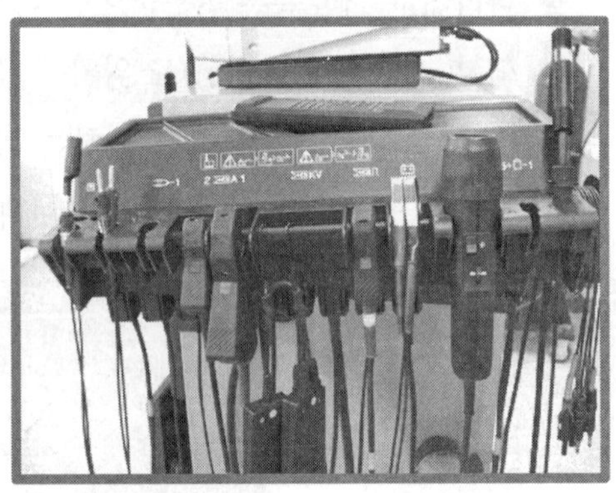

사진1-25 여러 가지 진단용 액세서리

## 6. 진단용 장비

자기 진단(diagnostics)은 초기에 자동차의 배출 가스 규제를 하기 위해 배출 가스와 관련된 부품이 문제가 있는 경우 이를 경고등을 통해 운전자에 알려 주고 경고등이 점등되면 정비를 받을 수 있도록 미국에 있는 켈리포니아의 대기 자원국으로부터 법제화 되면서 비롯되었다. 초기에는 경고등을 통해 정해진 DTC(diagnostics trouble code)코드로부터 고장 내용과 고장 부품을 ECU(컴퓨터)가 기억하고 있다가 간단한 도구를 통해 고장 코드를 읽어내는 방법을 사용하여 오다 ECU(computer)의 발달과 이에 대한 진단 기술의 발달로 전용 진단 장비인 스캐너(scanner)를 개발하게 되었다.

스캐너는 경고등(MIL : Malfunction Indicator Lamp)에 대한 DTC 코드 뿐만 아니라 최근에는 ECU의 서비스 데이터(service data) 및 고장에 대한 정보를 다양하게 제공하고 있어 전자 제어 장치를 진단하는 데에는 없어서는 안되는 장비가 되었다. 스캐너는 자기 진단 기능뿐만 아니라 스캐너와 ECU(전자 제어 장치)간에 양방향 데이터(data) 전송이 가능해져 보다 다양한 정보와 기능을 가지게 되었다. 이렇게 양방향 데이터의 전송을 통해 ROM 내에 있는 DTC 코드는 물론 RAM 내에 있는 서비스 데이터 전송 기능, 액추에이터의 강제 구동 및 시뮬레이션 기능 등을 수행 할 수 있게 되었다.

이와같은 스캐너는 멀티 테스터의 기능뿐만 아니라 전자 제어 장치의 진단을 위한 오실로스코프(oscilloscope)의 기능을 가지고 있는 스캐너가 등장하여 파형을 관측 할 수 있게 되었다. 또한 장비의 기억 기능 향상으로 차량 정비에 필요한 각종 자료까지 제공하게 되었다. 이와 같이 차량용 진단 장비는 발전을 거듭하여 오면서 스캔(scan) 기능은 물론 엔진 튠업 기능 까지도 포함된 종합 진단 기기가 등장하게 되었다.

사진1-26 진단용 스캔툴

사진1-27 종합 진단 테스터

종합 진단기기는 제조사 마다 다소 차이는 있지만 기본적으로 튠업 장비의 기능에 멀티 스코프 기능 및 멀티 테스터 기능을 가지고 있다. 또한 종합 진단기기는 차량 정비에 필요한 각종 정보를 제공하고 있다. 최근에 진단기기는 스캔(scan) 기능뿐만 아니라 제조사 실시간으로 정비 정보를 제공하는 종합 진단 기기로 발전해 오고 있다.

## 7. 기타 전기 회로에 사용되는 부호들

| 명칭 | 기호 | 심볼 | 명칭 | 기호 | 심볼 |
|---|---|---|---|---|---|
| 배터리 | BATT | | 모터 | M | |
| 접지 | GND | | 발전기 | G | |
| 퓨즈 | F | | 전압원 | e | |
| 퓨즈블링크 | F | | 전류원 | i | |
| 스위치 | SW | | 교류 | AC | |
| 푸시 스위치 | SW | | 직류 | DC | |
| 저항 | R | | 전압계 | V | |
| 가변 저항 | VR | | 전류계 | A | |
| 콘덴서 | C | | 안테나 | ANT | |
| 전해 콘덴서 | C | | 다이오드 | D | |
| 바리캡 | VC | | 서미스터 | th | |
| 코일 | L | | 커넥터 | | |
| 공심 코일 | L | | 교류 플러그 | | |
| 트랜스 | T | | 전구 | L | |
| 릴레이 | RLY | | 스피커 | SP | |

## 8. 릴레이의 식별

### [1] A-접점 릴레이(4pin)

① socket에서 보았을 때

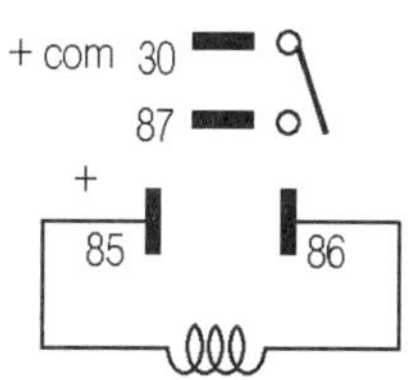 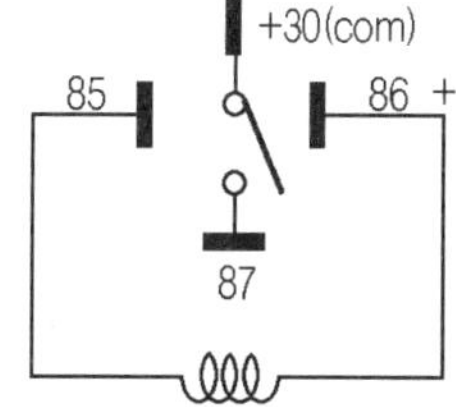 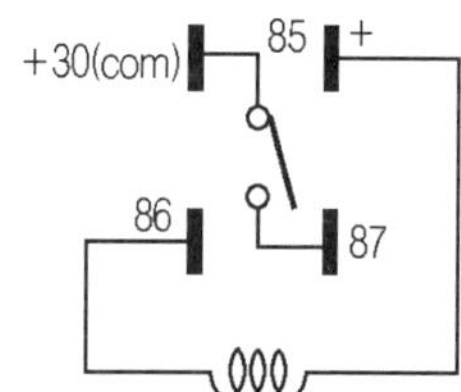

② relay에서 보았을 때

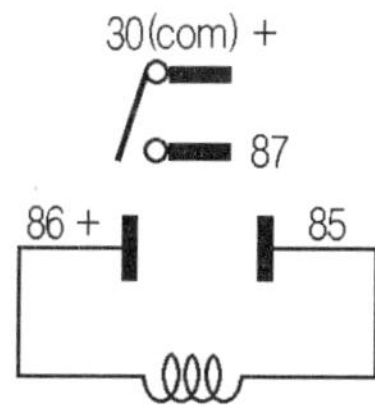 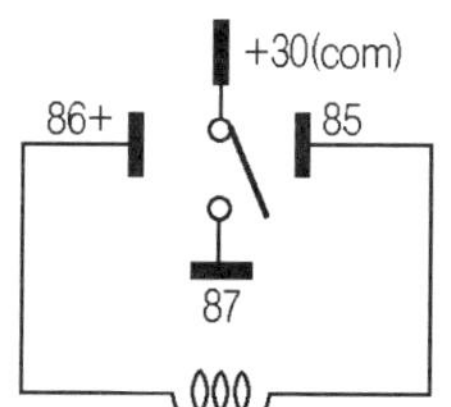 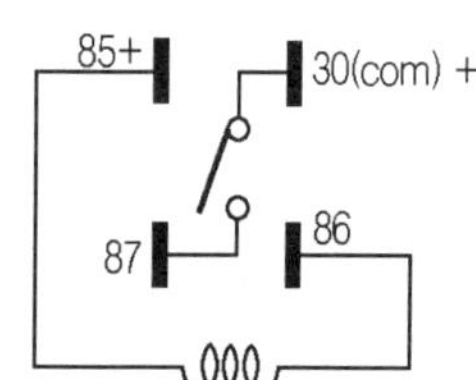

### [2] T-접점 릴레이(5pin)

① socket에서 보았을 때

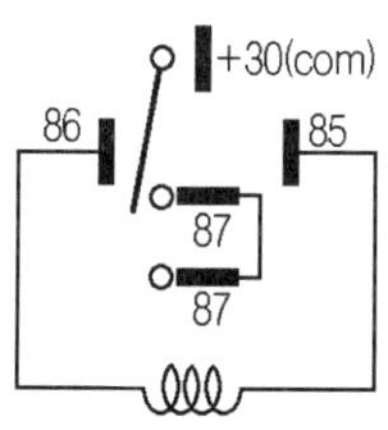 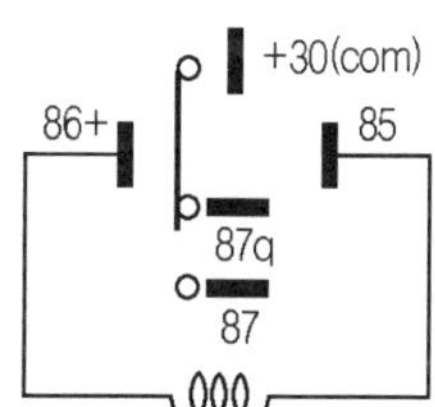 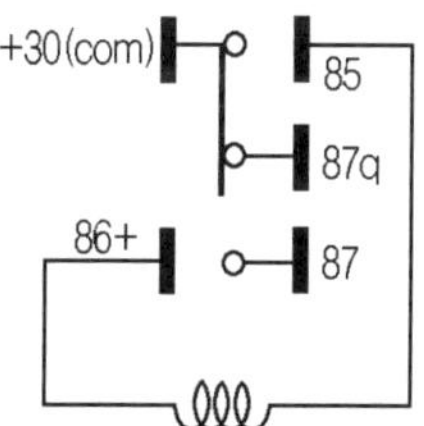

② relay에서 보았을 때

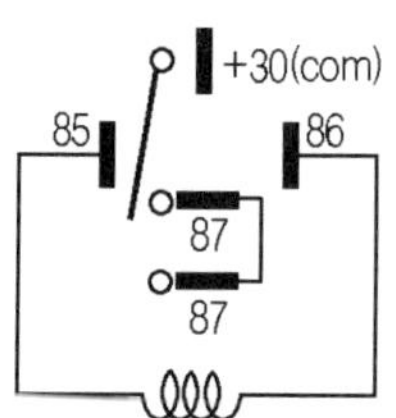 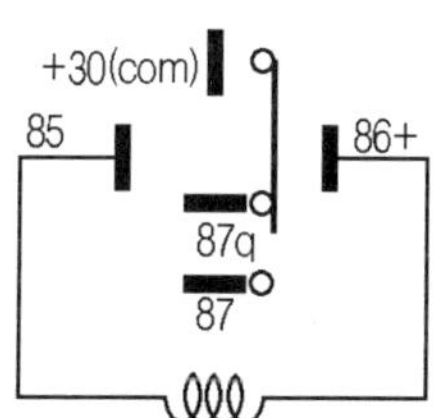 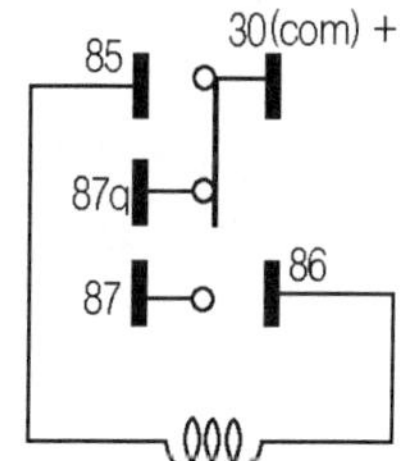

# 02 충전장치 점검

# 충전장치 점검

## 배터리의 특성

### 1. 배터리의 특성과 용량

최근 자동차는 기술의 발달과 더불어 다양한 첨단 전장 부품이 개발되어 적용되고 있다. 차량의 고성능화는 실내 공간의 확대로 이어져 엔진 룸(engine room)의 공간은 과거에 비해 훨씬 밀도화되고 엔진 룸(engine room) 내의 환경 또한 훨씬 과혹한 상태가 되었다.

여름철에는 에어컨(air-con) 사용 빈도가 높아 콘덴서에서 발생되는 열량은 그대로 엔진 룸 내에 방사되어 엔진 룸(engine room) 내의 온도는 거의 130℃까지 상승하게 되는 과혹한 환경이 만들어 지게 되었다. 이렇게 온도가 상승하면 전기를 동력으로 사용하는 전장 부품이나 와이어 하니스(wire-harness)는 최악의 조건이 되어 전장 부품에 흐르는 전류는 감소하는 요인이 되기도 한다.

반대로 혹한기에는 온도의 저하에 의한 전장 부품의 특성 변화로 이어져 전장 부품의 성능 저하 요인이 된다. 특히 배터리(battery)의 경우 온도가 내려가는 아침에 시동 불량 현상이 많이 나타나는 것은 배터리(battery)는 온도에 취약한 특성을 갖고 있기 때문이다.

배터리는 온도가 내려가면 화학적 변화에 의해 성능은 현서히 감소하고, 엔진

🔺 사진2-1 장착된 배터리

오일(engine oil)의 점도는 높게 돼 시동성이 떨어지게 된다.

따라서 배터리(battery)는 이에 맞는 관리 및 보수를 해주어야 한다. 일반적으로 배터리 용량을 암페어 아워(ampere hour)로 표현하는 것은 배터리가 가지고 있는 전기량을 일정 시간 동안 흘릴 수 있는 전류량을 말 한다. 배터리는 부하에 따라 방전하는 용량과 시간적 차이 때문에 배터리가 완충된 상태에서 20시간율 또는 5시간율 방전을 적용하고 있다. 예를 들면 30Ah의 용량을 가진 배터리의 20시간율 방전을 적용하면 1.5A의 부하로 20시간 연속해서 흘릴 수 있는 배터리(battery)를 말하게 된다.

이와 같이 배터리는 각기 용량을 가지고 사용 부하에 의해 방전을 개시한다는 것은 전해액 안에 양극판과 음극판이 화학 변화를 일으키는 것으로 배터리의 수명이 감소하는 방향으로 진행하는 것을 의미하는 것이다. 그러나 배터리는 이러한 사용에 의한 수명 감소뿐만 아니라 관리상의 문제로 수명의 단축 요인이 일어날 수 있다. 따라서 열이 많이 나는 고열 부위나 과충전에 의한 극판 쇼트 같은 일이 일어나지 않도록 하여야 한다.

## 2. 배터리의 수명

배터리의 수명은 정상적인 규격 용량에 비해 재 충전시 50% 용량 감소를 기준으로 그 배터리의 수명으로 결정 한다. 이것은 배터리의 충방전에 의해 배터리 극판에 결정화 된 $PbSO_4$ (황산납) 또는 류산연과 극판의 석출에 의한 노화에 기인하는 것이다. 따라서 배터리의 수명은 정전류 방전과 정전류 충전을 1회 하였을 때를 1 사이클(cycle)로 하여 그림 (2-1)과 같이 몇 회를 반복하면 배터리의 용량에 50% 저하 할 때까지를 배터리의 수명 (충 방전 횟수)으로 규정하고 있다.

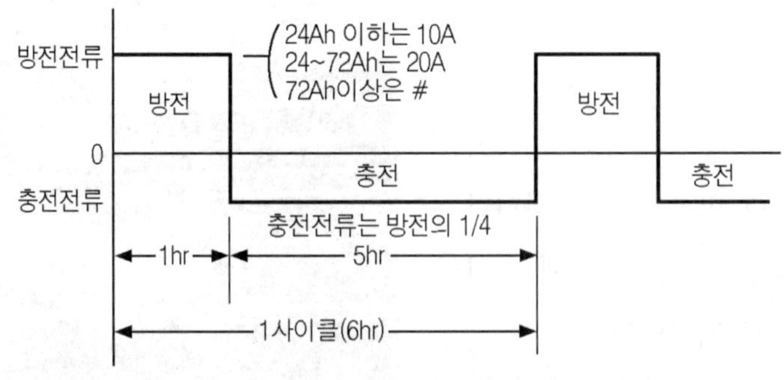


그림2-1 수명시험의 충전 및 방전 전류 사이클

이때 사용되는 정전류 방전 및 충전 전류는 각 배터리의 형식과 용량에 따라 KS 규격에 별도로 방전율에 의한 충전 및 방전 전류를 설정하여 놓고 있다. 방전인 경우에 배터리는 음극과 양극은 $PbSO_4$(황산납) 또는 류산연으로 변화하게 되며 다시 충전을 하게 되면 원래의 활물질로 돌아가게 된다.

그러나 배터리는 방전 후 곧 충전하지 않고 방치하거나 과방전을 하는 경우에는 방전시 화학 반응에 의해 양극판과 음극판의 $PbSO_4$(황산납)가 결정화 되어 충전을 하더라도 원래의 상태로 돌아가지 않게 돼 배터리로 기능이 현저히 저하하게 된다. 이와 같이 양극과 음극에 $PbSO_4$(황산납)이 결정화되는 현상을 설페이션(sulfation) 현상이라 한다. 따라서 배터리의 설페이션(sulfation) 현상이 발생되지 않고 오래 사용하기 위해서는 과방전이나 방전된 상태로 방치하여서는 안된다.

▶ **sulfation 현상** : 배터리의 방전에 의해 극판에 백색 결정성 황산염(황산납)이 생성되는 현상을 말한다. 배터리를 방전 상태로 방치하게 되면 전해액에 용해되어 있던 황산납(황산염)의 미립자가 포화 상태가 되어 온도가 저하할 때 결정화 되고 석출을 반복하면서 차례로 황산납 결정체로 성장하게 된다. 이러한 백색 결정의 황산납은 단지 방전에 의해 생기는 황산납과 달라서 충전을 하여도 원래의 상태로 회복을 기대할 수가 없다.

## 2 배터리의 점검

### 1. 배터리의 점검 절차

배터리는 일정기간 사용하면 무엇인지 몰라도 갑자기 전구의 점등이 희미하고 시동이 걸리지 않는 경우가 발생하게 된다. 이때 배터리의 수명이 한계치에 다다른 경우에는 앞서 배터리의 수명에서도 알 수 있듯이 배터리(battery)의 충방전 횟수에 의해 결정되는데 언제 충전이 되고 방전이 되는지는 운전자는 알 수 없다.

따라서 배터리(battery)의 수명은 일반적으로 사용 연수나 주행거리로 결정하는 것이 보통이다. 그러나 충방전 사이클(cycle)에 의한 크랭킹 사용 횟수는 대략 4000회 정도로 산출 하게 되는데 1일 2회 시동을 거는 자동차라 하면 1년에 730회 크랭킹(crnaking)하는 셈

이 되어 이것은 4000회/730회 = 약 5.5년 정도 사용 할 수 있다고 본다.

그러나 실제 배터리는 자연 방전과 운행 상태 및 차량의 전기 부하에 따라 달라지므로 이보다 훨씬 적어 질 수가 있다.

따라서 갑자기 시동이 안 걸리는 경우에는 그림 (2-2)와 같이 사용 연수를 감안하여 배터리의 점검을 해 보는 것이 바람직스럽다.

사용 연수가 한계치에 다다라 시동이 걸리지 않는 것이라면 굳이 배터리(battery)의 성능 테스트는 하지 않아도 된다.

그러나 배터리(battery)의 교환 주기가 되지 않았는데도 불구하고 시동이 걸리지 않는 경우라면 배터리의 문제인지 자동차의 충전 장치에 문제인지, 부하상에 문제 인지를 점검해 보아야 한다.

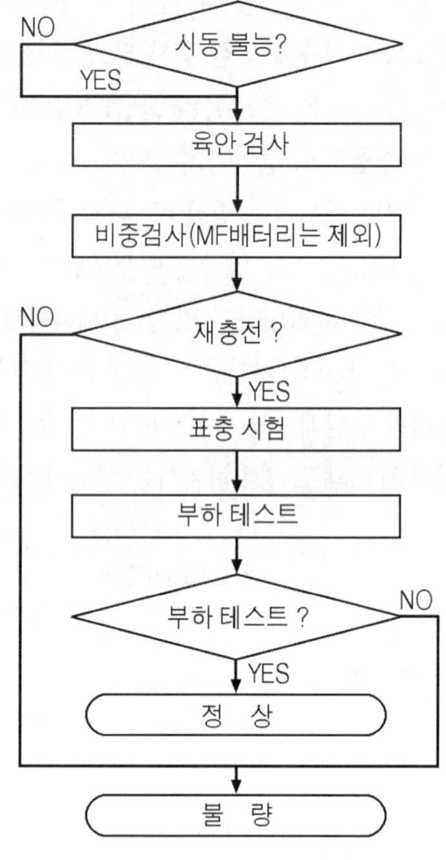


그림2-2 배터리 점검 절차

## 2. 배터리의 육안 점검

배터리(battery)는 전해질 안에 양극과 음극판의 화학 변화에 의해 충·방전을 하는 화학 배터리로 온도 변화에 취약하며 과충전, 과방전에 의한 화학 변화에 의해 내부 극판이 쇼트 돼 배터리의 외관이 변화하는 경우도 발생하게 된다. 이러한 경우에는 배터리의 외관 검사만으로도 교환 주기를 판단 할 수 있는 것이 있다.

배터리(battery)의 육안 점검은 배터리의 점검에 기본 점검 항목으로 다음과 같이 실행한다.

### (1) 배터리의 육안 점검

① 배터리(battery)의 터미널(terminal)의 청녹 상태 및 헐거움이 없는지 점검한다.

　배터리의 터미널(terminal)의 접촉 불량은 시동 불량 및 충전 불량으로 이어지므로 연결 상태를 점검한다. 터미널의 연결 상태 점검을 보다 정확히 하기 위해서는 그림 (2-3)과 같이 멀티 테스터의 선택 스위치를 DC V(직류 전압 레인지)에 위치하고 측정봉의 ＋(플러스) 봉은 배터리의 ＋터미널에, －(마이너스)봉은 배터리 케이블(battery cable)의 전선 부위에 접촉하여 전압값이 0.1V 이하이면 좋다.

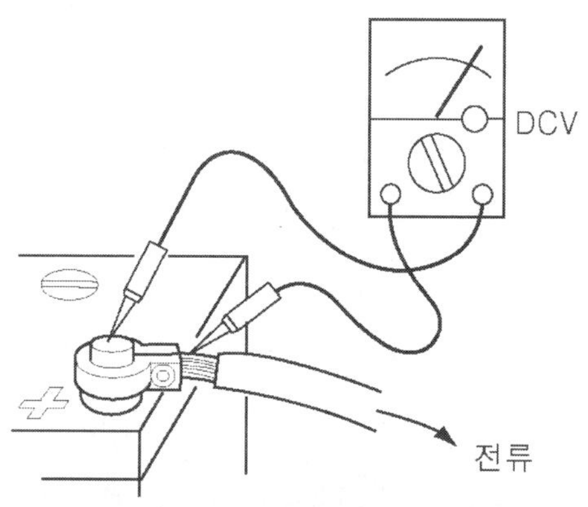


🔺 그림2-3  배터리 터미널 점검

② 배터리(battery)의 외부 케이스(case)가 부풀어 오른 경우가 있는지 확인한다. 납축전지는 과충전 상태가 되면 전해액의 온도 상승과 함께 수소가스(gas)가 다량으로 발생하게 되는 데 이때 심한 경우에는 배터리의 케이스(case)가 온도 상승에 의해 변화 될 수 있다. 이러한 외부의 케이스(case)에 변화가 온 배터리는 교환 조치한다.

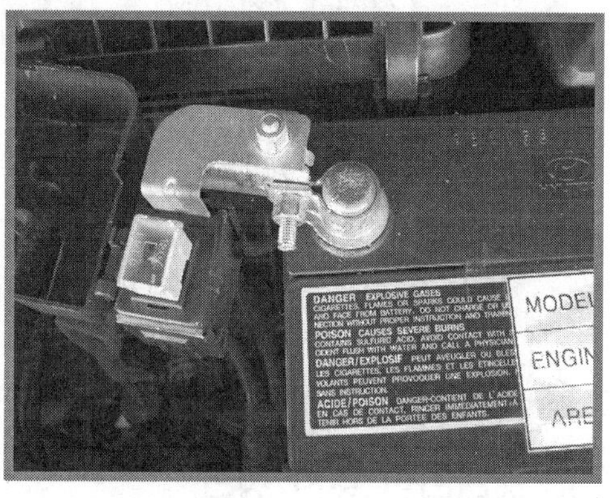

🔺 사진2-2  배터리의 터미널

③ 배터리의 전해액 충진 레벨(level)을 보았을 때 유난히 한 셀(cell) 만 감소 한 배터리의 경우는 전해액이 감소한 셀(cell)이 수명이 다된 것으로 이러한 배터리는 교환하는 것이 좋다. 또한 배터리(battery)의 전해액을 보충시에는 상한선과 하한선 내에 오도록 보충하여야 하며 전해액의 과다한 보충은 배터리의 온도 상승에 의해 내

부 전해액은 가스(gas) 방출구를 통해 비산하게 되고 배터리 주위의 부품 및 터미널 등에 비산하여 부식을 촉진하게 된다.

④ 납축전지(MF 배터리는 제외)의 전해액 보충 캡(cap)을 열었을 때 캡(cap)의 안쪽 면이 검게 되어 있는 경우에는 게싱(gasing)에 의한 것으로 고온 상태에서 과충전으로 인해 극판 및 세퍼레이터(separator)가 노화되어 있을 확률이 높다. 따라서 이러한 배터리(battery)도 교환 조치하는 것이 좋다.

## 3. 비중 점검

납축전지(battery)의 비중은 1.25이상이어야 정상이지만 이 중 특히 셀(cell)당 밸런스(balance)가 10% 이내이어야 정상이다. 사진 (2-4)와 같은 뜨개식 비중계를 사용하면 간단히 측정할 수가 있어 뜨개식 비중계를 사용하여도 좋다 .

🔺 사진2-3 배터리의 절개품

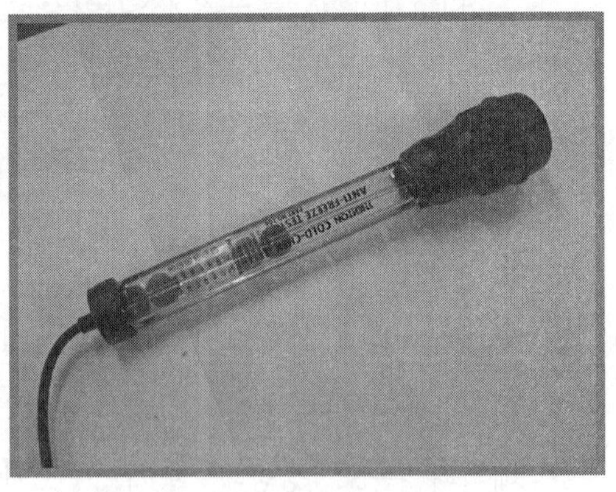

🔺 사진2-4 배터리의 비중계

## 4. 배터리의 충전 방법

### (1) 정전류 충전 방법

정전류 충전 방법은 배터리의 충전 전류를 충전 종료시까지 배터리의 공칭 용량에 약 1/10A 정도의 전류를 일정하게 흘려 충전하는 방법으로 가장 일반적인 충전 방법이다. 이 충전 방법은 충전이 시작하면 배터리 단자 전압이 서서히 상승하기 때문에 일정한 충전 전류를 흘려주려면 충전기의 전압 또한 서서히 증가 시켜 주어야 한다. 이 방법은 충전 종기에는 배터리에 충전 전류는 거의 흐르지 않게 되는 데에도 다량의 산소 가스와 수소 가스가 발생하게 돼 충전 효율이 악화되고 일정 전류를 흐르게 하기 위해 충전기의 전압을 상승시켜야 하는 문제로 다른 충전방법에 비해 전해액의 온도 상승과 과충전되기 쉬운 단점이 있다.

따라서 게싱(gasing)이 시작되고 배터리의 단자 전압이 15V 이상이 된 후 약 30분 ~ 1시간 정도 지나 동일 전압이 측정되면 충전이 완료된 것으로 본다. 최근에 발매되고 있는 충전기에는 이러한 과충전이 되지 않도록 자동으로 조절하는 기능을 가지고 있는 충전기도 있다. 또한 충전시에는 다량의 게싱(gasing)에 의해 점화원에 의해 폭발 할 우려가 있으므로 사진(2-6)과 같이 차량에 탑재된 상태에서 충전하는 방법은 편리 할지 몰라도 좋은 방법은 아니다. 배터리(battery)의 충전기에는 배터리에 충전하는 전압을 지시하는 전압계와 배터리에 흐르는 전류계가 부착되어 있어서 충전시 전류계를 통해 배터리의 회복 상태를 알 수가 있다.

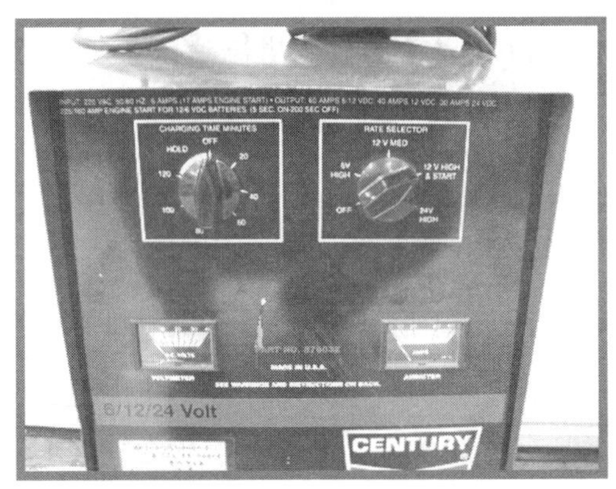


사진2-5 배터리 충전기

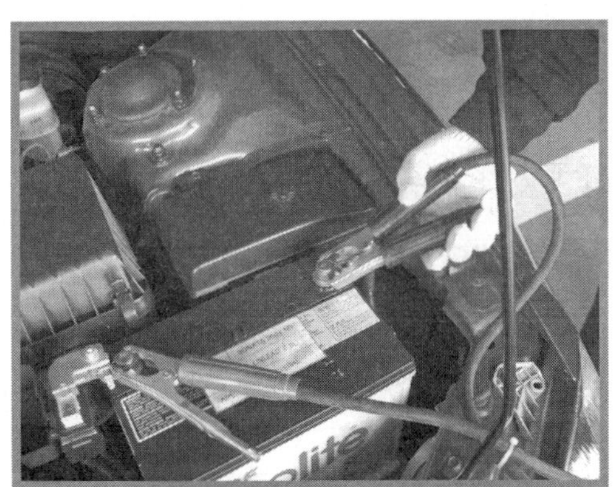

사진2-6 배터리의 충전

### ① 충전중 전압 점검

㉮ 충전 종기 시점에는 산소가스와 수소가스가 다량 방출하는 게싱(gasing)이 일어나는 것이 보통으로 셀(cell)당 전압을 측정하여 2.5V 이상(15V 이상)이면 정상이다. 만일 셀(cell) 당 전압이 2.4V 이하(14.4V 이하)이면 배터리(battery)의 노화로 사용 할 수 없는 배터리로 판단한다.

㉯ 충전 초기에 배터리(battery)에 전류가 흐르지 않는 경우에는 충전기의 전압을

18V이상 높은 전압을 공급하면 일시적으로 회복하는 배터리가 있는데 이러한 배터리의 경우에도 장기간 사용은 보장 할 수가 없다.

## (2) 급속 충전

시동 불능인 배터리(battery)를 약 5~10분 정도 급속 충전하여 시동이 가능하도록 회복시켜야 하는 충전 방법으로 충전시 대전류에 의해 충전하기 때문에 극판 손상이 일어나기 쉽고 방전된 배터리의 일부만을 보충전하는 충전 방법이다.

이때 배터리(battery)의 충전 전류는 단시간에 회복시켜야 하는 문제로 대전류가 필요하게 되더라도 배터리의 공칭 용량을 초과해서는 안된다.

## (3) 정전압 충전 방법

이 충전 방법은 배터리의 단자에 일정한 전압을 가해 충전하는 방법으로 충전 초기에는 충전 전압과 배터리의 단자간 전압차가 크므로 많은 전류가 흐르기 시작하다 충전을 계속 진행하면 충전 전압과 배터리의 단자간 전압차가 작아져 서서히 충전 전류는 감소하기 시작 한다. 이 방법은 자동차의 올터네이터(alternator)에 의한 충전 방법을 예를 들 수가 있다. 충전 종기에 충전 전류가 감소된 상태로 충전이 진행되기 때문에 다량이 가스 방출 없이 단시간에 충전 할 수 있는 이점이 있다.

## (4) MF 배터리의 충전 방법

앞서 설명한 정전류 충전 방법은 공칭 용량에 1/10 ~ 1/20의 전류를 일정하게 흐르게 하는 충전 방법으로 충전 종기에 셀 전압이 2.5V/CELL 이상(16~18V)이 되어 MF 배터리의 충전 방법에는 맞지 않는 방법이다.

또한 단계별 정전류 충전 방법도 충전 초기에는 공칭 용량에 1/4 전류값을 흘려주다가 충전 종기에는 공칭 용량에 1/20 이하로 전류를 흘려주어야 하는 문제로 이 과정이 정확히 이루어지지 않으면 배터리에 치명적인 손상을 줄 우려가 있어 MF 배터리에는 적당한 방법이라 말할 수 없다.

정전압 충전 방법은 충전 전압을 일정히 하여 충전하는 방법으로 충전 초기에는 대전류가 흐르지만 충전이 진행되면서 충전 전류가 서서히 감소해 가기 때문에 충전 종기에 비교적 가스 발생이 적고 효율적인 충전 방법으로 MF 배터리에는 적합한 방법이라 할 수가 있다. 그러나 정전압 충전 방법은 차량에 실장 돼 올터네이터(alternator)에 의해 충전하는 것은 좋지만 배터리의 단품을 충전하기 위해 충전기를 사용하는 경우는 충전 초기에 대전

류가 흐를 수 있는 대용량 변압기(transformer)가 필요하게 되는 단점을 가지고 있다. 따라서 충전기를 사용하여 MF 배터리를 충전하는 방법에는 정전류와 정전압 충전법을 병행하여 사용하는 방법이 좋다.

### ① 충전시 주의 사항

㉮ 배터리를 자동차에 연결한 채 충전하면 충전기의 충전 전압 상승으로 자동차의 전장 부품이 파손 할 우려가 있으므로 반드시 −(마이너스) 터미널을 제거하고 충전하여야 한다.

㉯ 충전중에 전해액의 온도는 45℃가 넘지 않도록 한다. 배터리의 전해액의 온도가 상승하면 내부의 극판이 손상할 우려가 있어 반드시 45℃이상이 되지 않도록 하여야 한다.

㉰ 충전 종기에는 산소 가스와 수소 가스가 다량으로 방출하기 때문에 반드시 화기의 접근을 금하고 통풍이 잘 되는 곳에서 충전한다.

㉱ 특히 배터리가 차량에 연결된 상태로 배터리(battery)의 충전기를 이용하여 충전하는 것은 피하도록 하는 것이 좋다. 배터리(battery)의 단자가 차량에 그대로 연결된 상태에서 충전기를 이용하면 충전 후 부스터 케이블(booster cable)을 제거할 때 충전기로부터 높은 펄스 전압(pulse voltage)이 발생할 수 있어 차량에 탑재된 상태에서 충전기를 이용하여 시동이나 충전을 하는 것은 바람직스럽지 않다.

　충전기로부터 부스터 케이블(booster cable)을 제거 할 때 발생하는 전압은 수 백 V 이상이 발생하기 때문에 자동차 장착된 각종 전자 부품과 전구의 필라멘트에 손상을 가할 수 있어 배터리(battery)가 장착된 상태에서 충전기를 사용하여 충전하는 것은 피하는 것이 좋다.

## 5. 배터리의 표충전압 제거

수명이 한계치에 도달한 배터리(battery)라도 충전을 하면 배터리의 단자 전압은 정상치를 가리키기 때문에 배터리의 단자 전압 만으로 배터리의 양부를 판단해서는 안된다. 이것은 수명이 한계치에 도달한 배터리(battery)라 하더라도 배터리 자신은 일시적으로 회복하려는 능력이 있어 배터리의 단자 전압을 측정하여 전압값은 정상치를 나타낸다. 따라서 배터리(battery)의 양부를 판단하기 위해서는 배터리의 표충 전압을 제거하고 부하 시험을

통해 판단하여야 정확한 배터리 양부 판단이 가능하다. 표충 전압의 제거는 완충전된 배터리(battery)에 약 15A의 부하를 걸어 20초간 흘려 배터리의 표충 전압을 제거한다. 15A 정도의 부하는 엔진이 정지 상태에서 헤드라이트(head light)을 점등한 부하 정도만으로 실차에서 간단히 실행할 수 있다.

## 6. 배터리의 부하 시험

### [1] 배터리 부하 시험

표충 전압을 제거한 배터리(battery)의 양부 판정은 배터리에 부하를 걸어 배터리 단자간에 전압 강하를 확인하는 배터리의 부하 시험 방법이 있는데 이것은 사진(2-7)과 사진 (2-8)과 같은 배터리 부하 시험 테스터(tester)를 이용하여 간단히 확인 할 수가 있어 배터리의 양부 판정을 하기 위해 널리 사용하고 있는 방법이다.

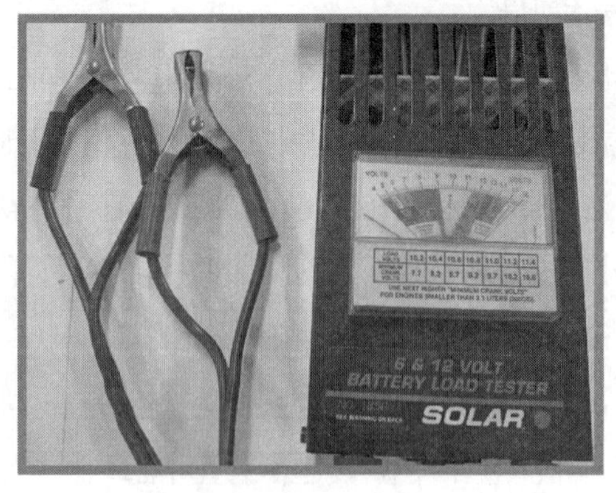

△ 사진2-7 배터리 부하 테스터

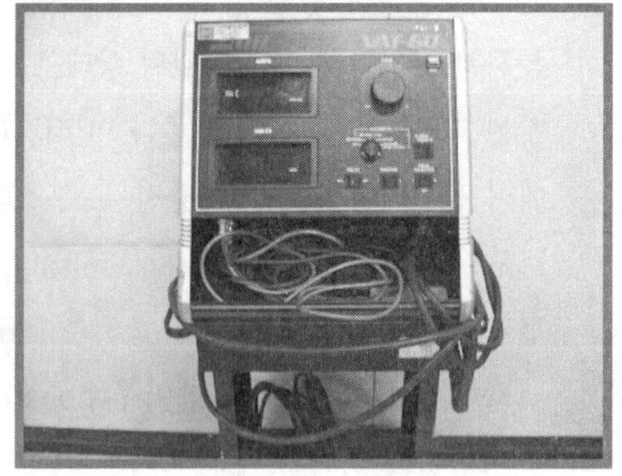

△ 사진2-8 배터리 부하 테스터

이 방법은 배터리(battery)의 용량에 3배의 부하를 걸어 15초 동안 흘렸을 때 배터리의 단자 전압이 10V 이상이면 정상으로 판정하고 있다. 이 방법은 초기 부하에 의해 배터리로부터 대전류를 방출하기 때문에 반복해서 시험을 하거나 15초 이상 부하를 걸어 시험을 하면 배터리의 극판이 손상될 수 있으므로 주의하여야 한다.

또한 부하 시험중에 배터리(battery)의 셀(cell) 중에 극판부에서 다량의 기포가 발생되는 경우에는 해당 셀(cell)은 수명이 한계에 도달한 것으로 간주해도 좋다.

## (2) 간이 부하 시험

배터리의 부하 테스터(tester)가 없는 경우에는 현장에서 가장 많이 사용하는 방법으로 시동 모터를 이용하는 방법을 사용하는데 시동 모터의 크랭킹 전류는 일반적으로 승용차의 경우에는 약 80~160A정도의 전류가 흐르는 것을 이용하여 부하 테스트(test)를 하는 간단한 간이 점검 방법이다.

이 방법은 시동 모터의 크랭킹(cranking)을 약 10초 이상 회전 시키는 것을 금하고 있어 측정시 시동 모터에 무리가 가지 않도록 하여야 한다. 이 시험은 먼저 시동이 걸리지 않도록 점화 1차회로의 커넥터를 탈착 또는 2차측 고압 케이블을 제거하여 놓고 크랭킹(cranking)시 배터리 단자 전압을 측정한다. 이때 시동 모터에 무리가 가지 않도록 하기 위해 크랭킹 시간이 10초 이상 되지 않도록 한다. 이때 크랭킹(cranking)시간을 짧게 하는 만큼 배터리 단자 전압을 높게 보는 것이 좋기 때문에 필자의 경험으로는 약 5초간 크랭킹하여 배터리 단자 전압이 11V 이상으로 보면 좋다.

## 7. 배터리의 교환 용량

자동차에 장착된 배터리(battery)의 용량은 올터네이터(alternator)의 최대 출력에 조금 작은 70~90% 정도의 용량을 사용하는 것이 정상이다. 이것은 주행 후 일정 시간이 흐르면 배터리로부터 방전된 전기량을 완충되도록 하기 위함이다. 일반적으로 올터네이터의 최대 출력 전류가 60A이면 배터리의 용량은 올터네이터의 출력 용량에 80%인 45~55Ah 정도의 배터리 용량을 사용하고 있다. 올터네이터의 최대 출력 전류가 90A 이면 배터리의 용량은 올터네이터의 최대 출력에 약 80% 인 70Ah의 배터리 용량을 사용하고 있다.

여기서 말하는 올터네이터의 최대 출력이란 엔진 회전수가 2000(rpm)이상 일 때 출력되는 수치로 아이들링(idling)상태나 저속시에는 이보다 훨씬 적은 량이 출력되어 배터리의 용량이 크다고 좋은 것은 아니다. 만일 배터리의 용량이 너무 커 올터네이터(alternator)에서 출력 되는 전류 용량이 어느 일정 시간이 지나도 충전이 되지 않으면 자동차는 연비의 악화와 엔진의 출력 부족으로 이어지게 된다. 또한 배터리(battery)의 충전 전류에 의해 올터네이터의 벨트(belt)에 부하가 가해져 올터네이터(alternator)의 벨트(belt)는 결국 수명이 단축하는 결과를 가져오게 된다.

배터리(battery)의 수명 또한 항상 완충 상태로 유지 할 수 없어 수명이 단축으로 이어지게 된다. 따라서 자동차에 사용되는 배터리 용량은 자동차 제조사가 정한 배터리 (battery)의 용량을 사용하는 것이 가장 이상적이다.

## 8. 암전류 측정

배터리(battery)가 방전되어 완충을 하면 시동은 일발 걸리는데도 아침 차량을 사용하기 위해 시동을 걸면 시동 모터는 회전을 하지 않고 다시 충전하면 일발 시동하는 경우에는 차량의 암전류를 의심 할 필요가 있다.

암전류란 차량에 사용되는 전장 부품에서 소모되는 미량의 소모 전류로 자동차의 시동 키를 제거하여도 EUC(전자 제어 장치) 내부의 기억 소자에 정보를 보호하기 위해 공급되는 백업 전원 및 시계 등에 공급되는 미량의 전류의 소모량을 말하는데 이 값이 너무 큰 경우에는 배터리(battery)를 완충하여도 일정 시간이 경과 후 재시동하면 암전류에 의한 배터리(battery) 방전으로 시동이 걸리지 않는 경우가 있다. 이러한 경우는 대개 시중에서 별도로 편의 장치 나 액세서리(accessory) 등을 설치하는 경우 많이 나타나는 현상으로 암 전류를 측정하여 원인을 제거하지 않으면 안된다.

사진2-9 실내 퓨즈 박스

암전류는 승용차의 경우 35(mA)이하로 정하고 있지만 소형과 대형에 따라 다르며 최근에 사용하는 자동차는 전장품의 장착 증가로 이 보다 큰 경우도 있다. 암전류의 측정은 그림 (2-4)와 같이 배터리의 −(마이너스) 터미널(terminal)을 제거 한 후 멀티 테스터(multi tester)의 선택 스위치(switch)를 전류 레인지에 위치하고 측정봉의 +(플러스) 봉을 차체에 접촉하고 −(마이너스) 봉을 배터리(battery)의 −(마이너스) 터미널에 접촉하여 측정 값이 승용차의 경우 35(mA)이하 이면 정상이다. 대형 승용차의 경우는 35(mA) 이상이 될 수도 있으므로 이때에는 암전류를 측정하여 산출하여 보면 이상 유무를 알 수가 있다.

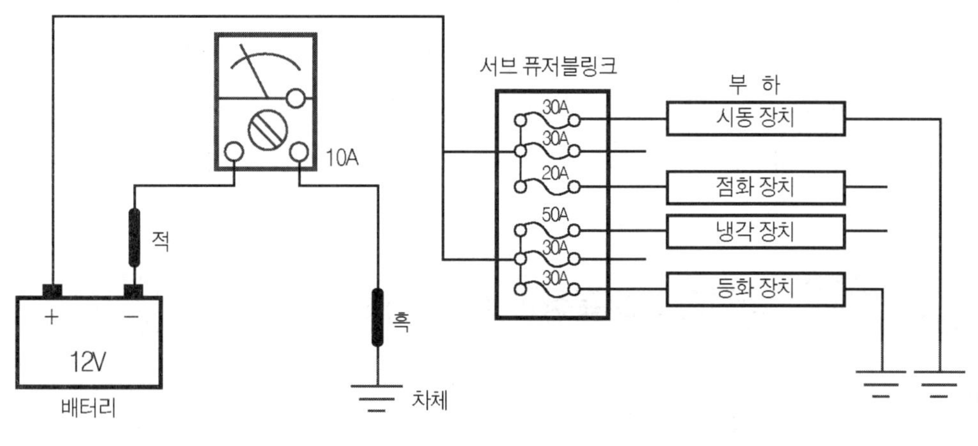


그림2-4 암전류 측정

배터리(battery)의 암전류 산출은 예를 들어 60(Ah)의 용량은 가진 배터리의 암전류를 측정하였을 때 100(mA)라고 가정하면 60Ah/100mA = 600 시간으로 배터리가 100% 충전 되었을 때 24일 사용하는 량이지만 실제 배터리는 용량에 50% 방전되었을 때를 완전 방전 상태로 보기 때문에 계산상으로는 12일이면 완전 방전 상태에 이루게 된다. 그러나 암전류에 의해 방전되는 배터리는 완전 충전된 상태의 배터리는 거의 없을 뿐만 아니라 배터리(battery)의 사용에 의한 노후화로 실제로는 이 보다 훨씬 짧은 시일에 배터리는 방전 하고 말기 때문에 암전류를 측정하여 보면 대략적으로 어느 정도 방치하면 시동이 불능 상태가 되는지 알 수가 있다.

암전류에 의한 배터리(battery) 방전시의 암전류가 정격치 보다 큰 경우에는 원인을 제거하여 주어야 하는데 원인을 제거하는 방법으로는 전류계를 그림 (2-4)와 같이 배터리(battery)에 연결된 상태에서 퓨즈 박스(fuse box)에 있는 퓨즈를 하나씩 제거하여 보면 어느 순간 인가 전류계의 지침이 급격히 떨어지는 것을 확인 할 수 있다. 이때 제거한 퓨즈(fuse)로부터 연결된 부하측에 규정치를 초과하는 암전류가 발생하고 있는 것으로 주로 시중에서 설치한 편의 장치나 액세서리(accessory)에 의해 발생하는 경우가 많은 것이 특징이다.

디젤 엔진(diesel engine) 차량의 경우에 주로 나타나는 현상으로는 글로우 플러그 (glow plug)에 전원 공급용 릴레이(relay)의 접점이 지속적으로 접촉되어 배터리의 방전으로 이어지는 경우와 휘발유 차량의 경우에는 엔진 컨트롤 릴레이 접점이 지속 접촉하여 나타나는 경우도 있다. 그 밖에 올터네이터(alternator)의 문제로 극히 드물게 발생하는 경우도 있다. 이 경우에는 올터네이터의 B 단자를 제거하여 보면 쉽게 발견 할 수 있는데 이때 B-단자 케이블(cable)를 제거하면 암전류의 측정치가 급격히 하락하는 경우 올터네이터(alternator) 내부의 정류 다이오드(diode)의 쇼트(short)를 의심 해 볼 수가 있다.

##  충전장치의 특성과 충전 회로

###  1. 올터네이터의 출력 전류

올터네이터(alternator)의 출력 전압은 IC 레귤레이터(regulator)에 의해 저속에서 고속 상태까지 일정 전압을 출력 하게 되지만 올터네이터(alternator)의 출력 전압(약14V)이 일정하다고 해서 출력 전류가 일정하게 출력 되는 것은 아니다. 엔진이 저속 상태에서 출력 전압을 일정하게 출력할 수 있는 것은 로터 코일(rotor coil)에 전류를 최대한 증가시켜 발전 전압을 증가 하고 있기 때문으로 올터네이터(alternator)가 저속 상태에서 비교적 전류 소모가 큰 전조등이나 에어컨(air-con) 등을 작동시키면 출력 전압(약 14V)은 전압 강하에 의해 저하 하게 된다.

이때 IC 레귤레이터(regulator)는 이 규정 전압을 유지하려고 로터 코일(rotor coil)에 흐르는 전류를 증가시키게 되지만 엔진 저속시 올터네이터의 출력 전류는 한계에 이루게 된다. 따라서 엔진이 저속시 부하에 의해 흐르는 대전류는 올터네이터(alternator) 자체 출력으로는 한계가 있어 배터리(battery)로부터 보충을 받게 되며 엔진이 고속 회전시에는 로터 코일(rotor coil)의 자속 쇄교에 비례하여 발전 전압이 증가하게 돼 로터 코일(rotor coil)에 적은 전류 만으로도 14V의 규정 전압을 유지할 수가 있다.

그러나 이와 같은 발전 전압은 엔진의 회전 속도에 정비례 해 발전 전압이 증가하여 출력 전류가 증가되는 것은 아니다. 이것은 스테이터 코일(stator coil)에서 발생하는 AC(교류) 전류는 코일 내를 흐르게 되어 코일 내에 흐르고 있던 전류가 변화를 하게 되면 그 코일에는 전류의 변화를 방해 하려는 방향으로 자기 유도 전압(역 기전력)이 발생하기 때문에 전류의 변화가 크면 클수록 전류의 흐름을 방해하려는 자기 유도 전압(역기전력)이 증가하게 돼 결과적으로 올터네이터(alternator)가 고속으로 회전하는 경우라도 출력 전류는 그림 (2-5)와 같이 포화 상태로 이루게 된다. 즉 엔진의 회전 속도가 증가하면 어느 일정 구간은 출력 전류가 증가하지만 일정 속도 이상이 되면 발전 전압의 교번 주파수가 증가하게 돼 코일(coil)로 흐르려는 전류는 오히려 감소하는 영향이 있기 때문으로 일정 속도 이상에서는 출력 전류는 포화 상태가 된다.

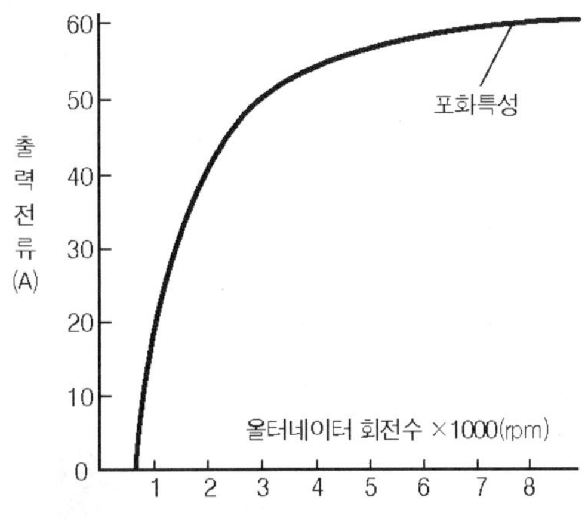


그림2-5 올터네이터의 출력 전류 특성

올터네이터(alternator)의 최대 출력 전류는 올터네이터(alternator)의 회전 속도가 5000rpm 정도에서 포화점에 이루기 때문에 실제로는 올터네이터(alternator)의 회전 속도가 5000rpm에서 최대 출력 전류를 표시하고 있다. 엔진의 크랭크 샤프트(crank shaft)의 풀리(pulley)비와 올터네이터의 풀리(pulley)비가 1 : 2.5이기 때문에 올터네이터의 회전수가 5000rpm 이라하면 엔진의 회전수는 2000 rpm이 된다.

즉, 엔진이 2000rpm에서 올터네이터(alternator)는 최대 출력 전류를 출력 할 수 있는 포화점에 접근 하였다고 보게 되는 것이다. 그러나 운전자는 올터네이터의 출력을 얻기 위해 엔진의 회전수를 항상 2000rpm 이상유지 할 수가 없기 때문에 올터네이터(alternator)를 설계할 때에는 저속시에도 배터리(battery)의 충전 부족이 일어나지 않도록 설계를 하고 있다. 이와 같이 올터네이터의 실제 주행 출력은 설계시 올터네이터(alternator)의 최고 출

력 보다도 1/2 ~ 2/3정도는 되어야 한다. 만일 주행 출력이 야간의 상용 부하(헤드라이트, 팬-모터 등)에 80% 이상이 되지 않으면 올터네이터(alternator)로부터 충전되는 배터리는 고부하에 의해 충전 부족 현상을 일으키게 된다.

　따라서 올터네이터(alternator)의 용량은 엔진 회전수가 2000~2500rpm 에서 발전하는 출력 전류(공칭 출력 전류)는 야간에 사용하는 상용 부하에 의한 전류의 량에 1.5배 이상이어야 좋으며 아이들링(idleing) 시에는 차량의 정차시 상용 부하에 충분히 전류를 공급하여 줄 수 있어야 한다. 또한 주행 출력(실효 출력)이 야간 상용 부하에 의한 전류량에 80% 이상이 되어야 한다. 여기서 야간 상용 부하란 야간 운행에 필요한 전조등 및 와이퍼 모터(wiper motor) 등을 작동하였다고 가정한 부하 들을 말하며 정차시 상용 부하란 미등 및 히터용 블로어 모터(blower motor) 등을 작동 시켰을 때 흐르는 전류량을 말한다.

## 2. 올터네이터의 온도 특성

　올터네이터(alternator) 내에는 코일을 많이 감아 놓아 코일 내에 전류가 흐르게 되면 코일의 저항분에 의해 $I^2R$의 줄(joul)열이 발생하기도 하고 로터(rotor)의 회전 자계에 의해 코어(core)에는 맴돌이 전류가 발생하여 열로서 발생하기도 한다.

　또한 엔진 룸(engine room)내의 온도는 약 70~130℃ 까지 상승하게 돼 올터네이터의 온도는 상승 분위기를 갖게 된다. 이렇게 올

사진2-10 **정류자측 냉간팬**

터네이터의 온도가 상승하면 올터네이터(alternator)는 출력이 감소하게 되며 심한 경우는 온도 상승에 의해 코일의 절연 피막이 연손되는 일이 일어날 수도 있다. 이것을 방지하기 위해 올터네이터 내에는 로터 코일(rotor coil)을 축으로 사진 (2-10)과 같이 풀리(pulley) 측 및 정류자측에 냉각 팬(fan)을 설치하고 있다.

　냉각 팬(fan)에 의해 흡입된 공기는 올터네이터의 IC 레귤레이터 측으로 흡입되어 다이오드(diode) 및 레귤레이터(regulator)를 냉각하고 다음으로 로터 코일 및 스테이터 코일을 냉각하여 온도가 올라가 흡인 공기는 배출측을 통해 배출하여 올터네이터 내부의 온도 상

승을 방지하고 있다. 최근에는 차량의 전기 부하 증가로 중량이 작으면서도 출력이 향상된 올터네이터가 장착되고 있다. 이에 따라 냉각 효율 또한 향상을 요구되고 있어 기존에 풀리측에 설치 된 냉각 팬을 정류자 측에도 설치하여 무엇보다도 열이 많이 발생하는 스테이터 코일에 직접 냉각을 시키고 있다.

기존의 방식은 냉각 팬이 풀리(pulley) 측에 1개 밖에 없어 외부의 공기의 흐름이 경로가 길어 비교적 냉각 효율이 떨어지는 반면 냉각 팬을 2개가 설치된 올터네이터는 풀리(pulley) 측에서 흡입한 공기는 풀리측 및 정류자 측으로 내 보내고 정류자 측에서 흡입된 공기는 정류자측 및 풀리측으로 내 보내는 공기 흐름의 경로가 짧아 냉각 효율이 높다. 올터네이터의 회전 속도와 온도의 관계는 그림 (2-6)와 같이 올터네이터(alternator)의 회전수가 약 3000rpm(엔진 회전수는 약 1200rpm) 부근에서 스테이터 코일(stator coil)의 온도가 최대가 된다.

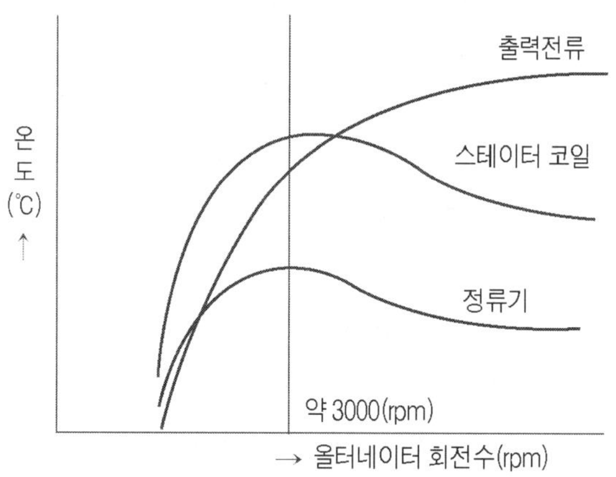


그림2-6 올터네이터의 회전수에 따른 온도

## 3. 올터네이터의 회로

그림 (2-7)의 IC 레귤레이터(regulator)회로를 집고 넘어가자. 이 회로는 점화 스위치(IG S/W) ON시 배터리의 전압은 S-단자를 거쳐 $R_1$ 과 $R_2$ 의 저항에 의해 분압돼 a점의 전압에 가해지게 되며 이때 분압된 전압은 배터리(battery) 전압에 의해 제너 다이오드 Dz에 가해지게 되는데 이 전압은 제너 전압이하로 되면 Dz(제너 다이오드)측으로 전류는 흐르지 못하게 되고 S-단자의 전압은 저항 Rc를 거쳐 파워 트랜시스터(power TR)의 B(베이스)에 가해지게 돼 파워 TR은 ON 상태가 된다. 파워 TR의 ON상태가 되면 L-단자를 거쳐 공급되고 있던 배터리 전압은 로터 코일(rotor coil)에 전류를 흘려 로터 코일(rotor coil)은 배터리 공급분만큼 여자되고 L-단자의 전압은 약 0.6V 정도로 낮아져 충전 경고등은 점등되게 된다.

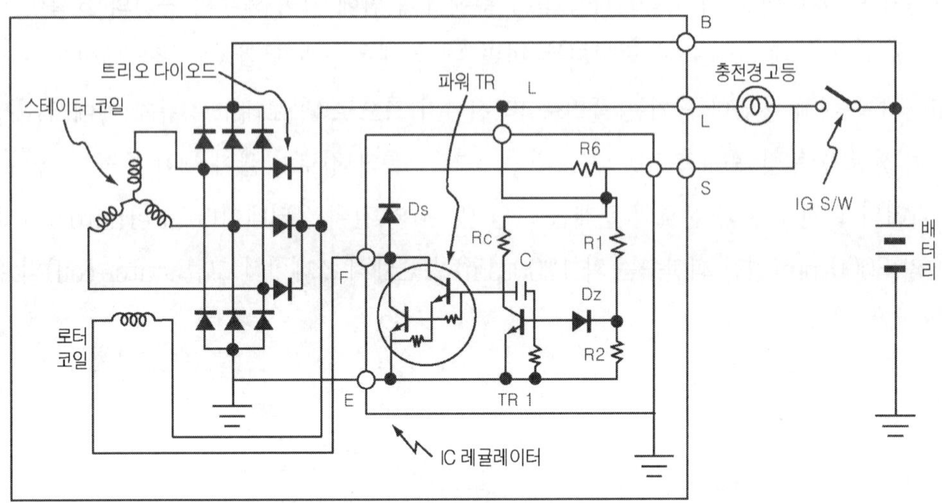


그림2-7 IC 레귤레이터 회로(올터네이터)

엔진이 회전하여 올터네이터(alternator)의 발전 전압이 14V 이하가 되면 이 전압이 그대로 S-단자를 거쳐 $R_1$ 과 $R_2$ 의 저항에 의해 분압되어 a점의 전압에 가해지게 된다. 이때 분압된 전압은 발전 전압에 의해 분압 되어 제너 다이오드 Dz에 가해지게 되지만 제너 전압이하가 되어 Dz 측으로 전류는 흐르지 못하게 되고 S-단자의 전압은 저항 Rc를 거쳐 파워 트랜지스터(power TR)의 B(베이스)에 가해지게 돼 파워 TR은 ON상태가 되고 파워 TR의 ON 상태에 의해 로터 코일(rotor coil)에 공급 되고 있던 발전 전압은 로터 코일(rotor coil)을 여자 시킨다. 로터 코일(rotor coil)에 공급하고 있던 전압은 이때에는 트리오 다이오드(trio diode) 일명 보조 다이오드에 의해 정류된 전압이 로터 코일(rotor coil)에 공급 전압으로 이용되고 있다. 이 전압은 L-단자에 걸려 있어 충전 경고등은 정류 다이오드(diode)에 의해 가해진 전압과 트리오 다이오드(trio diode)에 가해진 전압이 서로 등전위가 돼 소등 되게 된다.

엔진이 회전수가 상승하여 발전 전압이 14V 이상 발생하면 이 전압은 B-단자를 거쳐 배터리(battery)에 공급하게 되고 S-단자를 거쳐 $R_1$ 저항과 $R_2$ 저항에 의해 분압 된다. a 점의 전압은 제너 전압 이상이 되어 제너 다이오드(zener diode)를 거쳐 트랜지스터 (transistor) $Tr_1$ 의 B(베이스)전압에 가해져 $Tr_1$ 은 턴-온(turn on) 상태가 된다. 이렇게 $Tr_1$ 이 턴-온(turn on)상태가 되면 S-단자에 가해진 발전전압은 저항 Rc를 통해 접지 (earth)상태가 되므로 파워 TR의 B(베이스)측에 바이어스(bias) 전압을 공급하지 못하게 돼 결국 파워 TR은 OFF 상태가 된다.

사진2-11  ALT 내의 IC 레귤레이터

파워TR이 OFF가 되면 트리오 다이오드(trio diode)에 의해 정류 전압이 F-단자를 통해 로터 코일(rotor coil)에 공급되고 있던 전원을 차단하여 로터 코일(rotor coil)은 여자 되지 못하고 스테이터 코일(stator coil)에 발생되는 발전 전압은 일시 중단하게 되어 14V 이상 상승하는 것을 억제하고 다시 14V 이하가 되면 전과 같은 과정을 반복하게 된다. 이렇게 IC 레귤레이터(regulator)는 14 V ± 0.5V (올터네이터의 종류에 따라 다소 차이는 있다)전 압을 일정하게 유지하여 전기 부하로 일정한 전압을 공급하는 기능을 가지고 있다.

또한 정전압 레귤레이터(regulator) 회로는 부하측에 사용하는 전류 용량이 증가하면 증가한 만큼 트리오 다이오드(trio diode)에 흐르는 전류분은 증가하게 돼 로터 코일 (rotor coil)에 흐르는 여자 전류를 증가 시켜 충전 전류도 증가하게 된다. 결국 레귤레이 터는 발전 전압을 일정하게도 하지만 충전 전류도 동시에 조절하는 기능을 가지고 있다. 이와 같은 지식을 배경으로 다음 충전 장치를 점검하여 보자.

## 4 충전장치의 점검

### 1. 충전장치의 고장

충전 장치는 자동차 전기 회로에 가장 근본이 되는 전기 장치로 충전 장치에 이상이 발생하면 배터리는 충전 부족으로 인한 방전으로 이어져 엔진의 출력이 떨어지게 되고 연비 악화로 이어져 심한 경우에는 주행 불능 상태로 이어질 수 있는 중요한 장치이다.

이러한 충전 장치의 고장은 흔히들 올터네이터(alternator) 자체만을 생각하지만 충전 장치의 고장은 올터네이터의 단품뿐만 아니라 충전 회로에 결함으로도 나타나므로 시스템(system)적 사고을 갖는 것이 좋다. 충전 장치의 고장 현상은 배터리(battery)의 충전 부족, 충전 경고등의 점등 현상에 의한 올터네이터의 단품 불량, 올터네이터의 트러블(trouble)에 의한 배터리의 과충전 현

사진2-12 장착된 올터네이터

상, 그 밖에 올터네이터의 이음 발생 등을 예을 들 수가 있다. 예컨대 배터리의 충전 부족 현상은 올터네이터의 단품 불량으로만 볼 수 없는 현상으로 정확한 진단 없이는 오수리로 이어 질수 있는 현상이다. 또한 올터네이터는 엔진의 회전을 벨트(belt)를 걸어 발전하도록 하는 발전기로 벨트의 장력 조정이 잘 못 되거나 전기 부하가 과다한 경우에는 올터네이터에 기계적인 충격이 가해지게 되어 베어링(bearing) 소음 등의 이음으로 나타날 수 있다.

### 2. 충전장치의 점검 절차

충전 장치의 고장 현상은 여러 가지로 나타날 수 있지만 크게 나누어 보면 충전 불량이냐 아니냐 하는 문제로 올터네이터의 교환 작업만으로도 쉽게 정비가 가능한 경우가 많다. 그러나 충전이 안되는 경우라도 올터네이터의 단품상에 문제인지, 충전 회로 상에 문제인

지, 올터네이터 벨트(belt)의 장력상에 문제인지는 진단을 통해 판별 할 줄 알아야 한다.

따라서 충전 장치의 고장 점검은 충전이 안되는 경우라도 올터네이터의 결함으로 바로 판단하지 않고 원인 개소를 그림 (2-8)의 흐름도와 같이 논리적 접근을 통해 오수리가 발생되지 않도록 습관화 하는 것이 중요하다.

충전이 안되는 경우라면 우선 충전 경고등부터 확인하는 것이 순서이다. 충전 경고등의 엔진 회전중에 점등되는 것은 앞서 충전 회로에도 설명하였듯이 트리오 다이오드(trio diode)의 단선 또는 쇼트(short)를 생각 할 수 있는 것과 브러쉬(brush)의 마모에 의해 필드 코일(field coil)이 정류자와 접촉 불량인 경우를 생각 할 수 있다.

충전 경고등은 소등 상태인데 충전이 안되는 경우는 그 원인이 여러 가지로 나타날 수 있는 현상으로 단순히 올터네이터(alternator) 불량으로 단정하는 경우에는 뜻밖에 낭패를 볼 수가 있어 경험이 풍부한 전문가라 하더라도 논리적 접근을 습관화 하는 것이 좋다.

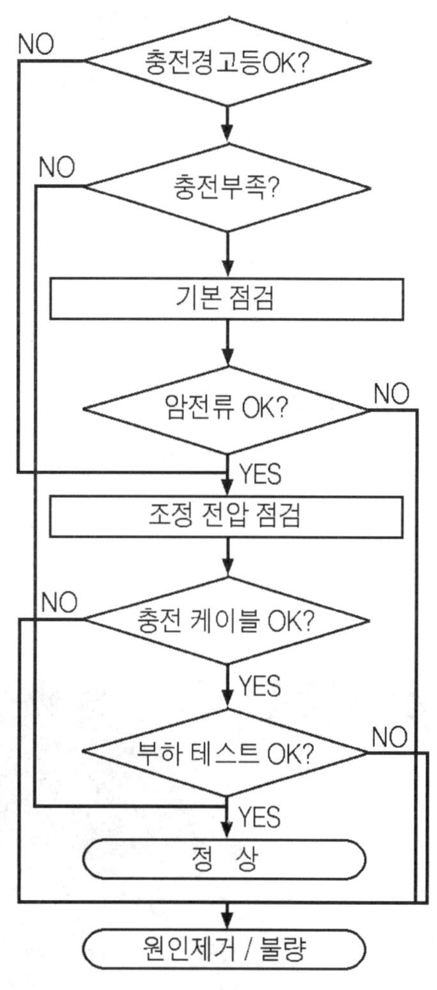


▲ 그림2-8  충전장치 점검 절차

오수리 방지 및 정비 시간 단축은 기본 점검부터 하나씩 점검하여 원인을 추구하여 진단하는 것이 가장 빠른 정비의 방법이며 오수리를 예방하는 지름길이다.

충전부족 현상은 올터네이터의 단품상에 결함이 아닌 다른 결함에 의해 발생 할 수 있는 요소가 있어 앞서 설명한 암전류는 이상이 없는지, 올터네이터의 조정 전압은 이상은 없는지, 충전 회로는 이상이 없는지, 올터네이터의 부하 테스트는 이상 없는지를 판별 할 수 있는 능력을 쌓아 나가도록 한다.

## 3. 충전장치의 기본 점검

충전 장치의 고장은 전기적인 결함 외에 기계적인 사항에 의해 충전 부족 현상이 발생할 수도 있어 오진에 의한 재수리를 방지하기 기본 점검부터 해 나가는 것이 바람직스럽하다. 충전 장치의 기본 점검은 먼저 배터리의 터미널(terminal)의 연결 상태는 이상이 없는지 배터리 터미널의 유격 상태를 손으로 가볍게 흔들어 확인하여 본다.

두번째 올터네이터(alternator)의 B-단자의 연결 상태를 확인하기 위해 B-단자 케이블 손으로 가볍게 흔들어 확인하여 본다. 배터리의 터미널 접촉 상태와 충전 케이블의 연결 상태가 이상이 없는 경우에는 올터네이터의 벨트의 장력 및 손상 정도를 확인한다. 올터네이터의 벨트(belt)의 장력은 경험이 풍부한 사람인 경우에는 벨트의 텐션(tension)을 손으로 눌러 감각의 의존만으로도 장력검사가 가능하지만 초심자의 경우에는 약 5분 정도 공회전 후 벨트의 장력 검사나 본인이 알기 쉬운 노하우(know how)를 축적하여 두는 것이 좋다.

사진2-13 터미널의 조임상태 점검

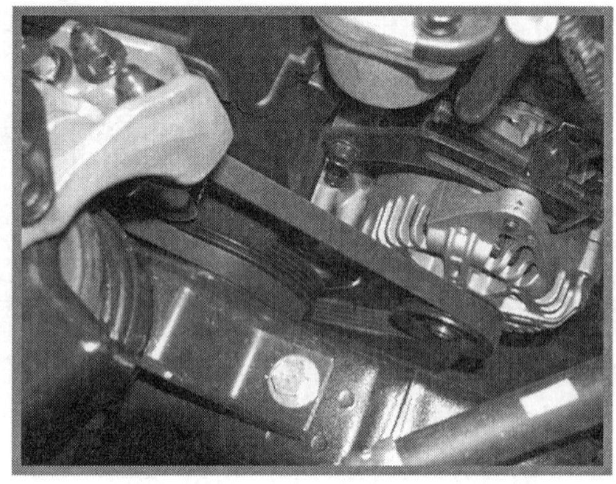

사진2-14 ALT벨트의 장력 점검

벨트의 간이 장력 점검 방법으로는 약 10kg의 하중의 힘으로 눌렀을 때 벨트(belt)의 신장이 약 1(㎝) 정도 늘어나면 좋다. V-벨트의 경우에는 풀리(pulley)의 홈에 정확히 맞는지 확인하고 풀리의 접촉면에 마모가 없는지 확인한다. 올터네이터(alternator)의 벨트 장력은 차종에 따라 다르지만 일반적으로 승용차의 경우에는 약 40~70kg 범주이다.

넷째 점화 스위치를 OFF 하고 그림 (2-9)와 같이 멀티 테스터(multi tester)를 이용하여 올터네이터의 B-단자와 S-단자에 전압을 측정하여 배터리 상시 전원 12V가 측정되지 않으면 퓨즈(fuse)의 연결 상태를 확인 한다. 다섯째 점화 스위치를 ON 하고 계기판의 충전 경고등을 확인한다.

만일 충전 경고등이 점등 되지 않아 기본 점검을 하는 경우라면 올터네이터의 커넥터(connector)를 탈거하여 와이어 하니스(wire harness)측의 L-단자를 접지하여 본다. 이때 충전 경고등이 점등이 되면 와이어 하니스(wire harness)측의 충전 경고등 회로는 정상이지만 충전 경고등이 점등되지 않는 경우는 충전 경고등으로 공급되는 IGN 전원의 퓨즈(fuse) 단선 되었거나 충전 경고등의 필라멘트(filament)가 단선된 것을 의심할 수가 있다.

점검 결과 충전 경고등 회로는 이상이 없는 데도 불구하고 엔진 시동시 충전 경고등이 소등되지 않는 경우라면 올터네이터 내의 전압 레귤레이터(regulator)가 이상이 있는 것으로 판단할 수 있다. 올터네이터의 충전 경고등이 엔진 시동시 소등된다는 것은 올터네이터의 출력이 발생한다는 것을 의미하므로 충전장치의 점검중 충전 경고등의 점등 상태를 확인하는 것은 기본적으로 확인 하여야 하는 항목 중에 하나이다.

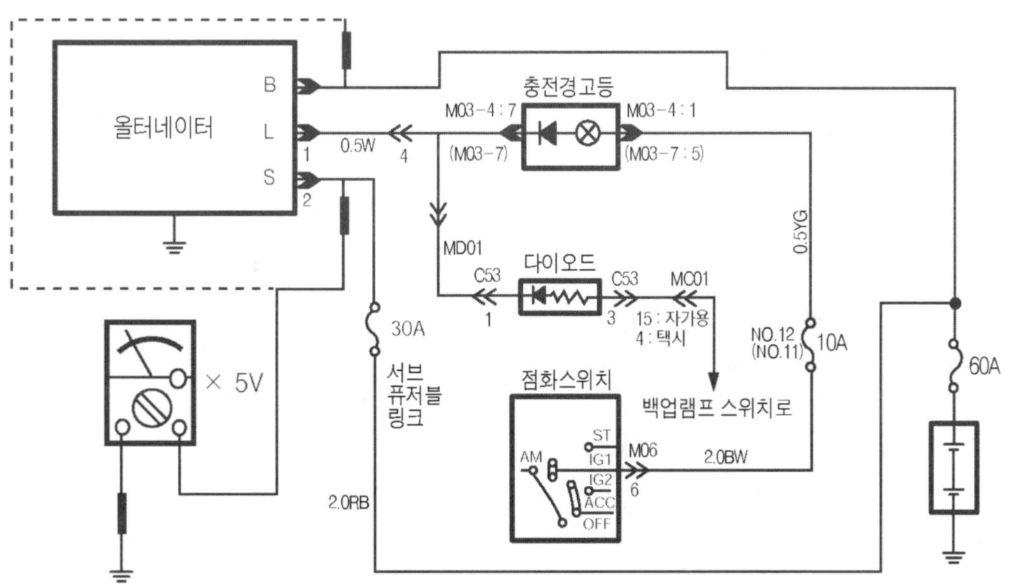


그림2-9  B 단자와 S 단자의  진압 측정(충전회로)

## 4. 올터네이터의 조정 전압 점검

올터네이터의 조정 전압 점검은 배터리(battery)의 과충전 현상이나 충전 부족 현상이 발생하는 경우 기본적으로 점검하여야 하는 항목으로 14 ± 0.5V를 기준으로 하고 있지만 자동차의 종류에 따라 다소 사양이 차이가 있다.

점검 방법은 멀티 테스터(multi tester)의 측정봉을 그림 (2-10)과 같이 올터네이터의 B-단자에 접속하여 엔진 회전수를 서서히 700~3000rpm 정도 상승하여 측정 전압이 조정 전압 (14±0.5V at 20℃)의 범위에 있으면 정상이다. 그러나 이 조정 전압은 올터네이터(alternator)의 내부의 전압 레귤레이터(regulator)에 의해 조정되는 전압으로 온도에 따라서 미량으로 변화하게 되므로 조정 전압 주위 온도가 추운 경우에는 조정 전압 범위를 조금 벗어났다고 하여 올터네이터의 이상으로 판단하여서는 안된다.

그림2-10 B단자 전압 측정

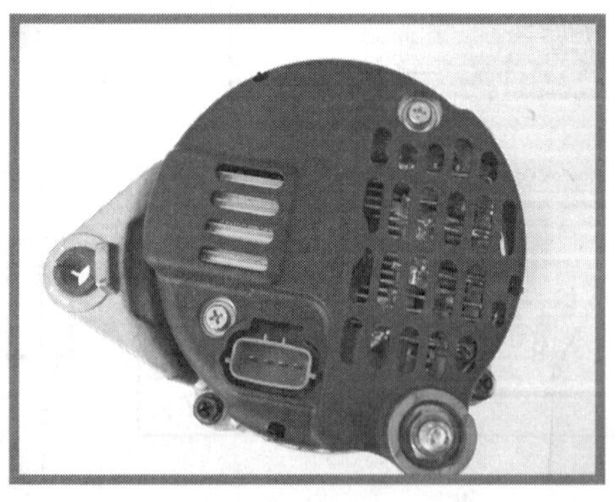

사진2-15 올터네이터의 B단자

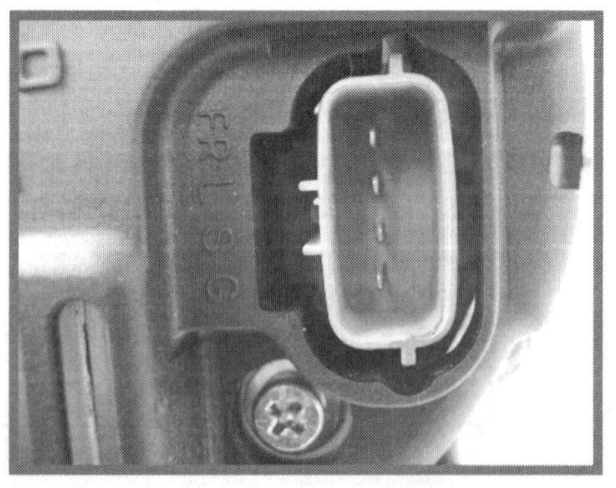

사진2-16 올터네이터의 단자부

또한 조정 전압은 부하 전류가 증가하면 조정 전압은 다소 떨어지게 되는데 이 때에도 조정 전압 이하에서 약간 벗어 낫다고 하여 이상으로 판정하여서는 안된다.

일반적으로 조정 전압은 15V 이상인 경우에는 배터리의 과충전으로 이어져 배터리의 수명이 단축되게 되며 13.5V 보다 낮은 경우에는 배터리의 충전 부족 현상으로 이어질 수 있다. 조정 전압이 13.5V 보다 낮은 경우에는 여름철 에어컨(air-con) 부하 같은 고부하 상태에서는 13.5V 이하로 조정 전압이 내려가기 때문에 충전 부족 현상으로 이어지게 된다.

## 5. 충전회로의 점검

올터네이터(alternator)의 충전 전압이 그림 (2-10)과 같이 측정하여 조정 전압 범위 (13.5 ~ 14.5V)에 있다 하더라도 충전 부족 현상이 일어나는 것은 배터리(battery)의 단품 상에 기인한 것도 있지만 올터네이터로부터 공급되는 전선의 노화에 의한 저항 증가나 올터네이터의 B-단자간 접촉 불량에 의해서도 충전 부족 현상이 일어날 수 있다. 또한 충전 회로에 의해 발생되는 배터리의 충전 부족 현상은 크랭킹(cranking)시 시동 곤란으로 이어지게 되기도 한다. 이러한 충전 부족 현상에 의한 충전 장치의 진단은 정확히 진단하지 않으면 오진에 의해 재수리를 야기 할 수 있는 고장 현상 들이다.

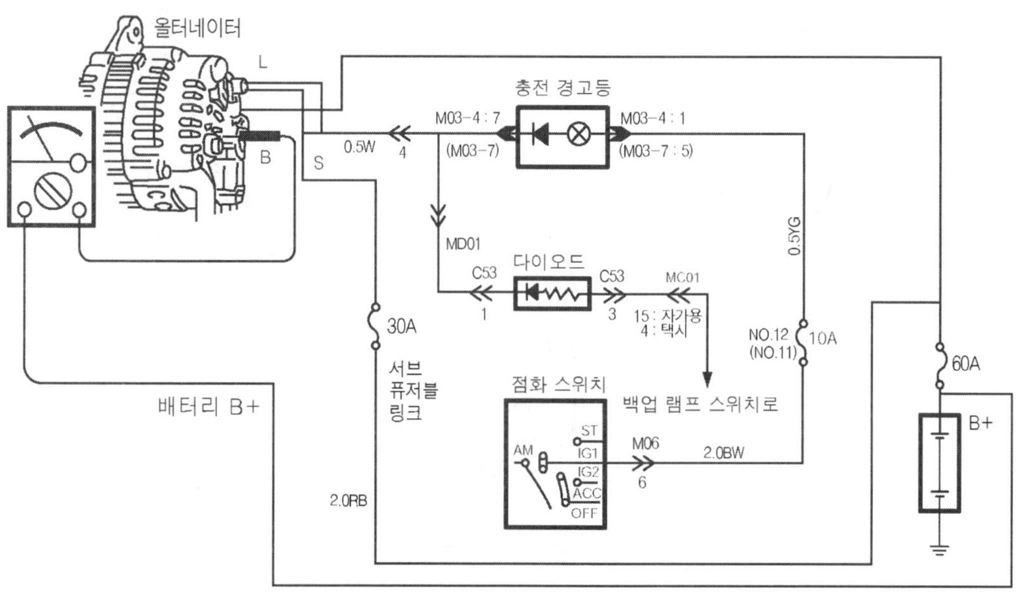


그림2-11  B 단자의 충전 케이블 전압 점검

충전 케이블(cable)의 노화 상태 점검은 엔진이 회전중에 그림 (2-11)과 같이 멀티 테스트를 이용하여 올터네이터의 B-단자에 테스터의 +(플러스)측정봉을 접촉하고 배터리의 +(플러스) 터미널에 테스터의 −(마이너스) 측정봉을 접촉하여 올터네이터의 B+ 케이블의 선간 전압 강하가 0.5V 이하이면 정상이다. 예를 들어 올터네이터의 조정 전압을 측정 하였더니 13.5V 이고 올터네이터의 B+ 케이블(cable)의 선간 전압 강하를 측정하였더니 0.7V 이라면 배터리에 공급되는 전압은 13.5V − 0.7V = 12.8V 가 되므로 이 상태에서 높은 부하의 사용은 12.8V 이하의 전압이 배터리의 공급 전압으로 공급 되어 배터리는 충전 부족 현상이 일어나는 조건을 갖추게 되는 것이다. 그러나 실제에는 선간 전압 강하분은 0.7V 이하인 경우에도 정상인 경우가 많다.

또한 올터네이터(alternator)의 어스(earth) 상태를 점검하기 위해 그림 (2-12)와 같이 멀티 테스터의 측정봉을 배터리의 −(마이너스) 터미널과 올터네이터의 몸체에 접촉하여 0.1V 이어야 좋다. 만일 어스(earth)의 접촉 상태가 불량하여 이 전압이 0.1V를 크게 상회 하는 경우에는 원인을 파악하여 제거하여 주어야 한다. 충전 회로에 어스 상태가 불량하면 배터리의 충전 부족 현상은 물론 올터네이터 자체의 발열로 인해 올터네이터의 출력 특성 은 현저하게 악화 될 수 있기 때문이다.

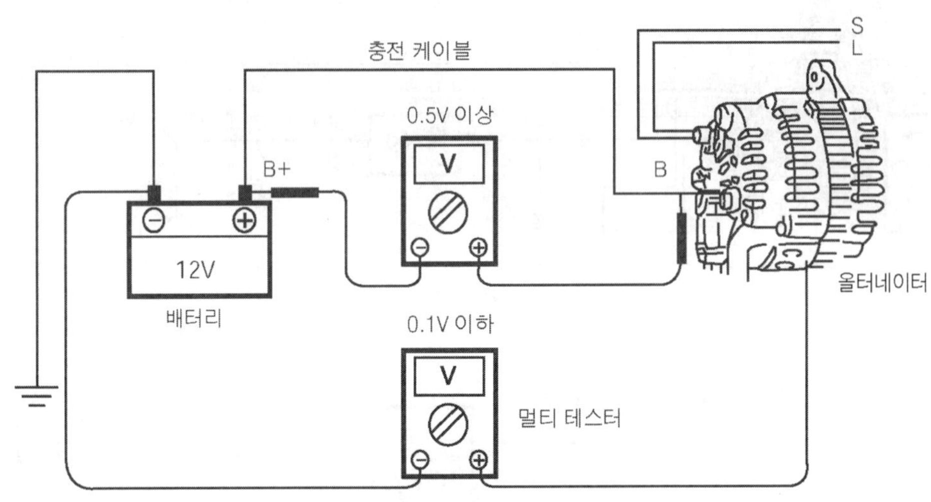


🔺 그림2-12 충전회로 점검

## 6. 올터네이터의 출력 테스트

올터네이터(alternator)의 출력 테스트는 올터네이터가 부하에 공급 할 수 있는 전류의 능력을 점검하는 테스트(test)로 올터네이터의 양부를 점검하는 중요한 시험이다.

올터네이터에 전류 공급 능력을 측정하기 위해서는 올터네이터(alternator)에 부하를 걸어 출력하는 능력을 점검하는 시험으로 사진(2-15)과 같은 충전계 전용 점검 장비를 이용하여 점검하면 편리하게 진단 할 수 있다.

▲ 사진2-17 VAT-60 테스터

먼저 그림 (2-13)과 같이 올터네이터의 B-단자에서 출력 되는 전류를 측정하기 위해 올터네이터의 B-단자에 전류 클램프(clamp)를 걸고 배터리(battery)의 양단간에는 전기 부하를 걸 수 있는 클립(clip)을 연결하여 전류량을 다음과 같이 측정한다.

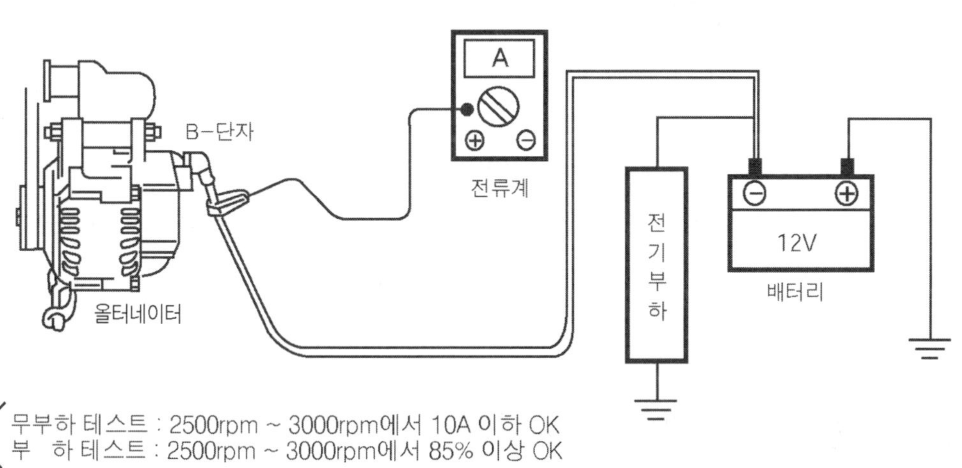


▲ 그림2-13 올터네이터 출력 테스트

### [1] 무부하 출력 전류 테스트

무부하시 출력 테스트는 엔진 회전수를 공회전 상태(750±50rpm)에서부터 서서히 엔진 회전수를 약 3000rpm 까지 상승하여 출력되는 전류가 10A 이하에 있으면 정상이다.

### [2] 최대 출력 전류 테스트

올터네이터(alternator)의 최대 출력 전류량을 확인하기 위한 시험으로 엔진 회전수를 2500~3000rpm 범주에서 유지한 채로 부하를 최대한 걸어 올터네이터에서 출력되는 전류량이 올터네이터의 최대 정격 출력에 90% 이상 출력 되면 정상이다. 이때 주의 할 점은 최대 출력 시험은 5초 이상 지속하여서는 안된다.

올터네이터의 전류의 증가는 내부 스테이터 코일(stator coil)과 로터코일 (rotor coil)의 온도 상승으로 이어져 올터네이터는 출력은 현저하게 감소하는 현상을 가져오게 되므로 가능한 짧은 시간에 점검을 하여야 한다. 또한 전류 클램프(clamp)를 그림 (2-13)과 같이 올터네이터의 B-단자에 연결 할 수 없는 공간으로 부득이 하게 배터리(battery)의 −(마이너스) 터미널에 연결하는 경우에는 올터네이터에서 출력되는 전류를 량을 직접 측정 할 수 없게 된 것으로 다른 부하를 감안하여 올터네이터의 최대 정격 출력에 85% 이상이면 양호하다고 판정 할 수 있다.

### [3] 간이 출력 전류 테스트

VAT-60과 같은 충전계 전용 점검 장비가 없는 경우에는 올터네이터(alternator)의 B-단자에 전류 클램프(clamp)식 전류계를 연결하고 자동차의 전기 부하를 걸어 확인 한다. 엔진의 회전수를 2500~3000rpm 범주로 유지한 채 자동차의 전기 부하(헤드라이트는 약 15A, 뒤 유리 열선 약 20A, 에어컨은 약 20A 등)를 이용하여 올터네이터의 정격 전류에 85% 이상 출력되면 정상으로 간주 할 수 있다.

 **5** 올터네이터의 점검

## 1. 올터네이터의 이음 점검

엔진의 회전 중에 올터네이터(alternator)의 벨트(belt) 및 올터네이터로부터 발생하는 이음은 없는지 확인 한다. 엔진(engine)의 회전중에 나는 이음은 전문가 아니면 정확한 위치를 판단하는 것은 쉽지 않지만 엔진의 벨트(belt) 부에서 나는 음인지 구동축의 베어링(bearing) 부에서 나는 음인지를 구분하는 것은 그다지 어렵지 않다. 이것은 엔진의 회전 중에 벨트의 내측에 물을 분무하여 이음이 사라지면 벨트의 마모 또는 소손에 의한 음으로 판단하지만 변화가 없는 경우는 구동축의 베어링(bearing) 부의 이음을 의심 할 수가 있다.

올터네이터의 베어링(bearing) 부의 이음을 확실히 확인하기 위해서는 올터네이터를 탈착하여 회전부를 손으로 돌려 이음이 들리면 올터네이터의 베어링 소손으로 판정한다. 또한 올터네이터의 내부에 정류 다이오드(diode)의 쇼트나 스테이터 코일(stator coil)의 내부 쇼트에 의해 스테이터 코일에서 발생하는 자계의 세기가 언밸런스(unbalance)되어 회전자계에 의해 우는 소리가 들리는 경우가 있다. 이 경우에는 올터네이터의 S-단자의 전압을 측정하여 보거나 스코프(scope)를 이용하여 올터네이터의 출력 파형을 점검 하면 쉽게 원인을 확인할 수가 있다.

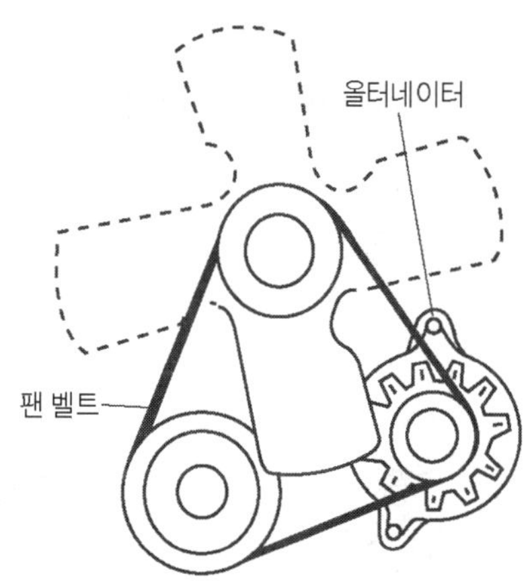


그림2-14 벨트의 장력 및 이음 점검

## 2. 정류 다이오드 점검

점화 스위치 ON시 올터네이터의 L-단자의 전압을 측정하는 것은 필드 코일(field coil)에 전류가 정상적으로 흐르고 있는 것을 확인하기 위한 것으로 그림 (2-15)와 같이 멀티 테스터의 측정봉을 +(플러스) 봉은 올터네이터의 L-단자에 접촉하고 -(마이너스) 봉은 어스(earth)에 접촉하여 테스터의 지침이 3V 이하이면 IC 레귤레이터의 파워 TR의 정상적으로 동작하여 필드 코일에 전류가 정상적으로 흐르고 있다는 깃을 의미한다.

올터네이터(alternator)내의 정류 다이오드(diode)의 6개중 1개가 파손 되었다 해서 배터리에 충전이 안되는 것은 아니다. 정류 다이오드의 파손은 올터네이터의 출력 효율을 현저히 떨어뜨려 고부하시 배터리에 충전 부족 현상을 야기 하게 되고 올터네이터의 충전 효율 저하로 배터리(battery)의 수명이 짧아지는 원인이 된다.

따라서 이와 같은 고장 점검은 정류 파형을 통해 진단하는 방법과 그림 (2-16)과 같이 올터네이터의 B-단자와 L-단자간 전압 측정을 통해 확인하는 방법이 있다. 정류 다이오드의 점검 방법은 올터네이터의 B-단자와 L-단자의 전위차를 비교하여 0.6V 이상이 초과하면 올터네이터의 내부의 정류 다이오드가 이상이 있다고 판단한다.

만일 올터네이터 내의 +(플러스) 다이오드가 단선되는 경우에는 올터네이터의 B-단자 전압이 내려가게 되어 B-단자와 L-단자간 전위차가 0.6V 이상이 되게 되며 반대로 −(마이너스) 측의 다이오드가 단선이 되는 경우에는 L-단자의 전압이 내려가게 돼 B-단자와 L-단자간 전위차는 0.6V 이상이 되게 된다.

이때 주의해야 할 점은 엔진의 회전수를 아이들 상태(약 750 ±50rpm)에서 측정하여야 한다. 특히 보조 다이오드(trio diode)가 단선되는 경우에는 올터네이터의 B-단자와 L-단자간 전위차가 S-단자의 커넥터(connector)를 제거 하였을 때 크게 나타나므로 보조 다이오드(trio diode0의 단선도 예측 할 수가 있다.

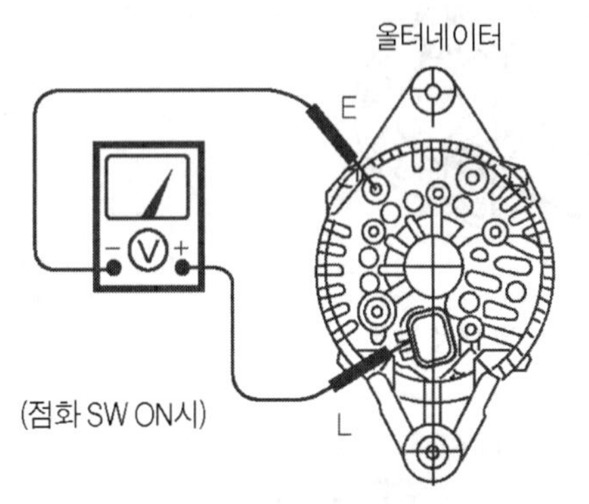


점화 S/W ON시 올터네이터의 몸체와
L-단자 간의 전압을 측정하여
3V이하이면 정상이다.

▲ 그림2-15 L 단자 전압 측정

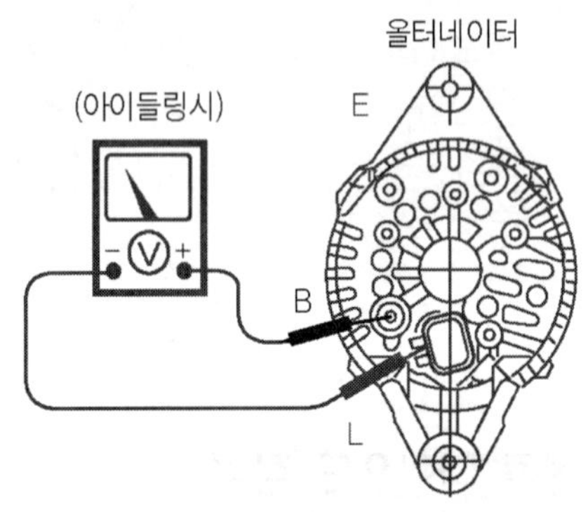


B-L 단자간 전압을 측정하여 0.6V이하이면
정류 다이오드는 정상이다.

▲ 그림2-16 정류 다이오드 점검

# 3. 파형에 의한 점검

자동차에 사용되는 올터네이터(alternator)는 +(플러스)측 다이오드(diode) 3개와 -(마이너스)측 다이오드(diode) 3개를 이용하여 3상 전파 정류를 하는 회로로 위상이 서로 60°차를 가지고 있어 올터네이터의 출력 파형을 오실로스코프로 관측하면 그림 (2-17)의 (a)와 같이 파형이 파도가 치듯 너울거리는 리플 파형 모양이 나타난다.

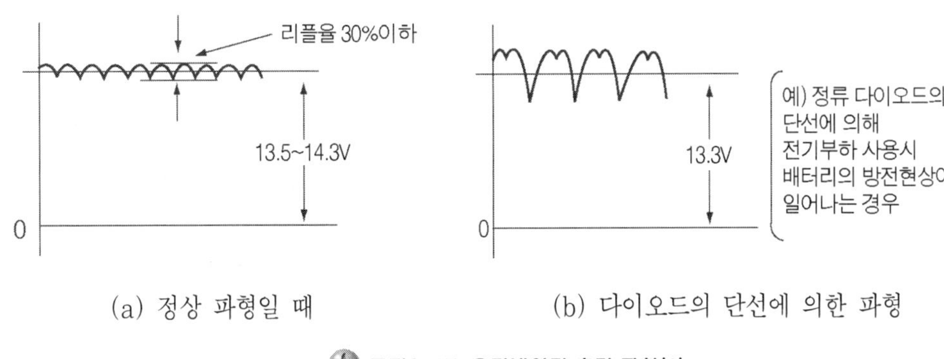


(a) 정상 파형일 때      (b) 다이오드의 단선에 의한 파형

그림2-17 올터네이터 출력 파형(1)

그러나 내부의 정류 다이오드 나 트리오 다이오드(trio diode)가 단선 또는 쇼트가 되는 경우에는 리플(ripple) 파형은 그림 (2-17)의 (b)와 같이 파형의 산이 거칠게 나타나게 된다. 리플율이란 직류 성분의 평균치의 전압값과 교류 성분의 실효값의 비를 백분율로 나타낸 것으로 Vrms/Vdc로 나타내고 있어 이 값이 작을수록 정류 회로의 효율은 높은 것을 나타낸다.

따라서 그림 (2-17)의 (b)와 같이 +(플러스)측 다이오드가 단선되어 나타나는 파형은 리플율이 크며 이러한 경우에는 충전 경고등으로는 나타나지는 않지만 전기 부하를 주로 사용하는 야간 주행시에는 충전 효율이 떨어져 배터리(battery)로 충전하는 전류보다 사용하는 전류량이 많아지게 돼 배터리(battery)는 충전 부족 현상이 일어나게 된다. 따라서 이러한 경우에는 오실로스코프(oscilloscope)를 사용하여 파형을 점검하는 것도 좋다.

그림 (2-18)의 (a)와 같은 파형은 리플(ripple) 전압은 정상이지만 충전전압이 낮은 경우로 IC 레귤레이터의 이상으로 판단 할 수 있는 파형 모습이며 그림(b)의 경우는 IC 레귤레이터와 +(플러스) 측 다이오드가 단선이 되어 리플이 크게 나타나는 모습을 하고 있는 파형이다. 3상 전파 정류 회로의 리플율은 120 이상이 되는 경우를 불량으로 보는데 실제 리

플율 스코프로 관측하여 환산하는 경우는 디지털 스코프를 사용하지 않으면 쉽지 않기 때문에 파형의 형상을 보고 판단한다.

　스코프를 이용한 파형 관측은 헤드라이트와 같은 전기 부하를 건 상태에서 엔진의 회전수를 1000~1500rpm 정도로 상승시켜 측정한다. 특히 스코프의 입력측정 선택 스위치를 AC(교류)에 위치하여 측정하여야 한다.

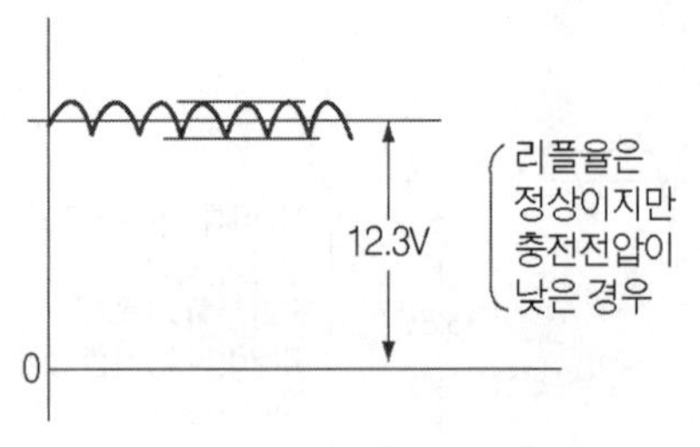


(a) IC 레귤레이터의 이상인 경우

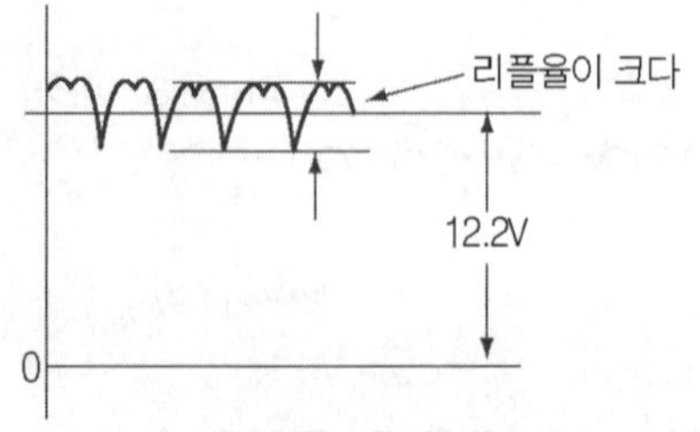


(b) 다이오드 및 레귤레이터의 이상인 경우

그림2-18  올터네이터의 출력 파형(2)

　그림 (2-19)의 (a)의 파형은 리플율은 정상인데도 충전 전압이 규정치 보다 높은 경우로 배터리에 과충전이 예상되는 파형으로 배터리의 과충전은 배터리의 수명이 단축으로 이어지게 되고 충전 전압이 17V이상 발생되는 경우에는 자동차에 설치된 전장품에 치명적인 손상을 가져오게 되기도 한다.

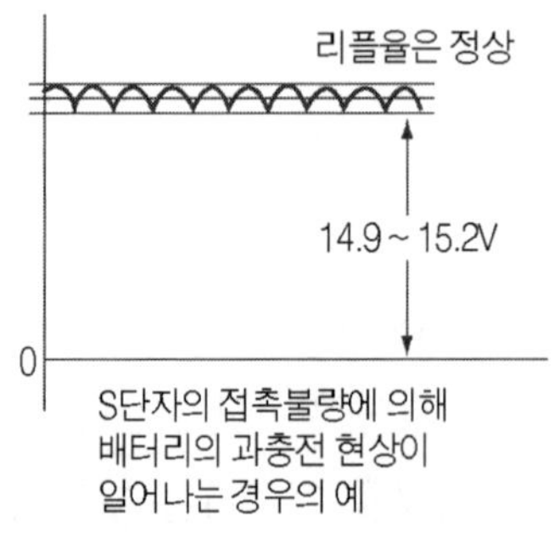


(a) 정전압 회로의 이상 파형

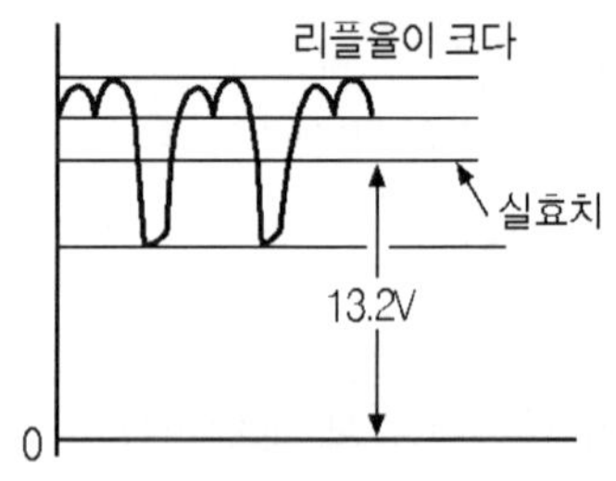


(b) 정류 다이오드의 단선에 의한 파형(예)

그림2-19  올터네이터의 출력 파형(3)

## 6 충전장치 고장 사례

### 1 배터리방전

## 하루만 주차하여도 배터리가 방전

◆ 차    종 : 마이티 2.5T/1998년식
◆ 주행거리 : 91,200km

### 현 상

하루만 주차장에 주차하여도 아침 출근시 시동이 곤란하다고 입고한 2.5T 화물차이다. 먼저 배터리(battery)의 전압을 측정하여 보니 12.8V이고 조정 전압을 점검하면 14.3V로 규정 전압 내에 있어 정상이다.

### 점 검

배터리를 점검하기 위해 헤드라이트를 켜고 표충 전압을 점검하면 12.8~12.3V까지 강하하여 정상으로 판단하였다. 멀티 테스터의 프로브를 전류 잭(jack)에 삽입하고 선택 스위치를 전류 레인지(range)에 위치하여 배터리의 +(플러스) 케이블을 탈거하여 암전류를 측정해보니 테스터의 전류 지시값은 규정 전류(승용차 기준 35mA)를 훨씬 초과하는 150mA가 측정 되었다.

### 원 인

원인을 확인하기 위해 엔진룸의 퓨즈 박스(fuse box)의 퓨즈를 하나씩 제거하는 순간 멀티 테스터의 지침이 떨어지는 것을 확인하고 퓨즈의 용도를 확인하여 보니 프리 히터 퓨즈(pre heater fuse) 15A짜리 퓨즈이다. 원인 부품을 확인하기 위해 회로도를 살펴보면 프리 히터 컨트롤 유닛을 통해 히터 릴레이(heater relay)를 제어하고 있는 방식으로 일단 히터 릴레이와 프리 히터 컨트롤 유닛(pre heater control relay unit)을 탈착하여 보기로 하고 멀티 테스터를 다시 연결하여 히터 릴레이를 제거하여 보면 멀티 테스터의 지침이 떨어지는 것을 확인할 수 있었다.

원인은 히터 릴레이(heater relay)로 판단하고 히터 릴레이를 교환한 후 암전류를 측정하여 보면 28mA까지 떨어지는 것을 확인하고 히터 릴레이를 확신할 수 있었던 사례이다. 릴레이(relay)는 강자성체를 이용한 전자석으로 전류를 흘리면 철편은 자화가 되고 전류를 흘리면 곧 철편은 자화력을 상실하는 강자성체를 사용하지만 자화가 상실한 자성체라도 히스테리시스(hysteresis) 현상을 가지고 있어 일정분 허용치를 넘는 보지력과 릴레이의 스프링 텐션(tension)의 약화로 인해 코일에 전류를 차단하여도 접점이 떨어지지 않는다고 생각한 고장 사례이다.

## 2 배터리방전

# 엔진의 부조와 배터리 방전

◆ 차  종 : 쏘나타Ⅲ
◆ 연  식 : 1996년식
◆ 주행거리 : 94,000km

### 현 상

차량이 진동이 심하고 배터리의 방전에 의해 시동이 곤란하여 입고된 차량이다. 이 차량은 2개월 전 air-flow 센서 이상으로 throttle-body ass'y를 교환한 차량으로 주행거리와 연식이 조금 지난 차량이라 올터네이터의 브러시 마모 등에 의해 충전불량으로 생각하였으나 액셀러레이터 페달을 조금 밟으면 충전 전압은 14.5V 까지 상승하고 액셀러레이터 페달을 놓으면 아이들 회전수는 약 570rpm 정도로 규정치 보다 훨씬 밑도는 낮은 상태이다.

### 점 검

스캐너를 연결하여 자기 진단을 점검하면 스로틀 센서 계통 불량으로 출력되었다. TPS 센서의 커넥터 접촉 불량을 확인하기 위해 손으로 커넥터를 누르면 엔진 회전수는 상승하고 떨림도 낮아진다. 커넥터를 탈거해 센서 전원을 점검하면 4.75V가 측정되고 어스 상태도 괜찮아 ECU를 제거해 단자의 전압을 측정하면 0V이었다. 배선이 단선된 것은 아닌가 생각하여 도통시험을 하여 보면 정상이다. 다시 ECU를 꼽고 센서 전압을 측정하면 4.8V로 정상 이었다.

### 원 인

TPS의 커넥터를 다시 한번 손으로 가볍게 누르고 점검하면 정상으로 몇 번을 반복하여도 엔진 회전수는 정상이었다. TPS 커넥터를 자세히 살펴보면 커넥터가 완전히 삽입되지 않은 것을 알 수 있었다. 배터리 방전원인은 일전에 스로틀 보디 어셈블리를 교환한 후에 커넥터 삽입이 제대로 되지 않아 아이들 RPM이 낮아지면서 충전불량이 일어난 것은 아닌가 생각하게 되었다.

원인은 TPS의 아이들-SW 접점이 ON되지 않아서 전기 부하가 들어가도 아이들-업 제어가 되지 않은 것으로 이때 ECU의 신호 단자 전압이 5V라는 것은 페일 세이프 모드(fail safe mode)로 정전압 전원만 ECU의 입력 신호로 들어가는 것으로 자기진단 때에도 이 모드에 의해 이상 검출이 가능 했던 사례이다. 만일 TPS의 입력 신호가 0V가 되었다면 연료CUT로 주행시 현저히 영향을 받게 되므로 커넥터의 접촉 불량이 일어나도 안전하게 운행 할 수 있도록 페일 세이프 모드(fail safe mode)로 전환되게 되어 있다.

# 3 충전 불능

## 백금 플러그가 올터네이터를 손상

◆ 차　　종 : EF 쏘나타
◆ 연　　식 : 1998년식
◆ 주행거리 : 8,000km

### 현 상

충전 불능으로 올터네이터(alternator)를 3회 교환 한 차량으로 올터네이터를 교환시에는 정상으로 충전 전압도 이상이 없다. 1일 정도 운행하면 배터리 방전 현상이 일어나 시동이 곤란한 상태에 이르는 영업용 택시이다. 이 차량은 휘발유 차량을 LPG로 개조하여 영업용으로 사용하는 차량이다.

### 점 검

배터리 충전을 하고 올터네이터를 신품으로 교환 한 후 시동을 걸면 일발 시동이 잘 걸리며 공회전 상태도 양호하다. 배터리의 충전 전압도 14V ± 0.5V 범주에 있고 헤드라이트를 점등하여도 상태는 양호하다. 혹시 엔진에는 이상이 없는지 확인하기 위해 자기진단을 하여 보아도 이상이 없이 양호하다. 이 차량에 장착된 올터네이터는 전기 부하에 의해 엔진 회전수가 감소하면 FR 단자를 통해 ECU는 감지하고 엔진 회전수가 감소하는 것을 방지하기 위해 G단자를 통해 올터네이터의 필드 코일에 흐르는 전류를 듀티 제어하는 방식의 올터네이터이다. 이 올터네이터는 일반 커넥터와 달리 사진(2-16)과 같이 FR단자와 G단자가 추가되어 있는 4핀 커넥터로 FR 단자와 G단자를 스코프로 확인하여 보아도 펄스 파형은 정상으로 출력되고 있는 것을 확인할 수 있었다.

▲ 사진2-18 배터리의 점퍼선 연결

### 점 검

원인을 알 수가 없어 다시 문진을 하던 중 LPG 차량으로 개조하면서 점화 플러그를 백금 플러그로 교환한 사실을 알게 되었다. 올터네이터의 레귤레이터가 파손되는 것은 점화 플러그에 의한 것은 아닌지를 의심하며 이 차량에 본래 삽입된 저항 타입의 점화 플러그를 삽입하여 시험 운행하기로 하였다. 일주일이 경과된 후에도 이상이 없어 점화플러그가 원인임을 확신하고 작업을 마친 사례이다.

## 4 충전 불능

# 배터리 방전

◆ 차　　종 : 엘란트라
◆ 연　　식 : 1995년식
◆ 주행거리 : 128,300km

## 현 상

배터리(battery)가 방전하여 엔진이 시동이 걸리지 않는다 하여 출장 서비스를 나가 정비한 차량이다. 먼저 배터리의 점퍼(jumper) 선을 연결하여 시동을 걸고 잠시 후 배터리 점퍼선을 제거하면 곧 시동이 꺼져 다시 점퍼선을 연결하여 시동을 걸고 잠시후 점퍼선(jumper)선을 제거 한 후 엔진이 회전이 불안정 해 엔진 회전수를 올려 조정 전압을 측정하여도 8.6V 밖에 나타나지 않아 올터네이터의 원인으로 판단하고 올터네이터를 보는 순간 올터네이터(alternator)의 몸체에 녹색을 띤 오염된 흔적을 발견 할 수 있었다.

순간 올터네이터의 문제라는 것을 예감하면서 현장 정비가 어려워 입고 수리 도록하고 공장으로 돌아 왔다.

## 점 검

입고된 차량을 다시 잘 관찰하면 라디에이터(radiator)의 어퍼 호스(upper hose)에 냉각수 누수 흔적이 있어 냉각수가 올터네이터 내로 침입 IC 레귤레이터로 흘러들어가 올터네이터의 전압 조정 기능을 불능 상태로 만든 것으로 추정하였다.

같은 형의 올터네이터를 부품 대리점에 주문하여 교환 조치하였다.

## 원 인

교환 후 조정전압을 점검하면 14.4V가 출력되어 정상으로 판단하고 부하를 걸어 올터네이터의 출력 시험을 해 보다도 이상이 없어 올터네이터의 원인을 확신할 수 있었다. 만일에 대비 예방 정비 차원에서 라디에이터의 어퍼 호스를 교환하고 냉각수의 누수를 확인 한 후 작업을 완료하였다. 올터네이터는 엔진의 하측 부에 장착되어 있어 오일의 비산에 의한 오염이나 냉각수에 의한 오염으로 인해 올터네이터의 트러블을 종종 목격 할 수 있는 고장 사례이므로 원인을 찾아 조치하지 않으면 동일 고장이 발생할 가능성이 높은 고장 사례이다.

# 5 배터리방전

## 신품을 교환한 배터리의 방전

◆ 차   종 : 리오
◆ 연   식 : 2002년식
◆ 주행거리 : 38,000km

## 현 상

배터리(battery)가 방전되어 대리점을 통해 배터리(battery)를 교환 후 시동이 걸리지 않는다고 전화 연락이 와서 출장 서비스 한 차량으로 3일 전 배터리의 방전으로 인해 대리점을 통해 배터리(battery)를 교환 하였다고 한다.

## 점 검

조정 전압을 측정하기 위해 올터네이터의 B-단자 고무 커버를 벗기는 순간 B단자에 고정된 너트가 풀려 떨어져 나왔다. 올터네이터의 B-단자가 접촉 불량에 의한 것으로 추종하고 너트를 조여 놓고 조정 전압과 출력 시험을 하면 정상이다. 충전 케이블의 전압도 0.2V로 대단히 만족한 상태이다.

## 원 인

원인을 운전자에게 설명을 하고 1주일 후 전화를 해 확인하여 보면 아직까지 이상이 없었다는 고객의 답변으로 작업을 간단히 완료한 사례이다.

## **6** 배터리방전

### 충전 경고등 점등

◆ 차　　종 : 아반떼
◆ 연　　식 : 2002년식
◆ 주행거리 : 33,000km

### 현 상

　주행중 갑자기 충전 경고등이 들어 왔다가 집에 도착 후에는 충전 경고등이 확인 하니 꺼져 있었다. 익일 아침 출근차 시동을 걸면 충전 경고등의 다시 들어온 후 얼마 있다 다시 꺼진다는 차량으로 불안하여 입고한 차량이다.

### 점 검

　조정 전압과 올터네이터의 출력 시험도 이상이 없고 올터네이터의 B-단자로부터 충전 케이블을 점검하여도 이상은 없었다.

### 원 인

　경험에 의하면 올터네이터의 L-단자 커넥터(connector)의 접촉 불량이 발생하면 잘 나타나는 현상으로 커넥터를 제거한 후 커넥터의 핀을 수정 하여 올터네이터를 다시 점검하면 이상이 없어 납차한 사례이다.

# 03
# 시동장치 점검

# 3 CHAPTER

# 시동장치 점검

## 시동모터의 내부 회로

### 1. 시동모터의 내부 회로

시동 모터의 내부 회로는 그림 (3-1)과 같이 필드 코일(field coil)과 아마추어 코일 그리고 전류를 단속하는 마그네트 스위치로 구성되어 있어서 시동 스위치(ignition switch)를 ON 시키면 마그네트 스위치의 접점이 접촉되어 배터리로부터의 전원이 필드 코일과 아마추어 코일로 전원이 공급하도록 되어 있다.

⬥ 사진3-1 시동모터

마그네트 스위치의 작동은 시동 키를 ON 시키면 배터리로부터 전류는 홀딩 코일(holding coil)을 거쳐 어스(earth)로 흐르게 된다. 동시에 풀링 코일(pulling coil)을 거쳐 시동 모터의 필드 코일(field coil)과 아마추어 코일(armature coil)로 전류는 흐르게 된다. 이 회로는 풀링 코일(pulling coil) → 필드 코일(field coil) → 아마추어(armature) → 어스(earth)로 이어지는 직렬로 연결되어진 회로이다. 이 곳으로 흐르는 전류는 약 40A 정도(시동 모터의 용량에 따라 다름)로 시동 모터를 충분히 구동 할 수 있는 전류는 되지 못하지만 홀딩 코일(holding coil)은 전원 전압과 병렬로 연결되어 있어 풀링 코일(pulling coil)과 같은 방향의 자력선이 만들어진다.

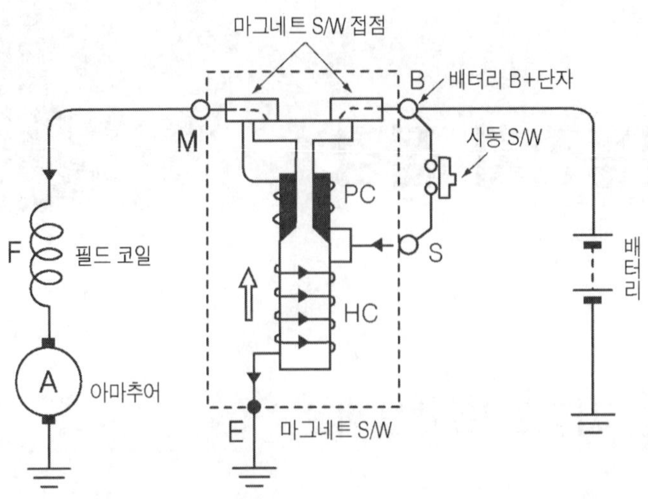

▲ 그림3-1 시동 모터의 내부 회로

자력선은 마그네트 스위치의 플런저(plunger)를 강한 전자석으로 만들어 마그네트 스위치의 가동 접점은 강한 흡인력에 의해 고정 접점(메인 접점)에 흡착하게 된다. 마그네트 스위치(magnet switch)의 접점이 ON 상태가 되면 지금까지 풀링 코일을 거쳐 흐르던 전류가 차단되고 배터리로부터 필드 코일(field coil)을 거쳐 아마추어(armature)로 전류가 흘러 시동 모터는 강한 회전력을 얻게 된다.

시동 모터는 필드 코일과 아마추어 코일은 서로 직렬로 연결되어 있는 직권형 모터로 모터에 기계적인 부하가 증대하면 모터의 회전 속도는 저하하지만 오히려 회전 토크(torque)는 증가하게 되므로 엔진 크랭킹(cranking)시 기계적인 부하는 증가하지만 강한 회전력을 얻을 수 있다.

마그네트 스위치가 ON 상태가 되면 시동 스위치를 거쳐 홀딩 코일(holding coil)로 약 10A 정도의 전류가 흘러 마그네트 스위치(magnet switch)의 접점을 ON 상태로 유지하게 되며 시동키(시동 스위치)를 OFF 하면 지금까지 배터리(battery)로부터 시동

▲ 사진3-2 시동모터의 단자부

키(시동 스위치)를 거쳐 홀딩 코일(holding coil)로 흐르던 전류는 차단되고 마그네트 스위치의 메인 접점을 통해 분기된다. 분기된 한쪽은 배터리로부터 메인 접점(main contact point)을 거쳐 풀링 코일(pulling coil)과 홀딩 코일(holding coil)로 전류가 흐르게 되고 다른 한쪽은 메인 접점(main contact point)을 거쳐 필드 코일(field coil)과 아마추어(armature)로 전류가 흐르게 된다.

이렇게 풀링 코일(pulling coil)과 홀딩 코일(holding coil)로 전류가 흐르게 되면 풀링 코일(pulling coil)과 홀딩 코일(holding coil)의 권선 방향이 서로 반대로 되어 있어 자력선이 방향이 서로 상쇄되는 방향으로 작용하게 돼 플런저(plunger)의 가동 접점은 리턴 스프링(return spring)의 힘에 의해 쉽게 이탈 되어 모터는 정지한다.

## 2. 시동 모터 회로

시동 모터의 기본 회로는 그림 (3-2)와 같이 배터리와 시동키 스위치(점화 스위치) 및 시동 모터로 구성되어 있다.

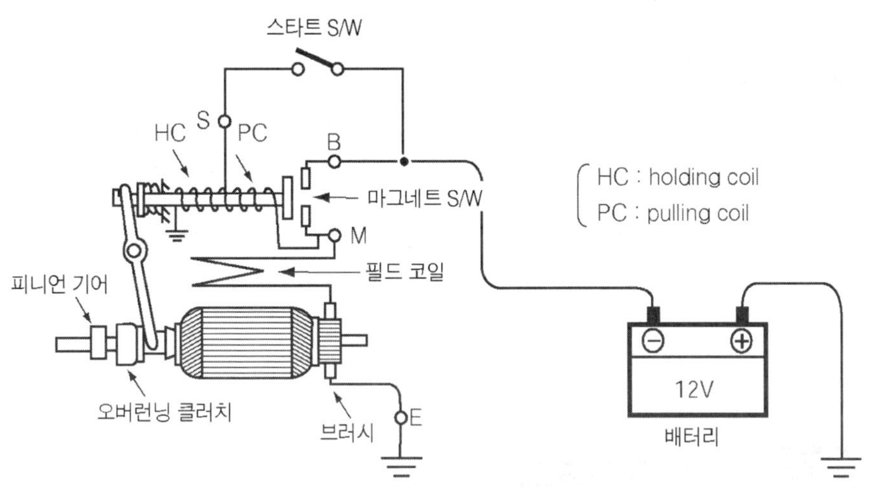


🔺 그림3-2 시동모터의 기본 회로도

배터리로부터 대전류가 흐르는 시동 모터측으로는 배터리로부터 전원선이 직접 시동 모터(아마추어 코일과 필드 코일)의 마그네트 스위치(magnet switch)로 연결되고 비교적 적은 전류가 흐르는 풀링 코일(pulling coil)과 홀딩 코일(holding coil)에는 배터리로부터 전원선이 점화 스위치(시동 스위치)를 통해 연결되어 있어서 시동시 점화 스위치(시동 스위치)를 통해 마그네트 스위치(magnet switch)의 풀링 코일(pulling coil)과 홀딩 코일(holding coil)에 전원을 공급하는 일을 하며 풀링 코일과 홀딩 코일에 전류가 흘러 마그네트 스위치의 접점이 ON 상태가 되면 마그네트 스위치의 메인 접점(main contact point)을 통해 시동 모터로 전원을 공급하도록 구성되어 있다. 그러나 실제 시동 회로는 여러 가지 구성 부품이 추가 되어 있어서 기본 회로와는 다른 모습을 띠고 있지만 그 실체는 그림 (3-2)의 회로와 동일하다.

## (1) 마그네트 스위치 ON시

스타트 스위치(start switch)에 의해 배터리 전원이 시동 모터에 공급되면 풀링 코일과 홀딩 코일로 전류가 흐르기 시작하여 시동 모터는 피니언 기어(pinion gear)의 치합과 동시에 마그네트 스위치의 접점은 닫히고 시동 모터에는 배터리로부터 대전류가 흐르게 된다. 이때 마그네트 스위치의 풀링 코일은 스타트 스위치(start switch)와 마그네트 스위치에 의해 배터리의 B+전압이 공급되어 있어 홀딩 코일에 의해 마그네트 스위치의 접점은 ON상태를 유지하게 된다.

## (2) 마그네트 스위치 OFF시

스타트 스위치(start switch)를 OFF 하면 S-단자를 통해 공급되어 있던 전원은 차단되고 마그네트 스위치의 접점을 통해 풀링 코일과 홀딩 코일로 전류가 흐르게 되어 풀링 코일과 홀딩 코일의 권선 방향이 서로 반대로 자계는 상쇄되는 쪽으로 작용하게 돼 마그네트 스위치의 접점은 차단되고 마그네트 스위치의 접점을 통해 공급되던 시동 모터의 전류는 차단하게 된다.

# 시동장치 점검

## 1. 시동장치의 고장

시동 장치의 고장 현상은 스타트 스위치(start switch)를 ON 시켜도 시동 모터가 회전하지 않는 경우와 시동 모터는 회전을 하는 데도 불구하고 시동이 안 걸리는 경우로 나누어 볼 수 있다. 전자의 경우는 시동 모터의 동작의 기미가 전혀 없는 경우와 스타트 스위치(start switch)를 ON 시키면 마그네트 스위치(magnet switch)의 접점 붙는 소리는 들리는데 시동 모터는 회전을 않는 경우가 있다.

후자의 경우는 시동 모터의 회전 속도가 정상일 때와 회전 속도가 떨어지는 경우, 그리고 회전 속도는 정상임에도 시동이 걸리지 않는 경우로 구분하여 생각할 수 있다. 시동 모터가 회전을 하지 않는 경우는 시동 모터에 전원을 공급하는 배터리(battery)의 결함과 시동 모터로 전원을 전송하는 배선상의 결함 및 시동 모터의 단품상에 결함으로 나누어진다. 시동 모터가 회전을 하는 데에도 불구하고 시동이 걸리지 않는 경우는 시동 모터로 전원을 공급하는 배선상의 결함이나 시동 모터의 단품상에 결함을 생각할 수 있다. 그 밖에는 ECU(전자 제어 장치)에 결함이 있는 경우가 있다.

▲ 사진3-3 시동 모터의 피니온

▲ 사진3-4 장착된 시동 모터

엔진 전장계 트러블의 경우에는 점화 장치의 트러블(trouble)과 연료 장치 트러블(trouble)이 있지만 만일 전자 제어 엔진의 트러블은 이상이 없는 경우라고 가정하면 시동 장치의 트러블(trouble)은 시동 모터에 전력을 공급하는 배터리의 결함 문제와 시동 모터에 전원을 공급하는 배선상의 결함 및 전류의 흐름을 단속 또는 제어하는 구성 부품의 결함, 그리고 시동 모터의 단품상의 결함으로 구분되어 진다.

그 밖에 기계적인 고장으로는 엔진의 회전 저항 증가나 시동 모터의 피니언 기어(pinion gear) 손상에 의해 시동이 걸리지 않는 경우도 있지만 여기서는 주로 전기적인 고장에 대해 다루도록 하겠다.

## 2. 시동장치의 점검 절차

시동 장치의 고장 점검은 시동 모터의 작동 상태로부터 진단한다.

그림 (3-3)과 같이 스타트 스위치를 ON 시켜도 시동 모터의 회전을 하지 않는 경우는 시동 모터의 문제인지, 시동 회로에 문제인지, 전원을 공급하는 배터리의 문제인지를 판별하기 위한 점검이 필요 하다. 이 경우 전원을 공급하는 배터리부터 점검하는 것이 기본점검의 수순이다.

배터리의 점검은 배터리의 단품상의 양부 뿐만 아니라 배터리의 터미널 연결 상태를 같이 점검한다. 점검 결과 이상이 없는 경우는 시동 모터(start motor)와 시동 모터에 전원을 연결하는 와이어 하니스 문제로 집약되므로 시동 모터의 문제인지 회로상의 문제인지를 판별하기 위한 점검을 실시한다.

시동 모터의 양부 판정은 그림(3-4)의 절차와 같이 배터리의 상태가 이상이 없는 경우라면 다음은 시동 모터의 단품상의 결함을 판별하기 위한 점검을 한다.

시동 모터의 단품상의 결함을 판별하기 위한 점검은 시동 모터를 교환 조치할 것인지 오버 홀(over haul) 할 것인지를 판단하는 점검이다.

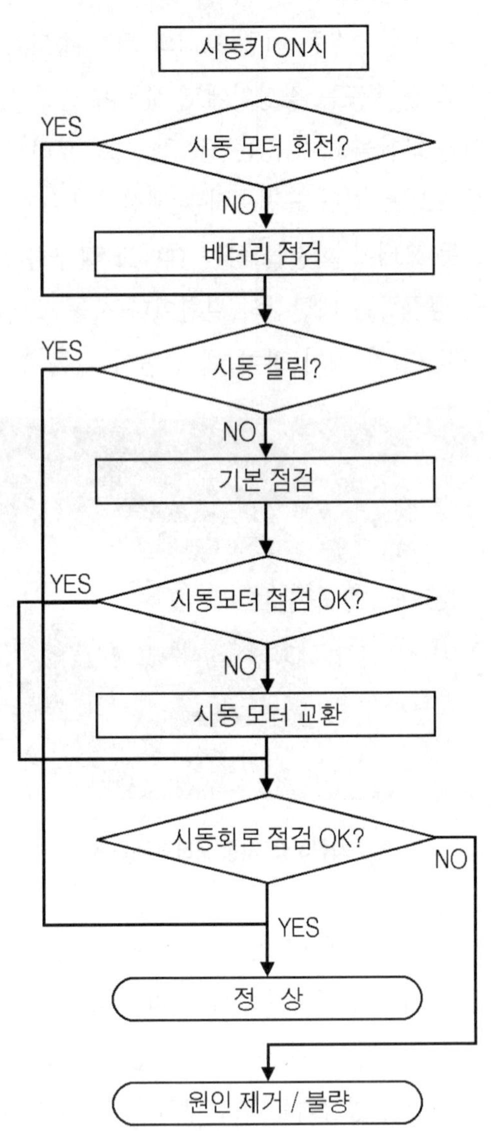



그림3-3 시동장치 점검 절차

시동 모터의 고장은 기계적인 요소에 의한 것 보다는 전기적인 요소에 의한 트러블이 많으므로 우선 전기적인 트러블(trouble)을 초점을 두어 점검한다. 시동 모터의 전기적인 점검은 필드 코일(field coil)과 아마추어코일(amarture coil)로 구성된 모터부와 마그네트 스위치로 구분하여 점검하면 예상보다 훨씬 원인 부품을 찾아내기가 쉽다.

시동 모터의 단품상에 이상이 없는 경우라도 실제 차량에서는 시동이 걸리지 않는 경우는 많이 있어 작업 범위를 축소하기 위해 시동 장치에 극한하여 점검하는 것이 좋다. 시동 모터에 이상이 없는 경우는 엔진 결함에 의한 것인지 전자 제어 장치에 의한 장치에 의한 것인지 등을 판별하기 위해 무엇보다도 기본 점검 사항에 충실하는 것이 중요하다.

기계적인 요소를 제외하고 시동 모터가 이상이 없는 경우라면 시동 회로의 트러블(trouble)과 ECU(전자 제어 장치) 계통의 트러블(trouble)로 축소할 수 있어 쉽게 고장 부위를 점검하여 나갈 수 있다. 만일 ECU(전자 제어 장치) 계통의 트러블(trouble)이 아니라

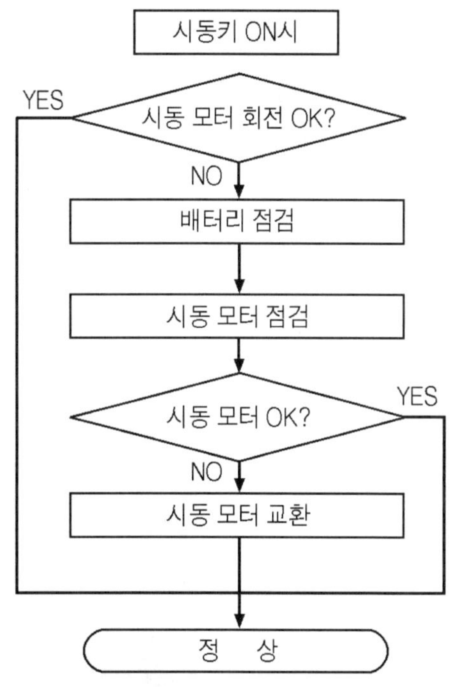


**그림3-4 시동모터의 점검 절차**

고 가정하면 고장 범주는 시동 회로로만 극한 되어 쉽게 원인 개소를 발견 할 수 있다. 이와 같이 기본적인 시동 회로는 그림 (3-2)와 같이 구성이 아주 단순하게 되어 있지만 실제 차량에 배선되어 있는 와이어 하니스 상의 문제는 전기를 제대로 알지 못하면 원인 개소를 쉽게 발견하지 못한다. 따라서 기본 점검에 충실하고 회로를 확실히 파악한 상태에서 점검하는 것이 필요하다.

시동 회로상의 문제는 크게 와이어 하니스(wire harness) 문제와 구성 부품의 결함으로 구분하여 생각할 수 있지만 점검하는 절차와 방법에 있어서는 동일 선상에 놓여 있어 회로의 핵심 포인트를 점검 후 원인 개소의 범주를 줄여 나가면 아무리 어려운 고장이라 하더라도 쉽게 해결 할 수가 있다.

## 3. 시동장치의 기본 점검

시동 모터가 회전을 하지 않는 경우 기본적으로 점검해야 할 사항은 전기 계통의 경우 배터리(battery) 이상 유무 점검, 배터리의 터미널 연결 상태 점검, 시동 모터의 +(플러스)

케이블의 연결 상태 점검, 시동 모터의 마그네트 스위치로 시동 전원을 연결하여 주는 시동 릴레이(start relay) 및 퓨즈(fuse)의 단선 상태를 점검 한다. 또한 전원이 공급되어 마그네트 스위치의 작동음이 들리는데도 불구하고 시동 모터가 회전을 하지 않는 경우는 와이어 하니스의 접촉불량에 의한 것인지 엔진의 기계적 결함에 의한 것인지를 판단하기 위한 기본 점검을 한다. 엔진 오일(engine oil)의 오염 정도 및 점도를 확인하고, 시동 모터의 피니언 기어(pinion gear)의 치합 상태를 소리와 육감으로 확인하여 이상이 없는 경우 최종적으로는 엔진의 회전 저항까지도 확인하여 보아야 한다.

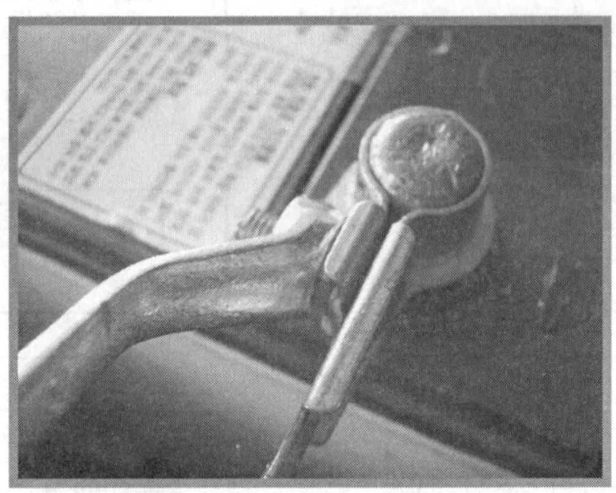

사진3-5 배터리 연결상태 점검

## 4. 시동 모터의 점검

시동 모터의 이상 유무 점검은 차량의 장착 상태에서 점검하는 경우와 시동 모터를 탈착하여 점검하는 경우가 있다. 장착 상태에서 확인을 할 수 없는 기어의 마모 상태나 시동 모터의 무부하 시험 등은 시동 모터를 탈착하여 점검한다.

| [표3-1] 배기량별 크랭킹 전류 | |
| --- | --- |
| 배기량 | 크랭킹 전류 |
| 1000cc 이하 | 70 ~ 90A |
| 1000 ~ 1500cc | 90 ~ 120A |
| 1600 ~ 2500cc | 120 ~ 150A |
| 2500cc 이상 | 150 ~ 220A |

　실차 상태에서의 시동 모터의 점검은 그림 (3-5)와 같이 시동 모터의 S단자와 B단자를 직접 접촉하여 간단히 점검하는 방법이 현장에서 많이 사용되고 있다.

　또한 시동 모터는 크랭킹시 배기량에 따라 차이는 있지만 크랭킹시 전류는 표 (3-1)과 같이 경차인 경우에는 약 80A정도이며 소형차인 경우는 약 100A 이며 중형차의 경우에는 약 120A 정도이다. 따라서 시동 모터의 크랭킹시 전류를 측정하여 시동 회로를 진단하는 방법도 사용하고 있다.

## [1] 실차 상태에서 점검

　일반적으로 가장 많이 사용하는 시동 모터의 양부 판단 방법은 시동 모터의 B-단자와 S-단자를 그림 (3-5)와 같이 드라이버와 같은 도체를 이용하여 직접 접촉하는 방법이다. 시동 모터에 B-단자에는 상시 배터리(battery)의 전원이 공급되도록 B+의 배터리 케이블이 연결되어 있어 시동 스위치에 의해 공급하던 S-단자의 전원을 시동 모터의 B-단자를 통해 공급해 주므로서 시동 모터의 작동 상태를 파악하는 방법으로 가장 간단하면서 현장감이 있어 많이 사용하는 방법이다.

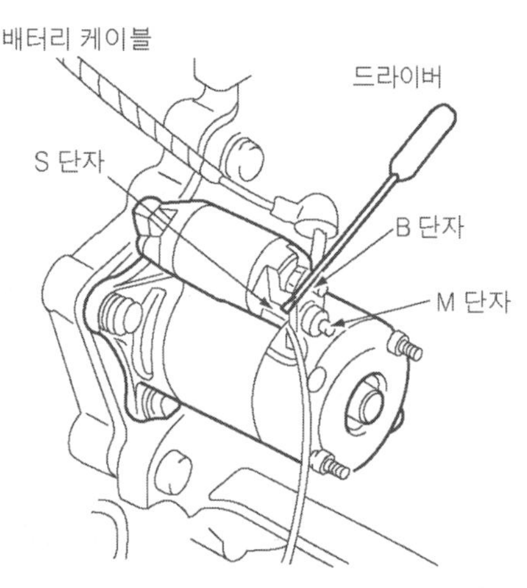


🔺 **그림3-5 시동모터의 간이 점검**

　이 방법은 B-단자와 S-단자를 통해 시동모터로 대전류가 흐르기 때문에 드라이버(driver)나 점퍼(jumper)선을 연결 할 때 반복하여 접촉하거나 5초 이상 길게 크랭킹(cranking)하지 않도록 한다. 그러나 이러한 방법은 점검이 간단하여 정비 현장에서는 널리 사용하는 방법이지만 시동 모터의 작동 상태만을 보고 양부를 판단하는 방법으로 시동 모터에 대한 정확한 진단은 할 수가 없다. 따라서 보다 정확한 시동 모터의 원인 개소를 판단하기 위한 방법으로는 시동 모터를 탈착하여 점검하는 방법과 크랭킹 전류를 측정하여 시동 모터의 내부 코일의 단선, 단락을 진단하는 방법이 있다.

　또한 시동 모터의 구성을 나누어 보면 피니언 기어를 회전 시키는 모터부와 모터부에 전원 공급을 단속하는 마그네트 스위치부로 구성되어 있어서 시동 스위치를 ON 시켜도 마그네트 접점소리는 들리는 데 시동 모터가 회전하지 않는 경우는 그림 (3-6)과 같이 마그네트 스위치부의 접점을 점검한다. 마그네트 스위치의 접점 점검은 시동 스위치를 ON 시킨 상태에서 마그네트 스위치(magnet switch)의 B-단자와 M-단자의 전압을 측정하여 전압치가 0.1V이하이면 정상이다. 만일 B-단자와 M-단자 사이에 0.1V를 훨씬 초과해 0.5V 이상 전압이 걸리는 경우에는 시동 모터의 회전을 하여도 회전 속도가 지연 되거나 심한 경우에는 마그네트 스위치의 접점이 접촉 저항으로 시동 모터는 회전을 하지 않는 경우도 있다.

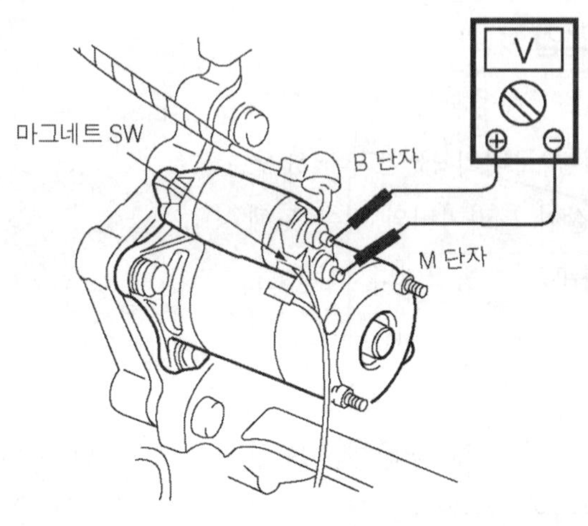


그림3-6 마그네트 SW의 접점 점검

## 5. 단품 상태에서 시동 모터의 점검

### [1] 탈착 상태에서 점검

시동 모터는 대전류가 흐르는 부품으로 시동 모터를 탈착시에는 모터의 단자부가 쇼트 (short)되지 않도록 우선 배터리(battery)의 전원 공급선을 떼어 놓고 작업해야 한다.

#### ① 풀링 코일의 흡인력 점검

시동 모터의 흡인력 점검은 그림 (3-7)과 같이 B-단자에 연결된 케이블(cable)을 너트 (nut)를 풀어 떼어 놓고 배터리의 +(플러스) 단자의 연결선을 시동 모터의 S-단자에 접속 하고 배터리의 −(마이너스) 단자의 연결선을 시동 모터의 몸체와 M-단자에 접속하여 이 때 피니언 기어(pinion gear)가 앞으로 튀어 나오면 마그네트 스위치(magnet switch)의 풀 링 코일(pulling coil)의 상태는 정상으로 판단한다.

마그네트 스위치(magnet switch)의 S-단자에 전압이 공급되면 전류는 마그네트 스위치 내부의 풀링 코일(pulling coil)과 홀딩 코일(holding coil)로 전류가 흐르기 시작하여 접점은 ON 상태와 동시에 시동 모터의 시프트 레버는 피니언 기어를 앞으로 밀어내어 엔진의 플라이 휠(fly wheel)의 링 기어(ring gear)에 치합하도록 되어 있어 피니언 기어 (pinion gear)의 앞으로 돌출 되는 상태를 보고 풀링 코일의 상태를 판단한다.

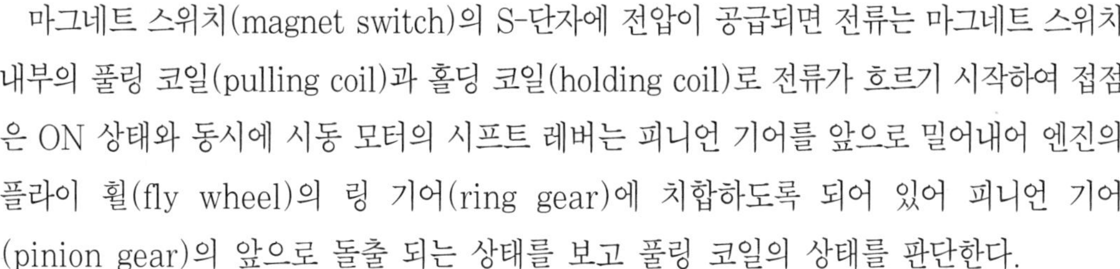


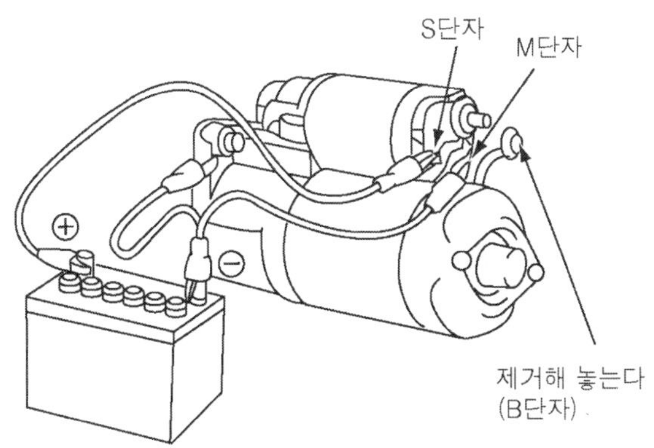

△ 그림3-7 마그네트 SW의 흡인력 점검

② **홀딩 코일의 유지력 점검**

마그네트 스위치의 홀딩 코일의(holding coil) 점검은 그림(3-8)의 상태에서 배터리의 −(마이너스)로부터 M-단자에 접속되어 있는 연결선을 떼어도 피니언 기어가 원 위치로 돌아가지 않고 튀어 나온 상태를 유지하면 마그네트 스위치의 홀딩 코일(holding coil)은 정상이다.

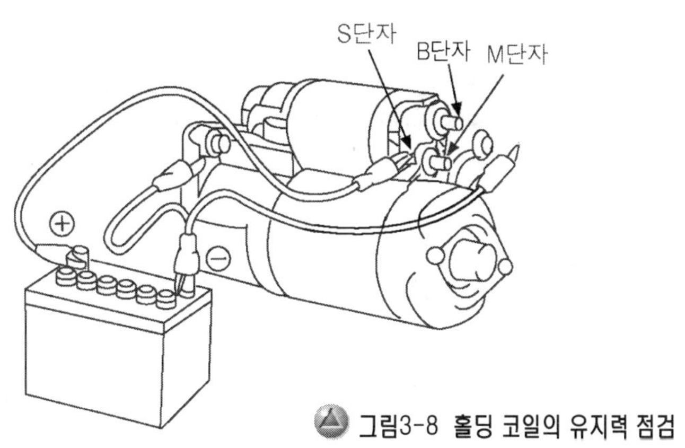


△ 그림3-8 홀딩 코일의 유지력 점검

　　마그네트 스위치의 내부 회로는 그림 (3-1)과 같이 되어 있어 M-단자의 연결선을 떼어 놓아도 S-단자를 통해 전원 공급 초기에 풀링 코일(pulling coil)과 홀딩 코일(holding coil)에 전류가 흘러 일단 마그네트 스위치의 접점이 접촉 되면 M-단자를 통해 흐르던 풀링 코일의 전류를 차단하여도 S-단자를 통해 홀딩 코일(holding coil)로 전류가 흐르기 때문에 피니언 기어(pinion gear)의 이동을 유지하는 것을 확인하는 시험이다.

③ 시동 모터의 무부하 시험

　　시동 모터의 무부하 시험은 그림(3-9)와 같이 배터리의 －(마이너스 단자)를 시동 모터의 몸체에 접속하고 배터리 ＋(플러스) 케이블에 전류 클램프(clamp) 클립을 연결하여 표 (3-2)와 같이 규정치 내에 있으면 정상이다. 이때 무부하시의 전류의 규정값은 각 메이커에서 제공하는 정비 지침서나 시동 모터의 규격표를 참고한다.

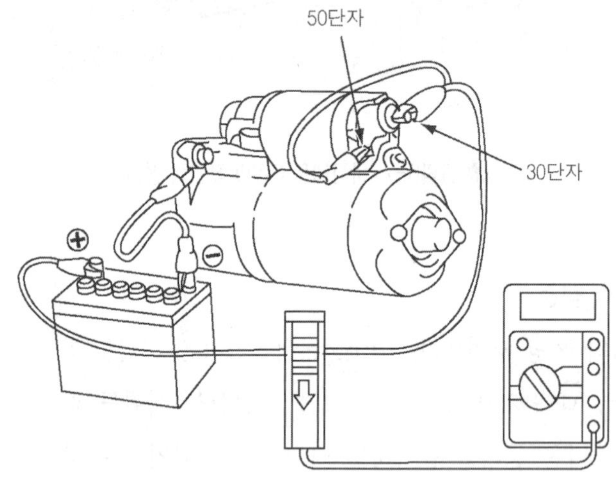


그림3-9 시동모터의 무부하 시험

| 구 분 | 정 격 | 무부하 전류 |
| --- | --- | --- |
| 표준형 모터 | 0.6 ～ 0.8kW | 55A 이하 |
| 리덕션 형 모터 | 1.0 ～ 1.4kW | 90A 이하 |
| | 2.0kW | 120A 이하 |
| | 2.5kW | 180A 이하 |

[표3-2] 시동모터의 무부하 전류

※ 기타 정비 지침서 또는 시동 모터의 규격표 참고

## 6. 크랭킹 전류 측정에 의한 진단방법

시동 모터의 크랭킹 전류를 측정하여 시동회로를 진단하는 방법은 그림 (3-10)과 같이 크랭킹(cranking)시 전류와 크랭킹 시 배터리의 전압(규정치 : 10V 이상)을 측정하여 진단하는 방법이다. 전류계의 클램프(clamp)를 연결시 화살표 방향이 전류 흐름 방향과 일치하도록 클램프하여 연결한다. 시동 모터의 전용 점검 장비가 없거나 클램프식 테스터가 없는 경우에는 사

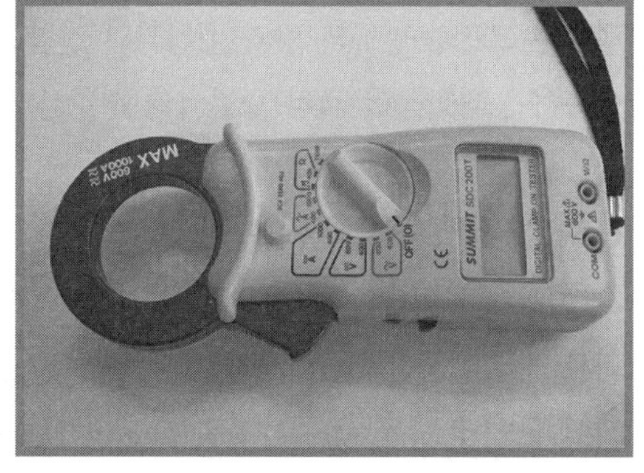

사진3-6 DC 암페어 후크 미터

진 (3-6)과 같이 DC(직류) 전용 후크 미터(hook meter)를 사용하여도 간단히 측정 할 수 있다.

이 방법은 크랭킹 전류가 규정치(표 3-1 참고) 보다도 작고 배터리의 전압이 10V 이하인 경우에는 배터리의 이상으로 판단하며 크랭킹(cranking) 전류가 규정치 보다 낮고 배터리의 전압이 11V 이상인 경우에는 시동 모터와 주변에 연결되는 와이어 하니스(wire harness)나 배터리 단자부, 시동 모터의 어스(earth) 상태 등의 접촉 불량을 예측할 수 있다.

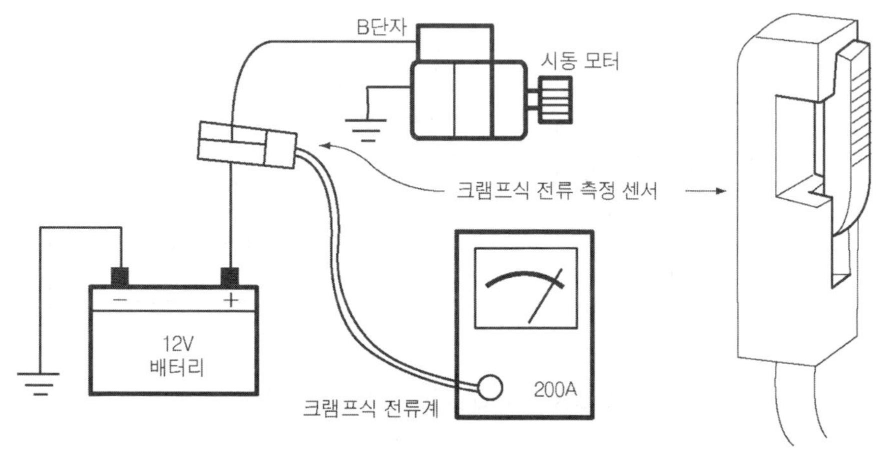


그림3-10 시동 모터 크랭킹 전류 측정

또한 시동 모터의 크랭킹 전류가 규정치를 훨씬 초과하고 배터리 터미널의 양단간 전압 강하가 10V 이하인 경우에는 시동 모터의 자체에 이상이 있는 것으로 판단 한다. 결국 이 방법은 크랭킹 전류의 량과 배터리의 전압 강하로 시동 회로와 시동 모터의 이상 유무를 예측하는 과학적인 점검 방법이라 생각한다.

## 7. 시동회로의 진단방법(1)

시동 회로의 기본 구성은 시동 모터에 전원을 공급하는 배터리와 배터리로부터 시동모터로 공급되는 전원을 단속하는 시동 스위치(start switch) 및 시동 릴레이(relay)로 구성되어 있어서 시동 모터로 전원을 단속하는 단속부의 접촉 저항이나 와이어 하니스(wire harness)의 노화로 선간 저항이 증가하면 시동 스위치(점화스위치)를 ON 시켜도 마그네트의 접점이 붙는 소리는 들리는데도 불구하고 시동 모터는 회전을 하지 않는 경우가 발생하게 된다.

마그네트 스위치의 접점 소리는 들리는데도 시동 모터가 회전하지 않는 경우는 그림 (3-3)의 시동 장치의 점검절차와 같이 기본 점검인 배터리 점검부터 확인한 후 시동 모터의 문제인지 와이어 하니스 상의 문제인지를 점검을 통해 작업 범위를 줄여나가야 한다.

그림 (3-11)은 마그네트 스위치의 접점의 접촉 저항을 점검하는 방법으로 시동 모터의 B-단자와 M-단자간의 크랭킹시 전압을 측정을 0.1V 이하이어야 정상이다.

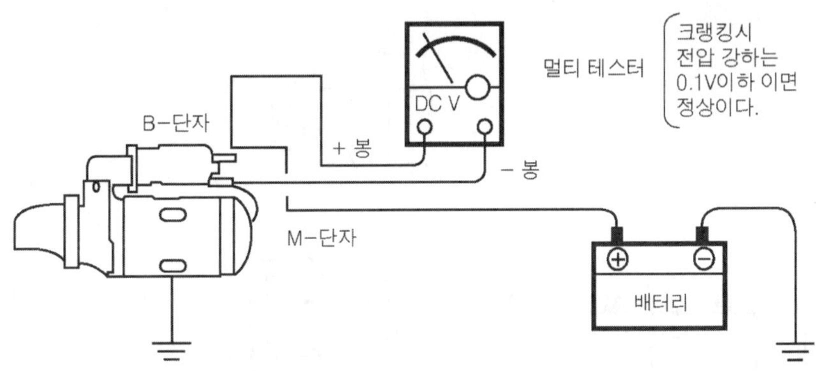


그림3-11 마그네트 스위치의 접점 점검

그러나 현상으로만 보면 마그네트 스위치의 접점 소리는 들리는데도 불구하고 시동 모터가 회전을 하지 않는 상태로 그림 (3-5)와 같은 방법으로 시동 모터의 이상유무를 판단하고 시동 모터에는 이상이 없는 경우라면 시동 회로의 배선 상의 문제로 시동 회로의 배선상의 문제의 기본적인 점검은 시동 모터의 어스(earth)의 연결 상태부터 점검하여 보아야 한다.

시동 모터의 어스(earth) 연결 상태의 점검은 그림 (3-12)와 같이 멀티 테스터의 +(플러스) 측정봉을 시동 모터의 몸체에 접속하고 −(마이너스) 측정봉을 배터리의 터미널(terminal)에 접속하여 크랭킹(cranking)시 전압값은 0.2V을 초과하여서는 안된다. 만일 이 전압이 규정치를 벗어난 0.3V가 되어 엔진이 시동이 걸린다 해도 시동 모터의 출력이 떨어지게 되고 시동 지연 및 배터리의 수명 단축으로 이어질 수 있게 되므로 시동 모터의 어스 상태는 0.2V 이하의 전압 강하가 좋다.

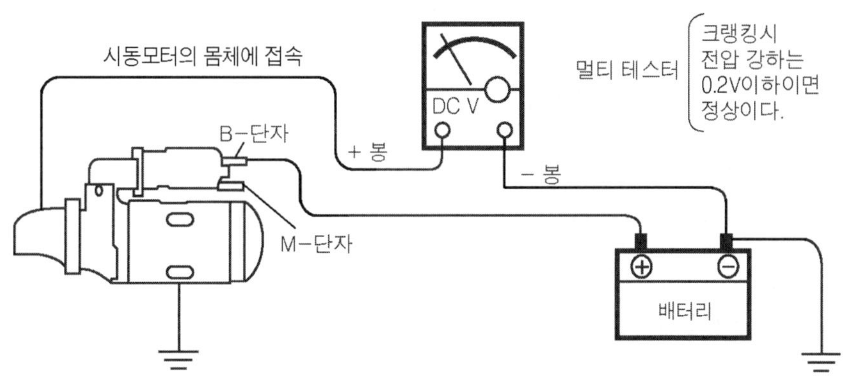


그림3-12 시동모터의 어스 상태 점검

또한 시동 모터에 공급되는 동력선은 크랭킹(cranking)시 전류가 제일 많이 흐르는 배선으로 그림 (3-13)과 같이 배터리의 +(플러스) 단자에서 시동 모터의 B-단자로 직접 연결 되어 있는 동력을 공급하는 배터리 B+ 케이블(cable)에 문제가 발생하면 시동 모터는 정상적으로 출력을 낼 수 없게 되는 것은 자명하다.

시동시 전류를 공급하는 이 케이블(cable)의 점검은 그림 (3-13)과 같이 멀티 테스터의 +(플러스) 측정봉을 배터리의 +(플러스) 단자에 접속하고 −(마이너스) 측정봉을 시동 모터의 B-단자에 접속한 후 크랭킹시 전압은 0.5V 이하이면 좋다. 만일 0.5V을 초과하여 시동 모터가 회전을 한다 하여도 시동 모터는 정격 출력이 떨어지게 돼 시동 지연 현상을 야기하기 쉽게 된다.

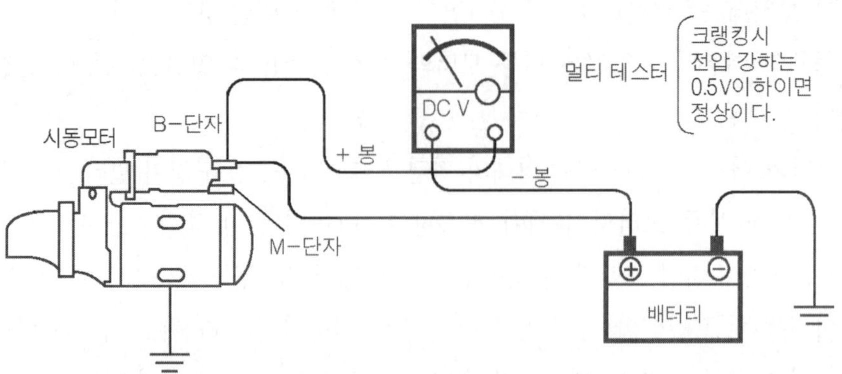


그림3-13 시동모터의 +케이블 점검

## 8. 시동회로의 진단방법(2)

지금 까지는 시동 모터 중심의 시동 회로를 점검하는 방법에 대해 알아보았다.

그러나 실제 자동차의 시동 회로는 시동 릴레이(relay)의 접점을 통해 마그네트 스위치의 풀링 코일(pulling)과 홀딩 코일(holding coil)로 전원을 공급하도록 되어 있고 시동 릴레이(relay)의 코일측으로는 점화 스위치(시동 스위치)와 인히비터 스위치(오토미션 차량의 경우) 또는 클러치 스위치(수동 미션 차량의 경우)를 통해 전원을 공급하도록 하고 있다.

따라서 시동 릴레이를 구동하는 회로에 이상이 생겨도 시동 모터의 마그네트 코일로 전원 공급이 원활하지 못해 시동 모터의 회전은 하지 못하게 된다.

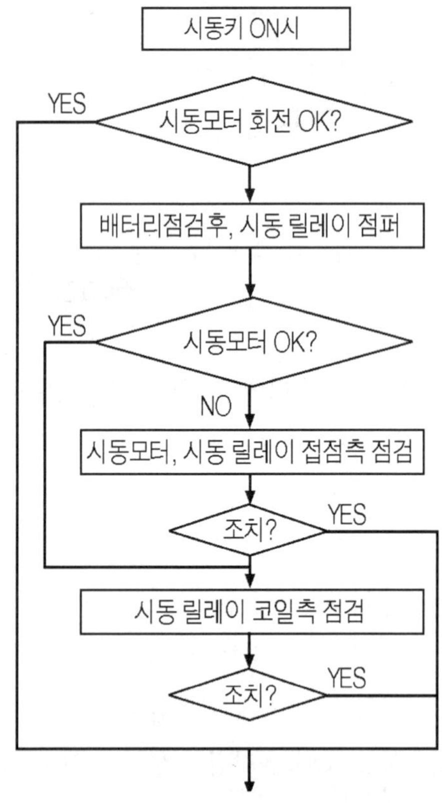


그림3-14 시동모터의 점검절차

## [1] 시동 모터가 회전 하지 않을 때

자동차의 시동 회로는 일반적으로 그림 (3-15)와 같이 되어 있어서 시동 모터가 회전을 하지 않는 경우 기본적으로 점검해야 할 사항은 앞서 설명한 내용과 같이 배터리(battery)의 상태부터 점검하여 이상이 없는 경우는 시동 모터와 배선상의 문제로 판단할 수가 있다. 시동 회로는 시동 릴레이(relay)의 작동에 의해 시동 모터가 회전을 하도록 되어 있어 시동 회로의 핵심 점검 포인트는 시동 릴레이가 중요한 점검 포인트가 된다.

시동 릴레이의 접점측은 시동 모터의 마그네트 스위치의 전원을 공급하는 창구이므로 시동 릴레이의 접점측을 점퍼(jumper)선을 이용하여 점퍼(jump)하면 배터리의 상시 전원은 마그네트 스위치의 S-단자에 전원을 공급하게 돼 시동 모터는 회전을 하도록 되어 있다. 만일 시동 릴레이의 접점측을 점퍼(jump)하였는데도 불구하고 시동 모터가 회전을 하지 않는 경우는 시동 모터측의 이상으로 퓨즈를 통해 공급되는 전원 및 퓨즈를 확인하고 이상이 없는 경우는 시동 모터의 문제로 판단 할 수 있다.

🔺 사진3-7 엔진룸 퓨즈 박스

🔺 사진3-8 A/T의 인히비터 SW

## [2] 시동 모터가 회전 할 때

반면 시동 릴레이(relay)의 접점측을 점퍼(연결)하면 시동 모터가 회전을 하는 경우는 시동 릴레이와 시동 릴레이 코일측의 트러블(trouble)로 판단 할 수 있어 작업범위를 줄일 수 있다. 시동 릴레이(relay)의 코일측의 점검은 체크 램프(check lamp)를 사용하여 램프(lamp)의 밝기를 보면 전원 공급 상태와 동시에 와이어 하니스(wire harness) 상의 집촉 저항 상태를 확인 할 수기 있다.

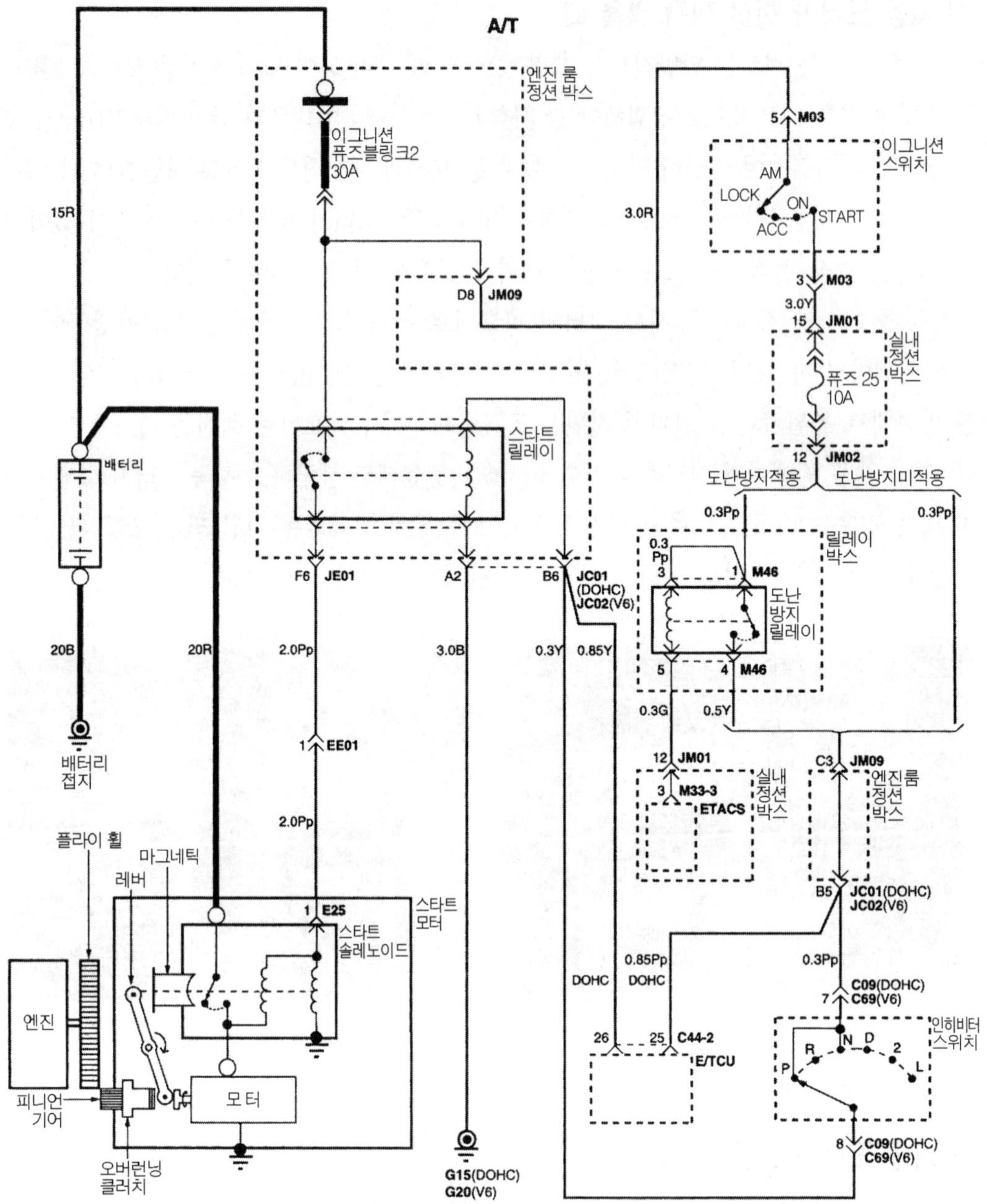

그림3-15 시동 회로(오토미션용)

체크 램프를 이용하여 점검하는 방법은 체크 램프의 클립(clip)을 차체 또는 배터리의 −(마이너스)에 접속하고, 배터리의 +(플러스) 단자에 체크 램프의 봉을 접속하여 체크 램프의 밝기의 정도를 미리 머리 속에 기억하여 둔다. 다음 체크 램프(check lamp)의 봉을 시동 릴레이(relay)의 인히비터 스위치(inhibitor switch) 측을 접속하고 점화 스위치를 스타트(start) 위치로 하였을 때 체크 램프가 점등이 되면 와이어 하니스(배선)의 연결은 되어 있는 상태이며 체크 램프가 점등 되지 않는 경우는 퓨즈(fuse), 점화 스위치, 인히비터 스위치, 기타 커넥터의 단선을 예측을 할 수가 있다.

또한 체크 램프가 점등이 되더라도 체크 램프의 밝기가 이전 배터리 +(플러스) 단자와 접속 했을 때와 비교하여 어두워지면 시동 릴레이(relay)의 코일 측에서부터 배터리의 +(플러스) 단자까지 어디선가 접촉 저항이 발생하고 있음을 의미한다.

접촉 저항이 있는 원인 개소를 찾는 순서는 일단 점검 개소가 쉬운 퓨즈(fuse)부터 체크 램프(check lamp)를 접속하여 체크 램프의 밝기를 비교하여 본다. 이상이 없는 경우는 다음 인히비터 스위치(inhibitor switch)의 커넥터 측을 접속하여 체크램프의 밝기를 비교하여 봄으로서 원인 개소가 있는 곳을 찾아 나간다. 멀티 테스터를 이용하는 방법은 테스터의 선택 스위치를 전압 렌지로 위치하고 릴레이의 코일측으로 전류가 흐르도록 하여 선간 전압을 측정하는 방법을 사용하여도 좋다.

## 3 시동장치 고장 사례

### 1 시동 불능

## 여러 번 시동키를 돌려야 시동 걸림

◆ 차　　종 : SM5
◆ 연　　식 : 2001년식
◆ 주행거리 : 43,400km

### 현 상

　　얼마 전부터 시동키를 돌리면 시동이 걸리지 않고 몇 번인가 시동키를 돌리면 시동이 걸린다고 입고한 차량이다. 배터리(battery)의 교환을 물으면 고객의 이야기는 이전에 한번도 교환한 적이 없다고 한다. 다시 현상을 확인하기 위해 시동 스위치를 몇 번인가 돌리면 갑자기 시동이 걸린다.

### 원인 추구

　　배터리와 시동 모터의 이상은 없는 것으로 보아 시동 회로의 접촉 불량이라 생각 하고 기본 점검부터 들어가기로 하였다

### 점 검

　　일단 배터리 결함은 아니라고 판단 돼지만 기본 점검을 하기 위해 배터리 점검부터 하기로 하고 배터리 전압을 측정하면 12.5V로 정상이고, 크랭킹시 배터리 양단간 전압은 11.7V로 정상이었다. 시동 릴레이(relay)를 교환하여도 증상은 변화하지 않는 것을 보아 시동 릴레이(relay)의 문제는 아닌 것 같다. 점검 결과로 배터리와 시동 모터는 이상이 없는 것으로 판단하여 시동 회로의 배선 문제로 원인 개소의 범위를 좁혔다. 시동 회로의 배선을 점검하기 위해 멀티 테스터를 이용하여 배터리의 +(플러스) 단자와 시동 모터의 B-단자의 전압을 크랭킹하여 측정하니 0.9V가 측정되어 규정치 보다 0.4V를 초과하는 것을 알 수가 있어 배터리 케이블의 문제로 판단하고

### 원 인

　　시동 모터의 B-단자의 너트(nut)를 풀어 보면 너트에 도금이 깨끗이 되어 있는 것을 확인 할 수 있어 샌드 페이퍼(send paper)로 너트의 도금막을 문질러 너트를 다시 체결하여 시동을 걸면 일발 시동이 걸린다. 잠시 후 시동이 걸면 일발 시동이 걸리고 몇 번인가 반복하여도 시동은 원활한 것을 확인 할 수 있었다

## 2 시동 불량

# 여러 번 시동키를 돌려야 시동 걸림

◆ 차　　종 : EF쏘나타
◆ 연　　식 : 1999년식
◆ 주행거리 : 72,700km

### 현 상

얼마 전부터 시동키를 몇 번인가 돌려야 시동이 걸리는 경우가 자주 있다고 하고 그 횟수가 점점 더 늘어가는 것 같다고 하여 입고한 차량이다. 확인을 하기 위해 시동을 걸면 마그네트 스위치(magnet switch)의 접점 소리는 들리는 데 바로 크랭킹(cranking)이 되지 않고 몇 번인가 시동키를 돌리면 시동이 걸린다. 배터리의 상태를 확인하기 위해 헤드라이트(head light)를 켜면 이상없이 점등되는 것을 확인하였다.

### 원인 추구

현상으로 보아 시동 회로의 접촉 불량일 가능성이 높은 것으로 판단하고 시동 회로에 접촉 불량 점검을 진행하기로 하였다.

### 점 검

배터리 터미널(battery terminal)의 연결 상태도 양호하고 시동 모터의 B-단자와 배터리간 전압을 측정하여 보면 0.2V로 양호하다. 시동 릴레이(relay)를 탈거하여 시동 릴레이의 접점측을 점퍼(jumper)선으로 연결하면 시동 모터는 경쾌하게 회전을 하며 일발 시동이 걸리는 것을 확인하고 시동 릴레이의 코일측에 접촉 불량으로 원인 개소의 범위를 좁혔다.

회로의 커넥터(connector) 및 스위치(switch)류의 접촉 불량 확인은 체크 램프를 사용하면 편리하므로 체크 램프를 사용하여 점검하기로 하였다. 체크 램프의 클립(clip)을 배터리의 -(마이너스) 터미널에 접속하고 체크 램프의 봉을 시동 릴레이의 코일측 에 접속하면 램프의 밝기가 어두운 것을 확인 할 수 있어 이번에는 멀티 테스터를 사용하여 전압 강하를 확인하기로 하고 시동 릴레이를 다시 원위치 한 후 실내 퓨즈 박스(fuse box)의 인히비터 퓨즈 10A측에 전압을 점검하면 0V, 시동 스위치를 ON시킨 후 전압을 점검하니 7.4V 밖에 측정되지 않아

### 원 인

원인은 시동 스위치를 예측 할 수 있었다. 시동 스위치의 교환은 4개의 도어(door)와 트렁크(trunk) 까지 키 스위치(key switch)를 교환하는 작업으로 모두 교환 후 시동을 걸면 일발 시동이 걸리는 것을 확인 후 작업을 마쳤다.

## 3 엔진 회전수 불안정

# 시동회로에 의한 엔진 회전수 불안정

◆ 차　　종 : EF쏘나타
◆ 연　　식 : 2001년식
◆ 주행거리 : 47,160km

### 현 상

　　오토미션의 시프트 레버(shift lever)를 N 또는 P-위치에 놓으면 가끔 엔진이 회전수(RPM)가 오르락내리락 한다고 하는 차량으로 엔진 회전수 불안정은 주로흡기 계통와 공연비 계통이 이상이 있는 것으로 생각하고 현상을 확인하여 보기로 하였다. A/T의 시프트 레버를 N 위치에 놓으면 차량이 진동을 하며 엔진이 회전수가 오르락내리락 하는 것을 확인하고 이때 스캔을 연결하여 보면 인젝터 분사 시간이 일정하지 않고 0.3(㎳) 정도 변화가 있는 것을 확인 할 수가 있었다.

### 원인 추구

　　A/T의 시프트 레버를 N 또는 P-위치에만 위치하면 엔진 회전수가 변화하는 것을 판단하기 위해 인히비터 스위치와 연관된 회로를 살펴보면 시동 회로와 TCU 회로 주행 상태에서는 전혀 문제가 없으므로 TCU의 회로는 일단 제외하여 작업 범위를 시동 회로로 축소하여 시동 회로를 점검하기로 하였다. EF-소나타는 스타트 릴레이(start relay)의 코일측 전원을 엔진 ECU의 26번 단자가 스타팅 신호로 감지하여 초기 시동시 연료 보정과 점화 시기 보정값으로 사용하고 있어 인히비터 스위치(inhibitor switch)를 통해 공급하는 시동 릴레이의 코일 전원의 이상이 있는 경우에 엔진과 연관된 트러블(trouble)이 나타날 수 있다고 생각 하였다.

### 점 검

　　먼저 시동 릴레이를 제거하고 시동 릴레이의 전압 공급 상태를 확인하면 이상이 없다. 엔진 ECU의 25번 단자의 단자 전압을 측정하면 0.2V로 정상으로 도난 방지 릴레이의 접점을 연결하여 전압을 측정하면 12.6V를 지시하는 것으로 보아 25번 단자는 이상이 없어 와이어 하니스(wire harness)을 흔들어 보아도 변화는 없었다. 26번 단자의 전압을 측정하면 0.3V로 이상을 감지 할 수 있었다. 다시 와이어 하니스를 흔들어 보면 0.3V의 전압 변화는 없다.

### 원 인

　　26번 단자의 전압은 12V가 측정이 되어야 하는데도 불구하고 0.3V가 측정된 것은 인히비터 스위치에서 엔진 ECU로 가는 배선의 접촉 불량으로 원인은 엔진 룸 정선 박스 위 커넥터 부의 접촉 불량을 확인하고 수정하여 작업을 마칠 수 있었다

# 4  시동 불능  

## 시동 불능

◆ 차　　종 : 엘란트라
◆ 연　　식 : 1994년식
◆ 주행거리 : 132,700km

## 현 상

시동이 걸리지 않는다고 출장을 의뢰한 차량으로 현지에 도착하여 시동을 걸면 시동 기미가 없어 경음기를 작동과 헤드라이트(head light)를 점등하여 확인하면 이상이 없는 것으로 보아 배터리(battery)는 이상이 없는 것으로 판단된다. 운전자에게 일전에 자동차 수리에 대한 이력을 물으면 3개월 전 경정비 업체에서 배터리(battery)와 엔진 오일(engine oil)을 교환하였다고 한다. 다시 시동 스위치를 ON하면 계기판의 경고등이 모두 어두워지고 시동의 기미는 없다.

## 원인 추구

원인은 시동 모터와 시동 모터에 연결된 배선상의 트러블(trouble)로 작업 범위를 좁히고 시동 모터부터 점검하기로 하였다.

## 점 검

시동 모터의 S-단자와 B-단자를 드라이버로 접속하여 보면 시동 모터의 마그네트 스위치의 접점 소리는 약하게 들릴 뿐 시동 모터는 회전 기미가 없어 이 상태에서 배터리의 전압을 측정하면 11.8V가 측정 되었다. 다른 차량의 배터리를 점퍼하여 시동을 걸어도 시동이 걸릴 기미가 없어 일단 시동 모터를 의심하고 시동 모터를 교환하기로 결정하였다.

## 원 인

시동 모터를 교환한 후 시동을 걸면 일발 시동이 걸린다.

탈착된 시동 모터의 원인을 확인하기 위해 시동 모터의 무부하 상태에서 전류를 측정하면 182A 까지 전류가 흐르는 것을 확인하고 시동 모터의 필드 코일(field coil) 또는 아마추어 코일(armature coil)의 내부 쇼트(short)가 아닌가 판단하고 작업을 마쳤다.

# 04

# 점화장치 점검

# 점화장치 점검

## 점화장치의 기능과 종류

### 1. 점화장치의 기능

가솔린 엔진(gasoline engine)의 경우 배출 가스를 최소화하고 엔진의 좋은 출력  성능을 얻기 위해 실린더 내의 연소실은 좋은 혼합기, 좋은 압축 압력, 좋은 불꽃이 요구되어진다. 연소실 내의 최적의 혼합비를 연소시키기 위해서는 압축 압력은 물론 좋은 불꽃을 만드는 점화 장치와 점화 장치의 성능 유지가 중요하다.

점화 장치는 혼합 가스를 착화하는 기능을 가지고 있어 엔진 성능에 직접적인 관계를 가지고 있다. 이와 같은 장치의 결함은 엔진의 출력은 물론 배출 가스 및 연비에 지대한 영향을 미치게 된다.

사진4-1 DLI 점화장치

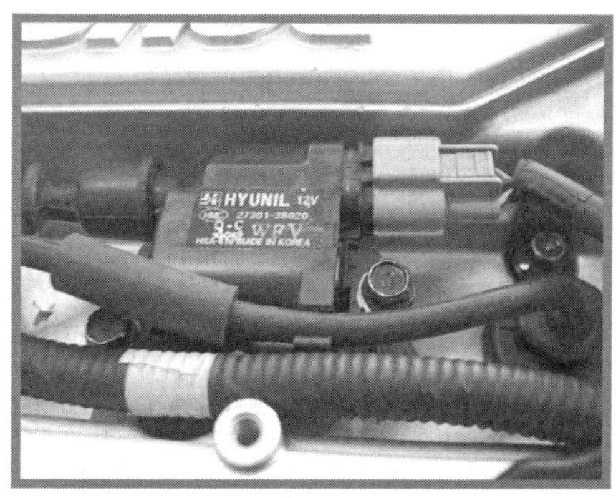

사진4-2 장착된 점화코일

점화 장치에 문제가 발생하면 엔진(engine)은 불완전 연소로 이어져 엔진은 부조하게 되며 심한 경우에는 차량의 주행 불능 상태까지 가져오게 된다. 따라서 좋은 점화 장치를 유지하기 위해서는 구성 부품의 성능을 정기적으로 점검하는 것이 중요하다.

점화 장치에 사용되는 점화 코일은 철심에 1차 코일(coil)과 2차 코일(coil) 감아 1차 코일에 전류를 단속하여 2차 코일에 높은 고압을 만드는 상호 유도 작용을 이용하는 방식을 사용하고 있다. 1차 코일에 흐르는 전류의 량은 엔진의 회전수에 따라 달라 엔진이 회전수가 상승하면 1차 코일에 흐르는 전류는 포화점에 다다르기도 전에 차단되어 2차 코일에 흐르는 전류의 단속 시간도 작아지게 된다. 따라서 점화 장치는 드웰 각(dwell angle)을 제어하여 주어야 하는 이유가 여기에 있다. 또한 실제 연소실내의 혼합 가스 농도는 엔진의 회전수에 따라 흡입되는 공기량과 연소실 내의 와류 형성이 달라지게 돼 스파크 플러그(spark plug)의 불꽃에 의한 화염이 전파 속도가 엔진 회전수의 상승에 따라 빨라지게 된다. 이때 점화 신호에 의한 최대 폭발 압력이 도달하는 시기도 빨라지게 돼 엔진 회전수의 상승에 따라 점화 시기도 진각하지 않으면 안된다.

## 2. 스파크 플러그

스파크 플러그(spark plug)는 점화 코일에서 발생되는 20~30kV의 높은 고압을 스파크 플러그의 전극을 통해 불꽃 방전을 하는 기능을 가지고 있는 것만으로 연소실의 혼합 가스가 연소하는 것은 아니다.

높은 고압에 의해 스파크 플러그의 전극에 가해진 전기 에너지는 아크(arc) 방전을 통해 불꽃을 일으키고 이 불꽃은 대단히 작은 전극 주위의 혼합 가스 분자와 접촉하면

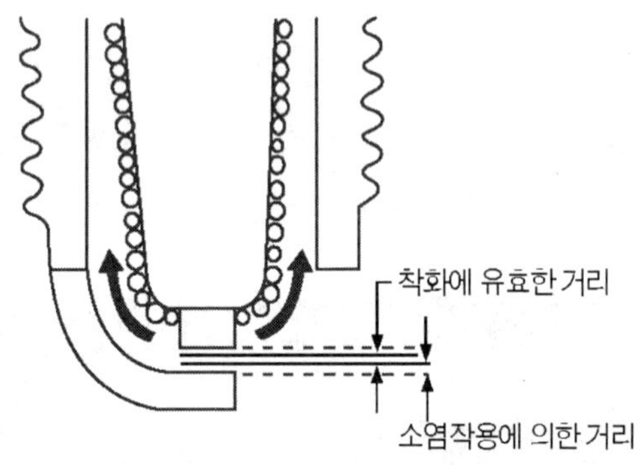


▲ 그림4-1 전극 주위의 소염 작용

서 산소와 결합하게 돼 전극에 화염핵을 만든다. 이 화염핵은 주위의 가솔린(gasoline) 분자의 산소와 결합하여 화염핵을 점점 성장 시켜나가 실린더 내의 혼합 가스를 연소하게 된다. 이러한 일련의 과정으로 혼합 가스가 완전 연소에 가까운 연소를 하기 위해서는 스파크 플러그(spark plug)의 점화 열량이 충분하여야 하며 실린더(cylinder) 내의 혼합

가스(공기와 연료의 비율)도 그림 (4-2)의 특성과 같이 적절한 범위에 있어야 한다.

스파크 플러그의 점화 열량을 충분히 하기 위해서는 스파크 플러그 간극이 대단히 중요한데 전극의 간극을 좁게 하면 불꽃 방전을 하기 쉬운 조건은 되지만 너무 좁아지면 혼합 가스와 착화하기 어려운 상태가 된다. 반면 전극의 간격을 넓게 하면 어느 정도 착화성은 향상되지만 어느 한계 이상 넓어지면 오히려 불꽃 방전 시간이 짧아져 연소실의 혼합 가스는 미연소 상태가 된다. 따라서 점화 간극은 정해진 규정 간극이 중요하다

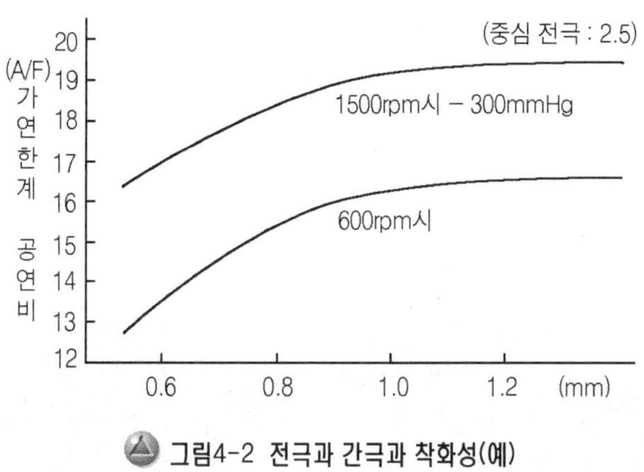

그림4-2 전극과 간극과 착화성(예)

## 3. 부하 변화에 의한 점화 시기

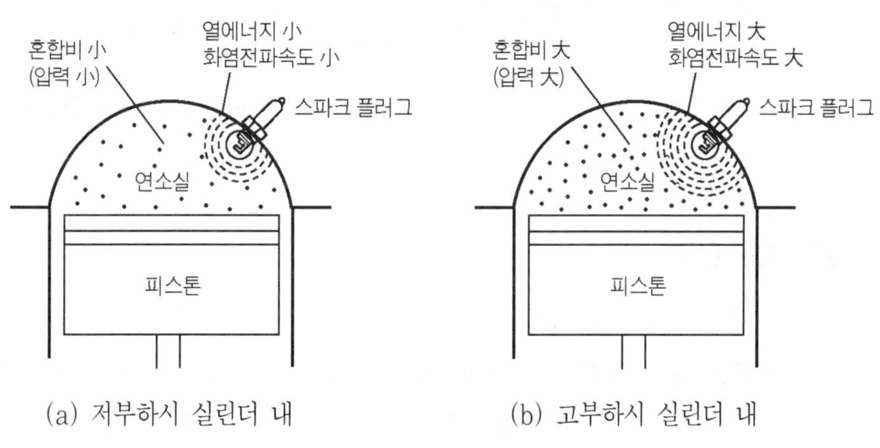


(a) 저부하시 실린더 내        (b) 고부하시 실린더 내

그림4-3 연소실의 화염 전파 속도

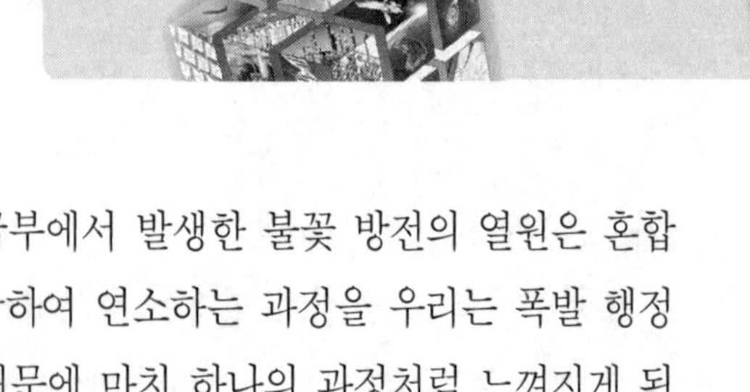

　　연소실 내의 스파크 플러그(spark plug) 전극부에서 발생한 불꽃 방전의 열원은 혼합 가스와 결합하여 화염핵을 만들고 화염핵은 성장하여 연소하는 과정을 우리는 폭발 행정 이라 한다. 이 과정은 짧은 시간에 이루어지기 때문에 마치 하나의 과정처럼 느껴지게 된 다. 이러한 연소실의 폭발 압력은 엔진의 부하에 따라 달라지게 되어 이에 따라 점화 시기 도 조절되어야 한다. 엔진에 부하가 많이 걸리는 만큼 스로틀 밸브(throttle valve)의 개 도량도 늘어나게 돼 연소실로 흡입되는 공기량도 그 만큼 증가하게 되고 연소실의 압축 행정에 의해 내부의 압력도 높아지게 된다.

　　또한 흡입 공기량의 많은 만큼 연료도 증가하게 되고 연소실의 혼합 가스의 밀도는 높 아지게 되며 연소실의 화염의 핵의 성장 속도는 증가하여 최대 폭발 압력에 도달하는 시 간은 짧아지게 된다. 이와 같은 이유로 엔진의 부하에 따라 점화 시기가 변화 하지 않으면 엔진 출력은 떨어지거나 노킹과 같은 현상을 야기 할 수 있다.

▲ 사진4-3 캠 샤프트

▲ 사진4-4 실린더 내의 연소실

## 4. 점화장치의 종류

　　점화 장치의 종류는 고압을 발생하는 점화 코일에 1차 코일의 전류를 단속하는 방식에 따라 기계적인 접점을 ON, OFF하는 포인트 방식과 트랜지스터(transistor)의 컬렉터전류 를 ON, OFF하는 트랜지스터 방식 및 사이리스터(thyrister)의 드레인 전류를 ON, OFF하 는 CDI(Capacitor Discharge Ignition) 방식이 사용되고 있다.

### [표4-1] 점화장치의 종류

| 구　분 | 점화 장치 종류 | 동작 구분 |
|---|---|---|
| 접 점 식 | 포인트 방식 | |
| 무접점식 | 트랜지스터 방식 | 마그네트 픽업 방식 |
| | | 전자 제어 방식 |
| | CDI 방식 | |

※참고) CDI : capacitor discharge ignition system

　이들 중 포인트 방식은 그림 (4-4)와 같이 기계적인 접점을 사용하여 접점의 소손에 의한 간극 감소와 카본(carbon) 퇴적으로 인한 점화 미스(miss)를 방지하기 위해 정기적 점검이 요구되며 진공(vacuum)을 이용해 드웰 각을 조절하고 있어 미세한 진각 조절이 불가능하다는 결점 때문에 현재에는 거의 사용하지 않고 있다.

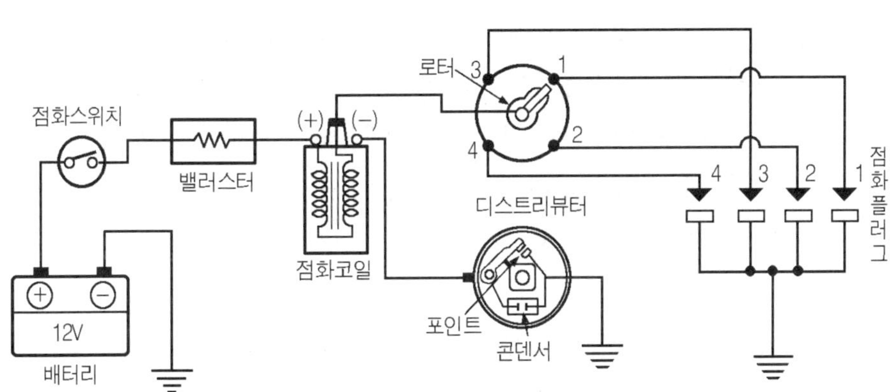


🔺 그림4-4  포인트 방식 점화회로

　그러나 점화 코일을 이용해 고압을 발생하는 기본 원리는 다른 점화 장치와 거의 동일하기 때문에 포인트 점화 방식을 잘 이해하고 있으면 다른 점화 장치는 쉽게 이해할 수 있다. 트랜지스터(transistor)식 점화장치는 그림 (4-5)와 같이 점화1차 코일의 전류를 파워 TR(transistor)을 이용하여 단속하고 있어 접점에 의한 소손이 없어 영구적이다. 진각도 제어(dwell angle)를 제어 회로 또는 컴퓨터(computer)를 통해 제어 할 수가 있어 점화 효율이 높아 현재에는 주류를 이루고 있는 점화 방식이다.

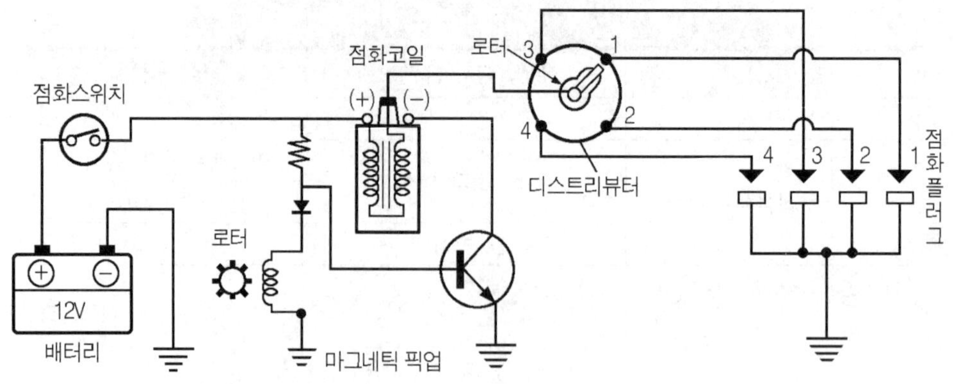


그림4-5 트랜지스터식 점화장치(마그네틱 픽업 방식)

이 방식의 점화시기는 캠 샤프트(cam shaft)의 회전축을 이용하여 마그네틱 픽업 (magnetic pick up)에 의해 파워 TR을 구동하는 방식과 크랭크 각 센서(crank angle sensor)의 신호를 기준으로 ECU(전자 제어 장치)가 미리 설정된 ROM 내의 데이터에 의해 파워 TR을 구동하는 방식을 사용하고 있다. CDI(Capacitor Discharge Ignition)방식은 콘덴서에 방전 전류를 이용하여 SCR(Silicon Controlled Rectifier)의 드레인 전류를 흐르게 하는 무접점 방식으로 점화 시간이 짧아 현재로는 완전 연소에 필요한 점화 시간을 요구하고 있는 자동차용으로 거의 사용하지 않고 있는 방식이다.

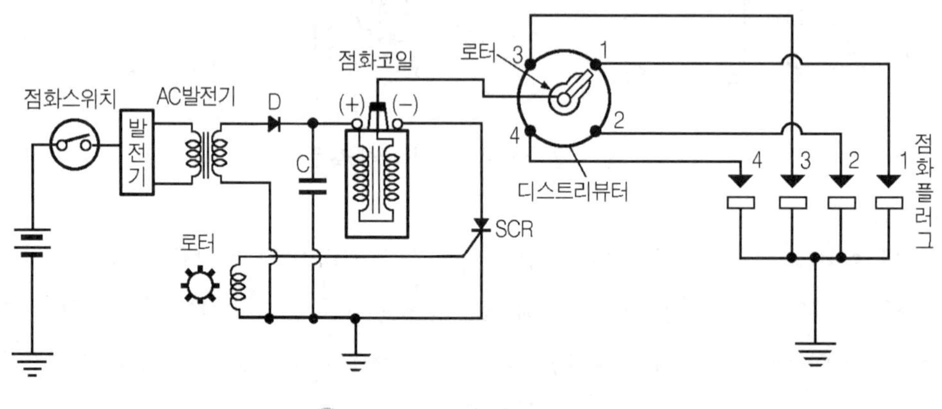


그림4-6 CDI 방식의 점화 회로

따라서 자동차에 사용하고 있는 점화 장치로는 현재 주류를 이루고 있는 트랜지스터 (transistor) 점화 방식에 대해 중점을 두어 다르도록 하겠다.

## 5. 트랜지스터 점화 방식

그림 (4-5)와 같은 마그네틱 픽업(magnetic pick up)을 이용한 트랜지스터 점화 방식은 디스트리뷰터(distributor)의 캠 축(cam shaft)의 회전에 의해 자석인 로터가 회전을 하여 코일측에 전자 유도 전압이 발생에 따라 디스트리뷰터 내에 있는 파워 TR이 ON, OFF하는 구조를 가지고 있으며 로터의 회전 속에 의해 진각을 조정하는 진각 회로 조절 회로를 포함하고 있어 불꽃 방전이 일어나지 않을 때 점화 코일, 파워 TR, 마그네트 픽업(magnetic pick up)의 순으로 점검을 하여 보아야 한다.

이에 반해 그림 (4-7)과 같은 ECU(전자 제어 장치)제어 방식의 경우에는 크랭크 각 센서(crank angle sensor)와 TDC 센서(top dead center sensor)의 신호를 기준으로 하여 ECU 내의 ROM(read only memory)에 기억되어 있는 정보와 조합하여 ECU는 점화 신호를 파워 TR을 통해 출력하도록 하는 트랜지스터식 점화방식이다. 이 방식은 현재 국제 배기가스 규제 협약에 의해 배출 가스 허용 기준치를 만족하기 위하여는 엔진의 운행 상태에 따라 배출되는 유해 가스를 제어하기 위해서는 엔진의 각종 상태를 검출하는 센서(sensor)의 신호에 응답하여 점화 시기, 연료 분사량 등을 조절하여 주어야 하는 전자 제어 방식이 사용되고 있다.

이와 같이 전자 제어 방식의 점화 장치는 현재 자동차의 주류를 이루고 있다.

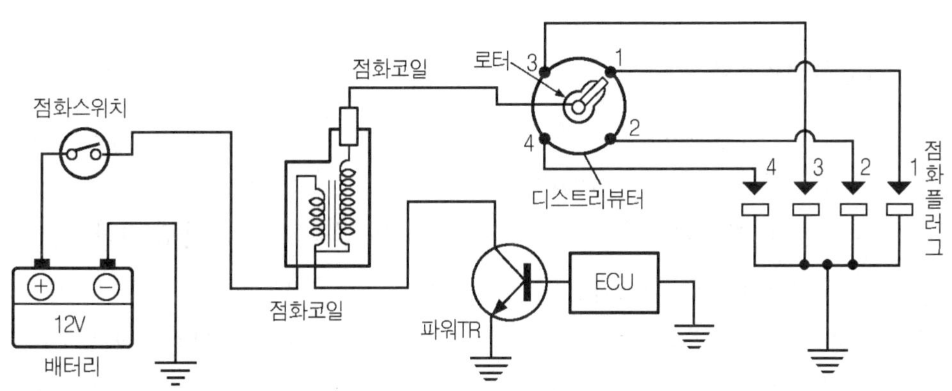


그림4-7 파워TR방식의 점화 회로

## 2  구성부품의 점검

### 1. 점화코일의 점검

| 코일 구분 | 코일 저항 | | 코일 권선 | | 1차 인덕턴스 |
|---|---|---|---|---|---|
| | 1차측 | 2차측 | 1차측 | 2차측 | |
| 개자로형 표준 코일 | 3.3~5Ω | 8.5~12kΩ | 290회 | 20000회 | 12mH |
| 개자로 저항 부착형 코일 | 1.4~1.5Ω | 8.8~12kΩ | 220회 | 20000회 | 7mH |
| 폐자로형 코일 | 0.4~0.6Ω | 6.0~15kΩ | - | - | - |

[표4-2] 점화코일의 사양

※주) 제조사에 따라 조금씩 차이가 있을 수 있음

멀티 테스터(multi tester)를 이용하여 점화 코일의 저항을 측정하는 것은 코일의 표피층이 쇼트(short) 되었는지, 코일의 권선이 단선 되었는지를 확인하기 위한 것으로 코일의 저항 측정만으로 코일의 양, 부를 판단 한다는 것은 곤란 하다. 따라서 점화 코일의 저항을 측정하여 본다는 것은 단지 점화 코일의 상태를 확인하여 보는 것으로 의미를 갖는 것이 좋다.

### [1] 1차 코일의 저항 측정

멀티 테스터(multi tester)의 선택 스위치를 저항 레인지(range)의 × 1Ω 범위에 위치하고 측정 봉을 그림 (4-8)의 (a)와 같이 접속하여 개자로형 점화 코일의 경우에는 3.3~5Ω 범위에 있으면 좋지만 주의 하여야 할 것은 점화 코일(개자로형)의 외부에 시멘트 저항이 부착되어 있는 형(type)은 저항치가 1.4~1.5Ω 범주에 있어야 한다.

외부에 저항을 부착한 점화 코일은 엔진의 고속 회전시 점화 2차 전압이 감소하는 것을 어느 정도 보상하고 코일의 전류를 제한 함으로서 1차 코일를 보호하기 위해 사용하는 것으로 일명 밸러스트 레지스터(ballast resistor)라고도 한다. 한편 폐자로형 점화 코일은 철심의 자로를 폐회로로 만들어 코일의 권수를 개자로형 점화 코일 보다 작게 만들어도 2차측의 전압은 멀티 테스터를 이용하여 1차 코일의 저항을 측정 할 때는 반드시 0(영점)

을 조절하여 측정하여야 한다. 디지털 멀티 테스터인 경우에도 선택 스위치를 저항 레인지(range)에 위치하고 측정봉을 쇼트(short)시켜 액정 표시기에 0Ω(영점)이 세트 되는지를 확인하고 저항값을 측정하여 보아야 한다.

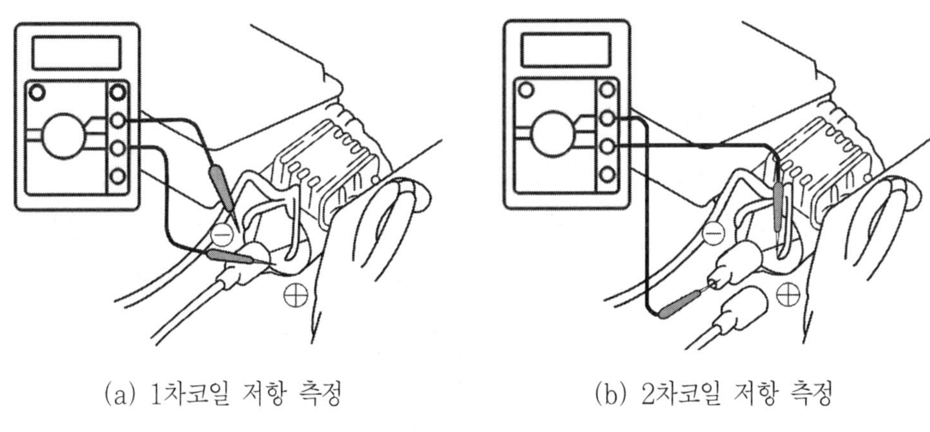

(a) 1차코일 저항 측정          (b) 2차코일 저항 측정

그림4-8 개자로형 점화코일의 저항 측정

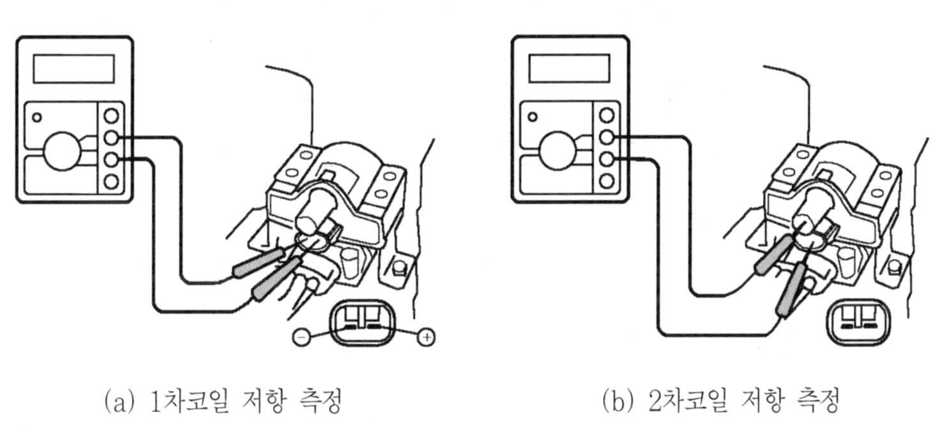

(a) 1차코일 저항 측정          (b) 2차코일 저항 측정

그림4-9 폐자로형 점화코일의 저항 측정

## [2] 2차 코일의 저항 측정

점화 2차 코일의 저항은 1차 코일 때문에 이에 따라 코일의 저항 성분도 증가하여 높게 나타나게 되지만 코일의 인덕턴스 성분 때문에 비례하여 나타나지 않는다. 점화 2차 코일의 저항 측정은 멀티 테스터의 선택 스위치를 ×kΩ 레인지(range)에 위치하고 측정봉의 하나는 고압 케이블이 연결되는 난자에 집속하고 다른 하나는 코일의 −(마이너스)측에 접

속하여 개자로형 점화 코일의 경우에는 보통 $8.5k\Omega \sim 12k\Omega$ 범주에 있으면 양호하고 폐자로 형 점화 코일의 경우에는 $6 \sim 15k\Omega$ 범주에 있으면 양호하다.

그러나 이들 점화 코일의 저항치는 자동차에 사용되는 점화 코일마다 조금씩 달라 적용된 점화 코일의 저항값의 사양을 정확히 하기 위해 자동차 제조사가 제공하는 정비 지침서 또는 점화 코일의 사양을 참조하는 것이 좋다.

### (3) 점화 코일의 외부 저항 측정

점화 코일에 붙어 있는 밸러스트 저항(ballast resistor)은 엔진의 고속 회전시 점화 2차 전압이 감소하는 것을 어느 정도 보상하기 위해 삽입하여 놓은 것으로 이 저항값은 그림 (4-10)과 같이 멀티 테스터로 측정하여 보통 $1.3 \sim 1.7\Omega$ 범위에 있으면 정상이다.

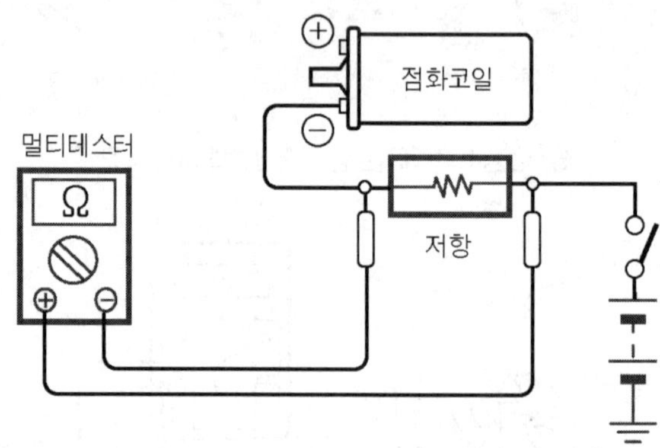


그림4-10 점화코일의 외부저항측정

## 2. 절연 저항 측정

엔진(engine) 시동은 잘 걸리지만 가속시나 고부하시 엔진이 부조를 하는 경우에는 점화 회로의 어딘가 누설 전류에 의해 스파크 플러그(spark plug)에 불꽃 방전이 연소실 내의 혼합 가스를 착화하지 못해 일어나는 경우가 많다. 이러한 현상이 발생되는 경우에는 코일 저항 점검만으로 원인을 판단하는 것은 불가능하다. 점화 코일에서 일어나는 누설 전류를 확인하기 위해서는 그림 (4-11)과 같이 점화 코일의 절연 저항을 측정 해 보아야 한다. 코일의 절연 저항 측정은 일반 멀티 테스터를 사용하여 확인하는 것은 무리 이므로 절연 저항을 측정할 수 있는 절연 저항 테스트를 사용하여 점검하여야 한다.

점화 코일의 절연 저항을 측정하는 방법은 절연 저항 테스터의 선택 스위치를 $\times 10M\Omega$

범위에 위치하고 테스터의 측정봉을 하나는 점화 코일의 −(마이너스)측에 접속하고 다른 하나는 점화 코일의 몸체에 접속하여 절연 테스터의 측정 버튼(button)을 눌러 측정치가 적어도 10㏁ 이상 측정 되어야 양호하다. 만일 절연 테스터가 없는 경우에는 점화 플러그에 연결되어 있는 고압 케이블을 하나씩 제거하여 점화 플러그의 단자부와 일정한 거리를 유지하여 차량의 진동과 스파크 플러그의 불꽃 상태로 점검하는 방법이 있지만 이 방법은 사람의 감에 의존하여야 하는 문제로 많은 경험이 없이는 오판 할 소지가 있다.

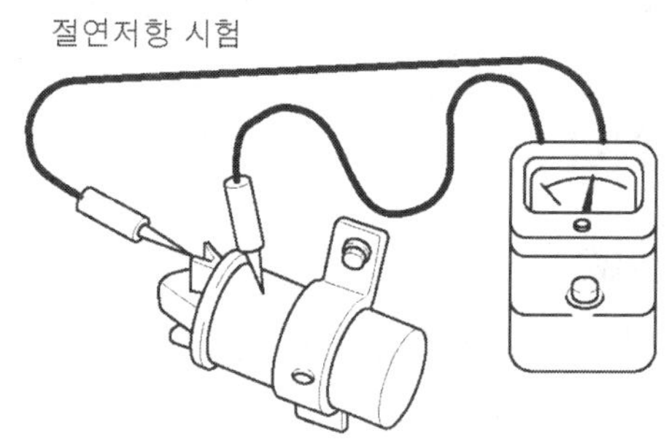


그림4-11  절연 저항 시험

## 3. 고압 케이블의 점검

점화 코일에서 발생한 20~30kV 정도의 고전압은 고압 케이블(cable)에 의해 전송되어 스파크 플러그(spark plug)로부터 불꽃 방전을 일으킬 때 강한 전계에 의해 주위에 전자파를 발생하게 된다. 이 전자파는 배터리의 전원선이나 신호선을 타고 들어가 자동차에 설치된 전장품에 잡음원으로 영향을 미치게 된다. 고압 케이블(cable)은 이러한 전자파 의한 잡음원의 영향을 억제하기 위해서 케이블 내에 저항선을 사용하고 있다. 이 저항선의 값은 예를 들어 그림(4-12)와 같이 고압 케이블의 피복에 R-16이라는 표시로서 나타내고 있는데 이것은 고압 케이블의 길이가 1m에 16kΩ을 나타내고 있는 것이다. 즉, 고압 케이블의 길이가 50cm(0.5m)이라면 고압 케이블의 저항값은 8kΩ이 되어야 한다는 의미이다.

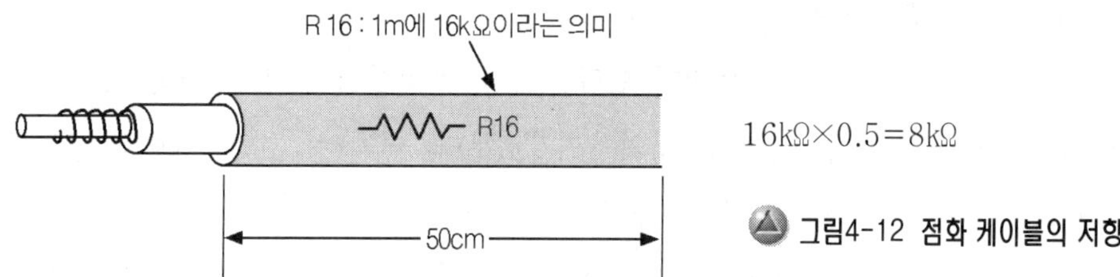


그림4-12  점화 케이블의 저항

고압 케이블이 노화로 인해 절연성이 떨어지거나 파손이 되어 고압 케이블에 흐르는 전류가 누설이 되면 연소실 내에 점화는 실화로 이어져 엔진은 부조하게 된다. 따라서 고압케이블은 절연도를 유지하는 것이 중요하므로 케이블의 절연 피복에 탐침이나 취급시 꺾는 일이 없어야 한다. 또한 고압 케이블을 장기간 사용으로 노화가 되면 점화 케이블의 저항은 감소하게 되는데 감소분에 대한 고압 케이블의 허용 범위는 규정 저항에 30% 범주에 있으면 양호하다고 할 수 있다. 예컨대 고압 케이블의 길이가 50㎝ 이라면 저항은 8㏀이 되지만 허용 범위는 8±30%(5.6~10.4㏀) 범위에 있으면 양호하다는 의미이다.

## 4. 디스트리뷰터의 점검

### (1) 디스트리뷰터의 캡 점검

점화 코일에서 발생된 고압은 점화 케이블을 통해 디스트리뷰터(distributor)의 중심 전극에 접속되고 중심 전극 내에 접촉된 카본 피스(carbon piece)는 가벼운 스프링(spring)의 장력에 의해 로터 암(rotor arm)과 접촉되어 로터의 회전에 따라 디스트리뷰터의 사이드 전극으로 보내지게 된다.

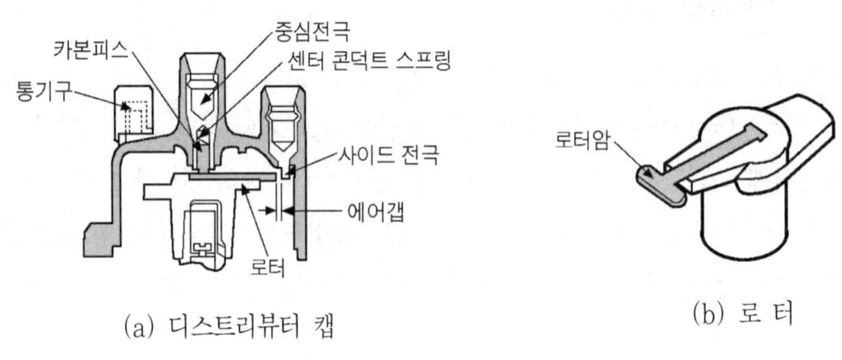


그림4-13 디스트리뷰터의 캡 및 로터의 구조

#### ① 카본 피스의 장력 점검

이렇게 사이드 전극으로 보내진 고압은 고압 케이블을 통해 각각의 스파크 플러그의 전극과 연결하게 되어 있어서 점화 코일로부터 연결된 고압 케이블은 디스트리뷰터(distributor)의 중심 전극을 통해 사이드 전극으로 보내지기 때문에 카본 피스(carbon piece)를 통해 로터의 암(arm)과 접촉하는 상태를 점검하여야 한다. 카본 피스가 로터의

암과 접촉하는 것은 디스트리뷰터의 내에서 접촉되어 육안으로 확인 할 수 없기 때문에 카본 피스를 손으로 가볍게 눌러 보아 접촉력을 확인할 수 있다. 또한 로터 암(rotor arm)으로 전송된 고압은 로터 암의 끝을 통해 사이드 전극으로 보내지기 때문에 사이드 전극과 로터 암의 간극(air gap)도 중요하다.

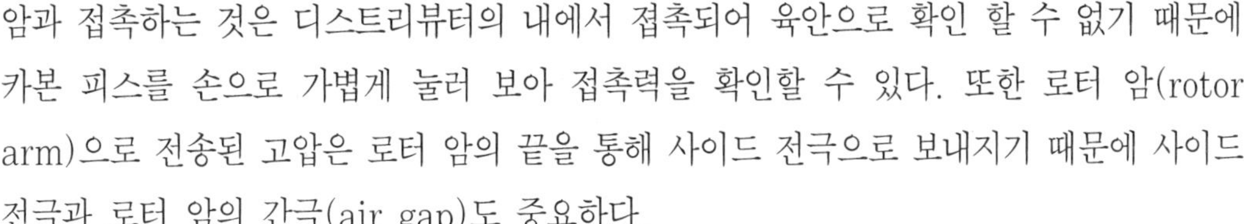

▲ 사진4-5 디스트리뷰터의 캡

### ② 육안 점검

로터(rotor)의 에어 갭은 0.4 ~ 0.5mm 정도로 육안으로는 확인하기가 난해하므로 로터 암의 끝 부분의 마모 정도를 확인하여 교환 조치하여야 한다. 디스트리뷰터의 사이드 전극은 아크 방전에 의해 이온이 주위의 산소와 결합하여 산화하면서 하얀 퇴적물 쌓이게 되는데 이 물질은 고압의 흐름을 방해하여 스파크 불꽃을 약화시키게 하는 작용을 하며 장기간 퇴적되면 엔진 출력

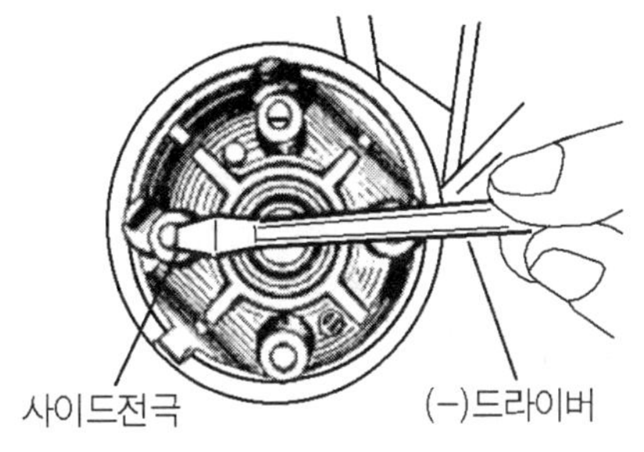


▲ 그림4-14 사이드 전극의 퇴적물 제거

이 약해지고 엔진 부조 현상을 야기하기 때문에 정기적으로 그림 (4-14)와 같이 −(마이너스)드라이버를 사용하여 제거하여 주어야 한다.

또한 디스트리뷰터의 갭은 중심 전극을 통해 로터 암(rotor arm)에 고압이 가해지게 되므로 캡(cap)에 균열이나 노화에 의한 재질이 물성적 변화가 생기게 되면 절연이 취약한 부분을 통해 누설 전류가 발생하게 되고 아크 방전에 의한 누설 전류는 하얀 누설 흔적이 남기게 된다. 누설 전류는 현상도 습도와 온도에 따라 달라지는 경우가 많다.

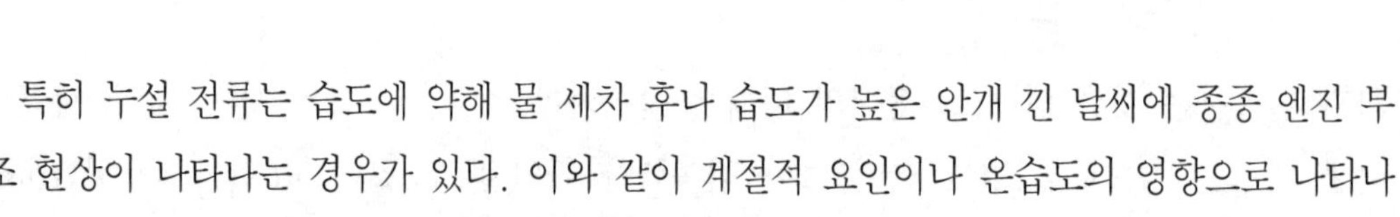

특히 누설 전류는 습도에 약해 물 세차 후나 습도가 높은 안개 낀 날씨에 종종 엔진 부조 현상이 나타나는 경우가 있다. 이와 같이 계절적 요인이나 온습도의 영향으로 나타나는 트러블의 경우에는 고압 회로의 트러블(trouble)이 많다.

### ③ 픽업 코일의 점검

마그네틱 픽업 코일 방식의 경우 픽업 코일(pick up coil)에 문제가 발생하면 시동 지연 및 시동 불능 현상이 발생하는 구성 부품으로 이 픽업 코일의 점검은 그림 (4-15)와 같이 디스트리뷰터의 픽업 코일의 커넥터(connector)의 단자에 멀티 테스터의 선택 스위치를 저항 레인지(range)에 위치하고 측정봉을 커넥터 단자에 접촉하여 저항값은 130~190Ω 이면 정상이다. 이 값은 자동차의 제조사에 따라 차이가 있으므로 정확한 사양은 제조사가 제공하는 정비 지침서 등을 참고한다.

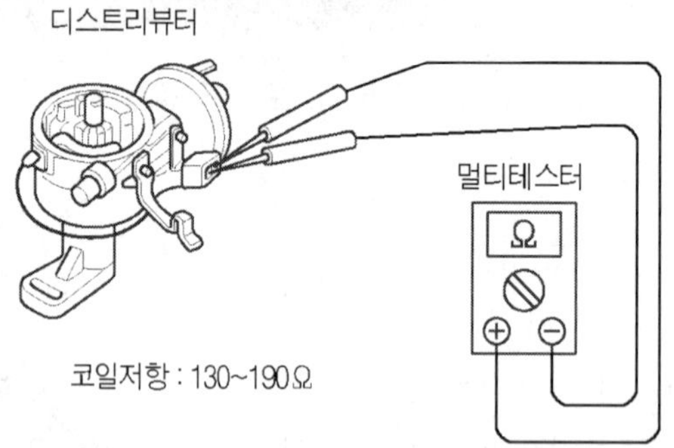


그림4-15 픽업코일의 저항 점검

### ④ 에어 갭 점검

마그네틱 픽업 코일 방식의 경우에는 로터(rotor)의 회전에 의해 마그네틱 픽업 코일에 로터(rotor)의 회전에 의해 전자 유도 전압 발생하도록 하는 원리를 이용한 것으로 로터와 픽업 코일 간의 간극이 너무 크면 자계의 세기가 약해져 코일에 출력되는 전자 유도 전압이 저하하기 때문에 이 부분에 문제가 발생하면 시동성이 떨어지게 된다. 이 에어 갭은 제조사 따라 차이는 있지만 보통 0.2~0.4mm 정도이다.

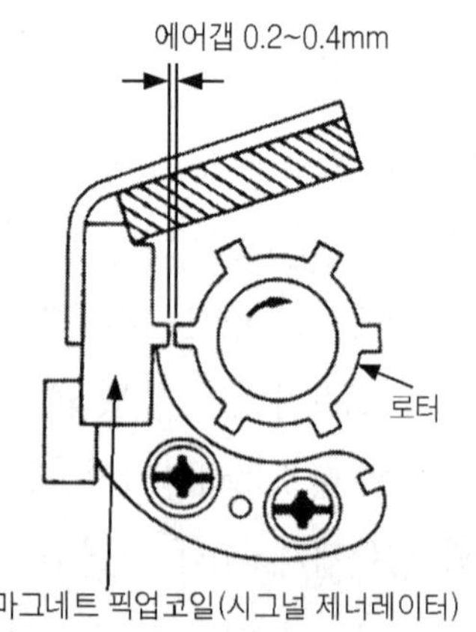


그림4-16 에어 갭 점검

## 5. 파워 TR의 점검

파워 TR(power transistor)은 점화 1차 코일의 전류를 단속하는 역할을 하는 부품으로 파워 TR(power transistor)에 이상이 생기면 바로 시동 불능 상태로 이어지게 된다. 파워 TR의 내부는 하이브리드 IC(hybrid IC)로 구성된 반도체 부품으로 열과 과전류에 취약하기 때문에 커넥터의 접촉 불량에 의한 과열이나 방열 대책이 필요하다. 또한 이 부품은 단자부의 쇼트(short)에 의한 과전류가 파워 TR로 흐르지 않도록 주의 하여야 하는 전장 부품이다.

사진4-6 픽업 코일용 파워 TR

사진4-7 전자제어용 파워 TR

### [1] 파워 TR의 도통 시험에 의한 점검

NPN형 트랜지스터(transistor)는 그림 (4-18)과 같이 다이오드(diode)가 2개 연결되어 있는 것과 같은 구조로 되어 있어서 마치 다이오드(diode)를 2개 점검하는 것과 같이 쉽게 양부를 판단 할 수 있다.

다이오드(diode)는 2개의 극을 가지고 있는 부품으로 그림 (4-17)과 같이 멀티 테스터의 선택 스위치를 저항 레인지(range)에 위치하고 측정봉의 흑색은 다이오드의 +(플러스)에 접촉하고 적색의 측정봉은 -(마이너스)에 접촉하여 미터의 지침이 우측으로 움직이는 것을 확인할 수 있는데 이 상태를 순방향(도통) 상태라 하고 반대로 측정봉을 바꾸어 다이오드(diode)의 -(마이너스)측에 흑색봉을 접촉하고 적색봉은 +(플러스) 측에 접촉하여 미터의 지침이 움직이지 않는 것을 확인할 수 있는데 이 상태를 역방향(부도통)

상태라 한다. 다이오드(diode)의 양부 판단은 이와 같이 테스터의 측정봉을 바꾸었을 때 지침이 움직임이 서로 반대가 되는 다이오드는 양품이다.

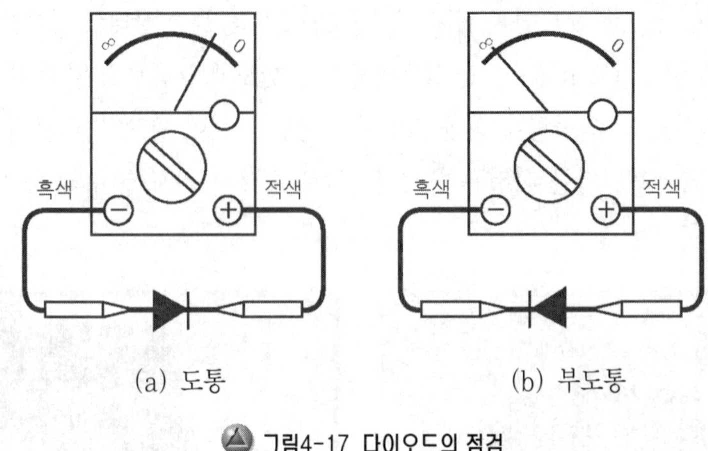

(a) 도통          (b) 부도통

그림4-17 다이오드의 점검

트랜지스터(transistor)도 같은 방법으로 베이스(base)를 기준으로 2개의 다이오드가 그림 (4-18)과 같이 접속되어 있다고 보고 순방향 상태와 역방향 상태를 확인한다.

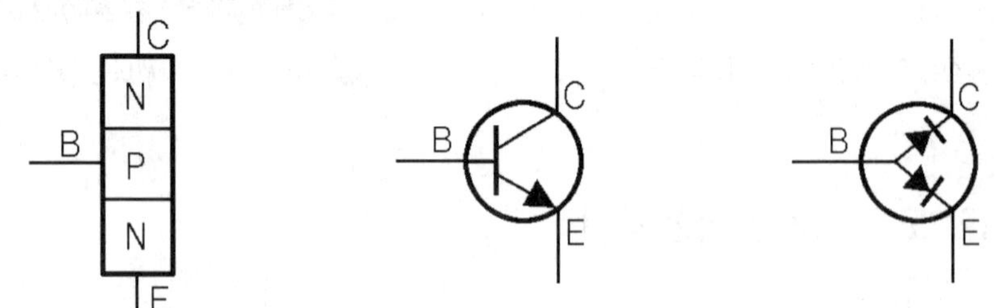

(a) PN접합으로 나타낸 TR      (b) TR의 심볼      (c) 다이오드로 나타낸 TR심볼

그림4-18 다이오드로 나타낸 TR의 심볼

## (2) 파워 TR의 스위칭 회로를 이용한 점검

먼저 LED(발광 다이오드)와 6V 건전지를 준비하고 파워 TR의 단품을 준비하여 그림 (4-19)와 같이 연결한다. 손가락으로 파워 TR의 베이스(base) 측에 나온 단자와 LED측에 나온 단자를 가볍게 눌러 LED(발광 다이오드)가 점등되면 파워 TR은 정상이다. 이것

은 건전지 6V를 통해 전원을 공급하고 있는 회로에 사람의 신체 저항이 약 5~10kΩ 정도를 통해 파워 TR의 베이스(base)에 접촉하게 해 LED가 점등하는 것을 이용한 것이다.

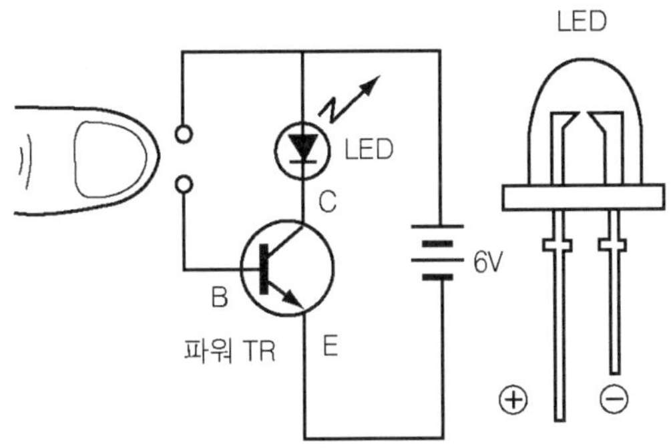

그림4-19 파워 TR의 점검 간이 회로

## 6. 스파크 플러그의 규격

스파크 플러그(spark plug)의 규격은 알파벳과 숫자로 사진 (4-8)의 예와 같이 표기하여 스파크 플러그의 나사의 지름, 플러그의 종류, 열가, 전극의 형상을 나타내고 있다.

예컨대 BKR5E란 표기의 점화 플러그를 예를 들어 보면 앞의 첨자 'BK' 란 의미는 ISO(국제 표준 규격)의 규격에 치수를 따르는 제품으로 플러그의 개스킷(gasket) 면부

사진4-8 스파크 플러그의 표기

터 너트의 선단까지의 길이가 2.5mm 짧은 형을 말하고 ' R '의 의미는 저항이 내장 되어 있는 것을 나타낸다. 숫자 ' 5 '는 중간 정도의 열가를 나타내는 표시이므로 플러그의 선택은 엔진에 따라 제조사가 추천한 점화 플러그를 사용하는 것이 좋다. 백금 플러그라 하여 점화 효율이 향상되는 것이 아니며 해당 차량의 엔진에 적합한 점화 플러그를 사용하여야 점화 효율을 향상 할 수 있다. 특히 스파크 플러그를 교환시 저항 내장형과 비내장형을 구분하어 사용하여야 한다.

[표4-3] 점화플러그의 규격표

| 예제 | B | P | 5 | E | S | 11 | 비고 |
|---|---|---|---|---|---|---|---|
| 의미 | 나사 지름 | 플러그 종류 | 열가 | 나사 길이 | 전극 종류 | 간극 | |
| 규<br><br>격 | A : 18mm<br>B : 14mm<br>C : 10mm<br>D : 12mm<br>E : 8mm<br>BC : 14mm<br>BK : ISO규격으로 가스켓부터 너트 선단까지 길이가 BCP형보다 2.5mm가 짧다. | P : 절연체 충돌형<br>R : 저항 내장형<br>U : 연면 방전형 | 2(저열가형)<br>4<br>5<br>6<br>7<br>8<br>9<br>10<br>11<br>12<br>13(고열가형) | E : 19.0mm<br>H : 12.7mm | S : 표준형<br>Y : 그린 플러그<br>V : V형 플러그<br>VX : VX플러그<br>K : 2극 전극<br>M : 로터리 ENG<br>Q : 로터리 ENG<br>B : CVCC형<br>J : 2극 사방<br>A : 특수사양<br>C : 사방전극 | L : 중간열가<br><br>11, 13…<br>GAP의 간극 | |

## 7. 스파크 플러그의 점검

스파크 플러그(spark plug)의 그을림은 엔진의 상태에 따라 슬러지(sludge)의 흡착 색깔이 달라지게되는데 점화 플러그 전극 부위의 슬러지(sludge)의 흡착된 색깔을 보는 것은 엔진의 연소 상태를 간접적으로 확인하는 것과 같다. 스파크 플러그가 연소실 내에서 착화하기 위한 최적의 온도 범위는 450~870℃이며 이 온도 범위에서 사용된 플러그의 전극 부위 색깔은 엷은 갈색에서부터 엷은 흑색 빛을 띠게 된다. 그러나 만일 연소실의 혼합 가스의 온도가 너무 낮아 150℃ 이하의 온도에서 사용하게 되면 전극부에는 카본(carbon)이 부착되게 된다. 검게 그을린 카본 부착량이 많아지면 스파크 플러그의 절연부가 쉽게 파괴 돼 리크(leak) 상태로 이어지게 되고 결국 스파크 플러그는 실화로 이어지게 된다. 이와는 반대로 온도가 적정 범위를 초과하여 870℃ 이상이 되는 경우에는 스피크 플러그(spark plug)의 전극은 불꽃 방전을 발생하기도 전에 방전하는 프리 이그니션(pre ignition) 현상이 일어나게 된다.

스파크 플러그는 오염된 카본(carbon) 퇴적물이 장기간 쌓이게 되면 중심 전극을 고정하는 틀과 하우징 사이에 누설 전류가 발생하게 돼 실화로 이어질 가능성이 높아진다.

## (1) 스파크 플러그의 퇴적물 점검

앞서 설명이 했듯이 스파크 플러그(점화 플러그)의 그을림의 상태를 보면 엔진의 연소 상태를 예측 할 수 있는데 그림 (4-20)의 (a)와 같이 플러그에 퇴적물이 백색을 띠는 경우는 과연소 상태를 나타내며 이것은 스파크 플러그의 열이 바깥으로 배출되지 못하는 경우가 많다. 이러한 경우에는 스파크 플러그의 토크(torque) 불량에 기인하는 경우를 예를 들 수 있다. 스파크 플러그의 전극부 온도가 최적인 450~ 870℃의 온도 범위에서 사용하는 경우는 그림 (4-20)의 (b)와 같이 엷은 갈색~짙은 갈색을 띠는 경우이며 그림 (4-20)의 (c)와 (d)의 경우처럼 검은 그을림이 있는 경우는 엔진 오일의 연소에 의해 나타나는 경우와 수온 센서의 이상으로 과농한 공연비에 의해 검게 그을림 현상을 나타나게 된다. 엔진 오일의 과다 소모에 의해 발생되는 경우는 스파크 플러그의 전극부 표면이 단단하며 윤기가 나는 반면 과농한 혼합 가스에 의한 연소는 검은 슬러지(sludge)가 쌓이는 것으로 구분 할 수 있다.

○ 연소실의 연소 상태를 예측 할 수 있다.

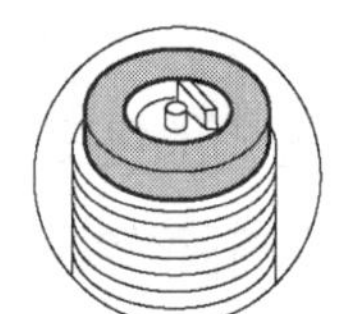
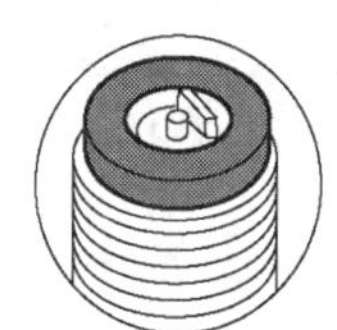
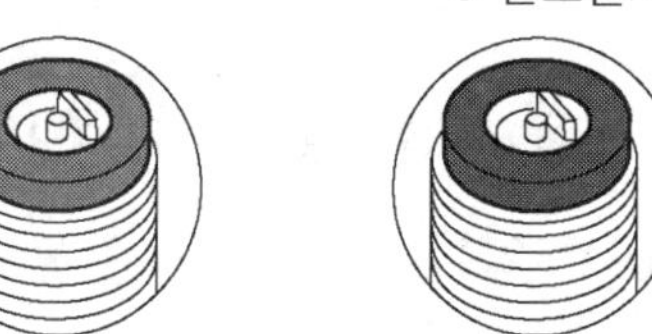
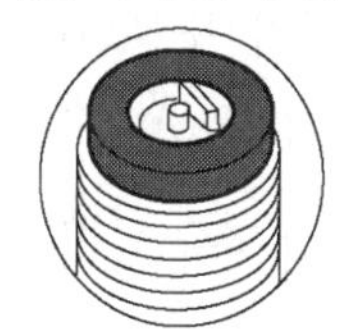
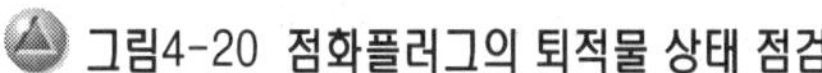

(a) 백색의 퇴적물　(b) 다갈색의 퇴적물　(a) 흑색의 퇴적물　(a) 흑색의 퇴적물
(과연소상태)　　　(정상)　　　　　(오일연소)　　　　(리치상태)

그림4-20 점화플러그의 퇴적물 상태 점검

## (1) 전극의 간극 점검

그림 (4-21)과 같이 개자로형 점화 코일의 경우는 일반적으로 전극이 간격의 0.7~0.8mm 범위이며 폐자로형 점화 코일의 경우는 1.0~1.1mm 범위 이지만 제조사에 따 라 다소 차이가 있을 수 있다.

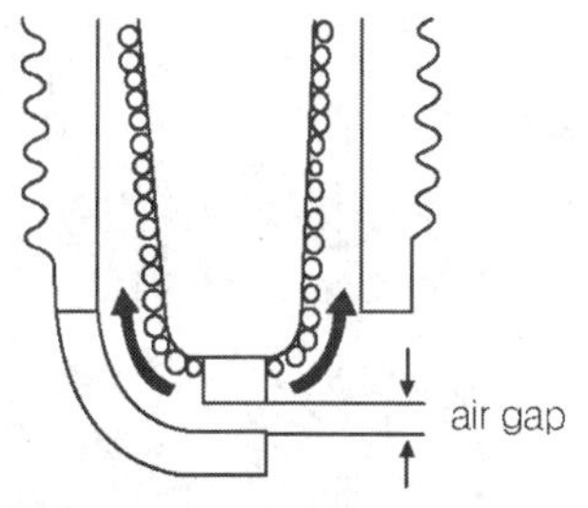


에어갭 개자로형 코일 : 07~0.8mm
에어갭 폐자로형 코일 : 1.0~1.1mm
※제조사에 다라 다소 다름

그림4-21 점화플러그의 에어갭 점검

##  점화장치의 점검

### 1. 점화장치의 고장 현상

일반적으로 점화 회로는 배터리(battery)로부터 공급되는 전원이 점화 스위치를 거쳐 점화 1차 코일로 공급되고 점화 1차 코일에 흐르는 전류의 단속에 의해 점화 2차 코일에는 20~30kV 정도의 높은 고압이 발생 된다. 이 고압은 고압 케이블을 통해 디스트리뷰터(distributor)의 중심 전극에 접속되어 각 사이드 전극으로부터 고압 케이블을 통해 스파크 플러그(spark plug)로 고압을 전송하는 방식과 디스트리뷰터를 사용하지 않고 직접 스파크 플러그에 고압을 전송하는 DLI 방식이 있다. DLI(Distributor Less Ignition) 시스템의 경우 점화 코일에서 발생된 고압이 직접 고압 케이블을 통해 스파크 플러그로 연결되어 있어서 2차측 점화 코일 이후에 일어나는 고장 유형과 1차측 이전에서 일어나는 고장 유형이 확연히 구분되어 진다.

고압측에서 일어나는 고장 현상은 엔진의 부조 현상이나 출력 부족 현상이 대표적인 반면 저압 회로의 트러블(trouble)로 일어나는 현상은 시동 불능 현상이 대표적이다. 고압측의 고장은 주로 고압의 누설(leak)에 의한 트러블이 대부분으로 엔진출력이 떨어지고 급가속시나 고부하 상태의 주행시에는 엔진 부조 현상이 일어나 기도하며 습기가 많은 우기시나 세차 후에 시동이 곤란한 경우도 발생하게 된다.

▲ 사진4-9 디스트리뷰터의 점검(1)

▲ 사진4-10 디스트리뷰터의 점검(2)

또한 조석으로 시동성이 다른 경우에도 고압 계통의 트러블(trouble)의 경우가 많다. 이러한 고압 계통의 트러블의 경우에는 배출 가스 및 연비 악화로 이어지게 돼 정규적으로 예방 정비가 필요하다. 이에 반해 점화 1차 코일 이전의 저압측 트러블의 경우에는 주로 전원 공급과 신호 계통의 트러블이 많이 발생되어 바로 시동성과 직결하게 된다. ECU (전자 제어 장치)의 입, 출력 요소에 의한 고장 현상은 파워 TR(transistor)의 구동 신호로 이어져 시동 불능 상태로 이어진다. 또한 파워 TR과 점화 코일의 결함인 경우에도 시동이 걸리지 않는 경우가 발생하게 된다.

## 2. 점화장치의 점검절차(1)

시동 모터는 회전을 하는 데에도 불구하고 시동이 걸리지 않는 경우 우선 점검을 해보야 하는 것이 점화 장치의 작동 여부이다. 크랭킹을 해도 초폭이 기미도 없고 시동 모터만 회전을 하는 경우는 고압 케이블을 하나 제거하여 불꽃 방전을 확인하는 일이다. 크랭킹을 하여도 고압 케이블로부터 불꽃 방전이 일어나지 않는 경우는 점화 회로에 이상이 있는 것으로 기본 점검부터 점검한다. 그러나 경험이 풍부한 사람이라면 정공을 찾아 핵심 포인트 만을 점검 한다고 하여 잘못된 점검 절차라고 말할 수 없다.

점화 계통의 이상으로 시동이 안 걸리는 경우는 전기적인 회로상에 이상인 경우나 기계적인 결함으로 구분할 있다. 회로상의 문제는 전원 공급 상태와 구성 부품이 이상 있는 경우를 생각 할 수 있고 전자 제어 장치인 경우에는 입, 출력 계통 및 ECU(전자 제어 장치)의 이상으로 시동이 걸리지 않는 경우를 생각 할 수 있다. 또한 기계적인 결함은 캠 각의 위치가 안 맞는 경우로 볼

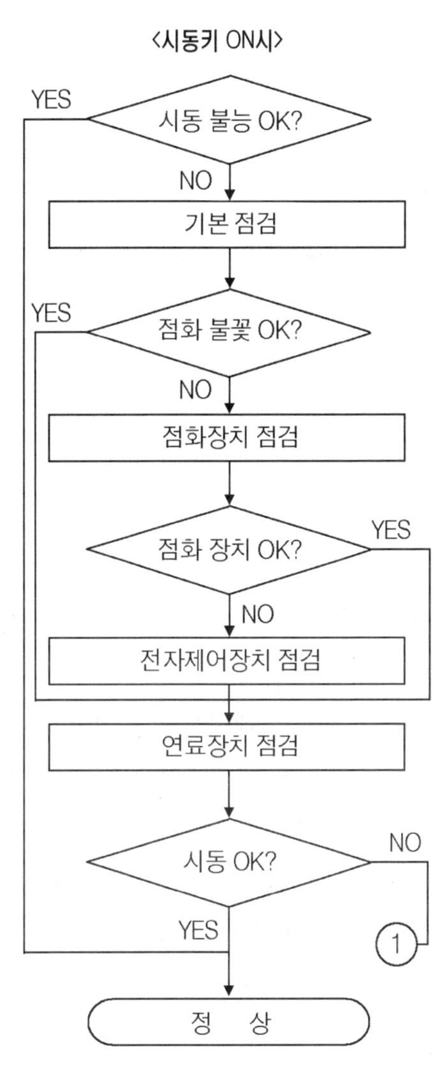


그림4-22 점화장치 점검 절차

수 있다. 이와 같이 점화 회로에 이상이 없는 경우는 ECU의 입, 출력 회로 및 ECU의 이상 유무 까지도 점검 보아야 한다.

## 3. 점화장치의 점검 절차(2)

엔진 부조 현상은 그 현상이 다양하여 원인을 정확히 추구하기 위해 엔진 부조의 조건과 차량의 상태를 파악해 두는 것이 진단 정비에 도움이 된다. 엔진의 부조의 조건은 냉간시와 난기시, 저속시와 고속시, 부하시와 무부하시, 공회전시와 주행시 등으로 구분하며 기후의 환경적 요인도 세분 한다. 또한 엔진 부조시 차량의 상태를 파악하는 것도 중요한데 태코미터의 지침 떨림 현상이나 차량의 진동상태 등을 파악하여 점화 계통의 부조인지 공연비 계통의 부조인지를 판단하는 것도 중요하다.

점화 계통에 의한 부조라 판단이 되면 기본 점검을 통해 그림 (4-23)과 같이 압축을 점검하여 기계적인 문제인지 전기적인 문제인지를 판단 한다. 압축 압력이 이상이 없는 경우라면 전기 계통의 트러블로 점화 장치를 극한하여 점검한다.

점화 장치는 배선상의 문제인지 구성 부품상에 문제인지를 점검하고 이상이 없는 경우라면 공연비 계통의 결함으로 판단하여도 좋다. 특히 연료 계통의 경우는 연료의 라인(line)의 압력은 기본 점검 항목의 하나로 연압이 규정치 내에 있는지를 확인하는 것도 중요하다.

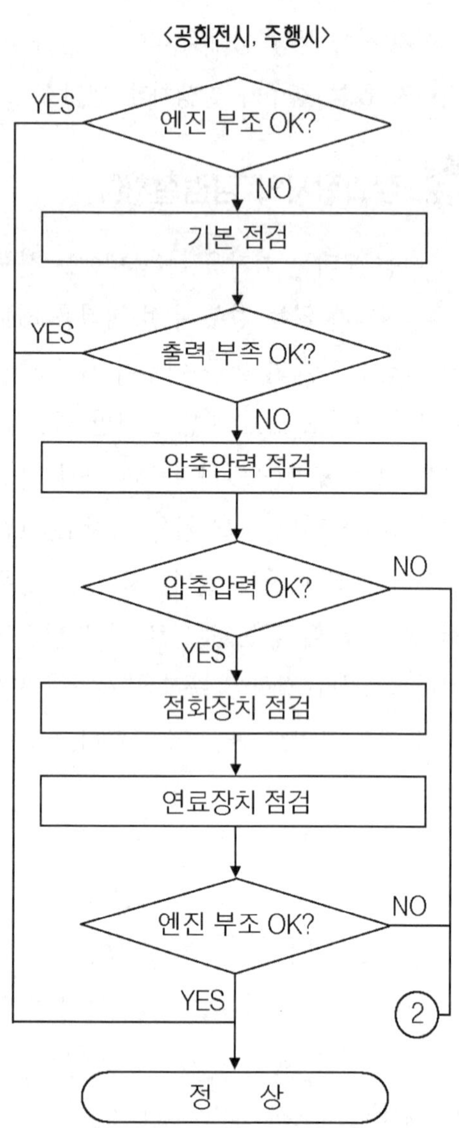


그림4-23 점화장치 점검 절차

## 4. 점화장치의 기본 점검

시동 모터는 회전하는 데에 시동이 걸리지 않는 경우 엔진 자체에는 이상이 없다고 가정하면 점화 계통과 연료 계통의 결함으로 구분 할 수 있다. 점화 계통의 결함은 점화 불꽃이 유무의 문제와 점화 불꽃의 세기 및 점화 시기의 문제이며 연료계통의 결함은 공급되는 연료의 유무와 연료의 량 및 연료의 압력에 문제에 기인한다. 시동 모터는 회전을 하는 데에도 불구하고 시동이 걸리지 않는 경우는 먼저 시동 모터의 피니언 기어(pinion gear)와 링 기어(ring gear)의 치합 상태를 확인하는 일이다.

크랭킹(cranking)시 시동 모터의 기어 치합과 회전이 원활하다면 점화 회로에 공급 전원이 정상적으로 공급되고 있는지 IGN 퓨즈(fuse)는 이상이 없는지 점화 1차 코일의 공급 전압은 이상이 없는지를 점검하고 스파크 플러그(spark plug)의 불꽃 방전은 튀고 있는지를 확인한다. 스파크 플러그에 불꽃 방전이 튀고 있는데도 불구하고 시동이 걸리지 않는 경우는 엔진 본체 및 연료 계통 결함으로 타이밍 벨트(timing belt)는 정상적으로 연결되어 있는지 점화 플러그의 슬러지(sludge)의 상태에 따라 연소실의 상태는 어떠한지 연료 펌프 릴레이는 구동하고 있는지 연료 펌프 릴레이가 정상적으로 작동하고 있다면 크랭킹시 연료 공급은 되고 있는지를 확인 하여 나간다.

점화 장치의 기본 점검은 스파크 플러그로부터 불꽃의 유무를 초점을 두어 점검하여 보는 것으로 고압 케이블의 연결 상태는 제대로 연결되어 있는지 디스트리뷰터(distributor)의 커넥터 등은 제대로 연결되어 있는지를 확인하고 점화 1차 공급 전압과 파워 TR의 이미터(emitter)측 어스(earth)의 연결 상태를 확인한다.

사진4-11 스파크 플러그의 전극

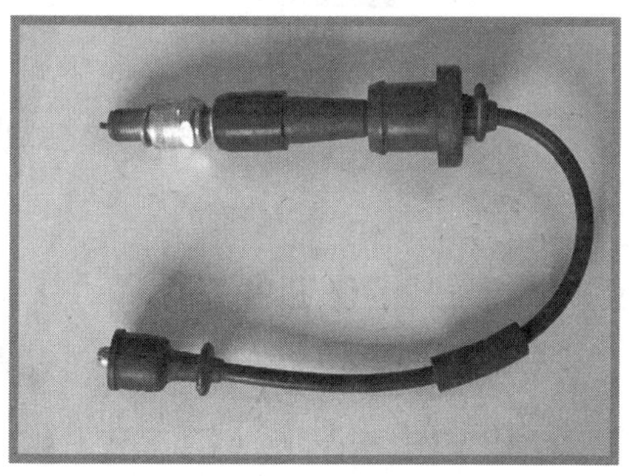

사진4-12 고압 케이블

불꽃 방전의 유무는 스파크 플러그에 삽입된 고압 케이블을 스파크 플러그로부터 떼어 차체에 어스 되지 않도록 약 1cm 정도의 거리를 이격하여 놓고 크랭킹(cranking)시 고압 케이블의 불꽃 방전을 확인하는 것만으로도 간단히 점검 할 수 있다. 스파크 플러그(spark plug)에 불꽃 방전이 잘 튄다는 것은 점화 회로에 공급되는 전원 및 신호선의 배선 연결 그리고 구성 부품의 작동은 이상이 없는 것을 의미한다.

## ■ 5. 점화회로의 점검

점화 회로의 작동 상태 점검은 실차 상태에서 스파크 플러그의 불꽃 방전의 유무만으로 간단히 점검할 수 있다. 그러나 이 방법은 정확한 점화 회로의 점검 방법이라고는 할 수는 없지만 불꽃 방전의 유무를 보고 점화 회로의 작동 상태를 점검하는 것은 대단히 편리한 방법 중에 하나로 현장에서는 시동성 문제에 대한 점검은 이 방법을 통해 점화 불꽃 유무만으로 쉽게 점검하고 있다.

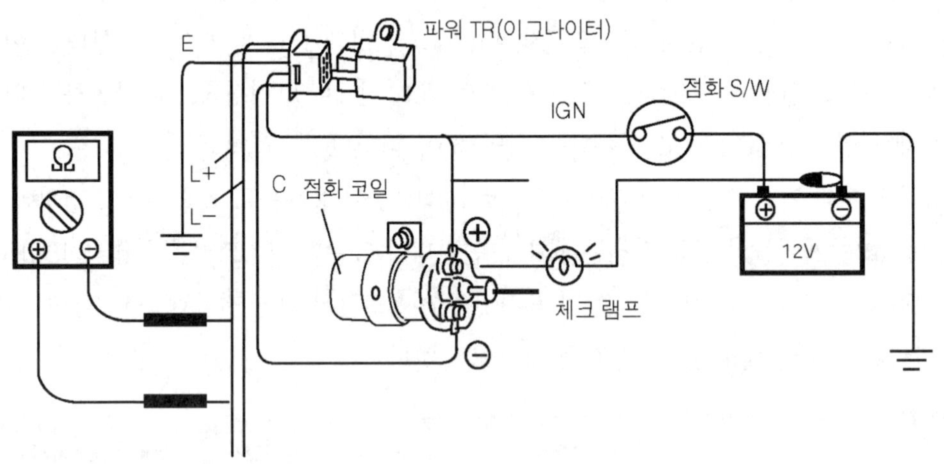


그림4-24 점화회로의 전원 공급 전압 점검

## [1] 타이밍 라이트에 의한 점검

점화 회로에 이상이 있다고 판단하여 점화 회로를 점검하는 방법 중에 하나가 타이밍 라이트(timing light)를 이용하는 방법이다. 이 방법은 고압 케이블의 탈착 없이 고압 케이블에 클램프 센서(clamp sensor)를 걸어 크랭킹(cranking)시 타이밍 라이트가 발광을 하면 불꽃 방전을 하고 있다는 것으로 점화 회로 상으로는 이상이 없다고 판단할 수 있는 간단한 방법이다. 이 방법은 점화 불꽃을 육안으로 확인하지 못하는 경우 타이밍 라이트(timing light)의 불빛만으로 점화 신호의 유무를 판단할 수가 있어 편리하고 쉽게 점검 할 수 있는 방법이다. 본래 타이밍 라이트는 점화시기를 점검하기 위해 사용하는 장비이지만 이렇게 응용하여 사용하면 편리하게 점검 할 수 있다.

사진4-13 연결된 고압 케이블

사진4-14 타이밍 라이트

## (2) 불꽃 방전에 의한 점검

시동성 불량으로 점화 회로를 점검하는 경우 대부분 일선 정비 현장에서는 타이밍 라이트(timing light)를 이용하지 않고 그림 (4-25)와 같은 방법을 많이 사용하고 있다. 이 방법은 점화 코일의 중심 케이블을 디스트리뷰터의 캡으로부터 떼어 고압 케이블의 연결 부위를 차체와의 거리 약 7~10mm 정도 이격하여 크랭킹시 불꽃 방전을 확인하는 방법이다. 크랭킹(cranking)을 하며 고압 케이블의 점화 불꽃을 확인하기 위해서는 2명이 사람이 필요하게 되는 불편함이 따르게 되는데 이러한 경우는 그림 (4-25)와 같이 체크 램프의 클립(clip)을 차체에 물리고 점화 코일의 1차측 − (마이너스)단자에 체크 램프(lamp type을 사용할 것)의 팁을 붙였다 때었다는 반복하면 고압 케이블과 차체 사이에 불꽃 방전을 확인하는 방법을 사용하여도 좋다.

이러한 방법은 불꽃 방전을 확인하기 위해 고압 케이블을 떼어 불꽃 방전을 확인하는 방법으로 점검할 때 고압에 의해 감전되지 않도록 고압 케이블을 손으로 잡고 점검하는 일이 없도록 주의하여야 한다. 또한 이 방법은 불꽃을 방전을 눈으로 확인하거나 방전시 소리를 듣고 판단하여야 하므로 밝은 곳이나 소음이 있는 곳에서는 확인하기가 쉽지 않은 면이 있지만 점검하기가 쉽고 현실적인 면이 있어서 많이 사용하고 있다.

점화 회로를 점검하기 위해 이러한 방법을 이용해 불꽃 방전을 확인하는 방법이 중요한 것이 아니라 불꽃 방전의 갖는 의미를 이해하고 있는 것이 중요하다. 불꽃 방전이 의미를 통해 점화 회로의 상태를 파악 할 수 있는 진단 능력을 배양하여 나가는 것이 무엇보다 중요하다.

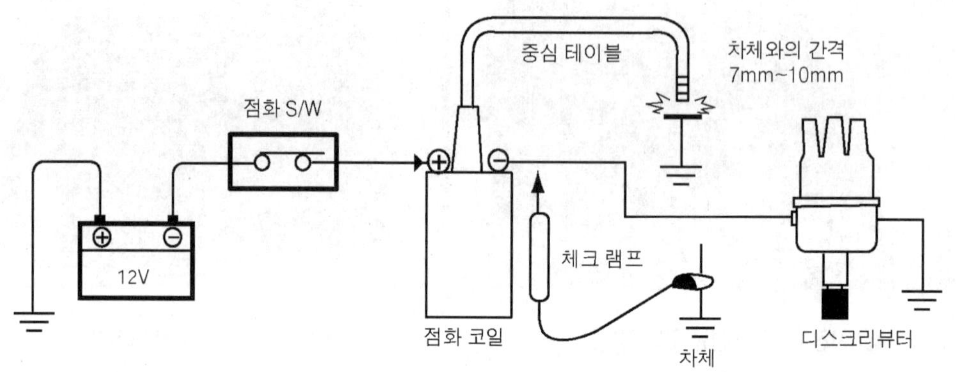


그림4-25 점화회로 점검

고압 케이블에 불꽃 방전이 발생하고 있다는 것은 점화 1차 코일의 전류를 단속하여 점화 2차 코일에 점화 전압이 약 20~30kV가 발생되어 고압 케이블을 통해 공급되고 있다는 것을 의미하므로 점화 회로의 기능상에 문제는 없는 것으로 판단할 수 있다. 그러나 고압 케이블을 통해 불꽃 방전이 발생한다고 하여 점화 장치에 전혀 이상이 없다고 단정할 수는 없다.

쉽게 얘기하면 고압 케이블을 통해 불꽃이 튄다는 것은 불꽃의 유무만을 나타내는 것이지 불꽃의 질에 대해서 이야기 하는 것은 아니다. 연소실의 혼합 가스가 완전 연소에 가까이 이루어지려면 점화 불꽃의 질도 좋아야 한다. 따라서 불꽃의 질을 점검하기 위해서는 점화 전압, 점화 코일의 능력, 점화 플러그의 상태 등을 종합적으로 점검하여야 한다. 불꽃 방전의 질의 점검은 주로 차량의 배출 가스 문제시나 엔진 출력 부족, 엔진 부조, 연비 악화시에 점검한다.

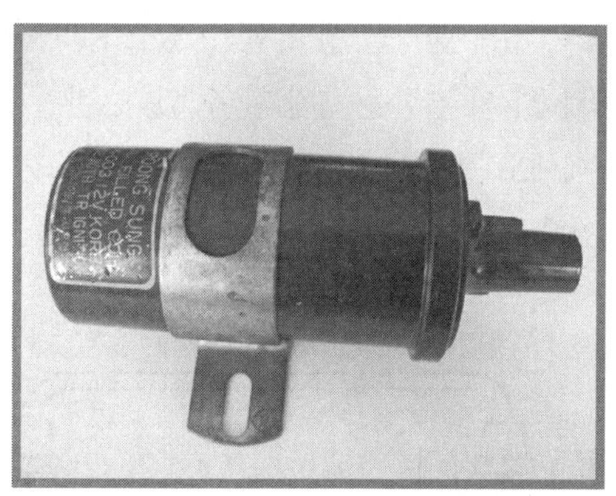

사진4-15 개자로형 점화코일

사진4-16 개자로형 점화코일

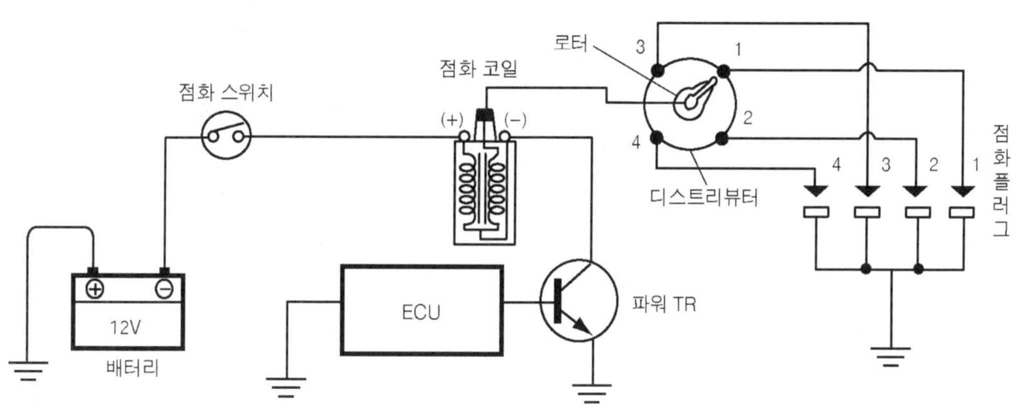



그림4-26 트랜지스터식 점화장치(마그네틱 픽업방식)

## 6. 고압 케이블의 단선 점검

고압 케이블(cable)을 떼어 차체에 일정 거리(약 7~1.0mm)를 이격하여 크랭킹시 불꽃 방전이 튀지 않는 경우에는 저압 회로의 문제인지 고압 회로의 문제인지를 점검하여야 한다. 점화 장치의 저압 회로는 점화 코일을 기준으로 점화코일의 전단의 회로를 저압 회로라 하며 점화 코일 이후의 회로를 고압 회로라 한다.

현상에 의한 저압과 고압 회로의 구분은 예컨대 시동 모터는 회전을 하는 데에도 불구하고 시동이 걸리지 않는 경우에는 저압 회로 문제일 가능성이 높다.

　　저압 회로 문제로는 점화 공급 전압의 단선 또는 접촉 불량을 생각 할 수 있고 ECU(전자 제어 장치)의 경우에는 입, 출력 신호 및 파워 TR의 결함을 생각 할 수 있다. 반면 고압 회로의 이상으로 시동 모터는 회전을 하는 데에도 불구하고 시동이 걸리지 않는 경우는 점화 코일의 단선 또는 쇼트를 생각 할 수 있다. 특이한 경우이기는 하지만 노이즈 필터(noise filter)의 쇼트의 경우도 있다.

　　또한 점화 코일로부터 디스트리뷰터(distributor)의 중심 전극과 연결되는 중심 고압 케이블의 단선을 생각 해 볼 수 있다. 고압 케이블의 점검은 앞에서 설명한 바와 같이 멀티 테스터를 이용하여 그림 (4-27)과 같이 고압 케이블의 양단의 저항 측정만으로 고압 케이블의 단선 및 노화 상태를 간단히 확인 할 수 있다.

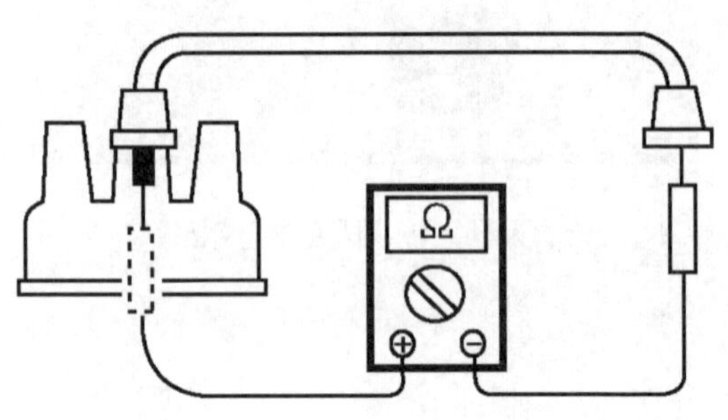

그림4-27  고압케이블 단선 점검

　　고압 케이블의 중심에는 탄소를 함침한 탄소 섬유나 니크롬선을 이용하여 고압 케이블의 접속구와 연결하고 있어 접속구의 스트레스(stress)에 의해 그림(4-28)과 같은 접속구 부위가 잘 단선되는 경향이 있다.

　　따라서 육안 점검시 균열 및 단선 상태의 점검과 고압으로 인한 누설 흔적이 없는지를 점검한다. 특히 고압 케이블을 제거 할 때 연결구와 중심재의 연결부위가 단선 되는 일이 많아 무리한 힘을 가하지 않도록 주의 하여야 한다.

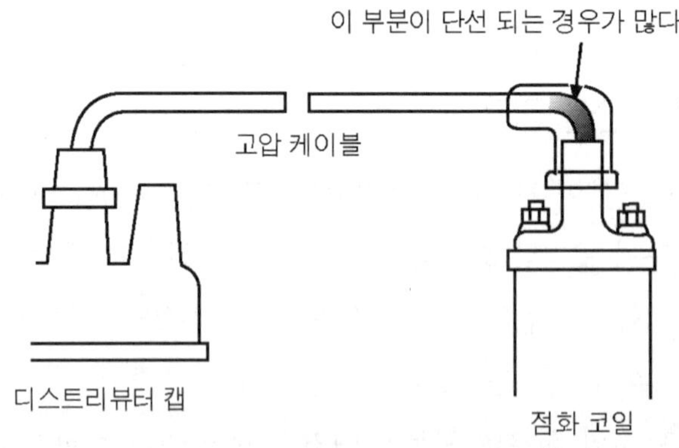


그림4-28  고압 케이블의 단선 개소

# 7. 점화회로의 접촉 불량 점검

　시동성 문제는 시동 장치의 원인인 경우도 있지만 점화 회로에 접촉 불량이 발생 하여
도 동일 현상이 나타나는 경우가 있다. 스파크 플러그(spark plug)에 불꽃이 발생한다
하여 시동이 걸리는 것은 아니다. 점화 불꽃의 세기가 약하면 실화하여 연소실의 혼합 가
스는 연소하지 못하게 되고 시동성이 떨어지는 원인을 초래하게 된다. 따라서 시동성 문
제로 점화 회로의 접촉 불량을 확인하기 위해서는 그림(4-29)와 같이 크랭킹(cranking)
시 점화 1차 코일의 공급 전압을 측정하여 10V이상은 되어야 한다. 또한 점화 코일에 그
림 (4-30)과 같이 저항 부착형 점화 코일의 경우에는 크랭킹(cranking)시 점화 1차 코
일의 공급 전압을 측정하여 최소한 8V 이상이 되어야 한다.

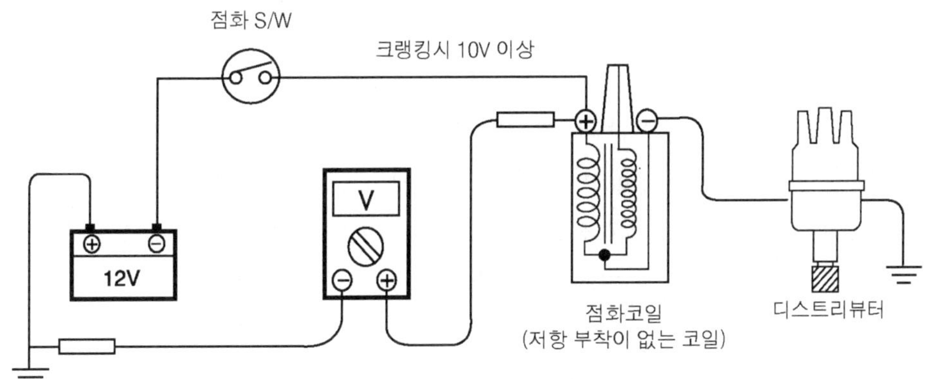


그림4-29 크랭킹시 점화 공급 전압 점검

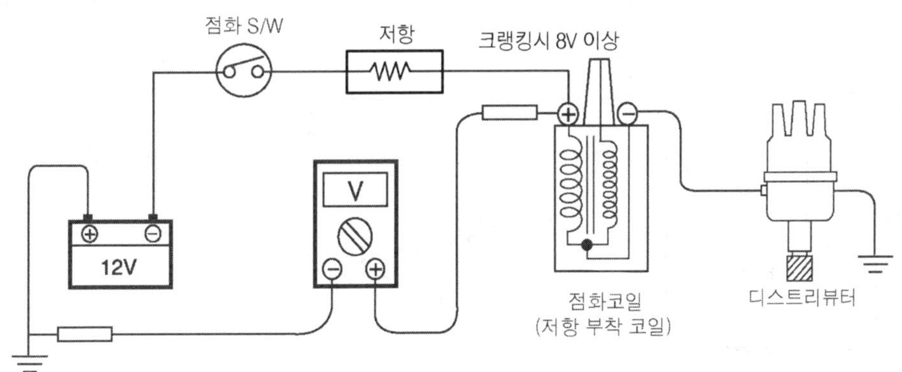


그림4-30 크랭킹시 점화 공급 전압 점검

만일 측정 전압이 규정치 이하인 경우에는 점화 코일의 전단의 배선 상에 접촉 저항이 존재하고 있거나 시동 회로의 문제일 가능이 크다. 점화 코일의 공급 전압이 규정치 이하인 경우에 크랭킹(cranking)시 점화 전압은 낮아지고 불꽃 방전의 세기가 작아져 시동성이 떨어지거나 심한 경우에는 시동 불능 현상이 나타나게 되므로 접촉 불량의 원인 개소를 찾아 조치한다.

## 8. 파워 TR의 점검

시동 모터가 회전을 하는 데에도 불구하고 고압 케이블로부터 불꽃 방전을 볼 수가 없는 것은 점화 회로의 고압 회로뿐만 아니라 저압 회로인 파워 TR, 파워 TR과 연결된 배선상에 접촉 불량이 발생하여도 고압 케이블로부터 불꽃 방전을 확인할 수 없다.

파워 TR 점화 장치는 마그네틱 픽업 코일(magnetic pick up coil) 방식 일명 시그널 제너레이터(signal generator)방식과 전자 제어 방식이 있는데 그림 (4-31)은 마그네틱 픽업 코일 방식의 점화 장치의 파워 TR 점검 방법을 나타낸 것으로 멀티 테스터의 선택 스위치를 저항 레인지(range)에 위치하고 파워 TR의 픽업 코일 단자에 측정봉을 반복하여 극성을 바꾸어 접촉할 때 점화 코일 −(마이너스)측에 연결된 체크 램프가 점멸되면 파워 TR은 정상이다. 이에 반해 전자 제어식의 경우는 LED 방식의 체크 램프를 사용하여 LED식 체크 램프의 팁(tip)을 파워 TR의 베이스(base)에 접촉하였다 끊었다를 반복하여 점화 케이블의 불꽃 방전 상태가 확인이 되면 파워 TR은 정상이다.

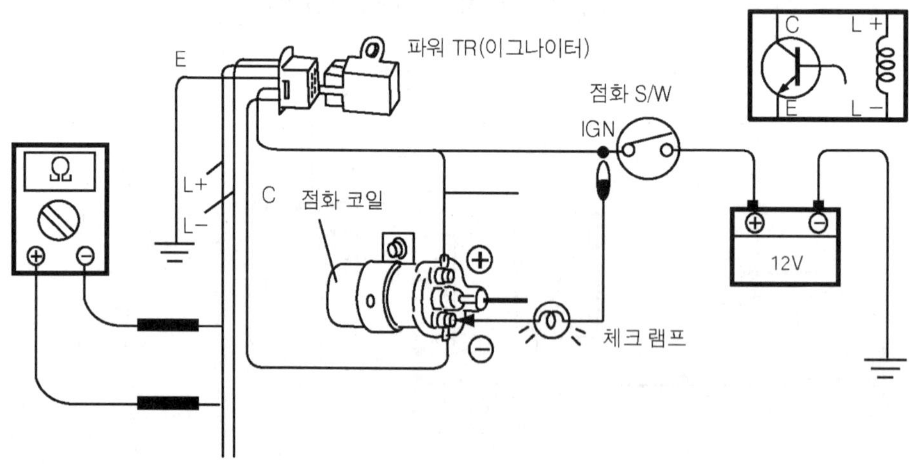


그림4-31  파워 TR의 점검(이그나이터)

## 9. 엔진부조의 기본 점검

　엔진 부조 현상은 부조시 조건 및 상황을 파악하는 것이 중요하다. 엔진이 저속시 부조인지 고속시 부조인지, 엔진이 냉간시 부조인지 열간시 부조인지, 습도 및 온도에 따라 변화 하는지를 파악하는 것이 무엇보다 중요하다. 엔진이 냉간시나 열간시에 관계없이 항시 부조하는 경우에는 공연비 계통이나 압축 압력의 밸런스 차에 의해 발생하는 경우가 많으며 엔진이 냉간시 발생되는 경우에는 수온 센서 및 아이들 업(idle up) 기능이 이상이 있는 경우가 많다. 또한 아침 시동시나 습도가 높은 날씨에만 일어나는 경우에는 점화 장치의 고압 회로에 이상이 있는 경우가 많다. 따라서 엔진 부조 현상은 차량의 운행 조건 및 현상을 파악하는 것이 우선이다. 현상 파악이 끝나면 점검의 실수를 최소화하기 위해 기본 점검부터 실시한다.

　엔진 본체에 이상이 없는 경우라면 엔진 부조는 연료 계통과 점화 계통으로 구분하여 생각 할 수 있다. 엔진 부조 현상이 엔진의 상태와 관계없이 상시 나타나고 출력이 떨어지는 경우에는 엔진 오일 및 냉각수, 배터리 상태 등의 기본 점검을 실시한 후 스캐너를 이용하여 자기 진단을 하여 본다. 점검 결과 이상이 없는 경우라면 압축 압력을 점검하고 압축 압력이 이상이 없는 경우라면 점화 장치의 기본 점검부터 진행하여 나간다. 이때 크랭킹시 점화 공급 전압을 확인하여 접촉 불량은 없는지를 확인한다. 또한 엔진의 어스(earth) 상태 및 점화 코일, 파워 TR 등의 어스상태를 점검한다. 아이들 회전수(idle rpm)는 규정치에 있는지를 확인하고 또한 점화 시기는 정상인지를 확인한다. 기본 점검 결과 이상이 없으면 먼저 점화 계통을 점검하여 나간다. 점화 계통의 결함에 의한 엔진 부조 현상은 주로 급가속시나 고부하시에 나타나는 것이 특징인데 이것은 고압 회로가 갖고 있는 전기적인 특성 때문이다. 점화 장치 점검에도 이상이 없는 경우는 연료 계통이상으로 판단할 수 있다.

　연료 계통의 점검중 공연비에 이상이 있는 경우는 엔진의 온도와 관계없이 항시 나타나는 경우와 엔진 회전수가 불안정한 경우를 들 수 있다. 엔진 회전수가 불안정한 경우에는

△ 사진4-17 엔진의 압축 압력 점검

주로 혼합기 계통이 이상으로 공연비가 너무 농후하거나 너무 희박한 경우가 있다. 연료 계통의 기본 점검은 연료 펌프 모터에 공급되는 전원 공급 회로와 연압을 점검한 후 연료 계통을 점검한다.

점화 및 연료 계통의 점검에도 불구 이상이 없는 경우는 엔진의 기계적 결함으로 판단할 수 있다. 이때 기본적으로 점검해야 할 내용이 타이밍 벨트 및 카본 퇴적에 의한 흡배기 밸브의 간극 등을 점검하여 본다.

## 10. 고압회로의 누설 점검

엔진 시동은 원활하고 아이들링 상태도 양호한데 급가속시나 고부하시에 엔진 부조를 하는 경우는 고압 회로에 리크(leak)에 의한 경우가 많다. 고압 회로에 리크(leak)가 발생하면 '파치파치' 하는 소리가 들리거나 어두운 야간에 리크 부위의 리크(leak)되는 불빛을 볼 수 있는 경우가 있다.

점화 코일에 리크가 발생하는 경우는 주로 점화 코일의 타워(tower) 부에서 많이 발생하므로 그림 (4-32)와 같이 드라이버를 타워부와 전극간 가까이 위치하면 쉽게 리크(leak) 해

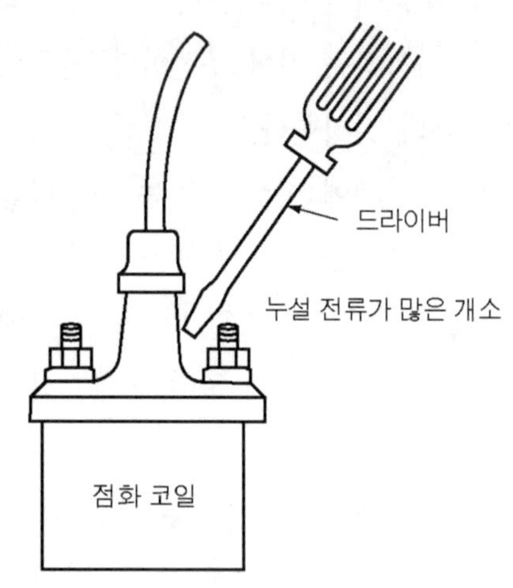


그림4-32 타워부와 전극간 리크 점검

차량이 부조하는 것을 느낄 수가 있다. 또한 고압 회로의 리크로 인한 방전은 하얀 흔적을 남기게 돼 육안으로도 리크 부위를 식별 할 수가 있다. 점화 코일의 누설이 되는 경우는 점화 코일을 교환하지 않으면 안된다.

또한 고압 케이블 교환시 중심 케이블과 점화 코일의 타워(tower)부와 잘 맞지 않는 경우와 타워부의 고부 니플(nipple)이 맞지 않는 경우도 리크의 원인이 되기 때문에 규정 제품을 사용하는 것이 좋다. 이러한 고압 회로의 리크(leak) 상태를 보다 정확히 점검하기 위해서는 절연 테스터나 엔진 스코프를 사용하는 것이 바람직스럽다. 그러나 장비에 대한 사용 방법이나 정비의 습관상으로 많은 정비사들이 장비를 사용하지 않고 점검하고 있는 것이 우리네 현실이다.

장비를 사용하는 것은 정확한 정비를 하기 위한 것으로 장비를 사용하지 않고 점검할 때에는 원리를 충분히 이해하고 그것을 통해 점검 방법을 활용하는 것이 바람직스럽다.

사진4-18 점화코일의 능력 점검

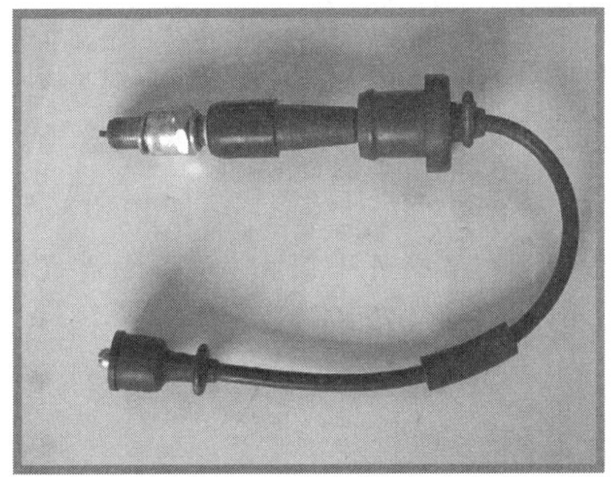

사진4-19 고압 케이블의 접속구

## 11. 점화코일의 출력시험

점화 코일은 연소실 내의 좋은 불꽃을 만드는 근원으로 연소실 내에 스파크 플러그(spark plug)를 통해 혼합 가스가 충분히 착화 할 수 있는 능력을 가지고 있어야 한다. 점화 코일은 개자로 형 코일의 경우는 20kV 이상, 폐자로형 코일의 경우는 30kV 이상 고압 발생 능력이 있어야 한다.

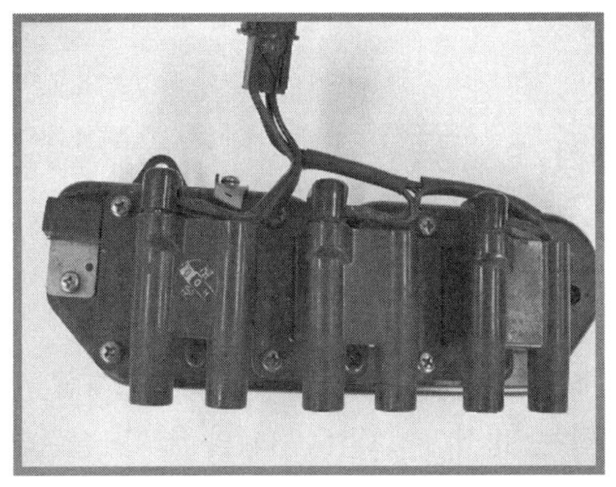

사진4-20 폐자로형 점화코일

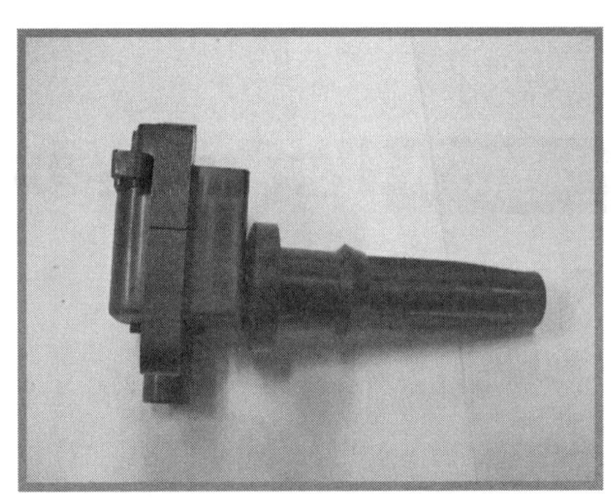

사진4-21 폐자로형 점화코일

  점화 코일의 출력 시험은 그림(4-33)과 같이 스파크 플러그의 고압 케이블을 떼어 차체와 어스(earth) 되지 않도록 하면 점화 코일 자신은 큰 전기적 부하를 받게 되어 고압 회로에 리크(leak)가 있는 경우는 쉽게 발견할 수가 있다. 점화 케이블의 전극과 스파크 플러그(spark plug)의 전극간 개자로형 코일의 경우는 7mm 이상, 폐자로형 코일의 경우는 10mm 이상 이격하였을 때 불꽃 방전이 일어나는지를 확인하므로서 점화 코일의 능력을 확인할 수 있다. 전극간 7mm이상 이격 하였는데도 불구하고 불꽃 방전이 일어나지 않는 것은 점화 1차 회로의 접촉 불량 또는 진각 제어 장치 불량을 생각 할 수 있고 접촉 불량과 진각 제어 장치가 양호 하면 점화 코일의 능력을 의심 할 수가 있다.

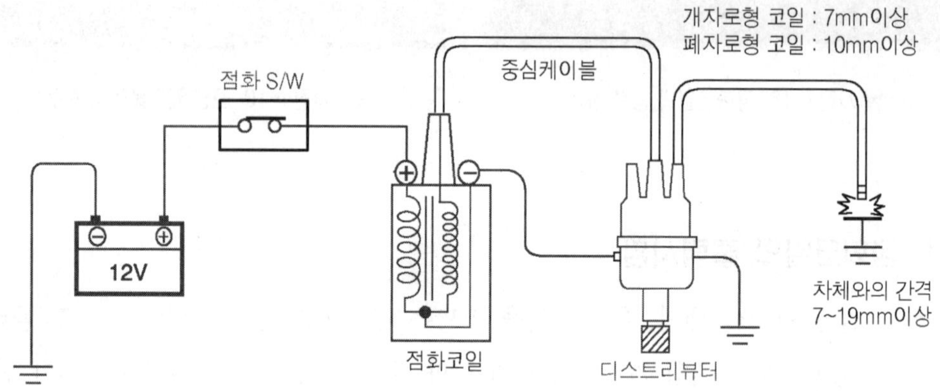



그림4-33 점화코일의 출력 시험

## 4 전자 제어 점화 장치의 점검

### 1. 전자제어점화방식

  전자 제어 엔진의 점화 장치는 점화 코일 1개를 이용하여 각 실린더에 점화 전압을 배전하도록 디스트리뷰터(distributor)를 사용하는 방식과 그림(4-34)와 같이 실린더(cylinder) 1개당 점화 코일 1개 또는 1/2개를 사용하여 디스트리뷰터(distributor) 없이 점화하는 DLI(Distributor Less Ignition) 점화 방식을 사용하고 있다.

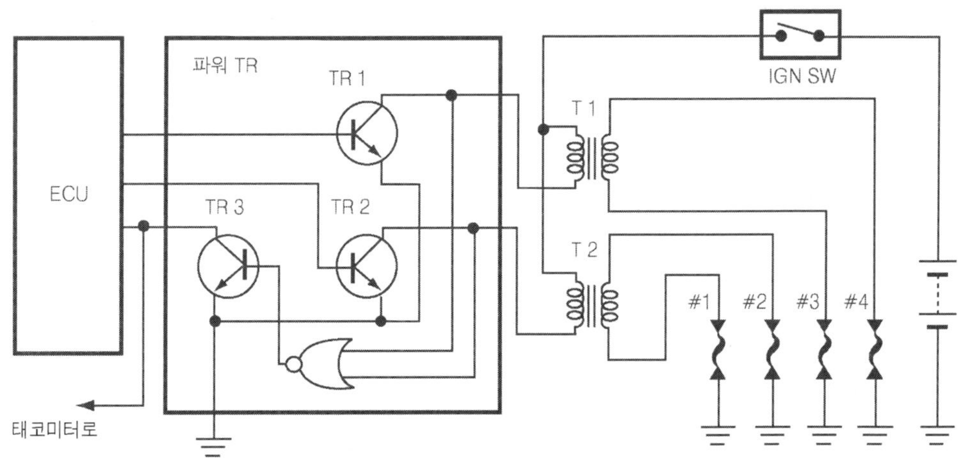



🔺 그림4-34 동시 점화방식의 DLI 회로

　최근에 자동차는 엔진의 고성능 경향에 따라 그림 (4-34)와 같이 점화 코일 1개당 실린더(cylinder) 2개를 동시에 점화하는 동시 점화 방식과 그림(4-35)와 같이 각 실린더(cylinder) 마다 점화 코일을 1개씩 사용하는 독립 점화 방식을 사용하고 있는 추세이다. 이와 같이 점화 코일을 2개 이상 사용하는 DLI 점화 방식은 엔진의 고속 회전하더라도 점화 코일을 2개 이상 사용하고 있어 점화 1차 전류를 충분히 공급 할 수 있기 때문에 엔진의 회전수가 상승하더라도 점화 코일을 1개만 사용하는 방식보다 점화 1차 전류 공급에 유리하다.

　또한 점화 코일을 1개만 사용하는 전자 제어 방식에서는 점화 시기 조정을 크랭크각 센서(crank angle sensor)의 신호를 기준으로 엔진의 회전수와 연산하여 결정하도록 하는데 반해 점화 코일을 2개 이상 사용하는(DLI 점화 방식) 점화 방식에서는 점화시기를 제어하기 위해 별도로 CPS(Cam Position Sensor)가 필요하게 된다.

　특히 폐자로 점화 코일은 자속의 손실이 없어 개자로 점화 코일에 비해 소형화 경량화가 가능하여 사진(4-23)과 같이 스파크 플러그(spark plug)의 하우징(housing) 내에 점화 코일을 실장하여 각 실린더의 스파크 플러그에 직접 사용하고 있어 고압 케이블이 필요 없고 디스트리뷰터(distributor)를 사용하는 방식과 달리 전자파에 대한 잡음이 없는 것이 특징이다. 그러나 점화 코일의 성능 향상으로 고압에 의한 리크(leak) 발생이 종전 섬화 방식보다 쉽게 노출되어 있으며 동시 점화 방식에서는 배기 행정과 압축 행정이

동시에 점화하기 때문에 스파크의 전극이 쉬 마모되는 경향이 있다.

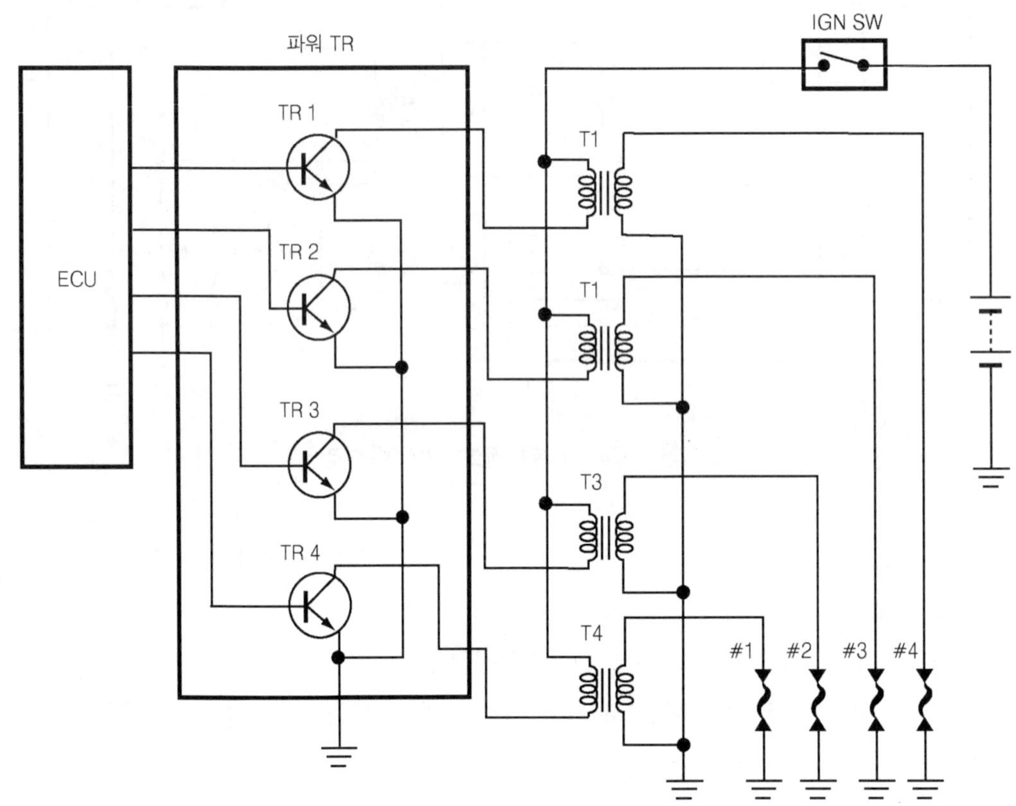


그림4-35 독립 점화 방식의 DLI 회로

사진4-22 동시 점화식 점화코일

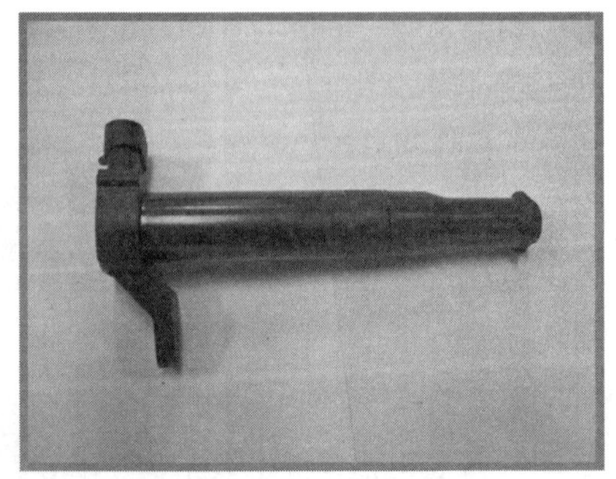

사진4-23 독립식 점화코일

## 2. 전자제어 점화방식의 점검 절차

전자 제어 점화 장치는 점화 코일을 이용하여 고압을 발생한다는 것은 기존의 방식과 크게 다르지 않지만 컴퓨터(computer)통해 점화 시기 및 점화 1차 코일의 전류를 제어하는 방식으로 시스템(system)에 대한 이해가 충분하지 않으면 논리적인 진단이 어려울 뿐만 아니라 정비의 효율도 크게 떨어지게 된다. 따라서 전자 제어 장치의 진단은 시스템의 이해를 통해 하여야 한다. 전자 제어 장치의 점화 회로 점검 절차는 그림 (4-36)의 절차와 같이 기본 점검부터 실시하여 작업 범위를 최소화 할 수 있도록 한다.

전자 제어 장치의 기본 점검은 전원 전압은 물론 크랭킹시 연료 펌프 릴레이의 구동 상태(인젝터 전원 점검) 등을 점검 후 이상이 없는 경우 점화 회로를 점검한다.

만일 점화 장치에 문제가 없는 경우에는 점화 장치와 관련이 있는 전자 제어 장치를 점검한다. 전자 제어 장치와 관련이 있는 점화 장치의 구성 부품은 입력 신호인 CAS(Crank Angle Sensor), TDC(Top Dead Center Sensor), CPS(Crank Position Sensor)와 점화 신호의 구동 장치인 파워 TR(power transistor) 등으로 이들 구성 부품을 점검한다.

ECU(전자 제어 장치)와 관련이 있는 점화 장치가 이상이 없는 경우에는 다음은 연료 장치를 점검한다. 연료 장치는 연료 펌프 릴레이(fuel pump relay)에 의해 전원이 공급

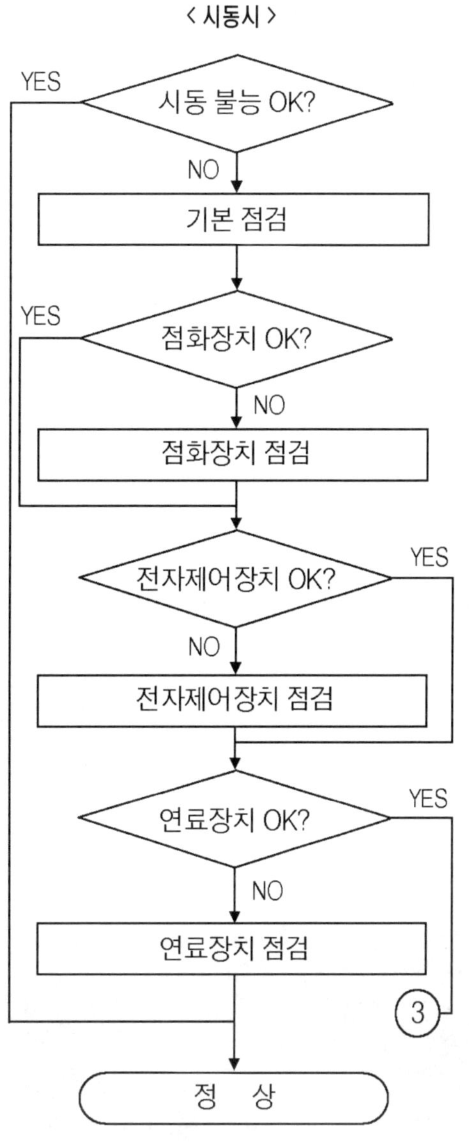


그림4-36 ECU 점화장치 점검 절차

이 되며 연료 펌프 릴레이는 CAS(크랭크 각 센서)의 입력 신호에 의해 구동 하도록 되어 있어서 CAS(크랭크 각 센서)에 이상이 있는 경우는 연료 펌프 릴레이의 작동은 되지 않기 때문에 크랭킹(cranking)시 연료 펌프 릴레이의 작동만으로도 CAS(크랭크 각 센서)의 이상을 판단 할 수가 있다.

## 3. 시동 불능시 기본 점검

전자 제어 점화 장치를 적용한 차량이 시동 불능인 경우 기본적으로 점검하여야 하는 것은 크랭킹(cranking)시 연료 펌프 모터의 공급 전원 및 점화 전원을 우선 점검하여야 한다. 연료 펌프 모터의 공급 전원은 연료 펌프 릴레이(fuel pump relay)를 통해 인젝터(injector) 및 연료 펌프 모터로 공급 되어 지므로 인젝터의 전원 확인만으로도 공급이 되고 있다는 것을 예측 할 수가 있다. 점화 코일의 공급 전압은 점화 스위치의 IGN 전원을 통해 공급하게 되므로 간단히 확인할 수 있다. 더욱 간단한 간이 점검 방법으로 크랭킹(cranking)시 태코 미터(tacho meter)의 지침이 움직이는 것을 확인하는 방법으로 지침이 움직이고 있는 것을 확인되면 점화 1차 회로는 이상이 없는 것으로 간주해도 좋다. 이 방법은 점화 회로 점검시 편리하여 효율적으로 확인할 수 있는 방법이다. 스캔(scan) 장비를 진단 커넥터에 연결하여 자기 진단하여 이상 코드(code)가 없는지를 확인한다. 또한 파워 TR 및 CAS 센서, 기타 센서류의 커넥터(connector)의 빠짐이 없는지도 확인 하고 오일(oil)의 누유에 의해 전장 부품의 오염 및 유입이 있는지를 확인한다.  크랭킹시 스파크 플러그의 불꽃 방전은 있는지도 확인하고 스파크 플러그의 오염 정도도 확인한다.

사진4-24 연결상태 육안 점검

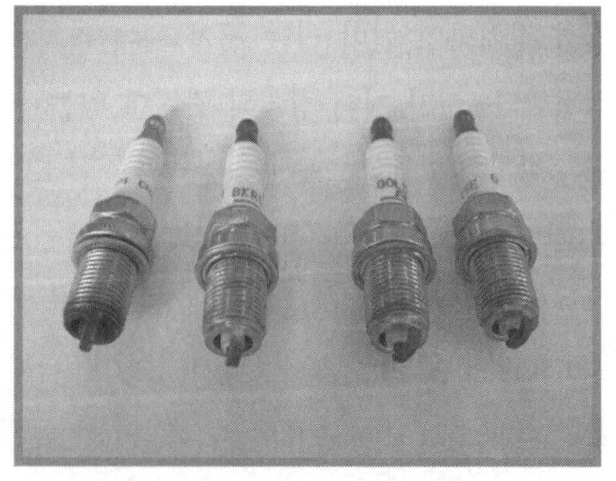

사진4-25 점화플러그 점검

# 4. 전자제어의 점화장치 점검

## [1] LED식 체크 램프를 사용하는 방법

스파크 플러그(spark plug)에 불꽃이 튀지 않는 경우는 배선상의 트러블(trouble)과 구성 부품 상에 트러블(trouble)로 나누어지는데 배선상의 트러블의 경우에는 점화 공급 전압의 차단과 ECU의 공급 전압 차단을 생각할 수 있고 구성 부품 상의 트러블(trouble)의 경우에는 점화 전원을 공급하는 구성 부품과 CAS(Crank Angle Sensor), 파워 TR, 점화 코일 등을 생각할 수 있다. 그러나 이들을 일일이 점검한다는 것은 정비 효율성이 떨어져 결코 좋은 방법이라 할 수 없다.

따라서 점화 회로의 점검은 그림 (4-37)과 같이 LED식 체크 램프를 사용하여 파워 TR의 컬렉터(collector)를 접속하고 엔진을 크랭킹(cranking) 하였을 때 체크 램프의 LED가 점멸하면 점화 코일 이전의 회로는 이상이 없다고 판단하여도 좋다.

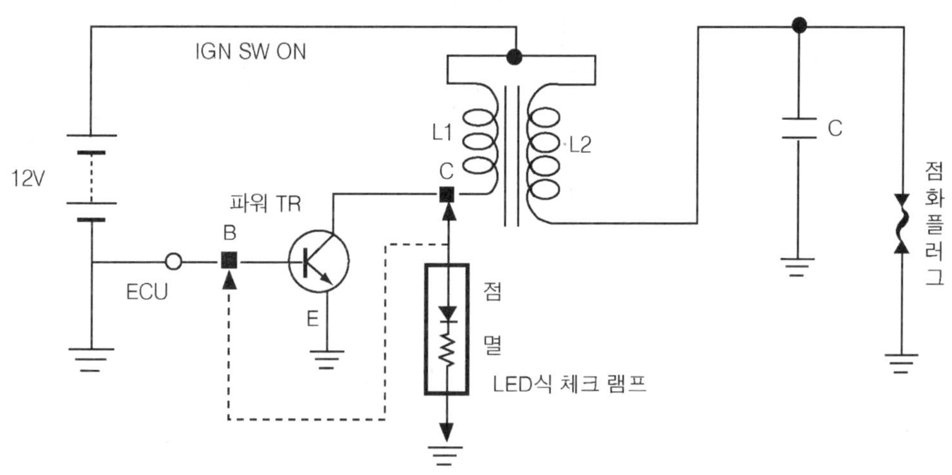


그림4-37 체크램프에 의한 점화회로 점검

파워 TR의 점화 신호에 의해 구동된다는 것은 ECU(전자 제어 장치)는 정상적으로 동작을 하고 있는 것을 의미 한다. 파워 TR의 컬렉터(collector) 단자에서 LED식 체크 램프가 점멸한다는 것은 파워 TR이 이상 없음을 나타내는 것으로 고압 회로를 제외한 점화 회로 전체를 간단히 점검 할 수가 있어 편리하다. 이때 주의해야 할 점은 전구식 체크 램프를 사용히면 파워 TR에 흐르는 전류가 감소하기 때문에 진구식 체크 램프로는 램프의

점멸 상태를 확인 할 수가 없어 반드시 LED식 체크램프를 사용하여야 한다. 또한 동시 점화 방식을 사용하는 차량의 경우는 실린더(cylinder) 2개당 점화 코일이 1개 필요하기 때문에 점화 신호에 의한 태코 미터(tacho meter) 동작은 2개의 점화 코일이 1개가 동작하는 것과 같이 하여 태코 미터(tacho meter)의 신호로 사용하게 된다.

이와 같은 차량의 점화 회로 점검은 그림(4-38)과 같이 태코 신호 출력에 LED식 체크 램프를 접속하여 LED가 점멸하면 점화 코일 이전의 회로는 이상이 없는 것으로 판단 할 수 있다.

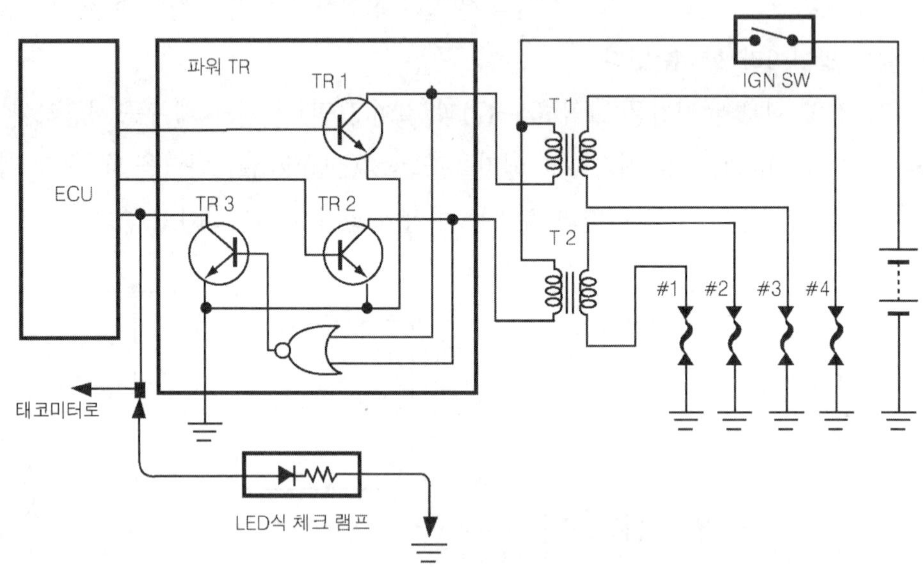


그림4-38 동시 점화방식의 DLI 점화회로 점검

## (2) 오실로스코프를 사용하는 방법

점화 회로를 정확하게 점검하고 분석 할 수 있는 방법은 오실로스코프를 사용하여 파형을 측정하고 분석하는 방법이다. 이 방법은 오실로스코프의 VOLT/DIV 스위치를 5V에 위치하고, TIME/DIV 스위치를 2ms에 위치한 후 파워 TR의 베이스측 파형을 측정하여 구형파(square wave)파형이 나타나면 점화 코일이 단선 또는 점화 1차 회로의 커넥터의 접촉 불량 을 예상 할 수 있다. 측정된 파형이 구형파 부분 상측에 곡선을 그려 올라가는 모형을 취한 파형이 관측이 되면 정상인 파형이다. 이것은 점화 코일에 흐르는 전류가 파워 TR에 영향을 주어 나타나는 현상으로 곡선을 그려 올라가는 모형이 없는 구형파인 경우는 오히려 비정상 파형이다. 또한 이 파형의 +(플러스) 반주기에 대한 펄스폭(pulse time)은 드웰 타임(dwell time)을 나타내는 것으로 1차 코일에 흐르는 점화 전류까지도 파악 할 수 있는 이점이 있다.

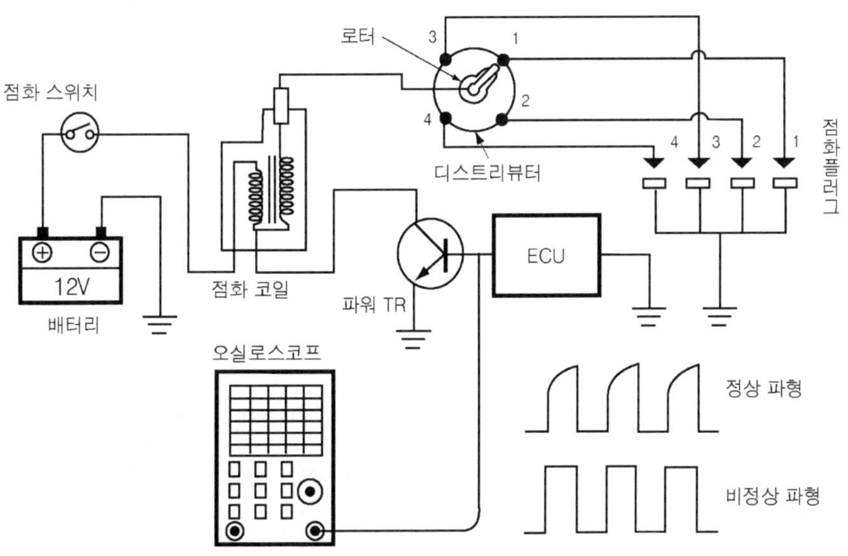


그림4-39 파형에 의한 파워 TR의 점검

## 5. 파워TR의 단자 식별

파워 TR의 단자 식별은 파워 TR의 몸체에 제조사 마다 TR의 리드 약어를 각인하여 단자를 식별하도록 하고 있는데 대개 이그나이터(ignitor)인 경우에는 금속판은 어스를 몸체에 각인된 B와 C는 베이스(base)와 컬렉터(collector)를 나타낸다. 사진 (4-26)와 같은 파워 TR의 경우는 IB, G, OC가 각인되어 있어 IB는 베이스를 나타내고 G는 그라운드(ground)을 나타내며 OC는 컬렉터 출력을 나타낸다. 동시 분사식 파워 TR의 경우에는 IB1과 OC1은 TR1의 베이스와 컬렉터를 나타내고 IB2와 OC2는 TR2의 베이스와 컬렉터를 AC는 태코 미터의 출력 신호를 나타내고 있는 것도 있어 점검시 약어만으로도 파워 TR의 단자 식별이 가능하다.

⚠ 사진4-26 파워TR(트랜지스터)

⚠ 사진4-27 동시 분사식 파워 TR

## 6. CAS 및 CPS 점검

엔진 ECU(전자 제어 장치)에 사용되는 CAS & TDC 센서 및 CPS 센서는 점화와 인젝터(injector) 분사 타이밍의 기준 신호로 사용하는 센서(sensor) 들로서 이 센서(sensor)에 문제가 생기면 점화 신호 및 연료 분사 신호가 정상적으로 출력되지 않는다. 따라서 점화 회로에 이상이 없더라도 전자 제어에 입력되는 신호 및 ECU(전자 제어 장치)에 문제가 발생하면 ECU는 점화 지시 신호를 출력하지 못하게 돼 스파크 플러그(spark plug)에 불꽃 방전도 발생하지 않게 되므로 점화 회로에 이상이 없는 경우는 ECU(전자 제어 장치)의 신호 계통을 점검하여 보아야 한다.

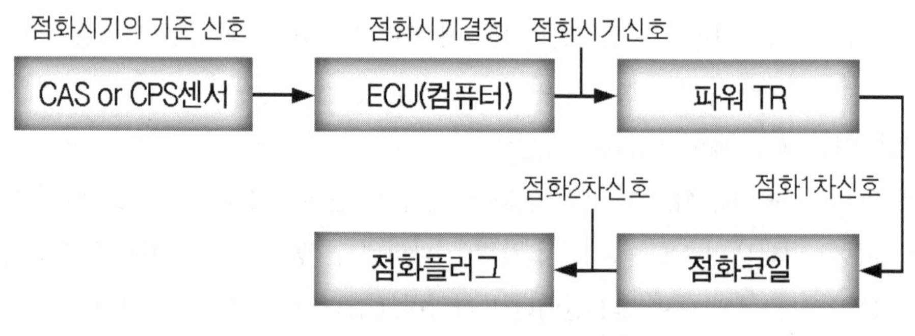


⚠ 그림4-40 점화신호의 흐름도

## [1] 엔진 회전계에 의한 간이 점검

태코 미터(tacho meter)로 입력되는 엔진의 회전 신호는 2가지 방법을 사용하고 있다. 하나는 점화 1차 코일로부터 노이즈 필터(noise filter)를 통해 계기판의 태코 미터(tacho meter)로 신호를 입력하는 방법과 CAS 센서의 신호를 직접 태코 미터로 입력하는 방법을 사용하고 있어서 전자와 같이 점화 1차 코일에서 신호를 입력 받는 방식의 경우 점화 회로를 간이로 아주 편리하게 점검할 수 있다.

엔진의 크랭킹(cranking)시 태코 미터의 지침이 움직이면 CAS , TDC 신호는 그림 (4-41)과 같이 엔진 ECU로 입력되고 엔진 ECU는 이 신호를 기준으로 점화 지시 신호를 파워 TR로 출력하게 된다.

파워 TR은 점화 1차 코일의 전류를 단속하게 되어 점화 1차 코일의 단속 신호에 의해 태코 미터(tacho meter)의 지침은 움직이게 된다. 결국 태코 미터의 지침이 움직인다는 것은 점화 코일 이전 회로는 이상이 없음을 나타나게 된다. 그러나 이 방법은 간이적인 방법으로 CAS, CPS 출력 신호상 이상으로 점화 시기 및 연료 분사 시간 이 맞지 않아 엔진이 불안정한 경우 등은 이 방법으로는 정확한 진단을 할 수가 없다. 따라서 CAS, CPS같은 센서(sensor)의 신호를 정확히 진단하기 위해서는 오실로스코프(oscilloscope)를 사용하여 파형을 관측하는 것이 바람직하다.

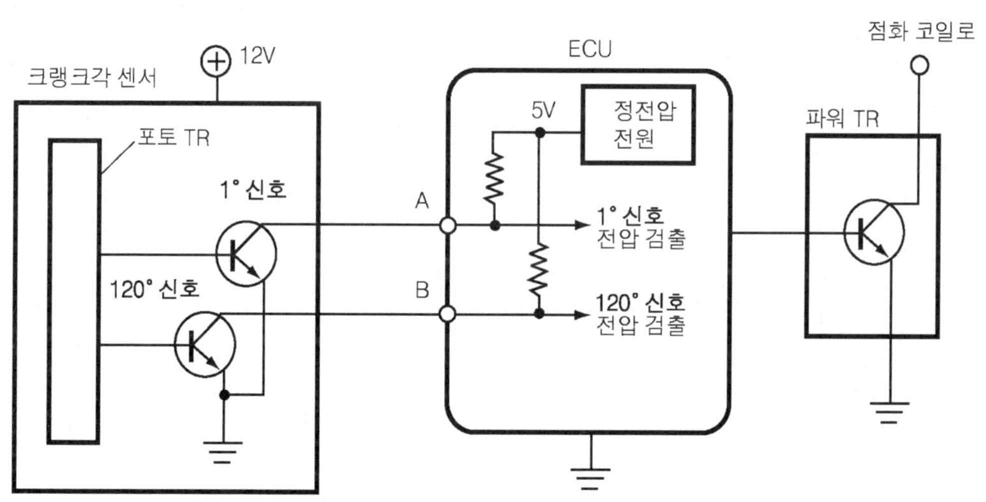



그림4-41 크랭크각 센서의 입력 신호 회로

사진4-28 CAS & TDC 센서

사진4-29 장착된 CPS센서

## [2] 파형 검출에 의한 점검

CAS(Crank Angle Sensor), TDC(Top Dead Center Sensor), CPS(Cam Position Sensor) 센서들의 검출 방식은 광전식 방식과 마그네틱 픽업(magnetic pick up) 검출 방식 및 홀 효과를 이용한 검출 방식을 사용하고 있어서 센서의 방식에 따라 출력 하는 파형이 형상이 달라진다.

광전식 센서의 경우에는 사진 (4-27)과 같이 디스트리뷰터(distributor) 내에 내장되어 캠 축(cam shaft)이 회전에 따라 디스트리뷰터 내에 있는 슬롯(slot)판이 회전을 하게 되면 슬롯(slot) 판의 홀(hole)을 통해 발광된 빛을 포토 트랜지스터(photo transistor)가 검출하도록 하는 방식으로 센서의 출력 신호는 그림 (4-42)의 (a)와 같이 구형파를 출력하게 된다.

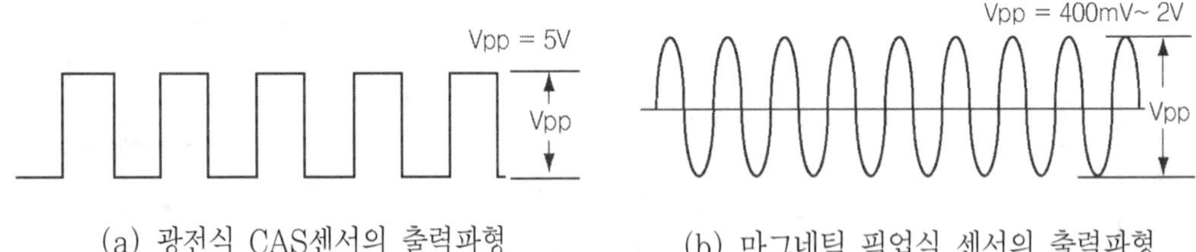


(a) 광전식 CAS센서의 출력파형

(b) 마그네틱 픽업식 센서의 출력파형

그림4-42 CAS 또는 CPS의 출력 파형

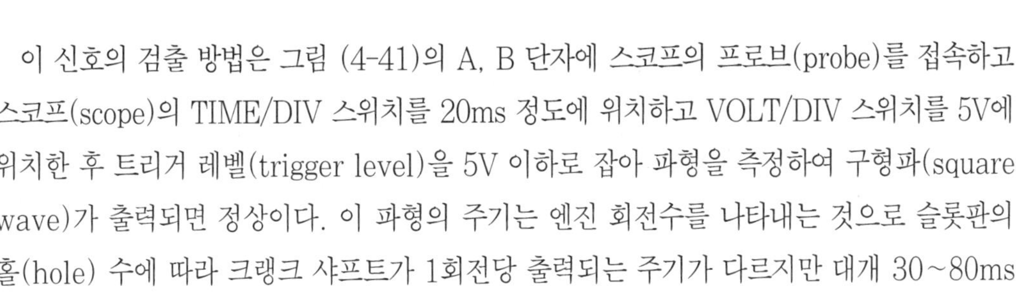

 이 신호의 검출 방법은 그림 (4-41)의 A, B 단자에 스코프의 프로브(probe)를 접속하고 스코프(scope)의 TIME/DIV 스위치를 20ms 정도에 위치하고 VOLT/DIV 스위치를 5V에 위치한 후 트리거 레벨(trigger level)을 5V 이하로 잡아 파형을 측정하여 구형파(square wave)가 출력되면 정상이다. 이 파형의 주기는 엔진 회전수를 나타내는 것으로 슬롯판의 홀(hole) 수에 따라 크랭크 샤프트가 1회전당 출력되는 주기가 다르지만 대개 30~80ms 범주가 많다.

 이에 반해 일명 펄스 제너레이터(pulse generator) 방식이라고 부르는 마그네틱 픽 업 (magnetic pick up sensor) 방식의 센서는 캠 샤프트(cam shaft)의 스프로킷 (sprocket)의 돌기 및 크랭크 샤프트의 링 기어(ring gear)의 스프로킷(sprocket) 돌기를 검출하는 방식으로 스프로킷이 회전을 하게 되면 마그네틱 픽업과 돌기 간에 자속 변화가 발생하게 되고 이 자속의 변화량을 마그네틱 픽업이 코일(coil)을 통해 교류 기전력을 발생하게 돼 이 방식을 사용하는 센서(sensor)의 출력은 교류(AC) 신호와 같이 정현파(sign wave)를 출력 하게 된다. 이 센서의 점검 방법은 스코프(scope)의 프로브(probe)를 센서의 출력선에 접속하고 스코프(scope)의 TIME/DIV 스위치는 10ms에 위치하고 VOLT/DIV 스위치를 500mV에 위치하여 측정한다. 이때 센서의 출력값은 각 자동차의 제조사의 차량에 따라 다소 차이는 있지만 대개 400mV ~ 1.2V 범위로 엔진 회전 속에 따라 변화 하는 파형을 띠게 된다.

 이 방식의 출력 파형은 자속의 변화량에 따라 출력되는 기전력이 크기가 변화하므로 엔진의 회전수가 증가하면 출력되는 기전력도 비례하여 증가하는 파형을 출력하게 되므로 자동차 제조사가 정한 규정값 범주에 있으면 정상이다. 특히 이 방식의 센서(sensor)는 기어의 스프로킷(sprocket)과 마그네틱 픽업 간의 에어 갭(air gap)을 통해 자속의 이동하게 돼 스프로킷(sprocket)과 마그네틱 픽업의 폴(pole)간의 쇳가루의 이물질이 달라붙어 있는 경우나 에어 갭(air gap)의 간극이 메이커가 정한 규정치를 벗어나는 경우에는 센서의 출력 신호 파형이 정상적인 파형이 아닌 모습을 띠거나 출력 신호 전압(Vpp) 값이 낮아지게 된다. 신호 전압이 낮아지면 ECU(컴퓨터)는 신호를 잘 못 인식하여 엔진의 불안정한 상태로 나타나기도 한다. 따라서 센서의 출력 파형의 규정값 내에 있는지와 파형의 형상이 정상적인 파형인지를 스코프(scope) 통해 점검하는 것이 최선의 방법이다.

## 7. 페일러 센서를 사용한 점화 회로

그림 (4-43)과 같이 동시 점화 방식을 적용한 회로의 경우에는 실린더 2개당 점화 코일 1개를 사용하고 있어 크랭크축의 2회전(720°)에 2회 점화 신호가 발생하게 된다. 따라서 디스트리뷰터를 사용하는 점화 방식과 같이 태코 미터(tacho meter)를 사용하기 위해서는 별도의 인터페이스(interface) 회로가 요구되게 된다. 이에 따라 동시 점화 방식의 경우는 태코 미터(tacho meter)를 구동하기 위해 사진 (4-30)와 같이 파워 TR 내장형 인터페이스 회로나 별도의 인터페이스 회로가 필요하다.

사진4-30 동시 점화식 파워 TR

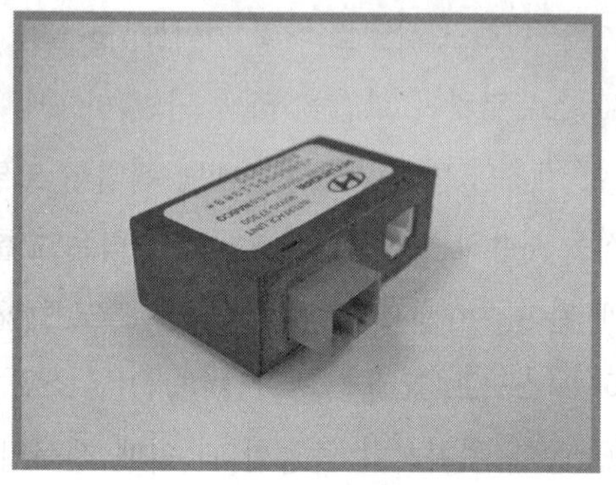

사진4-31 점화 페일러 센서

그림(4-43)에 나타낸 페일러 센서(failer sensor)는 인터페이스 회로를 내장한 점화 신호 검출 회로이다. 그림 (4-43)에 사용한 페일러 센서(failer sensor)는 2개의 점화 1차 코일의 신호를 인터페이스(interface)하기 위한 회로와 1차 코일의 신호를 검출하는 기능을 가지고 있어 일부 메이커에서 페일러 센서(failer sensor)라고 부르고 있다.

이와 같은 회로의 점검 방법은 엔진 ECU(컴퓨터)가 점화 1차 신호를 페일러 센서를 통해 감지하고 있어 스캔(scan)으로 확인하면 쉽게 점화 회로를 점검할 수 있지만 점화 코일의 2차측 회로에 의한 트러블(trouble)은 스캔(scan) 장비로는 나타나지 않으므로 별도로 점검하여야 한다. 점화 2차 회로는 고압 회로로 별도의 어댑터가 있어야 측정이 가능하다. 이와 같은 회로의 이상으로 시동 불능 현상은 스캔(scan) 장비로도 간단히 점검할 수 있지만 스캔 장비가 없는 경우에는 앞서 설명한 것과 같이 계기판의 태코 미터를 크랭킹(cranking)시 관찰하여 미터의 지침이 움직이면 점화 1차 회로 이전의 회로는 이상이

없다고 판단 할 수도 있으며 LED식 램프를 사용하여 페일러 센서(failer sensor)의 태코 미터로 가는 3번 핀을 접속하고 크랭킹 LED식 체크 램프가 점멸하면 점화 1차 회로 이전 의 회로는 이상이 없다고 판단하여도 좋다. LED가 점멸을 하는 데에도 불구하고 초폭의 기미가 없는 경우는 고압 회로 및 연료 장치 등을 점검하여야 한다.

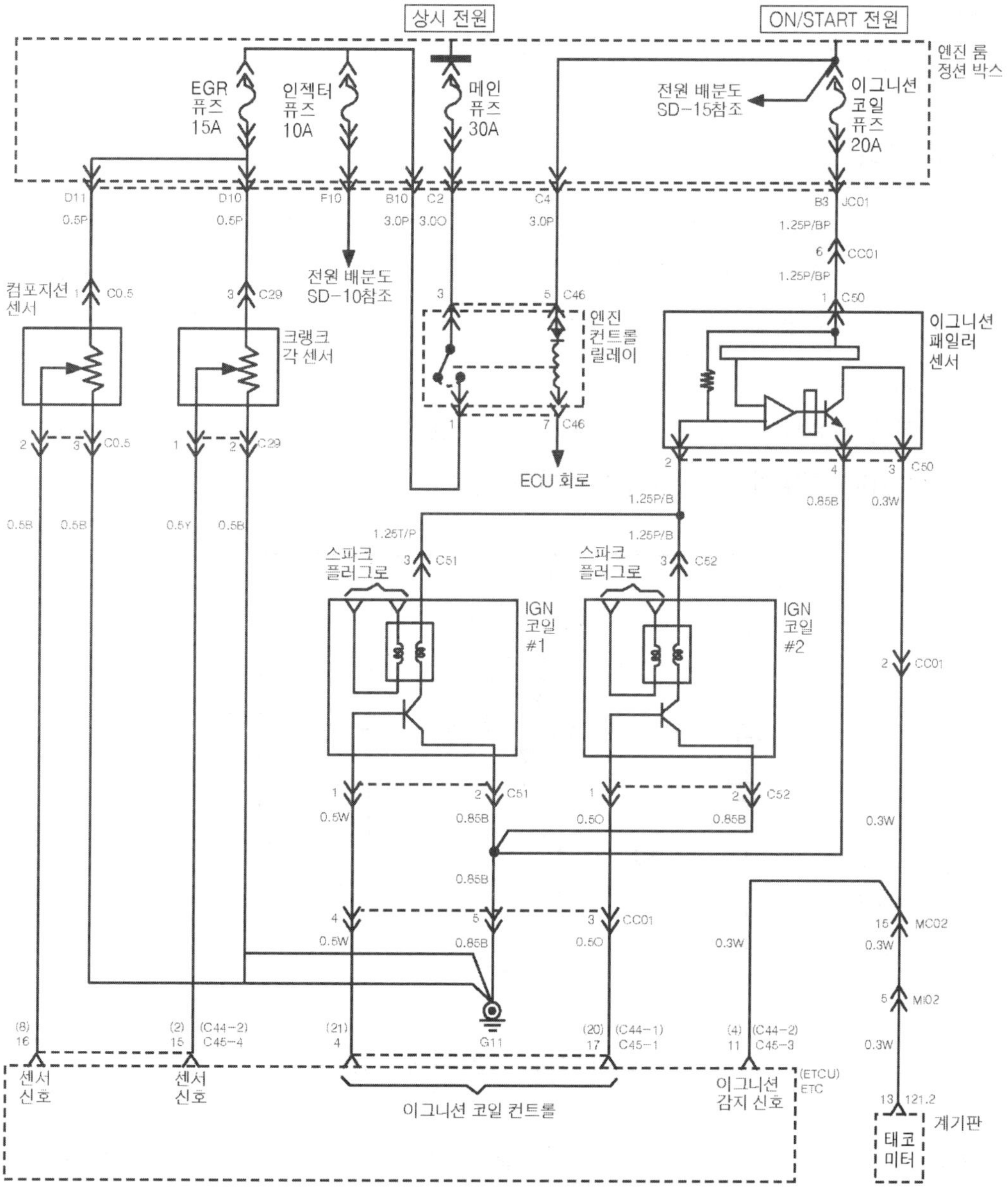

그림4-43 DLI식 점화 회로

특히 점화 코일의 공급 전압을 확인하기 위해 페일러 센서의 2번 핀 전압을 측정하는 경우 내부의 낮은 저항으로 배터리 전압 보다 약 1/3 정도 낮은 전압이 측정되는 것을 주의해야 한다.

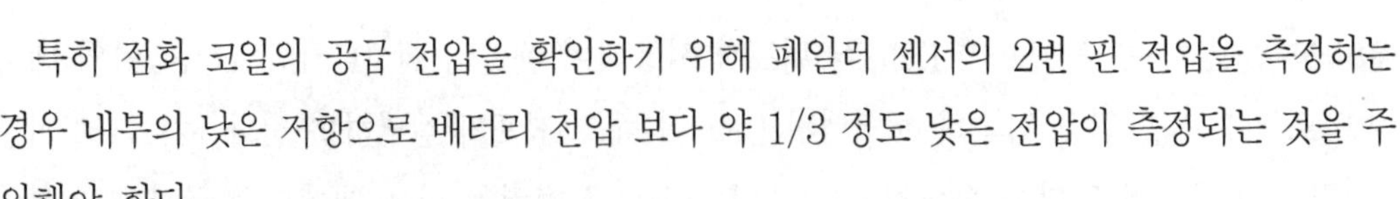

## 5 점화 파형에 의한 점검

### 1. 점화파형의 기본

그림 (4-44)와 같은 점화 회로에서 파워 TR이 ON상태(드웰 구간)에 있는 동안은 점화 코일의 1차 전류는 파워 TR의 컬렉터(collector)에서 이미터로 전류가 흐르게 되고 파워 TR의 OFF 상태가 되면 점화 1차 코일에는 큰 역기전력이 발생하게 된다. 점화 코일은 상호 유도 작용에 의해 점화 2차 코일에는 코일 권수에 비례한 역기전력이 점화 2차 회로 주위에 포유하고 있는 포유 용량에 충전되고 포유 용량이 완충되면 점화 플러그의 전극에는 20kV 이상의 높은 고압 가해지게 된다.

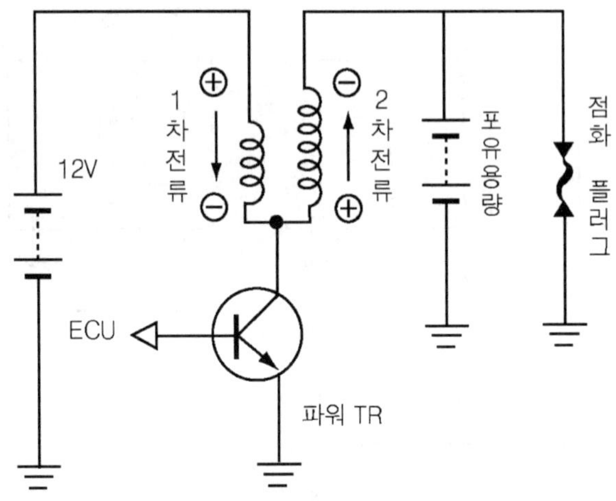


그림4-44 기본적인 점화 회로

점화 플러그의 전극에 가해진 높은 고압은 공기층을 뚫고 아크(arc) 방전을 시작하면 공기는 부성 저항(負性抵抗)특성이 있어 전류가 한번 흐르기 시작하면 낮은 전압이 되어

도 아크 방전을 지속하게 된다. 이 동작은 아주 짧은 시간에 이루어지기 때문에 점화 플러그에 고압이 가해지면 바로 아크 방전을 하는 것과 같이 느껴지게 된다. 따라서 파워 TR이 OFF 하는 순간 그림(4-45)와 같이 점화 1차 파형을 나타나게 되는데 초기에 포유 용량의 성분에 의해 점화 요구 전압이 높게 나타나게 된다. 불꽃 방전이 시작하면 공기층의 부성 저항 특성 때문에 낮은 전압에서도 아크 방전을 불꽃 방전 구간과 에너지의 소멸 구간인 감쇄 진동을 하게 되고 에너지는 소멸되어 파워 TR의 컬렉터 전압에 이르게 된다.

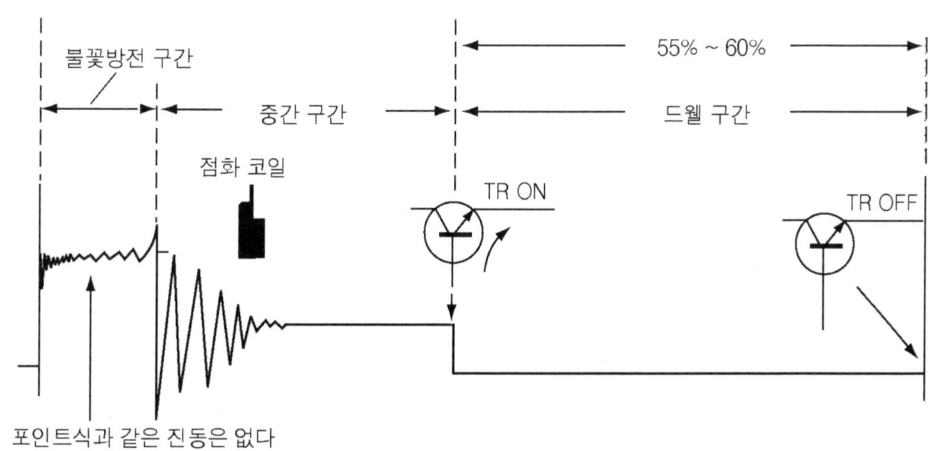


그림4-45 파워 TR방식의 점화 1차 파형

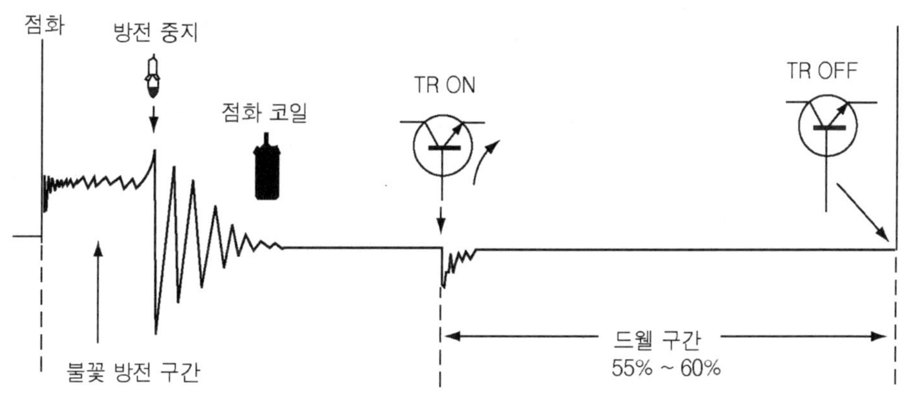


그림4-46 파워TR방식의 점화 2차 파형

① **점화 요구 전압** : 압축된 혼합기에 회로가 구성 되도록 필요한 용량 성분의 방전 전압을 말한다. 이 전압은 점화 코일마다 다르나 일반적으로 20~30kV정도이다.

② **불꽃 방전 구간** : 점화 전압에 의해 만들어진 전압이 회로를 통해 초기 화염핵을 형성하는 유도 성분의 전류 구간을 말한다.

③ **중간 구간** : 점화 코일과 포유 용량에 남은 잔존 에너지가 소멸 되어 가는 상태를 나타나는 구간으로 감쇄 진동을 가지고 있다.

④ **드웰 구간** : 파워 TR이 ON상태에 있는 동안 점화 1차 전류가 흐르는 구간으로 점화 1차 전류가 충분히 공급되지 못하게 되면 점화 전압은 낮아지게 된다.

⑤ **아크 방전** : 점화 플러그의 전극에 가해진 전압은 절연 파괴 전압(5~10kV)이 다다르면 공기층을 파괴하고 순간 전류가 흐르는 것을 말한다.

⑥ **용량 방전** : 콘덴서 성분의 방전으로 전류값이 크기 때문에 아크의 색은 백색 섬광을 띠며 큰 음이 발생한다.

⑦ **유도 방전** : 유도 성분의 방전은 용량 성분보다 적은 전류로 방전하기 때문에 아크 방전은 자주색 섬광을 띤다.

🔺 사진4-32 **고압 검출 프로브**

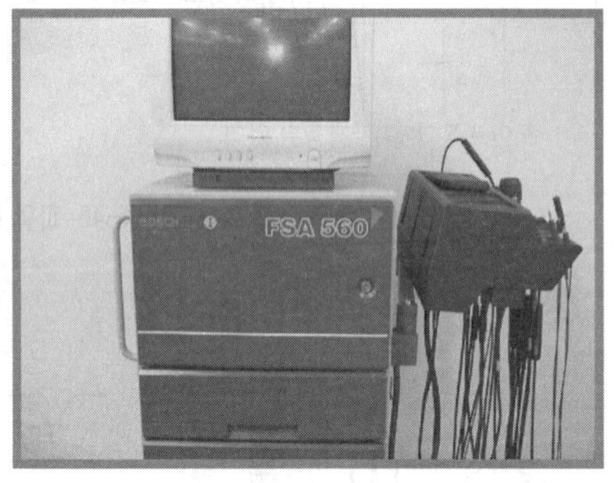

🔺 사진4-33 **엔진 튜업 테스터**

콘덴서(condenser) 성분의 방전은 유도 성분의 방전보다 1000배 이상 짧기 때문에 혼합 가스의 착화성은 유도 성분에 의해 이루어지게 되므로 불꽃 방전 구간이 어느 정도 보증되지 않으면 희박 연소 상태에서는 실화로 이어지게 되므로 이 조건을 유지하기 위해서는 불꽃 방전 구간은 최소한 표 (4-4)의 값을 가져야 한다.

**[표4-4] 불꽃 방전 구간과 지속 시간**

| 기통수 | 불꽃 구간(ms) | 600rpm | 1200rpm | 2400rpm |
|---|---|---|---|---|
| 4기통 | 1.5~3.0ms | 3% | 6% | 13% |
| 6기통 | 1.5~3.0ms | 4.5% | 9% | 18% |
| 8기통 | 1.5~3.0ms | 6% | 13% | 25 |

※ %단위 : 점화 파형의 한주기 동안 백분율

결국 불꽃 방전의 구간은 그림 (4-47)과 같이 점화 1차 코일의 흐르는 전류에 의해 결정되게 되므로 드웰 구간의 충분히 보증되지 않으면 불꽃 방전 시간이 작아지기 때문에 혼합 가스의 착화성을 현저히 떨어뜨리게 되므로 현재와 같이 고성능 엔진의 자동차에서는 DLI(Distributor Less Ignition) 방식과 같이 점화 코일의 2개 이상 사용하는 방식을 채택하고 있다.

이와 같이 점화 파형은 실린더(cylinder) 내의 연소 상태를 파형으로 관측하여 연소 상태 및 구성 부품의 상태를 점검하는 데 유용한 방법이지만 고압 케이블을 사용하지 않는 점화 코일 내장형 플러그 코드를 사용하고 있는 차량의 경우에는 별도의 어댑터(adapter)를 사용하여야 점화 파형 측정이 가능하다.

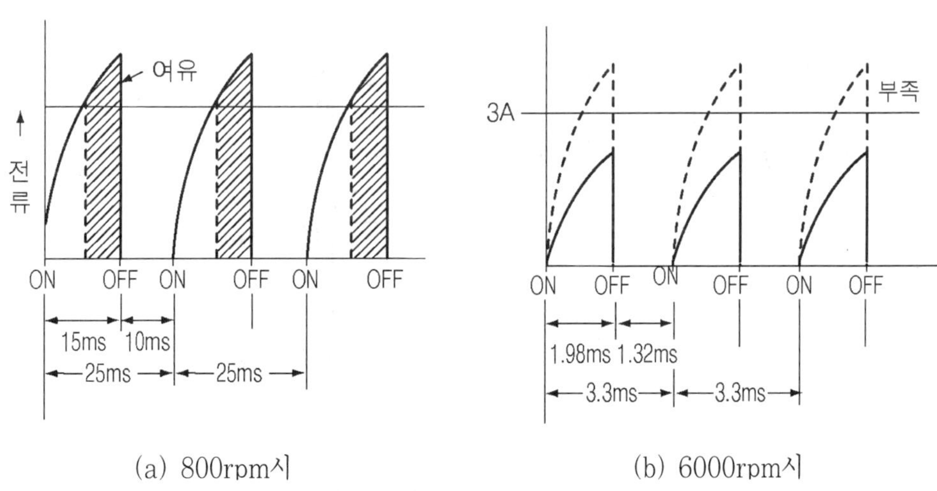


그림 4-47  1차전류의 통전 시간

## 2. 점화파형의 3가지 모델

점화 파형을 분석하는 것은 실린더(cylinder)내의 연소 상태를 파형으로 진단하는 것으로 파형을 관측하기 위한 장비로는 메이커(maker) 마다 독자적으로 개발 보급하고 있는 엔진 튜업 테스터(engine tune up tester) 또는 엔진 종합 테스터 등을 이용하고 있다. 이들 장비들은 각 장비 메이커(maker) 마다 점화 파형의 분석을 원활히 하기 위해 파형을 나타내는 패턴(pattern)을 직렬 파형(display), 병렬 파형(raster), 중합 파형(superimpose) 등으로 표시 할 수 있도록 하고 있다.

그림 (4-48)과 같이 직렬 파형은 실린더의 모든 기통을 한눈에 볼 수 있는 이점이 있어서 점화 전압이 밸런스(balance) 상태를 점검하는데 좋으며 점화 플러그의 불꽃 상태를 점화 전압으로 비교하여 볼 수 있어 좋다. 직렬 파형(display)은 기본적으로 다음 6가지 항목을 점검하는데 사용한다.

① 시동시 점화 코일의 출력 전압　　④ 점화 플러그의 요구 전압
② 점화 코일의 극성　　　　　　　　⑤ 주행시 점화 코일 출력
③ 점화 플러그의 점화 전압　　　　⑥ 점화 2차 회로의 절연 상태

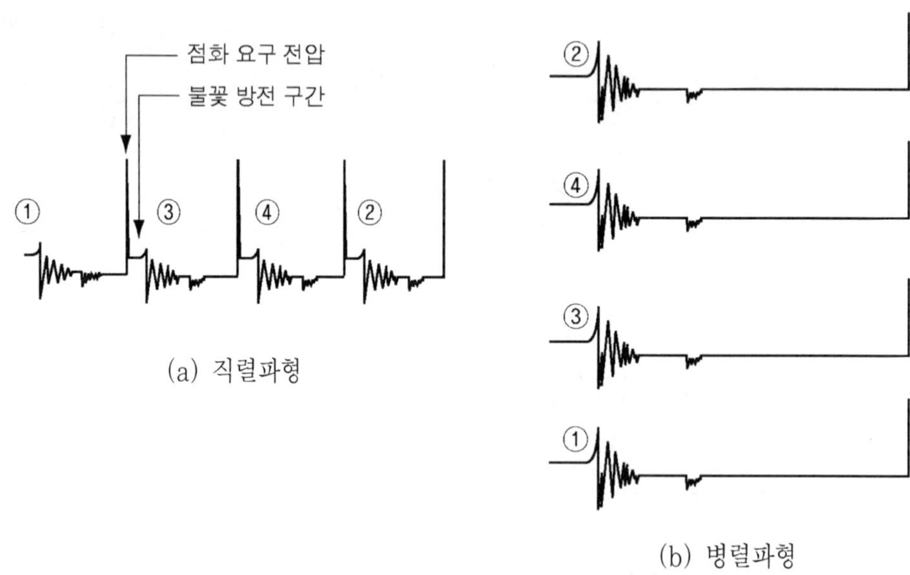


그림4-48 점화 파형 표시와 점화수순

그림 (4-48)의 (b)와 같은 병렬 파형(raster)의 경우는 실린더(cylinder) 각각에 대해 연소 상태를 비교하여 보는데 편리하다. 즉 실린더 하나의 문제인지 실린더 전부의 문제인지를 한눈에 나타낼 수 있는 이점 때문에 다음과 같은 항목을 점검하는데 주로 사용한다.

① 점화 2차 회로의 작동 상태

② 점화 코일과 콘덴서

③ 포인트 방식인 경우는 포인트 접점

④ 파워 TR의 작동 상태

그림 (4-49)는 각 실린더의 점화 파형이 서로 중첩되도록 표시된 중합 파형을 나타낸 것으로 3개의 화살표시 부위를 주의 깊게 봄으로서 디스트리뷰터의 캠의 마모, 타이밍 체인의 유격 등이 고장 유형을 쉽게 발견 할 수 있는 파형 패턴 방법이다.

일반적으로 사용하는 엔진 튠업 장비 또는 엔진 스코프의 화면은 가로측은 시간 및 캠각을 나타내고 세로측은 전압을 나타내고 있으며 점화 1차 전압을 측정 할 때는 세팅 스위치(setting switch)를 0~25V 또는 0~50V 렌지로 세트하여 관측하

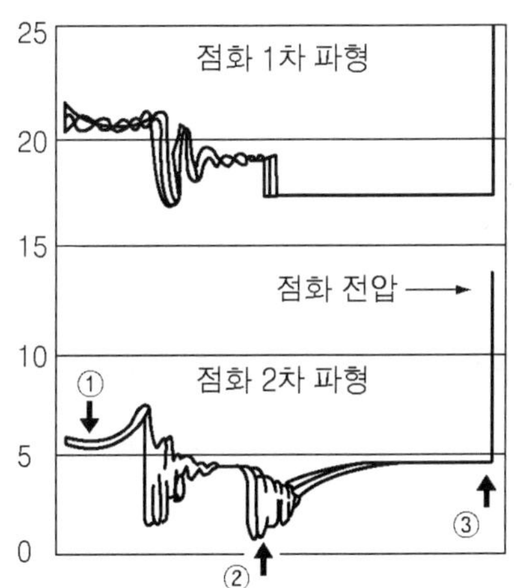


그림4-49 중합파형으로 본 점화파형

고 점화 2차 전압인 경우는 0 ~25kV 또는 0~50kV 렌지로 세트하여 관측한다.

엔진 스코프의 가로측에 나타낸 백분율(%)은 캠각(cam angle)을 환산하기 위해 허용하는 것으로 예를 들어 4기통 엔진의 캠각의 90°란 가로측의 100%를 의미한다.

따라서 캠각의 환산은 4기통 엔진, 6기통 엔진은 다음과 같이 환산할 수 있다.

$$4기통\ 엔진 = (360/4기통) \times 가로측\ 백분율\ 값$$

$$6기통\ 엔진 = (360/6기통) \times 가로측\ 백분율\ 값$$

## 3. 점화회로의 상태 점검

### [1] 크랭킹시 점화 코일 출력 시험

점화 코일의 출력 시험은 고압 케이블의 중심 케이블을 디스트리뷰터의 캡에서 떼어 어스(earth) 되지 않도록 하고 크랭킹시 파형을 관측한다. 이때 2차 전압의 값은 개자로 코일의 경우는 20kV 이상, 폐자로 코일의 경우는 30kV 이상이면 양호하다 만일 측정된 값이 규정치 이하라면 다음 원인을 생각 할 수 있다

① 배터리 전압이 낮다.

② 점화 스위치 접촉 불량

③ 점화 1차 회로의 접촉 저항 과대

④ 점화 코일 불량

### [2] 점화 코일의 극성 점검

점화 코일의 극성이 바뀌어도 시동은 가능하지만 엔진의 힘이 없으며 출력이 나지 않는 경우는 점화 파형을 통해 점화 코일의 극성을 확인 할 수 있다. 점화 파형이 정상인 경우는 점화 전압이 상방향으로 뻗지만 극성이 바뀌는 경우는 점화 전압은 하방향으로 뻗어 쉽게 발견 할 수 있다.

## 4. 점화전압 시험

### [1] 점화 전압 시험

점화 전압은 사용하는 점화 코일에 따라 다소 차이는 있지만 보통 점화 전압은 5~15kV 정도로 각 실린더(cylinder)의 점화 전압 중 최고의 전압과 최저의 전압의 차(balance)가 3kV 이내 이어야 정상이다. 이때 엔진의 회전수는 1200rpm으로 하고 측정하여야 한다.

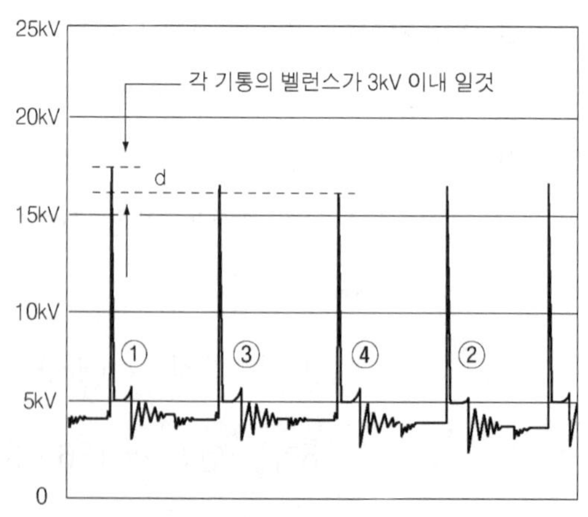


그림4-50 점화 요구 전압(점화플러그)

● 모든 실린더의 점화 전압이 높게 나타나는 경우

① 점화 플러그의 간극이 과대

② 디스트리뷰터의 로터와 전극간 간극 과대

③ 고압 케이블의 접촉 불량

④ 혼합비가 낮은 경우

⑤ 점화 시기가 늦은 경우를 생각 할 수 있다.

● 모든 실린더의 점화 전압이 낮게 나타나는 경우

① 점화 플러그의 오염

② 압축압이 낮은 경우

③ 점화 2차 회로의 절연 불량

④ 혼합비가 높은 경우

● 점화 전압의 밸런스(balance)차가 3kV 이상 일 때에는 다음 항목을 생각 할 수 있다

① 점화 플러그의 간극이 일정치 않을 때

② 로터와 전극간 간극이 일정치 않을 때

③ 고압 케이블의 단선 빠짐

④ 압축압이 맞지 않을 때

⑤ 혼압비가 맞지 않을 때(unbalance)

⑥ 흡기관 진공이 누설 될 때

## (2) 점화 요구 전압 시험

점화 전압 시험과 같은 방법으로 실행하며 엔진을 급가속하여 관측하기 때문에 이상 부분을 발견하기 쉽다는 이점이 있어 좋다. 엔진을 급가속하여 가속시 최고 전압과 최저 전압의 밸런스(balance) 차는 3kV 이내 이어야 한다.

## 5. 점화코일 출력시험

## (1) 점화 코일 출력 시험

점화 코일의 출력 시험은 엔진이 열간시에 엔진 회전수가 1200~1500rpm으로 일정히 유지하고 섬화 플러그의 고압 케이블을 1개를 떼어 어스(earth)가 되지 않도록 하고

화면에 표시된 파형이 그림 (4-51)과 같이 상방향으로 높게 뻗는 것을 확인한다. 이때 계자로 점화 코일의 경우에는 20kV 이상 표시되면 양호하고 폐자로 점화 코일인 경우에는 30kV 이상이면 양호하다. 이때 크랭킹(cranking)시 점화 전압과 비교하여 보는 것도 좋은데 크랭킹시 점화 전압과 비교한 값이 5kV 이상이면 디스트리뷰터의 캡 및 로터, 고압 케이블의 노화를 의미한다.

## (2) 2차 회로 절연 시험

점화 코일의 출력 시험과 동일한 방법으로 실시하며 이때는 그림 (4-51)에 나타낸 것과 같이 점화 전압이 하방향으로 뻗는 것을 관측한다. 계자로 점화 코일의 경우는 하방향으로 1/2 이상 뻗으면 양호하며 폐자로 점화 코일의 경우는 하방향으로 1/4 이상 뻗으면 양호하다.

하방향으로 뻗는 점화 전압이 어떤 경우에는 줄어들었다 늘어났다 하는 경우는 점화 2차 회로의 누설에 기인하는 것으로 정상적인 경우에는 불꽃 방전(spark line) 구간이 좁아져 볼 수 없는 것이 특징이나 점화 2차 회로에 누설로 인해 불꽃 방전 구간을 볼 수 있는 경우는 주로 로터(rotor), 디스트리뷰터의 캡의 누설인 경우가 많다. 점화 2차 회로의 절연 시험을 하는 데는 모든 실린더의 점화 플러그에 고압 케이블을 뽑아서 관측하는 것이 좋으나 기통수가 많은 엔진의 경우에는 고압 게이블을 1개 만 뽑아 관측하여도 무방하다.

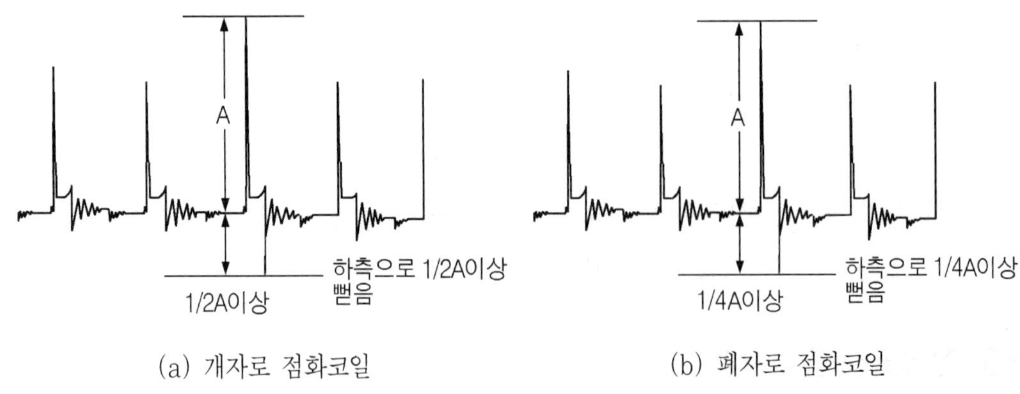


그림4-51 점화코일의 2차 절연 시험

## 6. 2차회로 작동상태 시험

이 시험은 연소실 내의 혼합 가스 연소 상태를 불꽃 방전 구간을 통해 관측하여 보는 것으로 점화 플러그의 전극의 간극 및 엔진의 공연비 상태를 살펴 볼 수 있는 시험이다. 불꽃 방전 구간(spark line)은 엔진의 공회전시에서부터 급가속시 까지 순차적으로 보면 좋다. 공회전시, 1200rpm, 2000rpm, 급가속시 순차적으로 점화플러그의 실화 상태를 관측하여 보는 것으로 이 시험은 엔진이 냉간시 일 때 점화 플러그와 고압 케이블의 고저항 상태가 나타나기 쉬우며 진공 게이지(vacuum gauge) 및 배출 가스 테스터를 병행하여 허용하는 것이 효과적이다.

불꽃 방전 구간(spark line)의 지속 시간은 차종에 따라 차이는 있지만 엔진의 회전수가 1200rpm에서 1.5ms(4기통 엔진) 이상이어야 연소실의 연소 조건이 좋다.

특히 IC식 점화 장치인 경우나 파워 트랜지스터(transistor)식 점화 장치인 경우에는 급가속시나 고부하시 시험을 하면 불꽃 방전 구간의 실화 상태를 발견하기 쉽기 때문에 급가속하여 시험하는 것이 좋다. 섀시 다이나모(chassis dynamo)가 있는 경우에는 차량를 부하를 걸어 점검하면 보다 정확한 점검을 할 수 있어 좋다. 또한 접점식 점화 장치인 경우에는 콘덴서(condenser)의 상태도 감쇄 진동을 통해 파악할 수가 있다. 접점식 점화 장치는 거의 사용을 하고 있지 않지만 참고로 감쇄 진동의 산이 기본적으로 5개 이상 발생하여야 좋다.

드웰 구간(dwell line)은 접점식 점화 장치인 경우는 문제가 되지만 파워 TR 방식이나 DLI 점화 방식의 경우에는 엔진의 회전수 및 캠 각을 기준으로 ECU(컴퓨터)가 미리 설정된 ROM(read only memory) 내에 데이터 값에 의해 결정 되어지므로 전자 제어 장치의 엔진의 경우에는 문제가 되지 않는다.

## 7. 2차 회로 작동상태 시험

중합 파형은 점화 파형을 중첩하여 보기 때문에 파형이 중첩의 차(balance)가 큰 경우 디스트리뷰터(distributor)의 캠 축의 마모 상태와 타이밍 벨트(timing belt) 및 타이밍 체인의 느슨한 상태를 파형으로 예측 할 수 있는 시험으로 엔진이 공회전 상태 보다는 중속 또는 고속 상태에서 파형을 관측하는 것이 유리하다. 중합 파형의 관측은 그림 (4-52)와 같이 점화 전압 부분의 차(balance)가 섬화 2차 파형인 경우는 2% 이내이면 양호한 편이다. 이 차가 크면 디스트리뷰터(distributor)의 드라이브 기어(drive gear)의 마모, 캠 샤프트 기어의 마모, 타이밍 체인의 느슨함, 캠 로브(cam lobe)의 마모 등에 이상이 있는 것으로 예측 되어 지므로 엔진 부조시 점화 코일출력 시험에도 이상이 없고 실린더의 압축 압에도 문제가 없는 경우는 중합 파형을 보는 것이 좋다.

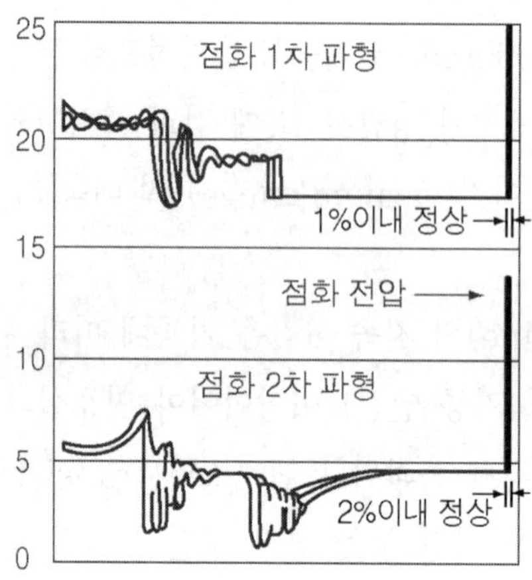


그림4-52 중합파형에 의한 진단

## 6 점화장치 고장 사례

### 1 엔진 부조

## 엔진 부조 및 출력 부족

◆ 차　　종 : 카스타 LPG
◆ 연　　식 : 2001
◆ 주행거리 : 22,580km

### 현 상

엔진 부조가 심하고 차량이 힘이 없다고 하여 입고한 차량으로 현상을 확인하기 위해 시동을 걸면 엔진 부조 상태가 심한 편이다. 고압 케이블을 한 개를 떼어 엔진의 상태를 보면 크게 변화가 없다.

### 점 검

스캔 장비를 진단 커넥터에 연결하고 자기 진단을 하여 보면 정상으로 나타나고 서비스 데이터를 확인하여 보아도 엔진 회전수가 불안한 것을 제외하고는 특별이 이상은 없다.  스캔 장비로는 고장 코드가 표시되지 않지만 실제 엔진에 고장 현상이 나타나 것은 주로 점화장치 이상으로 점화 플러그, 고압 케이블, 에어 클리너를 교환하고 나서 시동을 걸어 보아도 엔진 부조 현상은 사라지지 않는다.

시동을 끄고 엔진 압축 압력을 측정하여 보아도 이상은 없고 엔진 저항을 확인하기 위해 크랭크 축을 돌려 보아도 이상은 없다.

다시 시동을 걸어 엔진 상태를 확인 하여도 변화는 없다. 점화 케이블을 하나씩 떼어 불꽃 방전을 확인하여 보아도 이상이 없는 것 같다. 디스트리뷰터의 캡을 열어 디스트리뷰터의 전극을 확인하면 유난히 카본(carbon)이 많이 부착된 것을 확인하고 디스트리뷰터의 캡과 로터를 사용하던 중고로 교환하여 보면 엔진 부조 현상은 일시에 사라진다.

### 원 인

고장 원인을 일으킨 디스트리뷰터의 캡과 로터를 위치에 맞추어 놓고 잘 관찰 하여 보면 로터와 전극 간에 간섭이 있는 것을 확인 할 수 있었다.

디스트리뷰터의 캡과 로터는 플라스틱 성형물로 사출시 변형이 된 것이 아닌가 생각한다.

## 2 시동 꺼짐

### 주행중 갑자기 시동 꺼짐

◆ 차　　종 : 쏘나타 Ⅰ
◆ 연　　식 : 1992
◆ 주행거리 : 57,400km

### 현 상

엔진을 시동하고 잠시 주행하면 시동이 꺼진다고 입고한 차량이다. 현상을 확인하기 위해 시운전하여 보면 고객이 얘기한 고장 현상은 재현되지 않았다. 스캔(scan)으로 자기 진단을 하여 보면 이상은 없고 엔진(engine)의 작동 상태도 양호하다. 다시 시운전을 나간 지 20분 정도 경과 후 갑자기 시동이 꺼지고 다시 재시동하니 시동은 걸리지 않았다. 10분 정도 경과 후 시동을 거니 시동은 순조롭게 걸렸다.

### 원인 추구

주행중 갑작이 시동이 꺼지는 경우는 첫째 점화 계통의 접촉 불량 및 엔진 ECU에 접촉 불량을 생각 할 수 있어 먼저 점화 계통을 점검해 보기로 하고 공장으로 돌아 왔다.

### 점 검

다시 직장에 돌아와 엔진을 잘 아는 직장 동료와 함께 공구통과 테스터를 차에 싫고 다시 시운전을 나가 시동 꺼지는 현상을 확인하고 점화 스위치를 ON시켜 인젝터 작동음과 점화 불꽃을 확인하여 보았다. 인젝터 작동음은 들리는데 점화 불꽃은 확인 할 수 없는 것을 확인하고 파워 TR의 공급 전압을 확인하니 정상적으로 IGN 전원은 공급하고 있는 것을 확인 할 수가 있어 ECU, 파워 TR 또는 배선 접촉 불량에 문제가 있는 것으로 판단하고

### 원 인

잠시 쉬었다가 예비용 파워 TR를 교환하여 시운전을 나갔지만 시운전하는 동안 시동 꺼지는 현상이 발생되지 않았다. 공장에 돌아와 시동을 건 상태에서 1시간 정도 지나도 시동 꺼지는 현상은 나타나지 않아 파워 TR를 신품으로 교환하고 납차하여 2일후고객에 전화를 하니 시동 꺼짐 현상은 나타나지 않았다고 한다.

고객에게 다시 현상이 나타나면 즉시 전화를 달라고 하고 일주일이 지나도 고객으로부터 전화가 없는 것으로 보아 파워 TR이 문제임을 확신하게 된 사례이다.

# 3 시동 꺼짐

## 가끔씩 발생하는 시동 꺼짐

◆ 차 　　종 : 쏘나타Ⅲ
◆ 연 　　식 : 1997
◆ 주행거리 : 124,430km

### 현 상

이전부터 때때로 시동이 꺼졌지만(1~2회/주) 최근에는 그 횟수가 증가 하고 있어 불안해 승차 할 수 없다고 입고한 차량이다. 특히 아침 첫 시동 후 시동이 꺼져 몇 번 반복하여 시동을 걸면 시동이 꺼지지 않는 다고 한다. 주행 중에 시동이 꺼지면 곧 시동이 걸린다고도 한다.

차량키를 인도 받아 시운전 나가 보았지만 현상은 재현 되지 않고 엔진의 작동 상태도 양호한 편이다.

### 점 검

일단 전기적인 부분이 문제라고 생각하고 점화 코일과 디스트리뷰터를 하나씩 점검하여 보았지만 이상은 발견하지 못했다. 다음날 아침 시동을 걸어보면 일순간 시동이 걸려 곧 시동이 꺼지고 시동이 꺼진 후 엔진 경고등이 점등 되지 않는다. 몇 번 시동을 반복하는 동안 시동은 꺼지지 않았다.

### 원인 추구

여기서 주목해야 할 것은 시동이 꺼진 후 경고등이 점등되지 않는 다는 것은 점화 스위치 ON시 IGN 전원이 엔진 ECU 및 점화 전압을 공급하고 있지 않다는 것을 의미하므로 IGN 전원 공급에 문제가 있는 것으로 예측 하였다.

### 원 인

원인을 확인하기 위해 IGN 퓨즈에 멀티 테스터를 연결하도 점화 스위치를 반복하여 작동하는 동안 점화 스위치를 ON하여도 IGN 전압이 표시 되지 않는 것을 확인하고 점화 스위치에 접촉 불량이 있는 것을 확신하게 되었다. 다시 점화 스위치의 커넥터를 떼어 SW ON시 저항을 측정하면 약 5Ω이 측정되고 점화 스위치를 ON, OFF 반복하면 저항값은 0Ω이 측정된다.

원인은 점화 스위치 접점 접촉 불량으로 점화 스위치를 교환하고 작업을 완료 하였다. 그 이후 시동이 꺼지는 현상은 없고 고객이 감사하다는 말을 전 해 왔다.

## 4 엔진의 난조

### 신용할 수 없는 점화플러그

◆ 차　　종 : 포텐샤
◆ 연　　식 : 1999
◆ 주행거리 : 23,000km

### 현 상

엔진을 2000rpm 유지 한 채 난기 할 때 2 ~3분쯤 지나 급히 rpm이 200~300rpm 정도 떨어지며 엔진이 헌팅(HUNTING)을 한다. 주행 거리는 얼마 되지 않았지만 차량 점검차 입고한 차량으로 브레이크액, 냉각수(LLC), 점화 플러그, 에어 클리너를 교환하였다. 점화 플러그는 5년에 23000㎞ 밖에 주행하지 않았기 때문에 백금팁-플러그를 교환하면 폐차 때까지 교환하지 않아도 된다고 생각하여 점화 플러그를 일제 백금 플러그 NGK제 BKR5EVX-11으로 교환하였다.

그 이후 엔진을 2000rpm 유지 한 채 난기 할 때 2 ~3분쯤 지나 급히 RPM이 200~300rpm 정도 떨어지며 헌팅(hunting)을 한다. 에어 클리너를 끼우고 다시 한번 엔진 rpm을 2000rpm으로 유지하면 2분쯤 지나 다시 헌팅(hunting)을 한다.

※ 헌팅(hunting) : 엔진 회전수가 고르지 않고 오르락내리락하는 엔진 난조 현상을 말한다.

공연비 피드-백에 의해 조금은 헌팅(HUNTING)을 합니다만 그 정도가 크기 때문에 공연비 피드-백을 정지시킨 상태에서 다시 한번 시험하면 증상은 변화가 없었다. 주행중에도 발생하지 않나 하고 주행 패턴을 여러 가지로 바꾸어 시운전을 해 보았지만 이상은 없었다.

원인을 생각할 수 있는 것은 점화플러그를 바꾸고 나서 발생한 것으로 교환 전 플러그를 다시 재장착하여 시험하면 백금 팁-플러그를 장착 때보다 헌팅(hunting)은 거의 없고 공연비 피드-백을 정지시킨 상태에서도 헌팅은 나타나지 않았다.

### 추정원인

표준 플러그에서 백금 플러그로 교환 후 나타난 현상으로 엔진 연소실 내에 혼합 가스가 점화 플러그에 의한 불꽃 방전이 혼합 가스를 충분히 연소하지 못해 나타나는 현상은 점화 플러그의 전극에서 화염핵을 충분히 형성하지 못하게 되면 배출 가스에 의한 공연비 피드백 제어가 정상적으로 이루지지 않아 일어나는 현상으로 추정하는 고장 사례이다.

# 05

# 등화장치 점검

# 등화장치 점검

 등화장치의 점검

## 1. 등화장치의 고장 현상

등화 장치의 고장은 단순히 전구(lamp)의 필라멘트(filament) 단선으로 점등 되지 않는 경우가 대부분으로 등화 회로의 고장이라 하면 전구의 필라멘트 단선을 생각하는 것이 보통이다. 그러나 등화 장치의 고장에 따라서는 의외의 현상이 나타나는 경우도 있다. 예컨대 비상등 회로의 경우 방향 지시등의 단선에 의해 점멸 횟수가 빨라지는 현상이나 회로 이상으로 점멸 횟수가 빨라지는 현상 또는 전구의 필라멘트가 자주 나가는 현상 등이 발생할 수 있다. 보통 전구(lamp)는 진공관 내에 발열부를 내장한 필라멘트(filament) 전구와 필라멘트의 수명과 촉광을 향상하기 위해 가스(gas)를 주입한 가스관이 사용되고 있다. 이 중 필라멘트(filament)의 전구는 오래 사용하면 필라멘트 부가 소모되어 필라멘트가 단선을 하게 되는데 이러한 경우는 전구의 글라스(glass)부가 검게 그을리는 현상이 발생된다.

또한 필라멘트 전구에 과전압으로 인해 필라멘트가 단선이 되는 경우도 전구의 글라스(glass)부가 검게 그을리는 현상이 발생하게 되는데 이러한 경우는 전압 및 전류를 측정하여 과전압의 발생 근원을 제거하여 주어야 한다. 전구의 필라멘트(filament)가 단선되어 전구의 글라스(glass)부가 하얗게 나타나는 현상은 전구에 공기가 침입된 경우로 판단 할 수 있다. 이 경우에는 전구의 자체 불량에 의한 것과 전구의 충격과 진동에 의해 발생되는 경우도 있어 취급시 주의하여야 한다. 전구의 글라스(glass)부가 푸르게 변색되는 경우는 전구 내에 수분이 침입된 경우로 판정할 수 있다. 따라서 전구의 필라멘트가 단선 된 경우에

는 전구의 글라스 상태에 따라 필요한 조치를 하여야 한다. 그 밖에 등화 장치의 고장 현상은 전구의 밝기가 변화하는 경우와 등화가 불안정한 현상이 나타나는 경우가 있다.

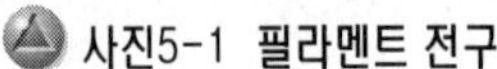

🔺 사진5-1 필라멘트 전구

🔺 사진5-2 가스관 전구(헤드램프)

## ■ 2. 등화 회로의 단선 점검 순서

전구의 필라멘트(filament)가 단선 되지 않았는데도 불구하고 전구가 점등 되지 않는 경우는 전원을 공급하고 있는 배터리(battery)가 정상이란 가정 하에 그 원인은 전원 공급을 연결하는 배선상의 트러블(trouble) 밖에 남지 않는다. 등화 장치 고장은 전원을 공급하는 배터리와 전원을 연결하는 배선 및 전구(lamp)로 구성되어 있어서 원인 유추가 쉬운 것이 특징이지만 자동차의 배선(wire harness)은 회로 상에서 보는 것과 달리 차체(body)에 배선되어 점검 포인트(point)를 어디로 결정하느냐가 실제 정비 시간을 단축 할 수 있는 지름길이라 해도 과언이 아니다.

예컨대 그림(5-1)과 같은 스톱 램프 회로에서 스톱 램프(stop lamp)의 필라멘트가 이상이 없는 데도 불구하고 스톱 램프(제동등)의 좌, 우가 점등되지 않는 경우를 가정하면 점검 포인트를 어디로 잡는 것이 일기에 원인 개소를 유추 할 수 있는지가 핵심 포인트이다. 점검 수순으로만 보았을 때는 ①~⑩번까지 점검하며 찾아가는 순서이지만 실제 현장에서는 납기와 경비 문제로 정비 시간을 최소화해야 하는 것은 당연하다. 따라서 2개의 좌, 우 스톱 램프(stop lamp)가 점등 되지 않는 경우라는 사실 만으로 전원을 공급하는 연결 부분이 문제라는 것을 쉽게 알 수가 있어 ⑨번과 ⑩번에서 전원 공급을 확인 할 수 있다면 쉽게 원인 유추가 가능하다. 그러나 실제 스톱 램프(stop lamp)는 뒤 트렁크 부분에 위치하고 있어 점검 포인트를 중간 커넥터에서 점검하는 것은 위치가 적절하지 하지 않기 때문에 쉽게 확인 할 수 있는 서브 퓨즈부터 점검하는 것이 좋다. 서브 퓨즈 까지 이상이 없는 경우는 다음 스톱 램프(stop lamp) 부위인 ⑨번과 ⑩번에서 전원 공급을 확인하여 ④번 ~ ⑦번의 원인을 유추하는 것이 점검 수순이다.

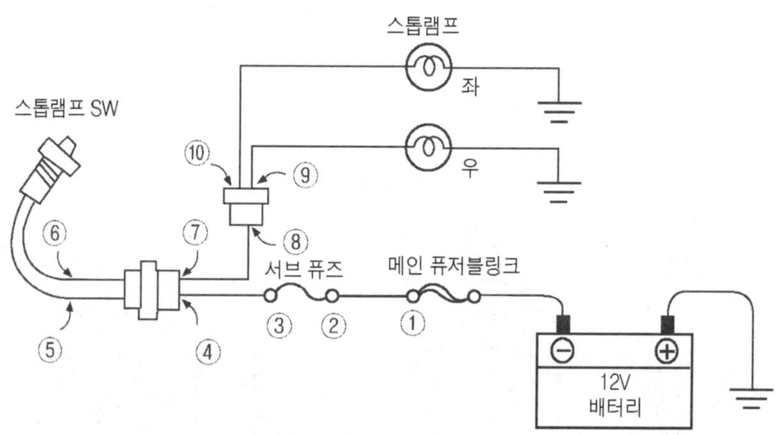

▲ 그림5-1 단선회로의 점검 순서(예)

## 3. 미등 회로의 점검

자동차 등화 장치의 회로에서 가장 많이 전구가 연결 되어 있는 회로가 미등 회로이다. 미등 회로는 차량 전방 헤드라이트(head light)에서부터 인스트루먼트 판넬(instrument panel)의 조명등, 뒤 트렁크(trunk) 내에 실장된 미등 및 번호판 등에 이르기 까지 다양한 전구가 연결되어 있어서 미등 점검시 정확한 점검 포인트를 찾는 것이 정비의 핵심 요소라 할 수가 있다.

예컨대 그림 (5-3)의 미등 회로에서 우측 미등A와 B가 점등 되지 않는 다면 핵심 점검 포인트는 실내 퓨즈 박스에 있는 10A 퓨즈의 ⑦번과 ⑧번이 핵심 점검 포인트가 된다. 반면 우측 미등A와 B 뿐만 아니라 좌측 미등이 모두 점등 되지 않는 다면 ⑦번, ⑧번 및 서브 퓨저블 링크의 ③번이 핵심 점검 포인트가 된다. 이것은 회로에서도 불수 있듯이 회로 점검 수순을 ①번 ~⑧번 순으로 차례로 점검 하는 것 보다 ⑧번과 ⑦번 그리고 ③번으로 바로 점검하는 것이 쉽게 원인 개소를 유추 할 수 있을 뿐만 아니라 작업 범위를 줄 일수 있기 때문이다.

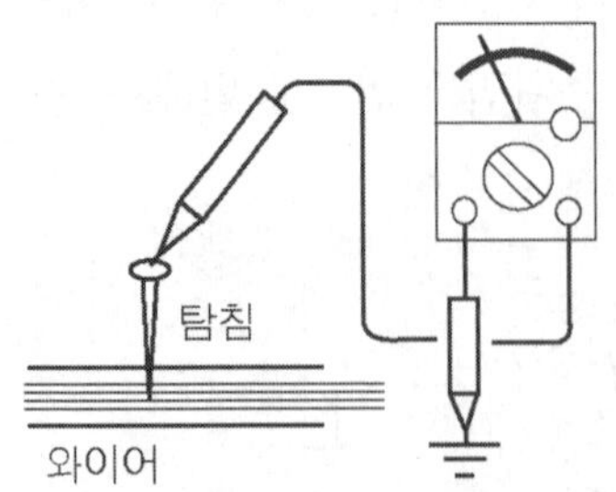


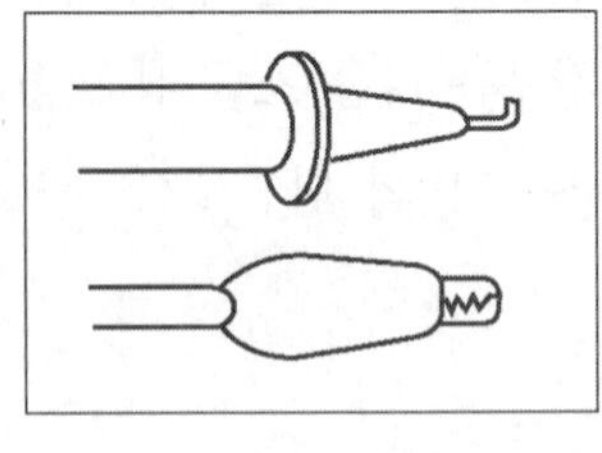


그림5-2 와이어의 탐침

사진5-3 실내 퓨즈 박스

사진5-4 전조등 회로 점검

또한 우측 미등 A와 B만 점등되지 않을 때 우측 주차등과 차폭등이 점등된다면 실내 퓨즈 박스의 좌측 미등 퓨즈 10A 통해 전원을 정상적으로 공급되고 있다는 것을 나타낸 것으로 원인 개소는 EM02(엔진 와이어 하니스)의 ⑫번 부위가 단선 되었을 가능성이 매우 높은 부위가 되는 셈이다. 반면 이에 반해 좌측 및 우측의 미등 전체가 점등되지 않는 경우라면 ⑤번, ⑦번 포인트를 점검하여 미등 릴레이를 통해 공급 되는 전원을 확인하여 보는 것이 핵심 점검 포인트가 된다. ⑤번 및 ⑦번 포인트의 공급 전원을 확인하기 위한 것은 미등 릴레이의 접점을 통해 배터리의 전원 공급 전압이 정상적으로 공급되고 있는 것을 확인 하여 보는 것이다. 만일 ⑤번과 ⑦번에 전압 공급이 되지 않고 있다면 구성 부

품으로서 우선 예측 할 수 있는 것이 미등 릴레이(relay)의 접점측과 서브 퓨즈블 링크의
30A의 퓨즈 및 메인 퓨즈를 유추 할 수가 있다.

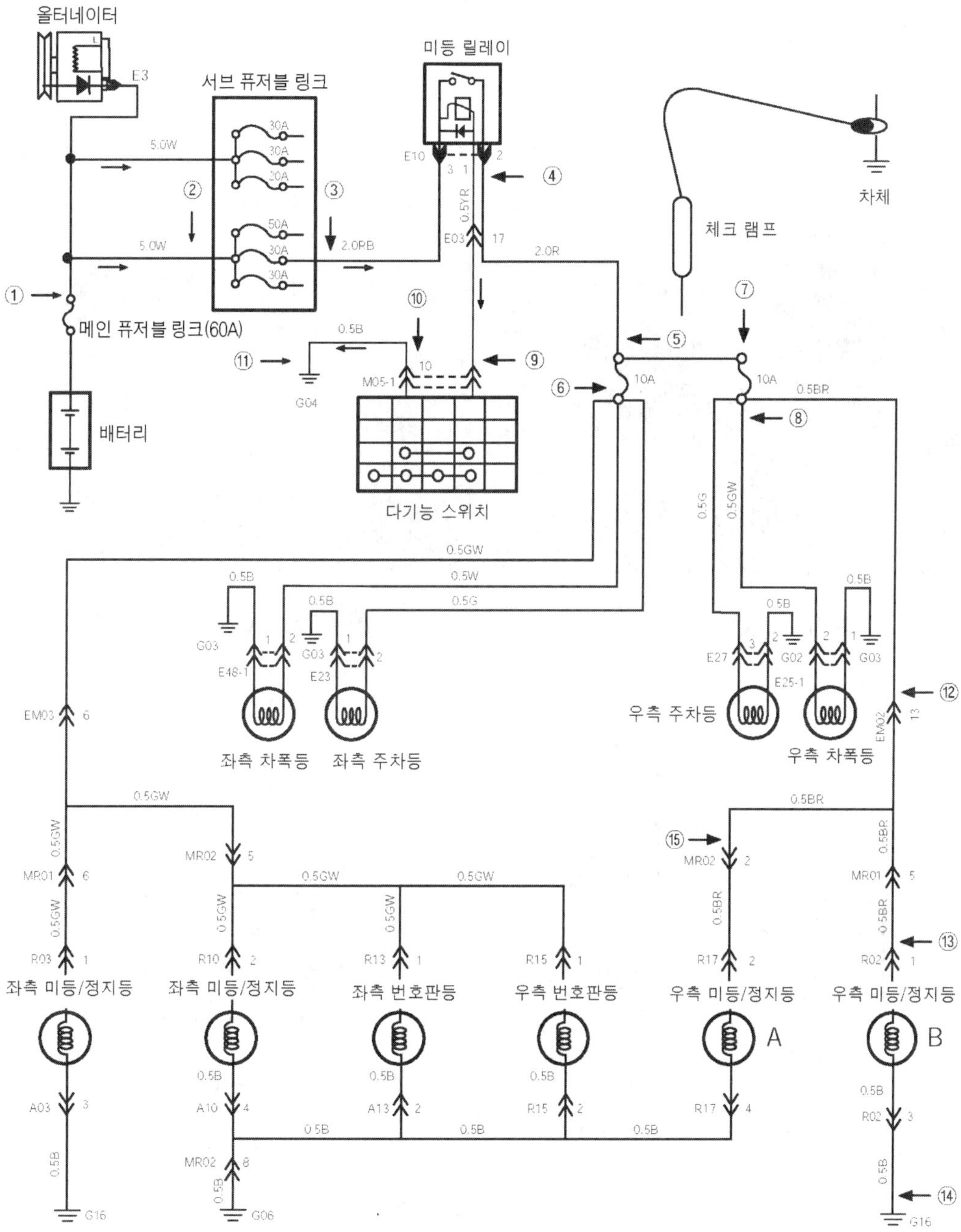

그림5-3 미등 회로의 점검

　　미등 릴레이의 코일과 접점을 점검하여 보았더니 이상은 없고 서브 퓨즈블 링크의 30A 의 ③번 포인트를 점검 하였더니 전원은 정상적으로 공급되고 있다면 미등 릴레이의 작동 에 의한 문제로 미등 릴레이의 코일(coil)측과 연결되어 있는 다기능 스위치(multi function switch) 또는 GO4의 어스 포인트(earth point)를 의심 할 수가 있다. GO4 와 어스 포인트를 확인하기 위해 미등 릴레이를 뽑아 미등 릴레이의 코일 양단에 체크 램 프(check lamp)를 연결하여 점등 상태를 확인하면 좋다.

🔺 사진5-5 계기판 스몰 램프

🔺 사진5-6 여러 가지 스몰 램프

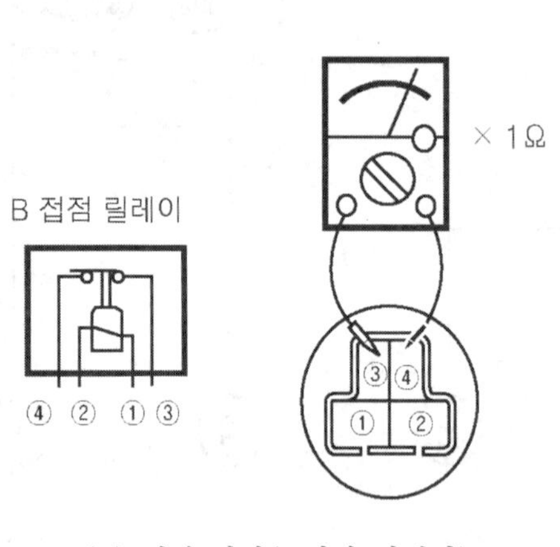


(a) 접점 점검(B접점 릴레이)

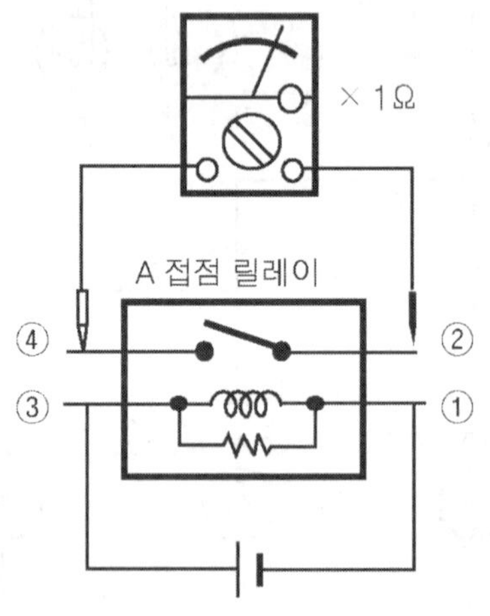


(b) 접점 점검(전원 연결시)

🔺 그림5-4 릴레이 점검

## 4. 방향 지시등 회로의 점검

방향 지시등 회로의 고장 현상은 방향지시등 스위치를 ON시켰을 때 전구의 필라멘트 단선으로 인해 전구의 점멸 횟수가 빨라지는 현상과 방향 지시등의 필라멘트가 단선 되지 않았는데도 불구하고 전구의 점멸 횟수가 빨라지는 경우를 생각할 수 있다. 방향 지시등의 점멸 횟수는 플래셔 유닛(flasher unit)의 내부 회로의 시정수(RC) 값에 따라 점멸 횟수가 증가하기 때문에 선간 접촉 불량에 의해 저항값이 증가하여도 방향지시등이 점멸 횟수는 빨라지게 된다.

따라서 전구의 필라멘트가 이상이 없는 경우에는 방향 지시등 스위치가 ON 된 상태에서 전구의 소켓(socket)의 접촉 불량이나 방향 지시등 스위치의 접촉 불량을 상태를 전압을 측정하여 점검하면 좋다. 또한 방향 지시등 스위치를 ON시켰는데도 불구하고 방열은 방향 지시등이 점멸하지 않는 경우를 생각 할 수 있다.

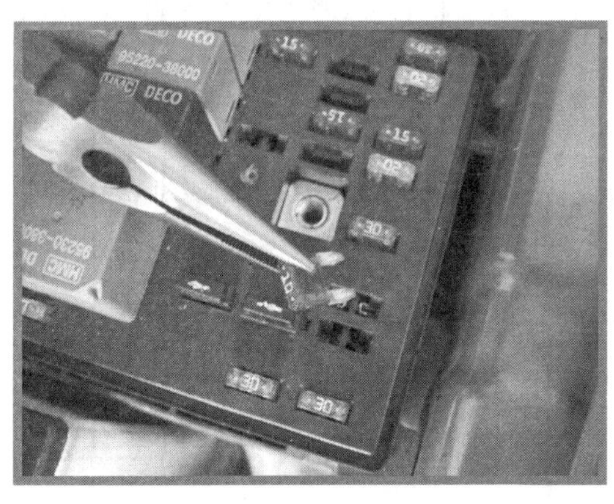

사진5-7 퓨즈의 점검

사진5-8 플래셔 유닛

예컨대 그림 (5-5)의 회로에서 방향 지시등 스위치를 ON시켰는데도 불구하고 방향 지시등이 점멸하지 않는 경우는 전원을 연결하는 배선, 커넥터 및 플래셔 유닛(flasher unit)의 원인을 유추 할 수 있다. 이 경우에는 플래셔 유닛(flasher unit)은 이상이 없다고 가정하면 배선 및 커넥터의 트러블(trouble)의 원인으로 가장 먼저 확인 해 보아야 하는 것이 비상등 스위치를 ON 시켜 계기판에 있는 방향지시 파일럿 램프(pilot lamp)이다.

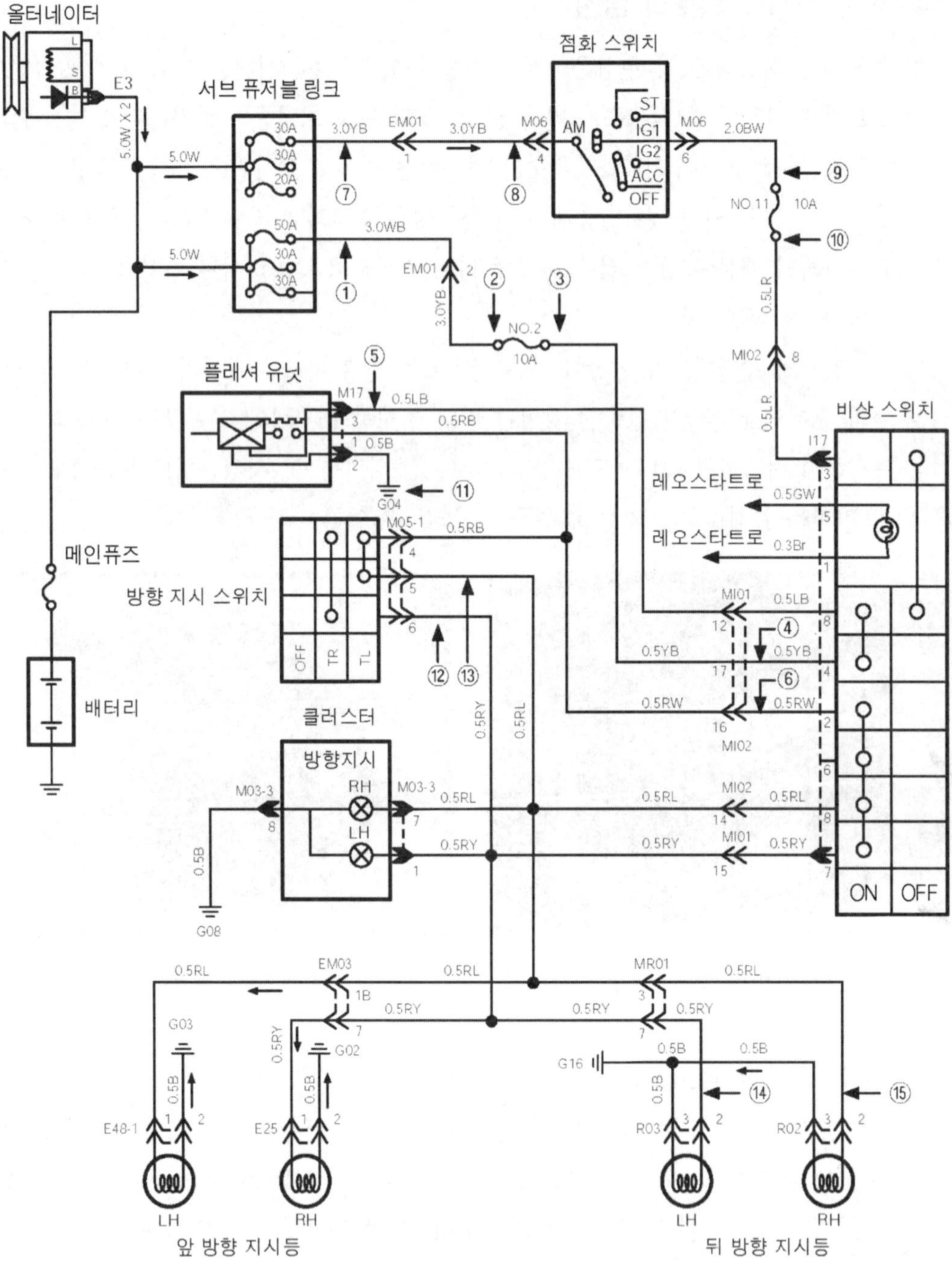

그림5-5 방향지시등 회로 점검

파일럿 램프가 점멸을 하고 있으면 방향 지시등 회로에 공급하는 전원 및 플래셔 유닛은 이상이 없는 것으로 판단 할 수 있지만 파일럿 램프(pilot lamp)가 점멸하지 않는 경우는 전원 공급 및 플래셔 유닛(flasher unit)의 이상으로 판단 할 수 있어 점검 범위를 쉽게 줄 일 수가 있다. 또한 비상등은 점멸하는데 방향 지시등이 점멸이 되지 않는 경우는 점화 스위치를 통해 플래셔 유닛으로 공급하고 있는 전원상의 문제로 실내 정선 박스에 있는 방향 지시 등 퓨즈(fuse)가 핵심 점검 포인트가 된다. 점검 결과 방향 지시등 퓨즈(fuse)까지 전원 공급이 정상적으로 공급되고 있다면 ⑤번 포인트를 점검하여 비상등 스위치 문제인지 배선의 접촉 불량인지를 확인하여야 한다.

## 5. 오토 라이트 회로 점검

오토 라이트(auto light)의 동작 원리는 그림 (5-6)의 회로 같이 오토 라이트 센서(auto light sensor)로부터 빛의 광량을 감지하게 되면 오토 라이트 센서(포토 TR)로부터 감지한 광전류는 AMP(증폭기)를 통해 증폭하여 구동 회로를 동작 할 수 있도록 센서로부터 검출된 광량 신호를 증폭한다.

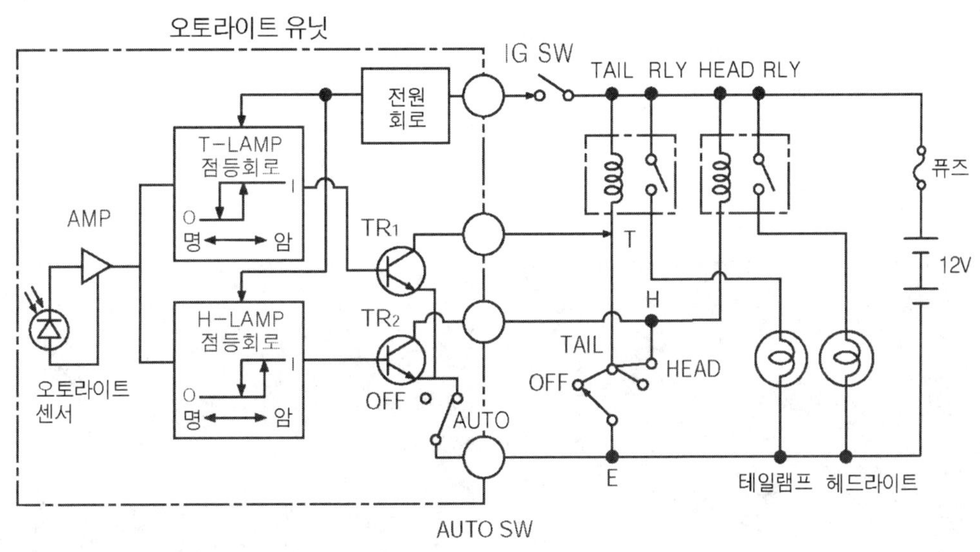


그림5-6 오토라이트 회로

  이렇게 증폭된 센서의 신호값은 오토 라이트 유닛(auto light unit) 내에 있는 비교 회로에 입력된다. 이 비교 회로는 미리 설정된 기준 전압과 오토 라이트 센서로부터 검출된 신호와 비교하여 테일 램프(tail lamp)를 점등할 것이지 헤드램프(head lamp)를 점등 할 것인 지를 출력하게 된다.

  이렇게 출력된 신호 전압은 릴레이(relay)를 구동 할 수 있도록 구동 트랜지스터의 베이스(base) 전압으로 출력하게 돼 트랜지스터(transistor)를 구동하게 된다. 즉 주위의 어둡기가 테일 램프(tail lamp)를 점등 할 정도의 밝기라면 오토 라이트 센서로부터 검출 된 광전류 밝기에 비례하여 출력 전압으로 변환하고 변환된 전압은 미리 설정된 전압 값과 비교하여 테일 램프(tail lamp) 비교 회로의 출력 전압을 high상태로 하면 이 전압은 트랜지스터 $TR_1$ 를 턴-온(turn on)시킨다.

  $TR_1$ 이 ON되면 테일 램프 릴레이의 코일을 여자시켜 테일 램프 릴레이(tail lamp relay)를 구동 시킨다. 이렇게 구동된 릴레이는 테일 램프와 릴레이의 접점과 직렬로 연결되어 있어 테일 램프(tail lamp)는 점등되게 된다. 또한 주위의 어둡기가 헤드 램프(head lamp)를 점등 시켜야 할 정도의 밝기라면 오토 라이트 센서(auto light sensor)로부터 검출된 신호 전압은 미리 설정된 전압 비교 회로의 기준 신호와 비교하여 트랜지스터 $TR_2$ 를 구동하게 된다. 트랜지스터 $TR_2$ 의 구동은 헤드램프 릴레이(head lamp relay)의 코일측과 연결되어 있어 릴레이 코일(relay coil)을 여자 시키게 된다. 이렇게 여자된 헤드 램프 릴레이의 접점은 ON 상태가 되어 헤드램프(head lamp)를 점등되도록 되어 있다.

△ 사진5-9  오토라이트 센서

△ 사진5-10  오토라이트 스위치

따라서 오토 라이트 회로의 고장 현상은 오토 라이트 스위치를 AUTO 위치에 놓아도 오토 라이트가 작동되지 않는 경우를 생각 할 수 있다. 이 경우 오토 라이트 장치의 이상인지 수동 헤드라이트(head light) 회로의 이상인지를 먼저 확인하는 것이 순서이다. 즉 수동 헤드라이트(head light) 스위치를 ON시켜 헤드라이트가 이상 없이 작동을 하는 경우는 오토 라이트 장치의 이상으로 쉽게 진단 할 수가 있다.

오토 라이트(auto light) 장치는 빛의 밝기를 검출하는 오토 라이트 센서와 오토 라이트 센서(auto light sensor)로부터 검출된 빛의 신호를 증폭하고 구동하는 오토 라이트 유닛(auto light unit) 그리고 오토 라이트 유닛을 작동하도록 지시하는 오토 라이트 스위치(auto light switch)로 구성되어 있다. 이중 어느 하나라도 이상이 있는 경우 오토 라이트 기능은 작동하지 않게 된다. 따라서 오토 라이트 기능이 작동하지 않는 경우는 우선적으로 점검하여야 할 것이 오토 라이트에 공급하고 있는 IGN 전원 전압과 오토 라이트 스위치(auto light switch)의 입력 신호 전압이다.

오토 라이트 유닛의 공급 전원과 AUTO 스위치의 입력 신호 전압이 정상적으로 입력되고 있는데도 불구하고 오토 라이트가 작동하지 않는 경우는 오토 라이트 센서와 오토 라이트 유닛, 그리고 이들을 연결하는 배선상의 결함으로 유추 할 수가 있다. 오토 라이트 센서는 빛의 세기에 따라 저항값이 변화하는 CdS 셀과 빛의 세기에 따라 전류량이 변화하는 포토 트랜지스터(photo transistor)가 이용되고 있어서 Cds 셀을 이용한 센서의 점검은 멀티 테스터의 선택 스위치를 저항 레인지에 위치하고 빛의 세기에 따라 저항값이 변화하는 것을 확인하면 된다.

포토 트랜지스터의 경우는 그 자체만으로는 전류량이 미약하기 때문에 오토 라이트 유닛의 출력단 전압 측정만으로도 오토 라이트 센서 및 오토 라이트 이상 유무를 점검 할 수가 있다.

이와 같은 오토 라이트 장치는 오토 라이트 센서(auto light sensor)와 오토 라이트 유닛(auto light unit)이 독립된 방식의 것을 사용하는 경우도 있지만 대부분 오토 라이트 유닛(auto light unit)에 오토 라이트 센서를 내장하고 있는 방식을 사용하고 있어 오토 라이트의 출력 전압 만으로도 오토 라이트 유닛이 이상이 있는지를 쉽게 알 수가 있다. 오토 라이트의 점검 방법은 멀티 테스터의 선택 스위치를 전압 레인지($\times$ 50V)에 위치하여 멀티 테스터의 흑색봉을 어스(earth)에 접속하고 적색봉은 오토 라이트의 출력측에 접속하여 오토 라이트 센서를 손으로 가렸을 때 출력 전압이 12V 에서 0V 또는 0V 에서 12V로 변환하면 정상으로 판단한다.

## 6. 자주 나가는 램프의 점검

필라멘트(filament) 전구가 자주 나가는 것은 2가지로 생각 할 수 있는데 하나는 전구 자체의 불량이고 다른 한 가지는 전구는 정상인데 과전압의 영향으로 단선되는 경우를 생각 할 수 있다. 전구의 필라멘트(filament)가 자주 나가는 원인을 알아내기 위해서는 전구에 가해진 전압을 확인하여 보는 것이 순서이다.

어떤 정비사는 전구의 필라멘트가 자주 끊어진다 하여 전구의 필라멘트(filament)의 저항값을 측정하는 경우가 있는데 이것은 옳은 방법이라 할 수 없다. 왜냐하면 필라멘트 전구는 상온시에는 저항값이 낮게 측정되지만 전구에 전원이 공급되어 필라멘트가 가열되면 상온시 저항값보다 10배 ~ 20배 정도 차이가 나기 때문에 전구의 필라멘트의 저항을 측정하는 것은 그다지 의미가 없다. 따라서 전구에 공급하고 있는 전압을 측정하는 것이 옳다 할 수 있다. 전구의 전압 측정시에는 엔진의 회전수를 서서히 상승하여 전압 변동 사항을 점검하여야 한다. 엔진의 회전수를 상승하여도 전구에 공급하는 전압의 올터네이터 (alternator)의 출력 전압인 14V ± 0.5V의 범주에 있는 경우는 전구의 자체 불량을 의심 할 수 있다. 전구의 자체 의 불량이 의심이 되는 경우는 전류를 측정하여 정상적인 전류값과 비교하여 볼 수 있다.

또한 전구의 정격은 배터리 전압인 12.6~13.2V(완충시 전압)를 기준으로 만들어 지는 것이 보통이지만 실제 엔진이 작동중인 올터네이터 출력 전압은 전구의 정격 전압보다 약 1V 높은 조건 하에서 사용하게 된다. 그러나 이 경우에도 전구의 정격 전압이 일정하지 않은 경우에는 실제 전구에 공급되는 전압은 2V 이상 상승하는 경우가 되며 전구의 진공 상태도 좋지 않아 전구의 필라멘트(filament)의 수명은 아주 짧아지게 되는 경우가 발생하는 것이다.

## 7. LED식 조명 회로 점검

LED식 조명등은 필라멘트(filament)를 사용한 조명등과 달리 여러 가지 색을 발광할 수 있어 미적인 감각이 떠어나고 수명이 긴 장점을 가지고 있다. 또한 전력 소모가 작고 소형화가 가능하여 계기 장치와 같이 전면판 조명등으로 적용하고 있다. LED(light emitting diode)식 조명등은 미적인 감각이 우수하고 현대적 감각이 뛰어나 디자인을 중시하는 자동차의 전면판 조명에 각광을 받고 있다.

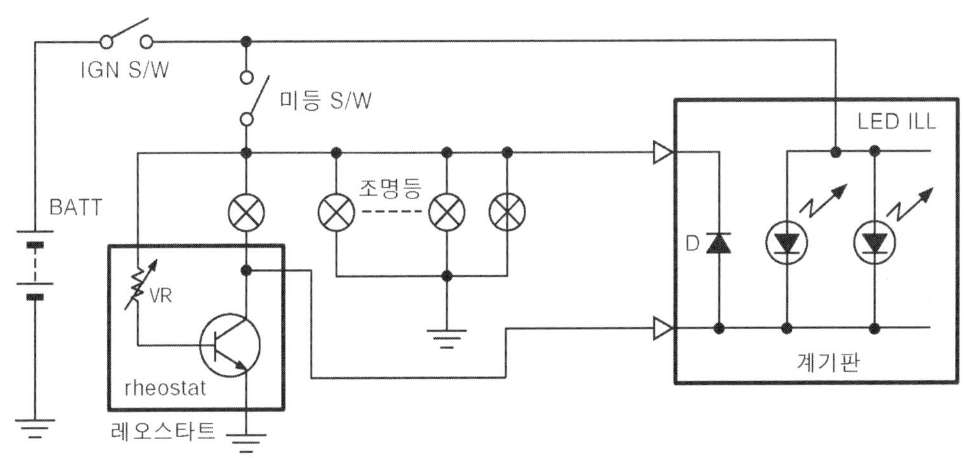


그림5-7 LED식 조명 회로

그림 (5-7)은 차량에 적용된 LED식 조명등 회로를 나타낸 것으로 레오스탯(rheostat) 통해 LED식 조명 램프가 감광을 하도록 되어 있는 회로이다. 기본적인 동작은 미등 스위치를 ON 상태에서 실내 조명등이 작동하도록 되어 있다. LED식 조명등은 레오스탯(rheostat)을 통해 LED식 조명등이 감광을 하도록 되어 있는 회로로 감광 신호는 레오스탯의 출력을 통해 듀티 약 25% ~ 100%의 정도의 값과 주파수 50Hz ~ 120Hz 정도의 주파수의 값으로 구형파 신호(디지털 신호)를 출력하여 LED식 조명등을 감광하도록 하고 있다. 따라서 LED식 조명등이 점등되지 않는 경우는 먼저 미등 스위치를 ON 하여 다른 실내 조명등도 점등되는 지를 확인하고 다른 조명등이 점등이 되는 경우는 레오스탯(rheostat)이 작동을 하는지 점검하는 것이 순서이다. 레오스타트가 작동을 하는 경우는 계기판측의 LED식 조명등 회로의 커넥터(connector)의 접촉 불량은 없는지를 확인하고 반면에 레오스탯(rheostat)이 작동을 하지 않는 경우는 우선 공급 전원과 어스(earth)의 연결 상태를 점검하고 이상이 없는 경우는 오실로스코프를 사용하여 레오스탯의 출력 단자에 오실로스코프의 프로브(porbe)를 접속하여 50Hz ~ 120Hz 정도의 주파수가 출력되는지를 점검한다.

# 06 계기장치 점검

# 계기장치 점검

## 1 계기 장치의 종류와 점검

### 1. 계기 장치의 종류

[표6-1] 미터의 종류와 특징

| 미터의 종류 | 특　　　징 | 적　용 |
|---|---|---|
| 바이메탈식 | 구조는 간단한 반면 지침의 지시각이 작다. | 온도 미터, 연료 미터 |
| 가동 코일식 | 충격에 약한 반면 정확도는 우수하고 지시각이 넓다. | 속도 미터, rpm 미터 |
| 자석식 | 구조도 간단하고 시시각이 넓으나 오차가 크다. | 속도 미터 |
| 교차 코일식 | 구조도 가단하고 충격에 강하며 지시각이 넓다. | 모든 미터 |
| 스텝 모터식 | 지침이 정확성이 뛰어나며 지시각이 폭 넓다. | 모든 미터 |

　자동차에 사용되는 미터(meter)는 진동에 강하고 내구성이 우수하며 제조 원가가 낮고 운전자가 운행중 미터(meter)의 시인성이 우수하여야 하는 등 여러 가지 조건이 요구되고 있는 장치이다. 자동차 계기판에 사용되는 미터 종류는 표 (6-1)과 같이 여러 가지 종류가 사용되고 있다. 이 중 바이메탈 방식은 구조가 간단하고 제조 원가가 저렴하여 온도 미터 및 연료 미터 등에 사용되어 왔지만 지시폭이 작아 최근에는 구조가 비교적 간단하고 진동에도 강한 교차 코일식과 스텝 모터식이 주류를 이루고 있는 추세이다. 이들 미터는 육안만으로는 미터의 종류를 알 수가 없지만 미터의 지침이 움직임과 미터의 외관으로 유추는 해 볼 수 있다.

　미터의 지침이 점화 스위치를 ON하는 순간 온도 미터 및 연료 미터의 지침 움직임이 하한선과 상한선의 폭이 좋은 형식은 바이메탈(bimetal)식으로 볼 수 있다. 반면 점화 스위치를 ON하는 순간 미터의 지침이 서서히 움직이며 미터의 지침이 하한선과 상한선의 폭이 넓은 것은 교차 코일식으로 미터의 지침이 바로 움직이며 지침폭이 넓은 것은 스텝 모터식으로 구분 해 볼 수 있다. 이들 미터는 각기 동작하는 원리가 달라 미터(meter)를 작동하기 위한 입력 회로나 입력 신호원이 조금씩 차이가 있어 계기 장치 점검을 위해 기본적인 구성을 이해하고 있으면 좋다.

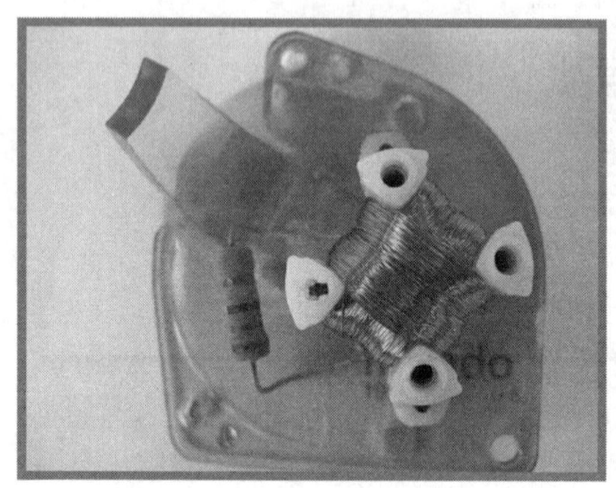

🔺 사진6-1  교차 코일식 온도 미터

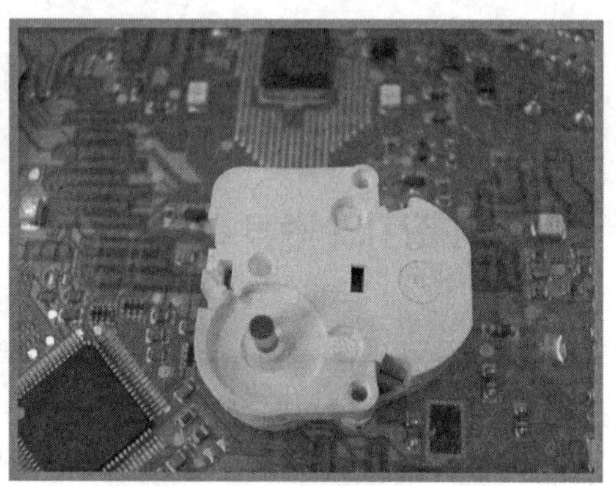

🔺 사진6-2  스텝모터식 태코미터

## 2. 계기 장치의 회로 구성

　계기 장치의 회로는 기본적으로 그림 (6-1)과 같이 운전자의 운행에 필요한 정보를 시인하는 여러 가지 미터(meter)부와 이들 미터를 구동하게 하는 구동 회로, 그리고 운행에 필요한 정보를 엔진 및 주행 장치로부터 감지하여 계기 장치의 회로로 입력하는 입력 신호부로 구성되어 있다. 또한 운행에 필요한 장치에 정보를 감지하여 운전자에게 미리 알려주는 여러 가지의 경고등 회로가 있다. 이들 계기 장치는 운전자의 시인성을 위해 여러 가지 계기를 한 모듈에 집중시켜 놓은 것이지만 실제 회로는 각 미터(meter)부 마다 독립되어 있는 회로로 구성 되어있어 고장 진단시 원인을 유추하기가 쉽다.

　예컨대 그림 (6-2)는 온도 미터의 회로 구성을 나타낸 것으로 온도 미터의 종류가 바이메탈식을 사용하던 교차 코일식을 사용하던 기본 회로는 그림 (6-2)와 같다.

온도 미터를 구동하기 위한 회로는 전원 공급 회로와 엔진의 냉각수 온도를 감지하여 온도 미터의 지침이 온도에 따라 변화하도록 수온 센서의 입력 신호를 사용하고 있다. 수온 센서로는 부특성 서미스터(thermistor)를 이용하고 있다.

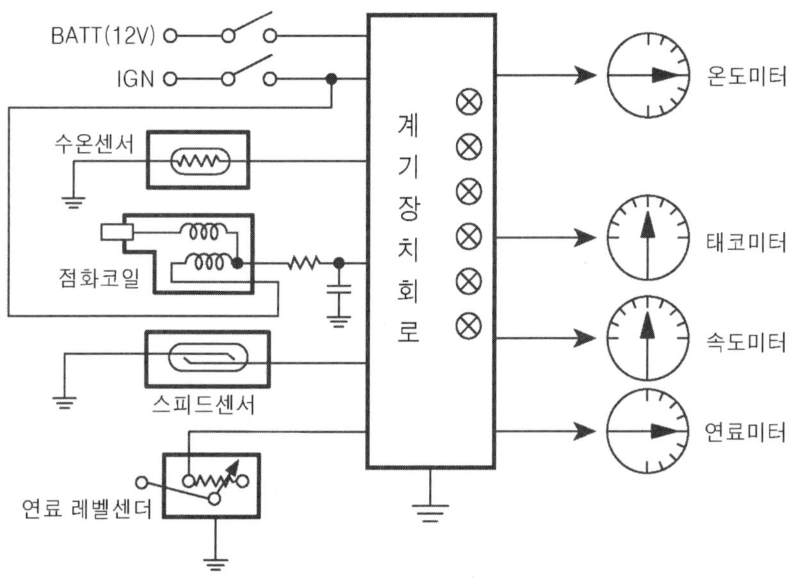


그림6-1 계기장치 회로의 기본 구성

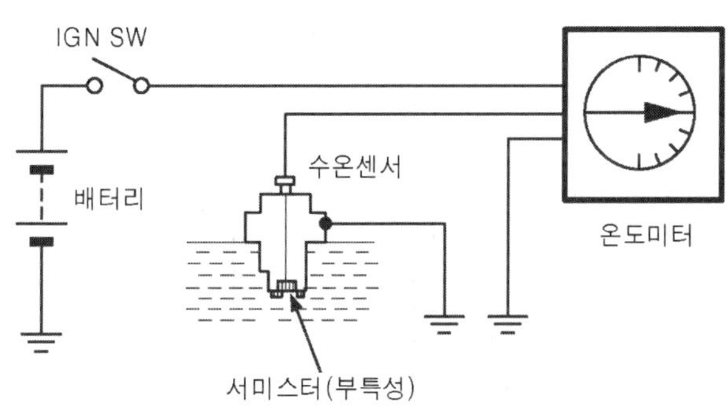


그림6-2 온도미터 회로의 구성

연료 미터의 기본 회로 구성은 그림 (6-3)과 같이 연료 미터에는 미터(meter)를 구동하기 위해 필요한 전원을 공급하는 전원 회로와 연료의 량을 검출하여 미터의 지침이 변화하도록 신호를 제공하는 연료 레벨 센더(level sender)로 구성되어 있다.

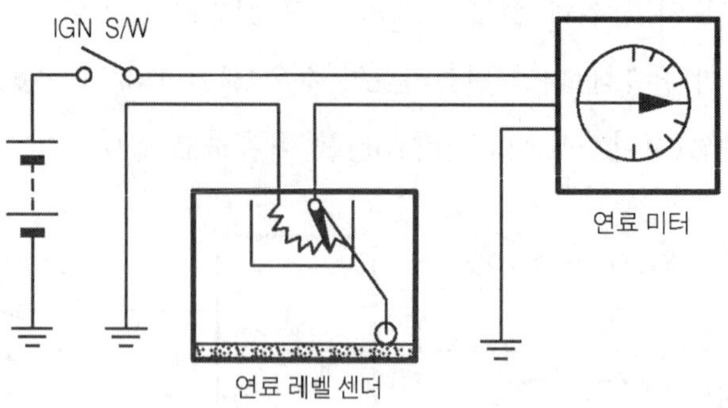


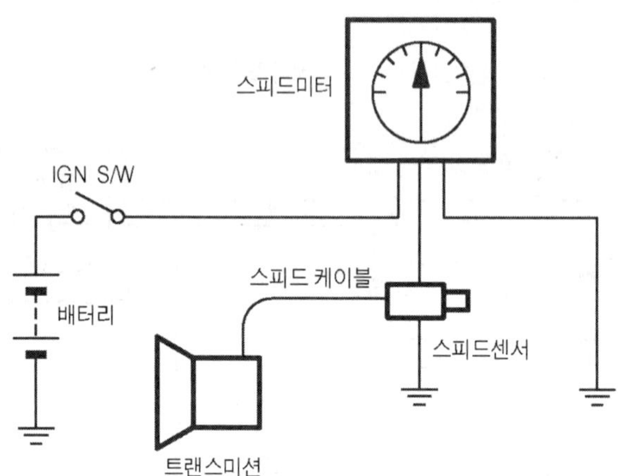

그림6-3  연료 미터 회로의 구성

　　연료 레벨 센더는 뜨개를 사용하여 연료량에 따라 뜨개의 위치가 변화하는 것을 포텐션
미터(가변 저항)를 사용하여 감지하고 있다. 스피드미터의 기본 회로 구성은 그림 (6-4)
와 같이 스피드미터(speed meter)에 전원을 공급 공급하는 전원 회로와 차량의 속도에
따라 스피드미터의 지침이 변화하도록 차량의 속도 신호를 제공하는 스피드 센서(speed
sensor)로 구성되어 있다.



그림6-4  스피드미터 회로의 구성

　　스피드 센서는 트랜스미션(transmission)의 아웃 샤프트(out shaft)측에 있는 웜 기
어(worm gear)와 맞추어 스피드 케이블이 회전하도록 하고 스피드 케이블의 회전에 의
해 스피드 센서(speed sensor)가 작동하도록 되어 있는 방식과 스피드 센서(speed

sensor)를 직접 트랜스미션에 장착하여 드라이브 기어(drive gear)의 회전수를 감지하는 방식이 있다. 전자와 같이 스피드 케이블(speed cable)을 이용하여 스피드 센서를 회전하는 방식은 주로 리드 스위치(reed switch) 방식의 스피드 센서가 많이 사용되고 있으며 후자인 경우와 같이 트랜스미션에 직접 장착하는 경우에는 사용되는 스피드 센서는 주로 홀 센서(hall sensor)방식의 스피드 센서를 많이 사용하고 있다.

리드 스위치 방식의 스피드 센서는 스피드 케이블의 회전에 따라 내부에 있는 마그네틱(자석)이 일체가 되어 회전하면 마그네틱의 회전에 따라 리드 스위치(reed switch)가 단속을 반복하도록 되어 있는 반면 홀 센서(hall sensor) 방식은 반도체 센서로 자석에서 발생하는 자속에 따라 홀 기전력을 발생하는 센서이다. 따라서 리드 스위치 방식의 차속 센서는 출력 전압이 12Vpp 값으로 출력 되지만 홀 센서의 출력 전압 값은 보통 5Vpp 값으로 출력 된다.

태코 미터(tacho meter)의 기본 회로 구성은 그림(6-5)와 같이 태코 미터의 구동에 필요한 전원 전압과 태코 미터의 지침이 엔진의 회전수에 따라 변화 하도록 신호를 제공하는 태코 신호 공급 회로로 구성되어 있다.

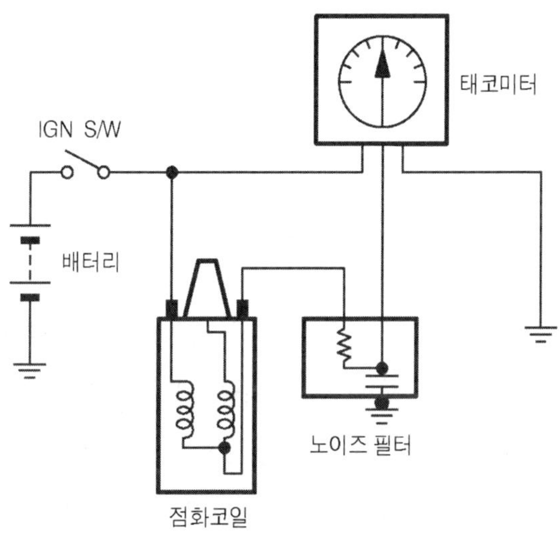


그림6-5 태코미터 회로의 구성

자동차의 태코 신호는 점화 1차 회로로부터 발생하는 신호 전압을 노이즈 필터(noise filter)를 거쳐 태코 미터로 입력하고 있는 방식과 점화 1차 회로로부터 발생하는 신호 전압을 태코 인터페이스(tacho interface) 회로를 통해 태코 미터(tacho meter)로 입력하는 DLI(distributor less ignition) 점화 방식이 있다. 태코 미터의 지침을 구동하기 위한 신호원은 점화 1차 회로로부터 받는 것은 같다. 따라서 태코 미터의 작동에 대한 트러블(trouble)을 점검하기 위해서는 이러한 기본적인 회로 구성을 알고 있지 않으면 올바른 진단이 어렵다.

사진6-3 스피드케이블의 연결부

사진6-4 장착된 스피드 센서

## 3. 경고등 회로 구성

계기판 내에는 차량의 운행에 필요한 여러 장치의 상태를 예보하여 주는 경고등이 그림(6-6)과 같이 장착되어 있어 운전자의 안전 운행과 차량의 현재의 상태를 알려주는 기능을 하고 있다.

이들 기능은 도어(door)가 열린 채 주행을 방지하기 위한 도어 경고등과 파킹 브레이크(parking brake)를 걸어 놓은 상태에서 주행을 방지하기 위한 파킹 브레이크 경고등, 올터네이터(alternator)의 출력이 낮을 때 충전 이상을 알리는 충전 경고등, 브레이크 오일(brake oil)의 누유로 인해 브레이크 오일이 일정 레벨(level)이상 누유되면 운전자에게 알리는 브레이크 오일 레벨 경고등, 엔진 오일(engine oil)의 누유로 인해 엔진의 내부 압력이 낮아질 때 운전자에게 알려주는 오일 압력 경고등, 운전자가 목표 지점까지 안전하게 운행할 수 있도록 연료의 하한선 량을 알려주는 연료 잔량 경고등, 운전자의 안전 운행을 위해 안전벨트 미착용을 알리는 안전벨트 경고등, 대기 환경 보호를 위해 엔진의 배출 가스 장치에 이상을 알려 주는 엔진 체크 램프(engine check warning lamp) 등이 있다.

차량의 도어(door) 열림 상태는 도어 스위치(door switch)를 통해 감지하여 도어 경고등을 점등 하도록 되어 있다. 파킹 브레이크(parking brake) 역시 브레이크를 걸면 파킹 브레이크 스위치의 접점이 닫히도록 되어 있어 경고등에 상시 공급하고 있는 배터리의 상시 전원에 의해 경고등이 점등 되도록 회로가 구성되어 있다. 충전 경고등의 경우에는 올터네이터의 L-단자 전압(보조 다이오드를 통해 출력 되는 전압)과 연결되어 있어 점화 스위치 ON시에는 충전 경고등이 점등되었다 엔진이 회전하여 올터네이터의 출력 전압이 발생하면 충전 경고등은 소등되도록 회로가 구성되어 있어 올터네이터의 이상으로 출력 전압이 낮아지면 충전 경고등은 점등하게 된다.

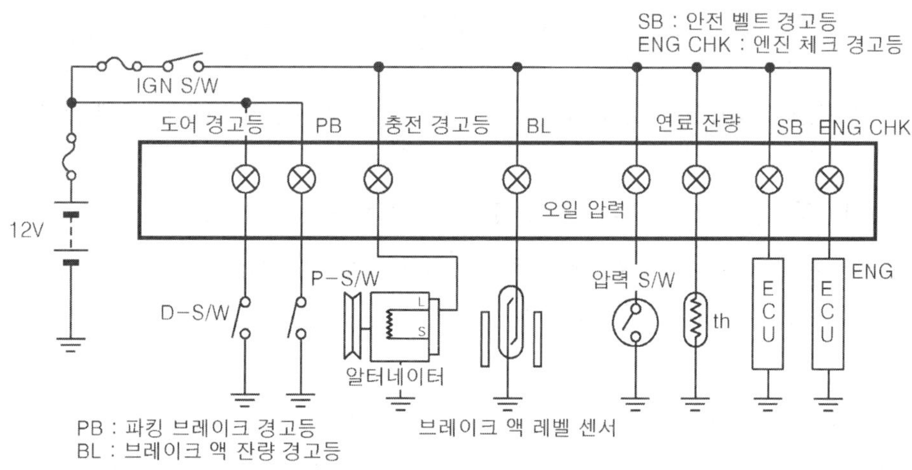


그림6-6 경고등 회로 구성

브레이크 오일 레벨 경고등은 브레이크 오일(brake oil)의 규정 이하로 되면 운전자에게 브레이크 액의 누유 상태를 경고하는 경고등이다. 브레이크 오일 레벨 감지 센서는 브레이크 오일의 충진량에 따라 뜨개의 위치가 변화하는 것을 자석을 이용해 리드 스위치(reed switch)로 감지하도록 회로가 구성되어 있다.

오일 압력 센서는 엔진의 실린더 블록(cylinder block)에 장착되어 있는 압력 스위치로 엔진 내의 압력을 감지하여 엔진 내에 순환하는 오일(oil)의 누유 상태를 경고하도록 하고 있다.

  연료 잔량 경고등 회로의 구성은 연료 경고등에 IGN 전원을 공급하도록 하고 연료 탱크 내에 있는 서미스터(thermistor sensor)를 이용해 연료량이 일정 이하로 되면 서미스터 저항(부특성 저항)이 변화하여 연료 잔량 경고등이 점등되도록 회로가 구성되어 있다.

🔺 사진6-5 교차 코일식 계기판 전면

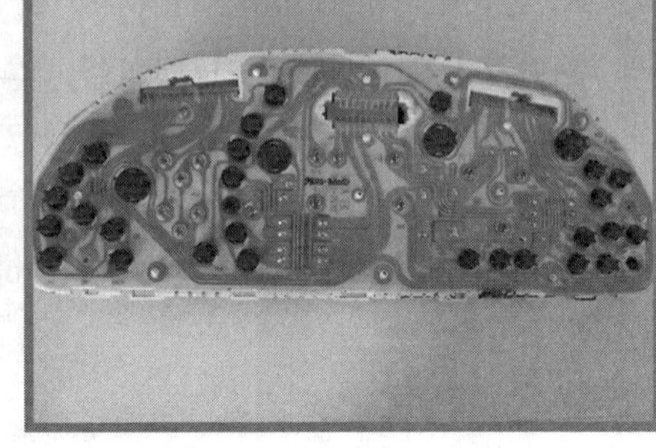

🔺 사진6-6 교차 코일식 계기판 후면

  안전벨트 경고등은 점화 스위치를 ON시키면 안전벨트 미착용을 알리는 경고등(차임벨이 장착된 차량도 있음)이 점멸하도록 TACU(Time & Alarm Control Unit) 또는 ETACS(Electronic Time & Alarm Control System) ECU 또는 BCM ECU가 작동하도록 회로가 구성되어 있다.

  엔진 체크 경고등은 엔진 ECU(전자 제어 장치)에 의해 입력된 신호에 의해 작동하도록 되어 있어 배출 가스 장치에 이상이 있는 경우는 점등하도록 하고 있다.

## ■ 4. 고장 현상과 점검

  계기 장치의 고장 현상을 분리하여 보면 미터(meter)의 지침이 움직이지 않는 경우와 미터의 지침이 지시치가 맞지 않는 경우, 그리고 미터의 지침이 떨리는 경우나 지침이 지시가 불안정한 경우를 예를 들 수 있다. 미터의 지침이 움직이지 않는 경우는 미터(meter) 자체는 정상적이라도 공급되는 전원이 단선 또는 미터의 지시 신호를 보내주는 신호원의 단선 또는 센더(sender)부의 이상으로 생각 할 수 있다.

미터의 지침이 맞지 않는 경우도 미터 자체에는 이상이 없는 경우라도 미터의 지침을 구동하도록 입력하는 신호원의 결함 또는 연결부의 접촉 불량이 발생하면 미터의 지시치는 정상적인 지시를 하지 못한다.

또한 미터(meter)의 지침이 떨리는 고장 현상은 미터의 자체에 의한 이상보다는 미터를 구동하는 회로 또는 주변 회로의 영향에 기인하는 경우가 많다. 미터의 지침이 떨리는 경우의 추정 원인은 미터(meter)의 어스(earth)부나 센더(sender)측의 어스 불량에 기인하는 경우가 있으므로 점검시 미터측 부분인지 센더측 부분인지를 점검한다.

그리고 미터의 지침이 떨리는 경우는 주위의 회로에 의해 노이즈(noise) 신호가 미터(meter)부의 신호원과 같이 입력되는 경우도 나타나고 있다. 실제 미터의 고장 현상은 각 미터마다 다소 차이는 있지만 고장 현상 및 원인은 유사하다 따라서 고장 점검시에도 그림 (6-7)과 같이 고장 발생 현상에 따라 미터부의 이상인지 그 밖에 센더(sender)부의 이상인지를 점검하여 작업 법위를 좁혀야 한다. 특히 계기판은 운전석 앞에 부착되어 있지만 실제 미터를 구동하는 센더부는 각기 다르기 때문에 진단을 정확히 하는 것이 작업 범위를 줄이는 최선의 방법이다.

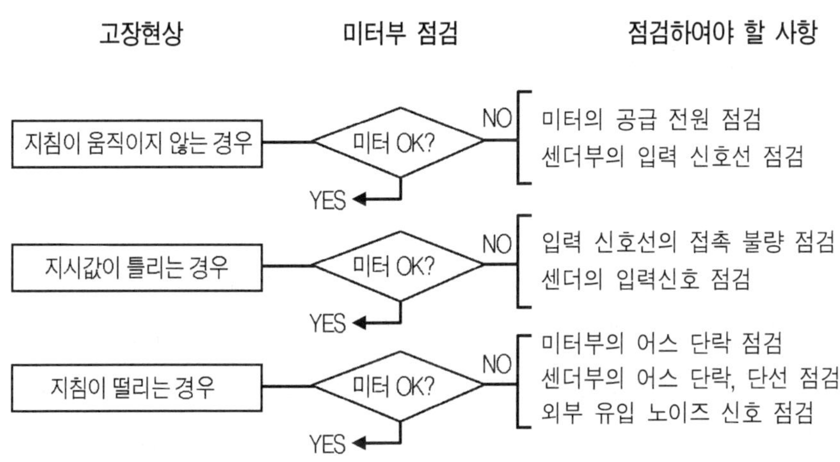


그림6-7 계기장치의 고장 점검 절차

##  온도 미터의 점검

### 1. 온도 미터의 점검 수순

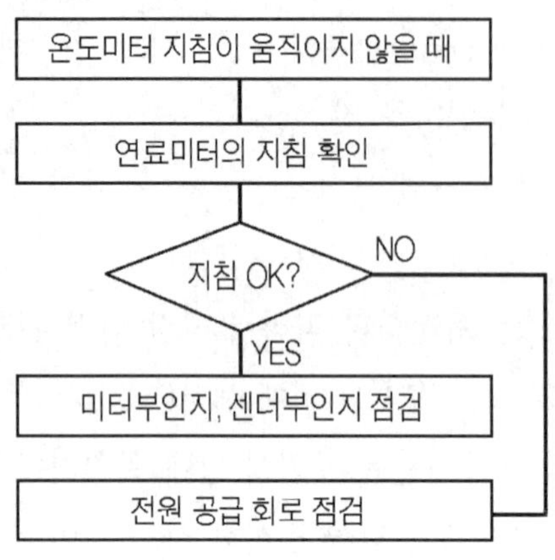


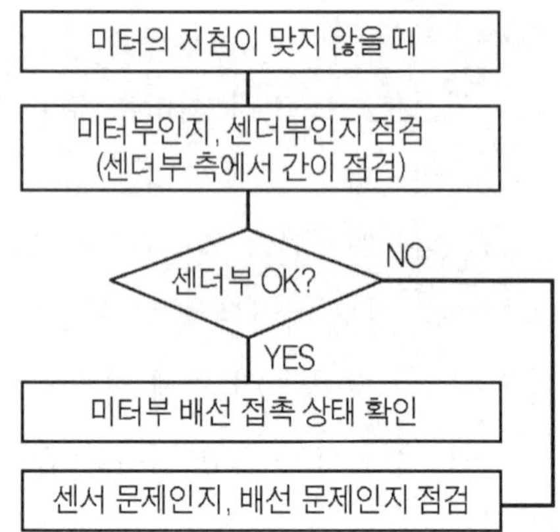


그림6-8 온도미터의 고장 점검 수순

　대개 온도 미터와 연료 미터의 공급 전원은 같은 퓨즈(fuse)를 통해 공급하고 있어 온도 미터의 지침이 움직이지 않는 경우는 먼저 연료 미터의 지침도 같이 움직이지 않는지 확인하는 것이 순서이다. 연료 미터의 지침이 같이 움직이지 않는 경우는 공급 전원의 트러블(trouble) 일 가능성이 높기 때문에 전원 공급부터 점검하는 것이 순서이다.

　반면 온도 미터의 지침만 움직이지 않는 경우는 미터(meter)부에 의한 것인지 센더(sender)부에 의한 것인지 확인 하여 작업 범위를 좁힌다. 센더(sender)부인 경우는 수온 센서 자체의 문제인지 배선 접촉 불량에 기인하는 것인지 확인하여 조치한다. 한편 미터의 지침이 맞지 않는 경우는 작업 범위를 좁히기 위해 미터(meter)부인지 센더(sender)부 인지 확인하여야 한다. 단순히 미터의 지침이 맞지 않는다 하여 미터 패널(meter panel)을 탈착하여 미터를 새 것으로 교환하여도 동일 현상이 발생하여 당황하는 우는 범하지 않도록 하기 위해서는 그림 (6-8)의 점검 수순과 같이 작업 범위를 좁혀 나가는 것이 정비의 기본 원칙이다.

사진6-7 온도미터의 전면

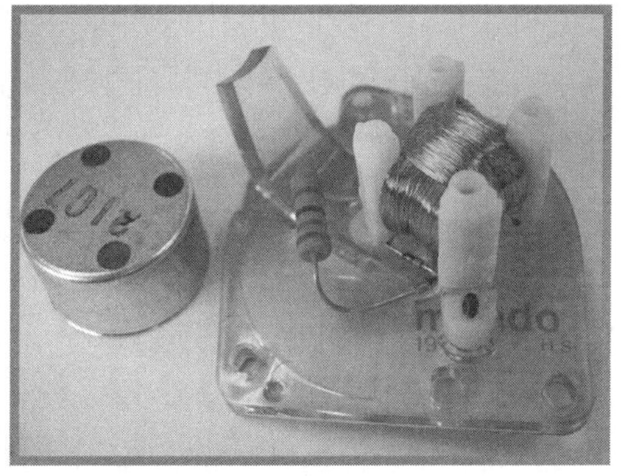

사진6-8 온도미터의 후면 내부

## 2. 온도 미터의 점검 방법

온도 미터의 지침이 움직이지 않는 경우는 미터의 공급 전원이 정상적으로 공급되고 있는지 확인하고 이상이 없는 경우는 미터(meter)측 문제인지 센더(sender)측 문제인지 수온 센서측으로부터 체크 램프(check lamp)를 이용하여 간이 점검한다.

### [1] 간이 점검 방법

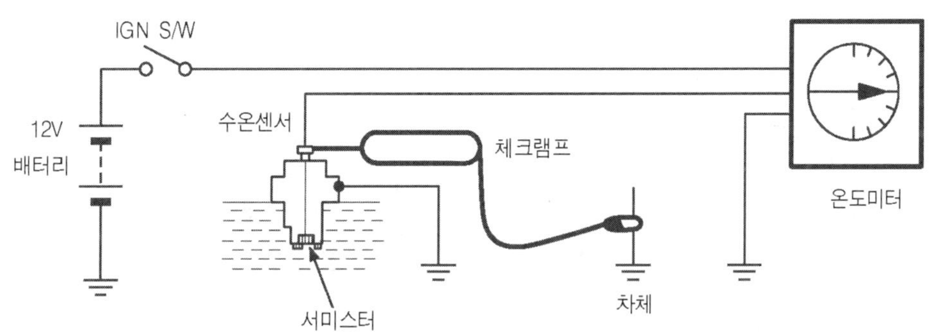


그림6-9 온도미터의 간이 점검

온도 미터의 간이 점검 방법은 그림 (6-9)와 같이 체크 램프(check lamp)를 이용하면 간단히 미터부의 문제인지 센서부의 문제인지를 확인 할 수 있다. 체크 램프의 클립(clip)을 어스(earth)되도록 차체에 접속하고 체크 램프의 팁(tip)을 수온 센서의 커넥

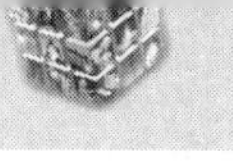

터측 배선에 접속하여 미터의 지침이 움직이는 것을 확인한다. 미터의 지침 움직임이 HOT위치로 움직이면 일단 미터부는 이상이 없는 것으로 판단하고 다음은 수온 센서를 탈착하여 수온 센서의 단품을 점검한다. 이때 점화 스위치는 ON 상태에 있어야 한다.

수온 센서의 단품 점검은 멀티 테스터의 선택 스위치를 × 1Ω 레인지에 위치하고 테스터의 측정봉을 수온 센서의 몸

체부와 커넥터의 연결 단자에 접속하고 라이터를 이용 수온센서의 몸체를 가열하여 표 (6-2)와 같이 0Ω ~ 300Ω 정도의 저항값이 변화 하는지를 확인한다. 만일 체크 램프의 팁(tip)을 수온 센서에 접촉하여도 미터의 지침이 움직이지 않는 경우는 미터부의 원인으로 판단하여 배선의 접촉 상태 및 미터부를 점검한다. 이 때에도 같은 방법으로 미터부의 커넥터(connector)에 온도 미터의 신호 라인을 찾아 체크 램프를 접속하여 미터의 지침이 움직이는 경우는 수온 센서에서부터 미터부까지 연결되어 지는 배선의 단선을 생각 할 수 있다.

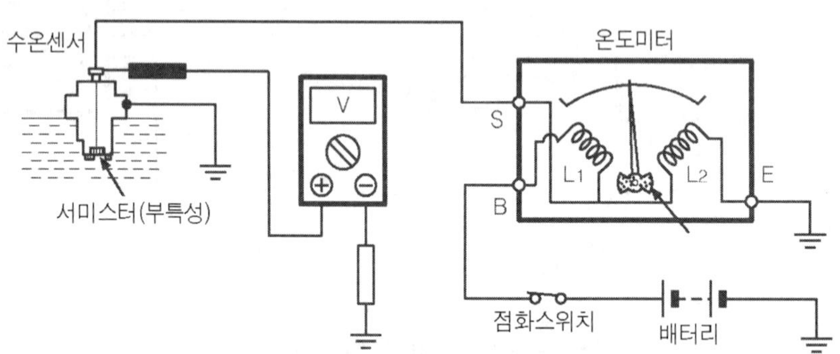



그림6-10 온도미터 회로 점검

## (2) 온도 미터의 점검 방법

온도 미터 회로의 공급 전원이 정상임에도 불구하고 온도 미터의 지침이 맞지 않는 경

우는 미터(meter)부의 이상인지, 센더(sender)부의 이상인지를 확인하여 미터부의 이상으로 판정이 되면 그 원인을 예측 할 수 있는 범위는 미터(meter) 자체와 배선상의 접촉 불량에 기인 한다.

| [표6-2] 수온센서의 저항값 | | | | |
|---|---|---|---|---|
| 지시값 | COOL | 1/4 | 2/4 | 3/4 | 4/4(HOT) |
| 저항값 | 300Ω | 100Ω | 30Ω | 20Ω | 10Ω |

※ 수온 센서의 저항값은 미터의 종류 및 제조사에 따라 다소 차이가 있을 수 있음

배선의 접촉 상태는 우선 미터부의 어스(earth) 상태를 점검을 하고 어스 상태에도 문제가 없는 경우에는 배선의 접촉 불량을 확인 한다. 배선의 접촉 상태에도 이상이 없는 경우는 미터 자체의 불량으로 그림 (6-11)과 같이 모의 가변 저항(1 kΩ)을 이용하면 보다 정확히 미터 자체의 불량 여부를 점검 할 수 있다. 점검 방법은 수온 센서의 커넥터를 탈거하고 가변 저항 (1 kΩ)을 그림 (6-11)과 같이 연결하여 가변 저항의 저항을 0~300Ω 변환하여 온도 미터의 지침이 표 (6-2)의 위치에 있는지 확인한다.

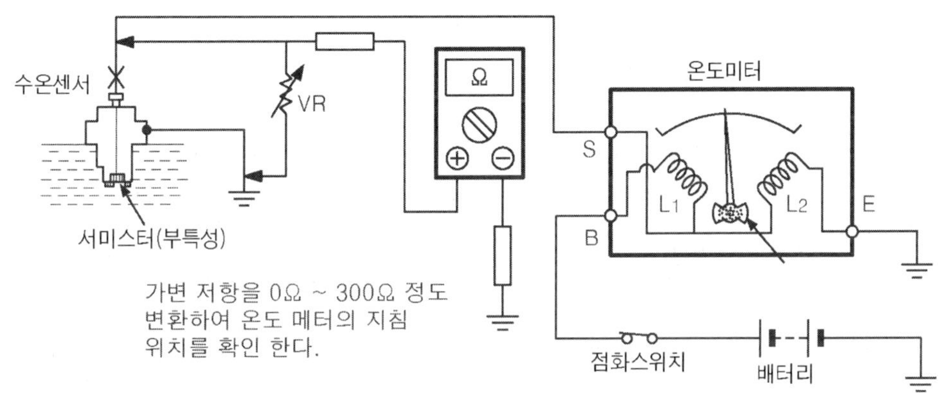


그림6-11  온도 미터의 점검

교차 코일 방식의 온도 미터는 3개 또는 4개의 코일(coil)을 교차시킨 코일과 중심점에 마그네트(magnet)를 부착시킨 지침이 있어 교차 코일의 합성 자계에 의해 지침이 움직이도록 되어 있다. 지침이 원활하게 움직이도록 마그네트의 하부에 실리콘 오일(silicon oil)

을 주입한 댐퍼(damper)가 설치되어 점화 스위치를 OFF 하여도 실리콘 오일(silicon oil)
의 저항에 의해 지시치 값이 급격하에 변화하지 않도록 하고 있다.

따라서 지침이 실리콘 오일 저항의 과다로 인해 지침의 움직임이 지연되는 경우가 발생
할 수 있다. 또한 지침의 기계적 마찰에 의해 지시치가 틀려지는 경우도 발생할 수 있다.
그러나 이러한 지시치가 틀리는 경우는 주로 배선상의 접촉 불량이 주류를 이루고 있는
것이 계기 장치의 고장 특징이라 할지라도 진단시 경험만으로 선행하여 예측하는 것은
옳지 않다. 결국 고장 점검은 예측은 할 수 있지만 반드시 점검에 의해 고장 진단을 하는
것이 기본 원칙이라 생각을 필자는 갖고 있다.

아무리 간단한 정비일지라도 한번에 바로 원인을 예측하여 판단하는 것은 그다지 바람
직하지 않다고 생각 한다. 이것은 의외의 실수로 작업 범위를 확대하는 경우 경제적인 문
제 이전에 기술자의 자존심에 대한 문제로 현상을 꼼꼼히 살피는 일과 점검을 정확히 하
는 일은 정비사가 원인을 추구함에 있어 작업 범위를 최소화 하는 지름길이라 할 수 있다.

## 3. 연료 미터의 점검

### 1. 연료 미터의 점검 수순

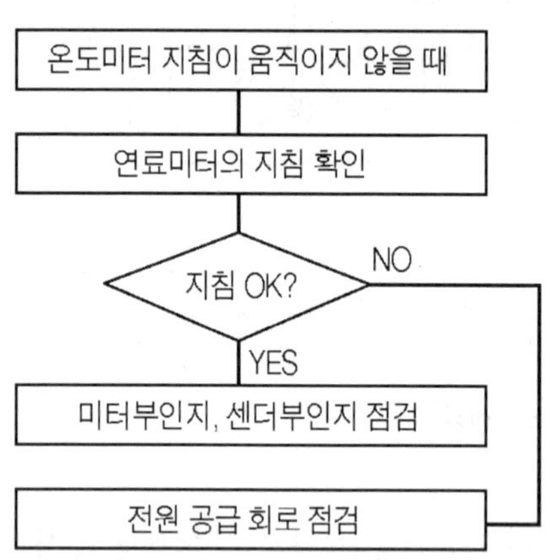


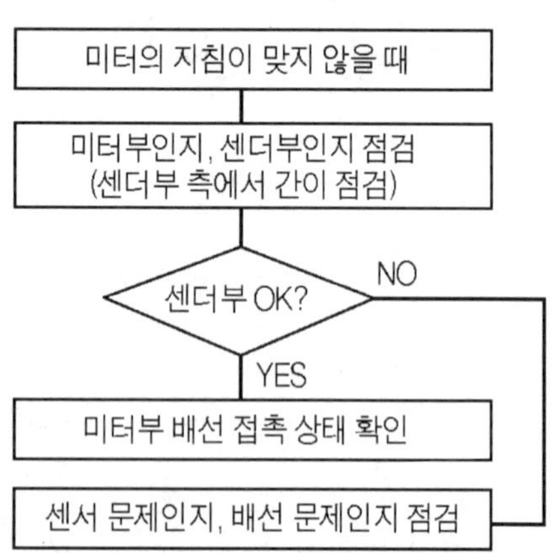


그림6-12 연료 미터의 고장 점검 수순

연료 미터의 지침과 온도 미터의 지침이 같이 움직이지 않는 경우는 공급 전원의 트러블(trouble) 일 가능성이 높기 때문에 전원 공급부분부터 점검하는 것이 순서이다. 이에 반해 연료 미터의 지침만 움직이지 않는 경우라면 작업 범위를 좁히게 위해 미터(meter)부에 기인한 것인지 센더(sender)부에 기인한 것인지를 판별하는 것이 점검 수순이다. 진단 결과 센더(sender)부의 기인한 것이라고 판단되면 연료 레벨 센서(fuel level sender) 자체의 문제인지 배선 접촉 불량에 기인한 것인지를 점검한다. 미터의 지침이 지시가 맞지 않는 경우라면 미터(meter)부의 이상인지 센더(sender)부의 이상인지를 확인하여 작업 범위를 좁혀야 한다.

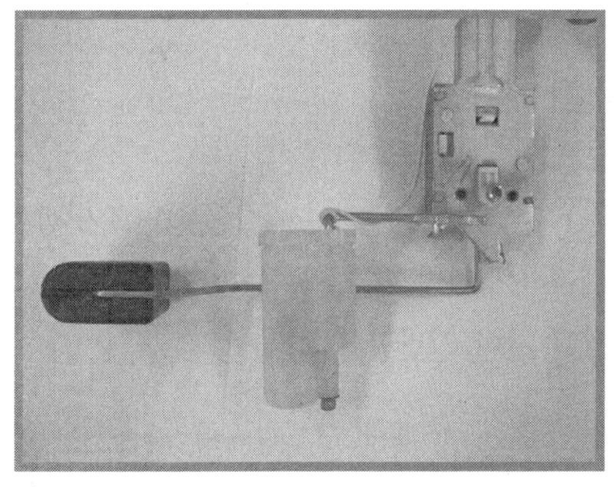

▲ 사진6-10 연료 레벨 센더

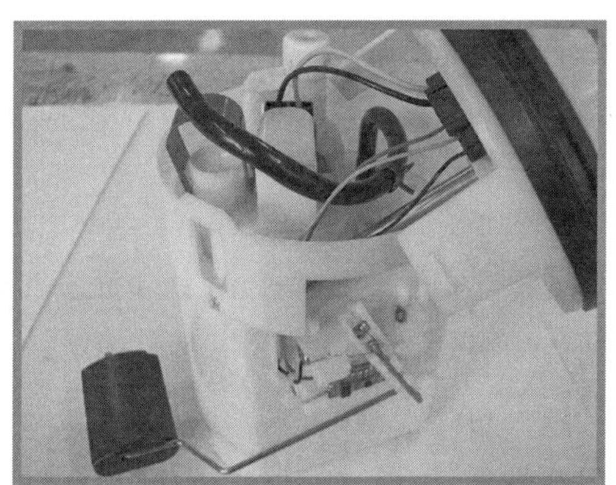

▲ 사진6-11 연료 펌프 모터

## 2. 연료 미터의 점검 방법

### [1] 간이 점검 방법

연료 미터의 간이 점검 방법은 그림 (6-13)과 같이 전구식 체크 램프를 이용하여 간단히 간이 점검을 하여 보면 쉽게 미터부의 문제인지 센더부의 문제인지를 판별 할 수 있다.

이 방법은 체크 램프(check lamp)의 클립(clip)를 차체에 어스(earth)가 되도록 물리고 체크 램프의 팁(tip)을 연료 레벨 센더의 포텐쇼미터(가변 저항)의 가동 접점측에 접속하여 미터의 지침이 FULL 위치로 움직이면 미터부는 일단 이상이 없는 것으로 판단 할 수 있다. 만일 체크 램프를 연료 레벨 센더에 접속하여도 연료 미터의 지침이 움직이지 않는 경우는 연료 미터의 결함으로 연료 미터(fuel gauge)를 탈착하여 미터의 단품을 점검

한다. 최근에는 연료 레벨 센더가 연료 펌프 모터와 일체형으로 되어 있는 것도 있어 센더 (sender)의 이상시 연료 펌프 모터 일체를 교환하도록 되어 있다.

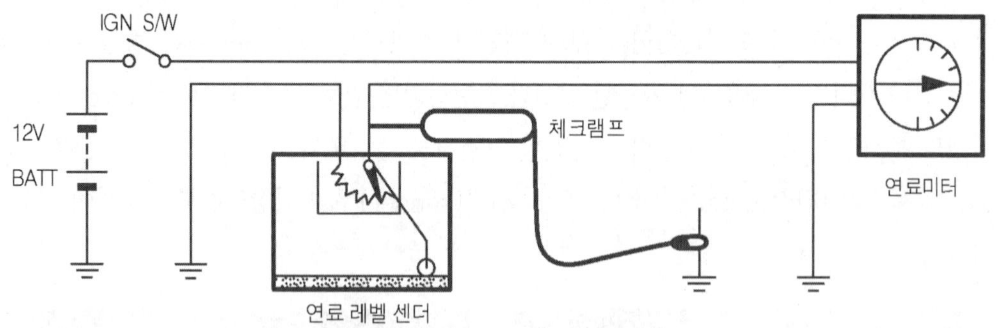


🔺 그림6-13 연료 미터의 간이 점검

연료 미터의 센더는 포텐쇼미터(potentiometer)로 되어 있는 가변 저항으로 연료가 비어 있는 위치에서 가득 찬 위치까지 변환 저항은 제조사에 따라 다소 차이는 있지만 표 (6-3) 과 같이 3~110Ω 정도의 저항값을 가지고 있는 것이 일반적이다.

연료 미터의 센더(sender)를 단품 점검시에는 멀티 테스터의 선택 스위 치를 저항 레인지에 위치하고 측정봉 을 그림(6-14)와 같이 접속하여 연료 레벨을 감지하는 뜨개의 위치가 최대 상향으로 움직였을 때 센더의 저항값 이 약 3Ω 정도이면 정상이다. 반면에 연료 탱크의 뜨개 위치가 중간 위치에

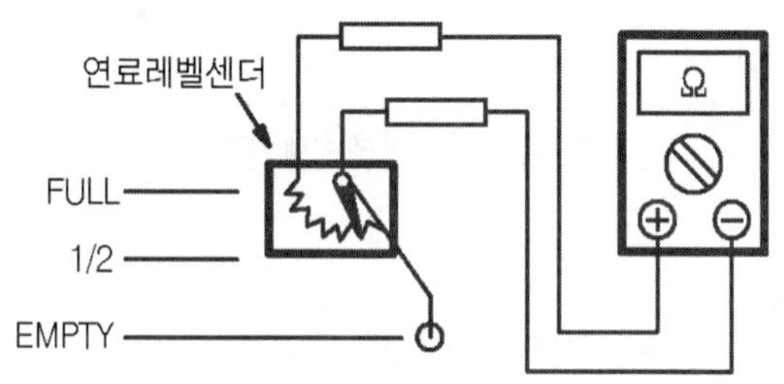


🔺 그림6-14 연료 레벨 센더의 단품 점검

있을 때는 센더의 저항값이 약 40Ω 정도이면 정상이다. 또한 뜨개의 위치가 최하향 방 향에 위치 할 때 센더의 저항값이 100Ω 정도이면 정상이다.

| [표6-3] 연료미터의 센더 규격 | | |
| --- | --- | --- |
| 미터의 지시 | EMPTY | FULL |
| 저항값 (Ω) | 110Ω ± 1Ω | 3Ω ± 1Ω |

| 지시치 | EMPTY | 1/4 | 2/4 | 3/4 | 4/4 | FULL |
|---|---|---|---|---|---|---|
| 저항값 | 100Ω | 50Ω | 40Ω | 20Ω | 10Ω | 3Ω |

[표6-4] 연료미터의 센더 저항값

※ 연료 레벨 센더의 저항값은 제조사에 따라 다소 차이가 있을 수 있음

## (2) 연료 미터의 점검 방법

연료 미터 회로의 공급 전원이 정상임에도 불구하고 연료 미터의 지침이 맞지 않는 경우는 미터(meter)부의 이상인지, 센더(sender)부의 이상인지를 그림 (6-13)과 같이 체크 램프를 이용하여 판단 한다. 체크 램프를 연료 레벨 센더에 접속 할 때 미터의 지침이 상향으로 움직이지 않는 경우는 미터(meter)부의 이상으로 판단 할 수 있다. 이에 반에 미터의 지침이 상향으로 움직이는 경우는 센더(sender)부의 이상으로 판정할 수 있어 작업 범위를 좁힐 수 있다. 미터의 지침이 지시치가 맞지 않는 것은 크게 2가지로 볼 수 있는데 하나는 전기적 트러블(trouble)과 다른 하나는 기구적인 트러블(trouble)로 구분할 수 있다.

미터(meter)의 기구적 트러블은 극히 일부에서 발생되는 현상으로 우선 전기적 결함에 비중을 두어 점검한다. 간이 점검 결과 미터부의 이상으로 판단이 되는 경우는 미터부와 연결되는 배선의 접촉 불량에 기인한 것으로 예측 할 수 있다. 미터부의 어스(earth)부의 연결 상태 및 센더에 미터로 연결되는 배선의 전압을 측정하여 선간 접촉 저항이 있는 지를 점검한다. 만일 간이 점검 결과 센더(sender)부의 이상으로 판단이 되는 경우는 센더부의 어스(earth) 상태 점검 및 센더의 신호원 배선의 접촉 상태를 점검한다. 센더부의 어스 상태 및 배선의 접촉 상태도 양호한 경우에는 연료 레벨 센더의 포텐쇼미터(potentiometer)의 이상으로 판단하고 단품 점검을 실시하여 본다.

연료 레벨 센더의 단품 점검은 앞서 설명하였듯이 멀티 테스터의 선택 스위치 × 1Ω 레인지(아날로그 미터인 경우)에 위치하여 연료 레벨 센더의 뜨개를 하향에서 상향으로 움직이며 저항을 측정하여 표 (6-4)에 나타낸 값(정확한 규격이 필요한 경우는 메이커의 정비 지침서 참조 할 것)의 위치에 있으면 정상이다.

## 3. LPG 연료 미터의 점검 방법

LPG 차량의 연료 미터 장치는 휘발유 차량과 거의 동일한 구조로 되어 있어 그 점검 방법도 동일하다. 그러나 LPG 차량의 경우 가스의 충진량을 감지하는 센더부는 LPG 봄베 탱크(bombe tank)내에 압축된 액화 가스를 뜨개를 이용 충진량을 감지하고 있어 휘발유 차량에 비해 정확성이 다소 떨어진다 할 수 있다. 이것은 온도에 의한 팽창 계수가 휘발유에 비해 크기 때문이다.

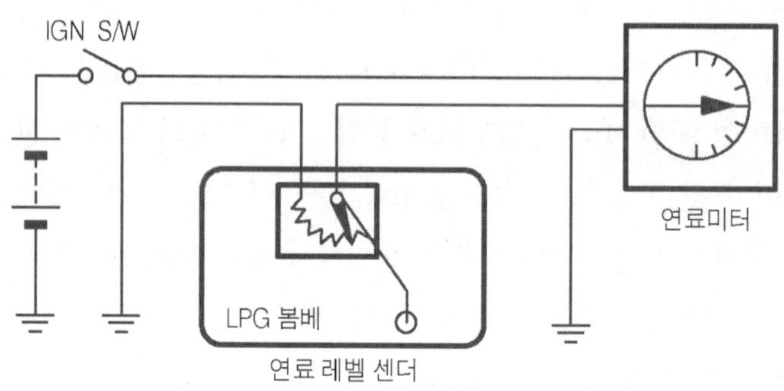


그림6-15 LPG 연료 미터 회로의 구성

LPG 가스의 충진량을 감지하는 센더(sender)부는 봄베 탱크(bombe tank)에 사진 (6-11)과 같이 장착되어 있어 단품 점검시 봄베 내의 잔여 가스를 외부로 배출하여야 하는 문제점이 따른다.

사진6-12 LPG 연료 레벨 게이지

사진6-13 부착된 LPG 레벨 게이지

따라서 LPG 차량의 경우는 미터의 지침이 작동하지 않을 때나 지침의 지시치가 크게 벗어나는 경우 미터(meter)부의 이상인지 센더부의 이상인지를 정확하게 판단하지 않으면 정비 시간이 이외로 길어질 수 있다. 연료 미터의 지침이 전혀 움직이지 않을 때에 는 미터부의 이상인지 센더부의 이상인지를 판단하는 방법은 휘발유 차량과 동일한 방법으로 센더측으로부터 체크 램프를 활용하여 간이 점검하면 된다.

그러나 LPG 가스의 충진량을 감지하는 센서(sensor)는 권선형 가변 저항 방식으로 되어 있어서 LPG 가스의 충진량에 따라 권선형 가변 저항의 가동 접점이 권선형 코일 저항부에 마찰에 의해 정지되는 경우가 있어 LPG 센더부의 점검은 별도의 가변 저항을 이용하여 미터(meter)부의 이상인지 LPG 레벨 센서의 이상인지를 판별하는 것이 정확하고 작업 범위를 줄이는 방법이다.

## 4 스피드미터의 점검

### 1. 스피드미터의 구동 방식

◬ 사진6-14 속도미터 전면부

◬ 사진6-15 교차 코일식 속도 미터

스피드미터(speed meter)의 작동은 변속기(transmission)의 드리븐 기어로부터 차속에 비례한 회전수를 스피드미터를 통해 지시하도록 구성되어 있다. 스피드미터는 구동 방식에 따라 변속기의 드리븐 기어(driven gear)의 회전을 스피드 케이블(speed

cable)을 통해 스피드미터로 전달하는 방식과 드리븐 기어의 회전을 스피드 센서(speed sensor)를 통해 전기적인 신호로 스피드미터로 전달하는 방식이 사용되고 있다. 또한 스피드미터(speed meter)는 변속기로부터 스피드 케이블이 직접 스피드미터에 연결되어 구동하는 자석식 스피드미터와 스피드 케이블의 회전에 따라 스피드 센서(speed sensor)를 작동하여 미터를 구동하는 교차 코일 방식의 스피드미터가 사용되고 있다. 스피드 케이블을 사용하지 않는 방식에는 변속기의 회전수를 직접 스피드 센서(speed sensor)를 통해 전기적인 신호로 검출하여 스피드미터로 입력시켜 작동하는 교차 코일 방식의 스피드미터와 스텝 모터 방식의 스피드미터가 사용되고 있다.

<table>
<tr><td colspan="5" align="center">[표6-5] 스피드미터의 종류</td></tr>
</table>

| 미터의 종류 | 스피드 케이블 | 스피드 센서 | 비 고 |
|---|---|---|---|
| 자석식 | 있음 | – | |
| 교차 코일 식 | 있음 | 리드 스위치 방식 | 출력 : 12Vpp |
| | 없음 | 홀 센서 방식 | 출력 : 5Vpp |
| 스텝 모터식 | 없음 | 홀 센서 방식 | 출력 : 5Vpp |

## 2. 스피드미터의 점검 수순

스피드미터(speed meter)가 작동하지 않는 경우 기본적으로 점검해야 할 사항은 전원 공급 전압, 스피드 케이블(speed cable)의 연결 상태 등을 확인 하여 기본 점검에도 이상이 없는 경우는 미터측의 원인인지 센서측의 원인지를 점검하여 작업 범위를 좁힌다. 점검 결과 스피드 센서의 이상인 경우는 교환 조치하고 미터측의 원인으로 판단하는 경우는 계기판의 패널을 탈착하여 배선상 접촉 불량은 없는지 확인 하고 스피드미터(speed meter)를 교환 할 것인지를 결정한다.

스피드미터의 지침이 진동이 있는 경우와 지침이 지시치가 틀린 경우도 공급 전원은 이상은 없는지, 어스 상태(earth)는 이상이 없는지, 스피드 케이블의 연결 상태는 양호한지를 먼저 기본 점검 항목으로서 실시한다. 이상이 없는 경우는 전기적 결함에 의한 것인지 기구적 결함에 의한 것인지를 점검한다. 전기적 결함으로 추정되는 원인은 어스(earth) 선의 접촉 불량이나 센서의 입력 신호 배선의 접촉 불량을 생각할 수 있다.

　반면 기구적 결함인 경우는 스피드 케이블의 연결부의 취부 불량이 스피드 케이블의 연결부인 웜 기어의 소손 또는 마모, 스피드 케이블의 경직성으로 인해 야기 될 수도 있으므로 스피드 케이블의 꺾임이 없는지도 확인한다.

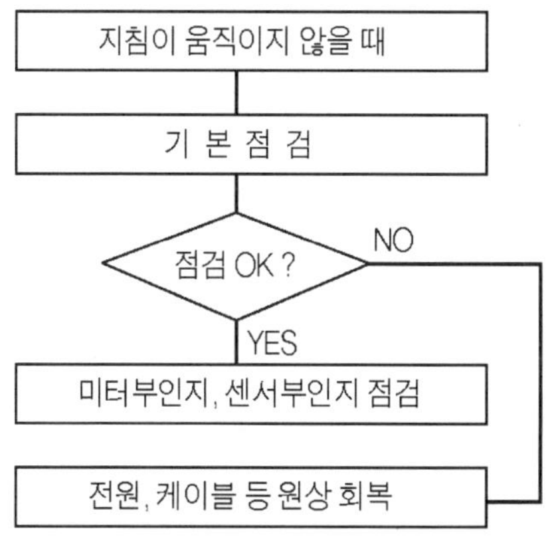


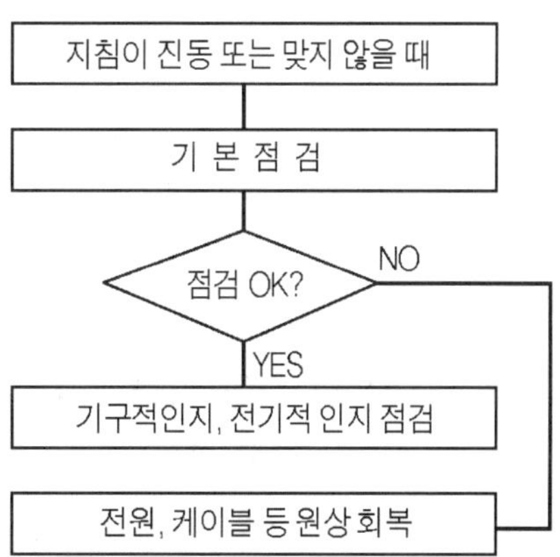


그림6-16  스피드미터의 고장 점검 수순

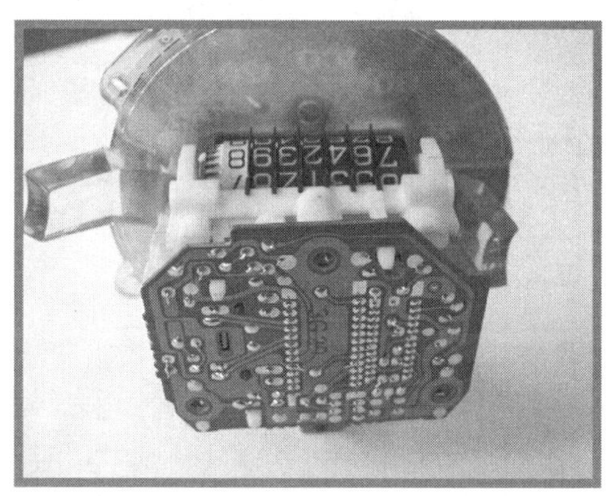

사진6-16  스피드미터 후면부

사진6-17  스피드센서(홀 센서)

## 3. 스피드미터의 점검 방법

　스피드미터(speed meter)의 고장 현상은 미터의 지침이 움직이지 않는 경우와 지침이 지시치가 맞지 않은 경우, 그리고 지침이 떨리는 경우를 들 수가 있다. 스피드미터(speed meter)의 지침이 움직이지 않는 경우는 기구적인 결함으로는 스피드 케이블(speed cable)이 끊어지는 경우가 많으며 스피드 케이블이 끊어지기 직전의 증상은 대개 "샤악 샤악" 소리가 나는 음을 동반하며 미터의 지침은 크게 한번 진동을 한 후 지침이 정지하는 경우가 많다. 그러나 최근에는 스피드 케이블의 품질 향상으로 스피드 케이블(speed cable)의 끊어지는 경우는 많이 나타나지 않는 편이다. 전기적인 결함으로는 스피드 센서 (speed sensor)의 결함 및 스피드미터의 구성 부품에 의한 결함과 배선상의 접촉 불량에 기인하는 결함이 발생하고 있다.

스피드미터의 지침이 동작하지 않는 경우는 LED 체크 램프(check lamp)를 사용하여 센서부의 이상인지 미터부의 이상인지를 간단히 점검 할 수가 있다.

### [1] 스피드 센서의 간이 점검 방법

먼저 차량을 안전하게 리프트(lift)에 올려놓고 엔진을 시동걸어 변속 기어를 주행 상태 위치하여 트랜스미션(transmission)에 동력이 전달하도록 하여 놓고 LED식 체크 램프 (check lamp)를 사용하여 그림 (6-17)과 같이 체크 램프를 스피드 센서(speed sensor)부에 접속하여 LED 체크 램프가 점멸하는 것을 확인 할 수 있으면 스피드 센서측에는 이상이 없는 것으로 판단한다. 스피드 센서에 이상이 없다는 것은 결국 스피드미터부의 원인을 추정 할 수가 있다.

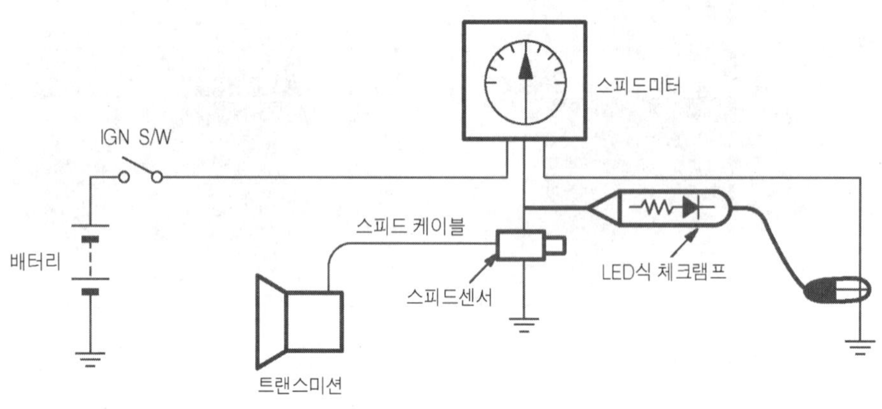


그림6-17 스피드미터의 간이 점검

### [2] 스피드미터의 간이 점검 방법

스피드미터를 점검하기 위해서는 대시 보드(dash board)를 탈착해야 하는 문제가 따르게 돼 정비 시간을 최소화하기 위해 스캔 툴(scan tool) 장비를 이용하면 편리하다. 최근 스캐너는 많은 발전을 거듭하여 내부에 파형을 관측하는 오실로스코프의 기능뿐만 아니라 센서(sensor)를 대용 할 수 있는 시뮬레이션(simulation) 기능이 있는 장비를 이용하면 스피드미터의 이상 여부를 간단히 점검할 수 있다.

점검 방법은 스캔 툴(scan tool)의 메뉴 모드에서 시뮬레이션 기능을 선택하고 출력하고자 하는 주파수를 50Hz에 세트(set)하여 측정 프로브(probe)를 그림 (6-18)과 같이 접속하여 스피드미터의 지침이 움직이는 것을 확인 한다. 미터의 지침이 움직이는 경우는 스피드미터는 이상이 없는 것으로 판단할 수 있고 미터의 지침이 움직이지 않는 경우는 스피드미터부의 이상으로 판단할 수 있어 불필요한 계기판 탈착을 방지 할 수가 있어 좋다.

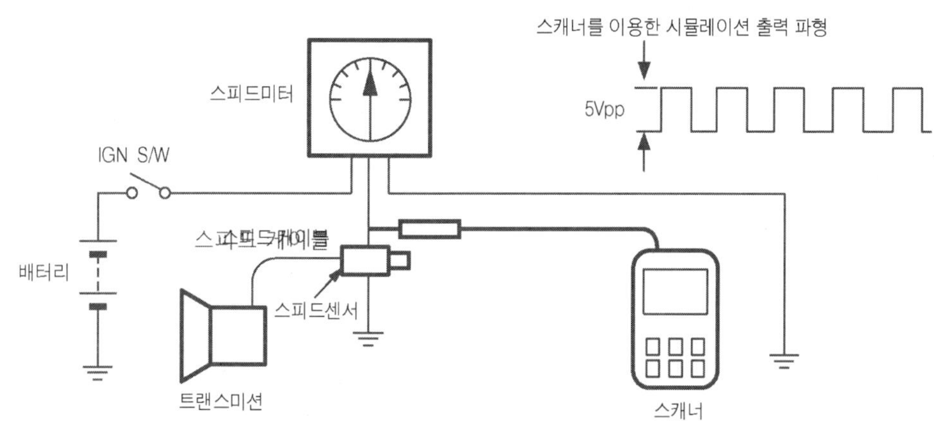


그림6-18 스피드미터의 점검

| [표6-6] 스피드센서의 규격 | | | |
| --- | --- | --- | --- |
| 형 식 | 회 전 수(rpm) | 속 도 | 규 격 |
| 4륜차 | 637 | 60km/h | K/S |

| [표6-7] 지침의 진동 범위 | |
| --- | --- |
| 차 속 | 지침의 진동 범위 |
| 0 ~ 180 km/h | ± 3 km/h (at 34 km/h 이상) |

※ 출력 전압의 작동 범위 : 9Vpp 이상(리드 스위치 방식의 센서의 경우)

## (3) 스피드미터의 점검 방법

스피드미터의 지침이 진동을 하는 경우는 스피드 케이블(speed cable)에 의한 기구적 결함이 많으며 스피드 케이블은 트랜스미션(transmission)의 웜 기어(worm gear)와 치합하여 회전하게 되므로 기어의 마모 및 손상 등 치합에 의한 결함이 발생하게 되면 지침이 진동을 하거나 맞지 않는 경우가 있다. 스피드미터의 지침의 지시치가 맞지 않는 경우의 점검은 먼저 기구적인 결함을 점검을 하고 다음 전기적인 결함 유무를 점검하여 나가면 좋다.

스피드미터의 정확한 점검 방법은 차량을 리프트(lift) 위에 올려놓고 엔진을 시동하여 변속기의 기어(gear)를 넣은 상태에서 그림 (6-19)와 같이 오실로스코프(oscilloscope)를 이용하면 보다 정확하게 스피드미터의 허용 편차를 점검할 수 있다. 오실로스코프의 프로브(probe)를 그림 (6-19)와 같이 스피드 센서(speed sensor)에 접속하여 구형파 펄스가 출력 되는 것을 확인하고 차속을 상승시켜 스피드미터의 지시치와 오실로스코프에 측정된 파형의 주파수의 값을 표 (6-9)의 값과 비교하여 그 허용 오차가 ± 5%범주에 있으면 양호하다.

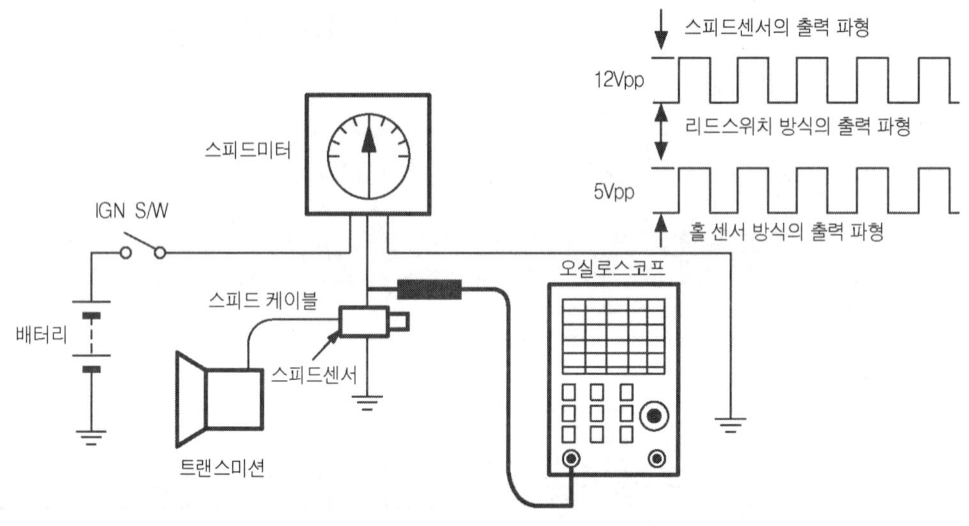


그림6-19 스피드미터 회로의 점검

[표6-8] 스피드미터의 출력 특성

| 속 도 (km/h) | 20 | 40 | 60 | 80 | 100 | 120 | 140 | 180 |
|---|---|---|---|---|---|---|---|---|
| 주 기 (mS) | 70 | 36 | 24 | 17 | 14 | 12 | 10 | 8.8 |
| 주파수 (Hz) | 14.3 | 27.8 | 41.7 | 58.8 | 71.4 | 83.3 | 100 | 113.6 |

## 5 태코 미터의 점검

### 1. 태코 미터의 회로

[표6-9] 점화방식별 태코미터의 인터페이스 회로 비교

| 점화 방식 | 디스트리뷰터 | 매칭 회로 | 매칭 회로의 부품 형태 |
|---|---|---|---|
| 픽업 코일 방식 | 있음 | 노이즈 필터 | – |
| 파워 TR 방식 | 있음 | 노이즈 필터 | – |
| DLI 점화 방식 | 없음 | 태코 인터페이스 | 파워 TR 내장형 |
|  | 없음 | 태코 인터페이스 | 페일러 센서 내장형 |

점화 장치의 구분은 대개 점화 1차 회로의 단속하는 방법에 따라 포인트 방식과 파워 TR 방식으로 구분 한다. 파워 TR을 이용한 점화 방식은 마그네트 픽업에 의한 파워 TR 구동 방식과 전자 제어(컴퓨터)에 의한 파워 TR 구동 방식으로 구분하고 있으며 전자 제어 방식에는 디스트리뷰터(distributor)을 사용하는 방식과 디스트리뷰터를 사용하지 않는 DLI(distributor less ignition) 방식으로 구분한다. 태코 미터를 구동하는 신호원은 그림 (6-20)의 회로와 같이 점화 1차 회로로부터 노이 필터를 거쳐 태코 미터(tacho meter)로 보내지게 되는데 이때 점화 1차 회로로부터 발생하는 점화 1차 신호는 약 300V ~700V 정도의 높은 전압으로 태코 미터(tacho meter)에 직접 보내지 못하고 중간에 태코 인터페이스(tacho interface) 회로를 통해 태코 미터의 구동 회로와 정합시키도록 되어 있다.

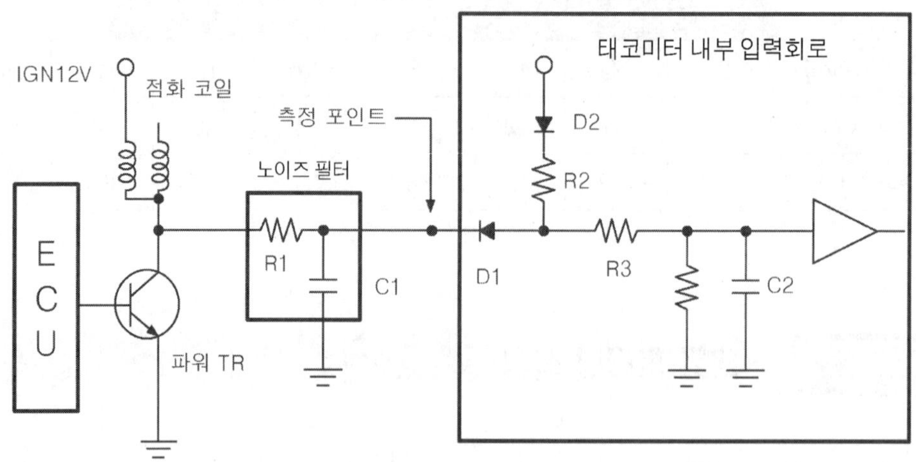



🔺 그림6-20 태코미터 회로(예)

  점화 1차 신호를 태코 미터(tacho meter)와 정합하기 위해서는 점화 방식에 따라 표 (6-9)와 같이 노이즈 필터(noise filter)를 사용하는 방식과 태코 인터페이스를 사용 방식이 있다.

  노이즈 필터를 사용하는 방식은 디스트리뷰터식 점화 장치를, 태코 인터페이스를 사용 하는 방식은 DLI 점화 방식을 사용하고 있다. 또한 자동차의 제조사에 따라서는 점화 회 로의 이상 유무를 ECU가 인식 할 수 있도록 하는 검출 회로와 태코 인터페이스(tacho interface) 회로가 일체화된 페일러 센서(failer sensor)를 사용하고 있기도 하다.

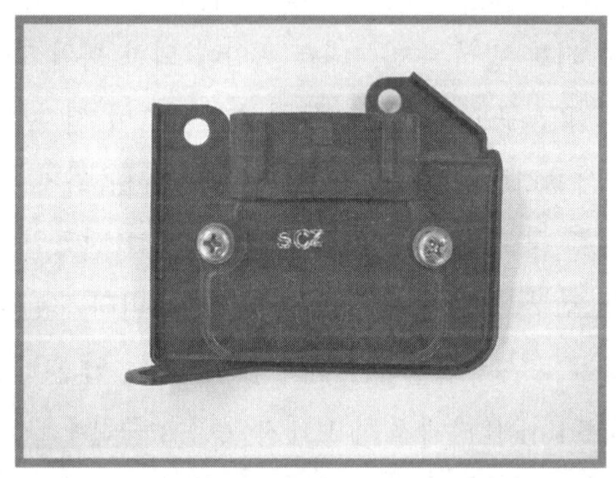

🔺 사진6-18 DLI용 파워 트랜지스터

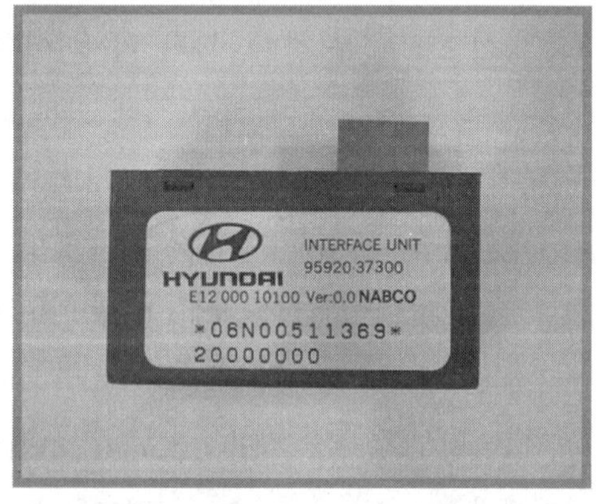



🔺 사진6-19 페일러 센서

이와 같이 점화 1차 신호를 태코 미터(tacho meter)와 정합하기 위한 방식은 점화 코일 1개 만을 사용하는 방식에서는 그림 (6-20)과 같이 노이즈 필터(noise filter) 만을 사용하여 정합하지만 점화 코일을 2개 이상 사용하는 동시 점화 방식에서는 태코 인터페이스가 필요하다. 이것은 크랭크 샤프트(4기통)는 1회전당 2개의 펄스(pulse) 신호가 발생하게 돼 태코 미터(tacho meter)를 정상적으로 구동하기 위해 태코 인터페이스 회로가 필요하게 된다.

## 2. 태코 미터의 점검 수순

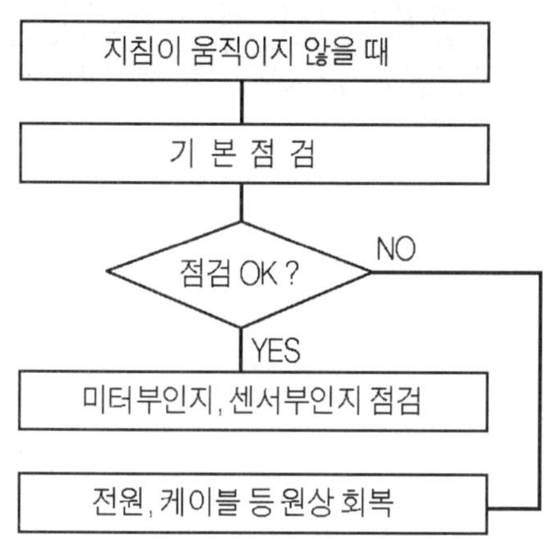


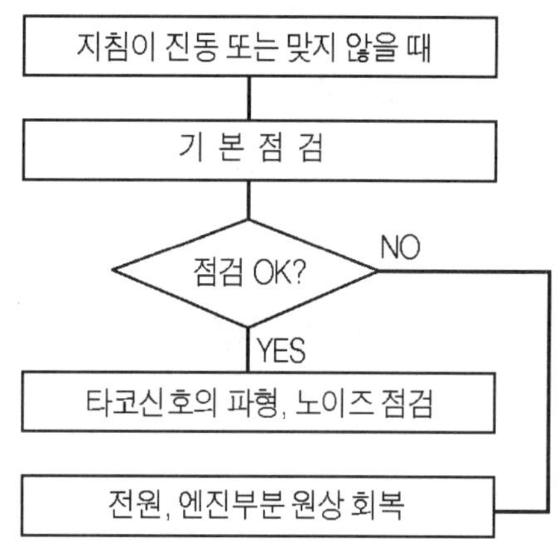


그림6-21 태코미터의 고장 점검 수순

엔진이 회전을 하는 데에도 불구하고 태코 미터(tacho meter)의 지침이 움직이지 않을 때는 기본적으로 점화 1차 회로와 연결되어 있는 노이즈 필터(noise filter)의 회로 단선, 태코 미터(tacho meter)의 전원 공급 전압을 확인한 후 점검 결과 이상이 없는 경우는 LED식 체크 램프를 사용하여 태코 미터(tacho meter) 부의 이상인지, 노이즈 필터 또는 인터페이스(interface) 유닛의 문제인지를 점검하여 작업범위를 좁힌다. 태코 미터의 지침이 진동이 있는 경우는 먼저 엔진(engine)부분이 이상으로 인한 것인지 엔진은 정상인데 태코 미터 지침이 진동을 하는지를 확인한다. 태코 회로의 이상으로 미터(meter)의 지침이 진동을 하는 경우는 전기적인 노이즈(noise)에 의한 것이 많으므로 전기적인 노이지(noise)의 이상여부를 점검한다.

또한 태코 미터의 지침이 지시치가 맞지 않는 경우는 우선 기본 점검을 실시하여 이상이 없는 경우는 미터부의 이상인지 전기적인 신호에 의한 것인지를 점검한다.

△ 사진6-20 파워 트랜지스터

△ 사진6-21 노이즈 필터

## 3. 태코 미터의 점검 방법

태코 미터(tacho meter)의 작동은 엔진의 회전수를 검출하는 게이지(gauge)로 크랭크 샤프트(crank shaft)의 회전에 따라 점화 신호가 발생하는 것을 계수하는 회전계(rpm meter)이다. 태코 미터는 크랭크 샤프트의 회전수를 검출하기 위해 점화 신호를 입력으로 사용하고 있어 점화 장치가 이상이 생기면 태코 미터는 작동을 하지 않거나 지침의 지시치가 틀려지는 현상이 발생하게 된다.

태코 미터의 기본 점검은 전원 전압은 물론 점화 장치의 인터페이스 모듈(interface module)의 커넥터 연결 상태를 점검하여 이상이 없는 경우 태코 미터(tacho meter)로 태코 신호가 정상적으로 입력되는지 확인한다.

### (1) 태코 미터의 간이 점검 방법

엔진이 회전을 하고 있는데도 불구하고 태코 미터(tacho meter)의 지침이 움직이지 않는 경우 점화 회로로부터 태코 신호가 정상적으로 발생하고 있는 지를 간단히 확인하는 방법은 그림 (6-22)와 같이 LED식 체크 램프를 사용하면 간단히 태코 신호 발생 유무를 점검 할 수가 있다. LED식 체크 램프의 클립을 차체에 어스(earth)가 되도록 접속하고 LED식 체크 램프의 팁(tip)을 노이즈 필터의 출력측에 접속하여 LED식 체크 램프가 점멸하면 태코 신호는 정상적으로 발생하고 있는 것으로 판단한다. 태코 신호가 정상적으로 출력되고 있음에도 불구하고 태코 미터가 작동하지 않는 경우는 태코 미터의 이상으로 작업 범위를 좁힐 수 있다. 이 방법은 스피드미터의 스피드 신호를 확인하는 방법과 동일한 방법으로 신속하게 점검 할 수 있어 정비 현장에서 많이 활용하고 있는 방법이다.

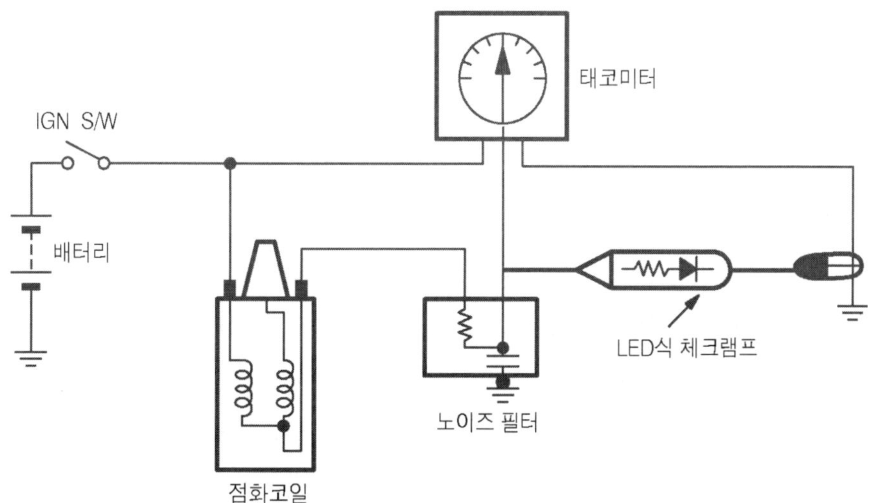


그림6-22 태코미터의 간이 점검

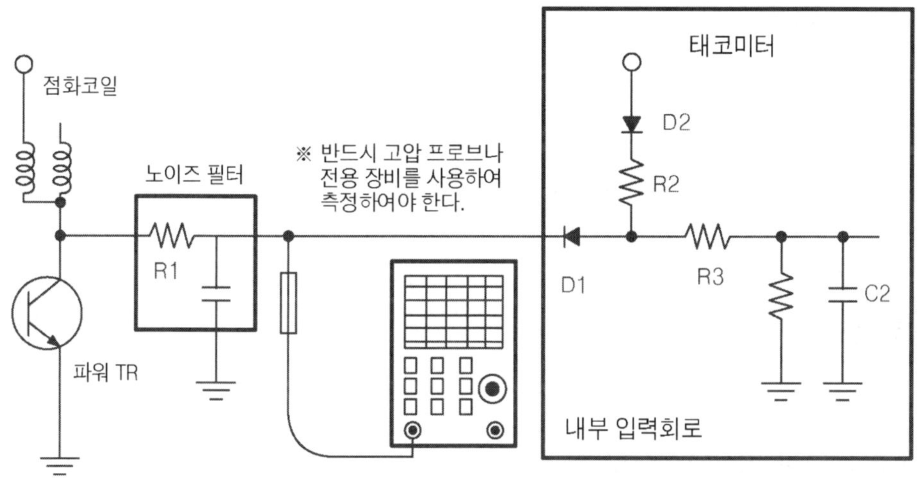


그림6-23 태코 신호 측정

## [2] 엔진 회전계를 이용하는 방법

태코 미터(tacho meter)의 지침이 지시치가 맞지 않는 경우는 태코 신호의 이상인지 태코 미터의 이상인지를 확인하기 위한 방법으로 엔진의 회전계를 이용하는 방법이 있다. 여기서 엔진 회전수 측정은 엔진 회전수를 측정 기능이 있는 멀티 테스터를 사용하여도 좋다.

태코 미터(tacho meter)의 작동은 엔진의 회전수를 검출하는 게이지(gauge)로 크랭크샤프트(crank shaft)가 1회전당 점화 신호는 1 펄스(pulse)가 발생하게 되므로 엔진 회전수를 측정시 1 CYC(cycle)로 세트하여 측정하여야 되며 2개의 점화 코일을 사용하는 동시 점화 방식에서는 크랭크 샤프당 1회전당 점화 신호는 2 펄스(pulse)가 발생하므로 측정시 선택 스위치를 2 CYC(cycle)로 세트하여 측정하여야 한다. 또한 3개의 점화 코일을 사용하는 6기통 엔진의 경우는 크랭크샤프트 1회 전당 점화 신호는 3펄스(pulse)가 발생하게 되어 선택 스위치의 위치는 3(CYC)로 세트하여 측정한다. 측정된 값을 자동차의 태코 미터와 비교하여 그 허용 오차가 표 (6-10)을 초과하는 경우는 태코 미터(tacho meter)를 교환한다.

| [표6-10] 태코미터의 허용 오차 | | | |
|---|---|---|---|
| 회전수(rpm) | 1000 | 3000 | 5000 | 6000 |
| 허용 오차 | ± 100 | ± 150 | ± 250 | ± 300 |

| [표6-11] 태코미터의 출력 특성 | | | | | | | |
|---|---|---|---|---|---|---|---|
| 태코(rpm) | 200 | 750 | 1000 | 2000 | 3000 | 4000 | 5000 | 6000 |
| 주기(mS) | 57 | 38 | 30 | 15 | 10 | 7.44 | 6 | 5 |
| 주파수(Hz) | 17.5 | 26.3 | 33.3 | 66.7 | 100 | 135.1 | 166 | 200 |

## [3] 태코 미터의 간이 점검 방법

태코 미터의 지침이 움직이거나 지침이 지시치가 맞지 않아 태코 미터부의 이상 여부를 확인하는 방법으로는 간단하게 스캔 툴(scan tool)을 이용하는 방법이 있다. 자동차의 자기 진단 코드와 서비스 데이터를 진단하기 위한 스캔 장비는 현재는 많은 진보를 거듭하여 내부에 파형을 관측하는 오실로스코프의 기능뿐만 아니라 각종 센서(sensor)를 대용할 수 있는 시뮬레이션(simulation) 기능이 있는 장비를 이용하면 태코 미터의 이상 여부를 간단히 점검 할 수 있다.

이 점검 방법은 스캐너 툴(scan tool)의 메뉴 모드에서 시뮬레이션 기능을 선택하고 출력하고자 하는 주파수를 50Hz에 세트(set)하여 스캐너 장비의 측정 프로브(probe)를 그림 (6-24)와 같이 접속하여 태코 미터의 지침이 움직이는 것을 확인 한다. 다시 주파수를 100Hz로 세트하여 미터의 지침이 표 (6-11)의 값에 일치하는지를 확인 하여 미터의 지시치가 일치하는 경우는 태코 미터는 이상이 없는 것으로 판단 할 수 있다. 반면 미터의 지침이 움직이지 않는 경우는 태코 미터부의 이상으로 판단 할 수가 있다. 태코 미터를 신품으로 교환하기 전 미터의 어스 및 연결 상태를 다시 한번 확인하여 이상이 없는 경우는 미터를 교환 조치한다.

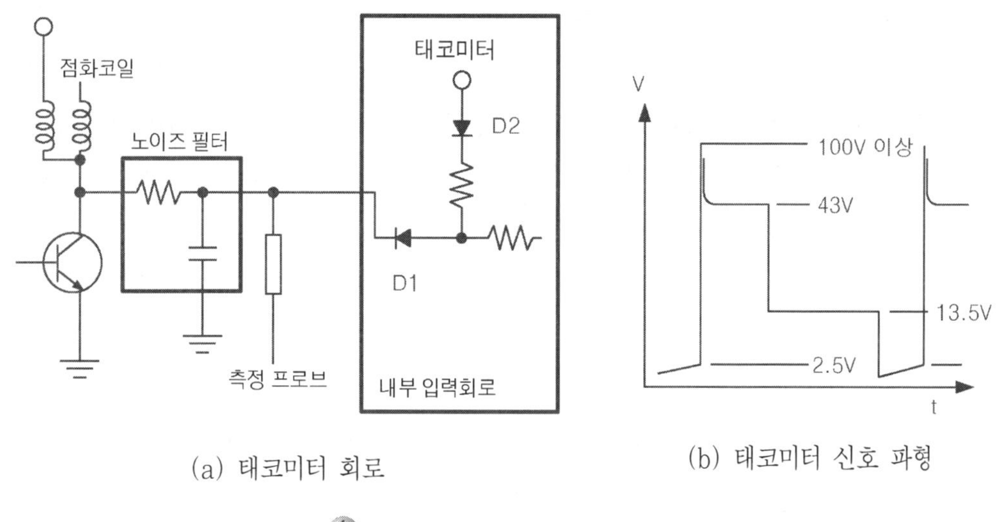


그림6-24  태코미터 신호의 측정

## (4) 태코 미터의 점검 방법

태코 미터의 지침이 진동을 하는 경우는 우선 엔진의 이상 여부를 점검하여야 한다. 엔진의 부조에 의해 태코 미터의 지침이 진동을 하는 경우는 엔진의 진동과 태코 미터의 지침이 동기하여 움직이기 때문에 엔진에 의한 지침의 진동은 쉽게 구분 할 수 있다. 엔진의 회전은 정숙함에도 태코 미터(tacho meter)의 지침이 진동을 하는 경우는 태코 미터 회

로에 초점을 두어 우선 기본 점검부터 점
검한다. 기본 점검은 전원 공급 전압은
이상이 없는지, 어스(earth)의 연결 상
태는 이상이 없는지, 태코 인터페이스의
연결 상태는 이상이 없는지를 점검하여
점검 결과 이상이 없는 경우는 오실로스
코프를 이용하여 점화 신호를 확인하여
본다. 이때 주의하여야 할 점은 점화 1차
신호는 약 300~700V 정도의 높은 고
전압으로 오실로스코를 그대로 사용하여

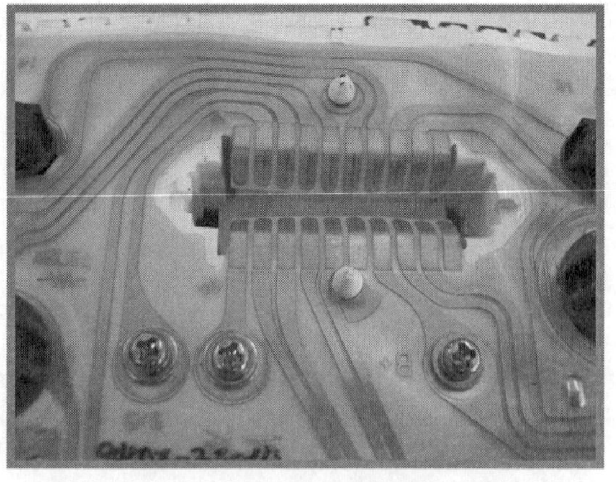

△ 사진6-22 계기판의 후면 커넥터부

서는 안된다. 오실로스코프를 사용하는 경우는 스코프의 파손을 방지하기 위해 고압 프로
브(high voltage probe)를 사용하여 측정하거나 가능한 고압을 측정 할 수 있는 전용 장
비를 사용하면 좋다. 측정 방법은 측정 프로브를 그림 (6-24)와 같은 위치에 접속하고 태
코 신호 파형이 노이즈(noise)가 없는지 확인한다. 측정된 파형이 그림(6-24)의 (b)와
같이 노이즈(noise)가 없고 정상적으로 나타남에도 불구하고 미터의 지침이 진동을 하는
경우는 태코 미터(tacho meter)의 원인일 가능성이 높다.

이에 반해 측정된 신호 파형의 노이즈(noise)가 발생되어 지침이 진동을 하는 경우는
노이즈가 발생하는 근본 요인을 제거하여 주지 않으면 태코 미터의 지침은 계속 현상이
나타나게 돼 그 근본 요인을 제거 해 주지 않으면 안 된다. 태코 신호의 전기적인 노이즈
(noise) 문제는 주로 고압 회로의 이상으로 발생되는 경우와 태코 미터 회로의 배선 접촉
불량에 기인하는 경우로 우선 태코 미터의 배선상에 이상이 없는지, 어스(earth)의 연결
상태는 이상이 없는지를 확인하고 점검 결과 이상이 없는 경우는 고압 회로 이상으로 작
업 범위를 좁힐 수 있다. 자동차의 점화 회로는 고압 회로로 스파크 플러그(spark plug)로
부터 아크 방전을 하게 될 때 전자파에 의한 노이즈(noise)와 점화 회로의 내부 노이즈
(noise)가 전원 회로에 영향을 미치게 되므로 이들 부분에 의한 노이즈(noise)가 아닌지 점
검하여야 한다.

점화 플러그는 자동차 메이커가 정한 규격을 사용하고 있는지 고압 케이블의 손상은 없
는지, 디스트리뷰터(distributor)의 이상은 없는지, 노이즈 필터(noise filter) 또는 태코 인

터페이스(tacho interface)는 이상이 없는지를 점검하여 태코 미터에 지침이 진동에 대한 근본적인 원인을 제거하여 주어야 한다.

##  6 전자식 계기판의 점검

### 1. 아날로그 전자식 계기판의 점검

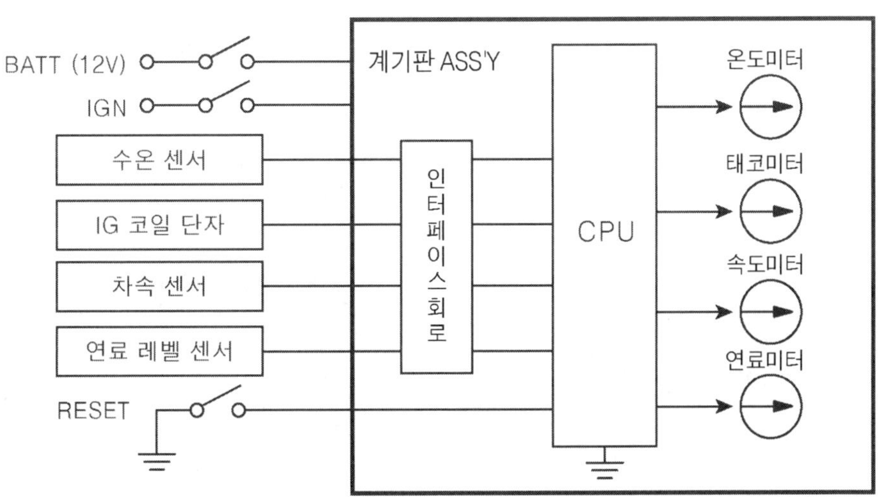


그림6-25 전자식 아날로그 계기판의 블록 다이어그램

전자식 계기판은 센서로부터 검출된 신호를 컴퓨터로 입력하여 미터의 계량값을 산출하고 스텝 모터(step motor)를 구동하여 지침의 지시치를 표시하는 방식이다. 전자식 계기판의 신호원은 전기식 계기판에 사용되는 입력 신호원을 그대로 적용하고 있다. 전자식 계기판에는 아날로그식 계기판과 LCD(Liquid Crystal Display : 액정)을 사용하여 미터의 지침 대신 바 그래픽(bar graphic)을 이용한 LCD 디지털 계기판을 사용하는 것이 있다. 전자식 계기판은 가격 측면에서는 단점을 가지고 있으나 정확도 및 시인성이 우수하고 디자인 폭이 자유로워 차량 적용이 증가 추세에 있다.

이들 전자식 계기판은 미터(meter)의 이상시 우선적으로 계기판의 전체 고장 현상을 보는 것이 중요하다. 계기판의 전체가 작동을 하지 않는 경우는 전원 공급, 배선 접촉 불량, 계기판 ASS'Y를 의심 할 수가 있다. 전원 공급 전압 및 센서 신호가 정상적으로 입력 되고 있는 데도 불구하고 작동이 되지 않는 경우는 계기판 내에 있는 ECU(컴퓨터)를 예 측 할 수가 있다.

전자식 계기판의 작동이 안되는 경우는 우선 계기판의 전체가 작동을 하지 않는지를 확 인하고 기본 점검에 들어간다. 전자식 계기판의 입력 신호는 그림 (6-25)와 같이 수온 센 서 신호, IG 코일 단자로부터 점화 1차 신호, 차속 신호, 연료 레벨 센더 등의 센서 신호 는 내부 컴퓨터(ECU)가 인식할 수 있는 데이터(data) 값으로 변환 해 주기 위해 입력단 에 인터페이스(interface) 회로를 사용하고 있다. 따라서 미터의 지침이 작동이 되지 않 는 경우는 기본 점검을 실시하고 기본 점검에도 이상이 없는 경우는 우선 해당 신호원 측 으로부터 신호가 정상적으로 출력되는지 확인한다.

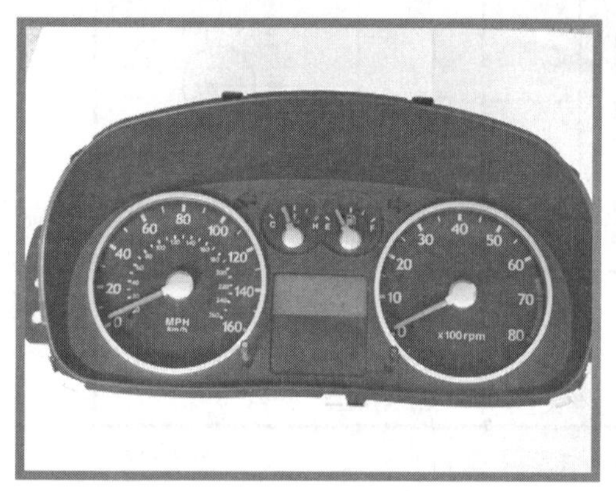

사진6-23 전자식 계기판의 전면

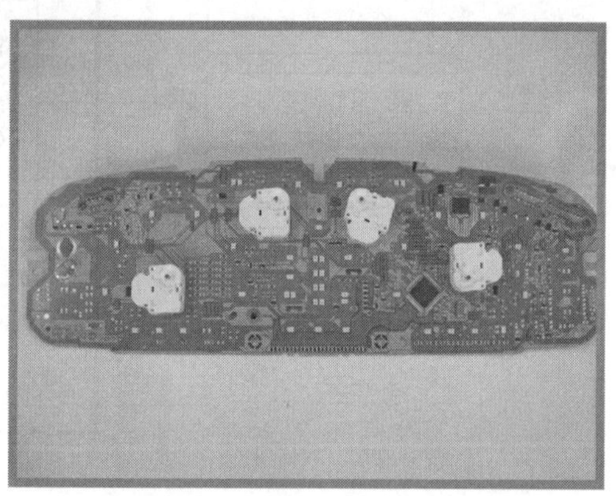

사진6-24 전자식 계기판의 후면

전자식 계기판의 점검 방법은 전기식 계기판의 점검 방법과 동일한 방법으로 멀티 테스 터 또는 LED식 체크 램프를 사용하여 점검한다. 점검 결과 이상이 없는 경우는 미터의 커넥터(connector)측에서 동일 방법으로 점검하여 배선상의 접촉 상태 등을 점검한다. 미터측에서 해당 신호원의 점검 결과 이상이 없는 경우는 계기판 내의 회로 및 스텝 모터 측의 이상으로 판단하고 오실로스코프(oscilloscope)를 이용하여 스텝 모터(step motor)의 출력측으로부터 구형파(디지털 신호 파형) 신호가 출력되는 지를 확인한다. 스 텝 모터측으로부터 디지털 신호 파형이 출력되고 있음에도 불구하고 미터의 지침이 작동 하지 않는 경우는 미터의 지침을 구동하는 스텝 모터의 단품상에 결함으로 판단한다.

## 2. 디지털 계기판의 점검

전자식 계기판 중 디지털 계기판은 바-그래픽(bar graphic) 또는 숫자로 LCD(Liquid Crystal Display : 액정)를 이용 지시치를 표시하는 계기판으로 고장 현상은 LCD 표시부 전체가 표시 되지 않는 경우와 LCD 표시치가 맞지 않는 경우나 LCD의 세그먼트가 끊겨서 표시되는 경우를 들 수 있다. LCD 표시 전체가 표시 되지 않는 경우는 전원 공급 전압, CPU를 공급하기 위한 전원 전압, LCD를 구동하기 위한 백 플렌 주파수(back plane frequency) 등을 점검하여야 하지만 이것은 정비사가 정비 할 수 있는 범위를 벗어난 것으로 본다. 일단 공급 전원 및 어스의 연결 상태를 점검하고 이상이 없는 경우는 LCD 계기판 측으로부터 입력 센서 신호를 점검하여 이상이 없는 경우 LCD 계기판 ASS′Y(계기판 본체)의 원인으로 추정 할 수가 있다.

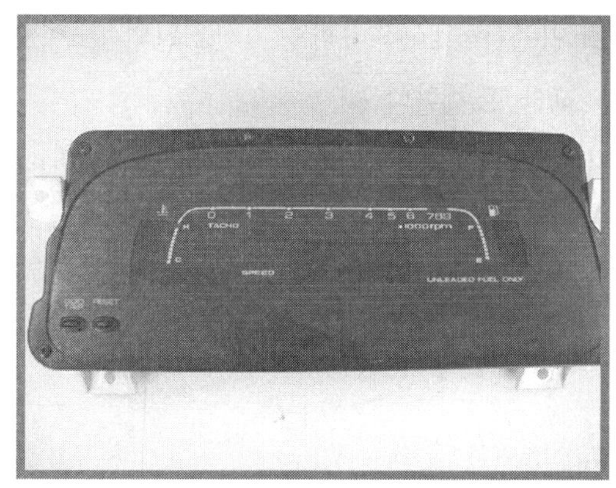

사진6-25 디지털 계기판의 전면

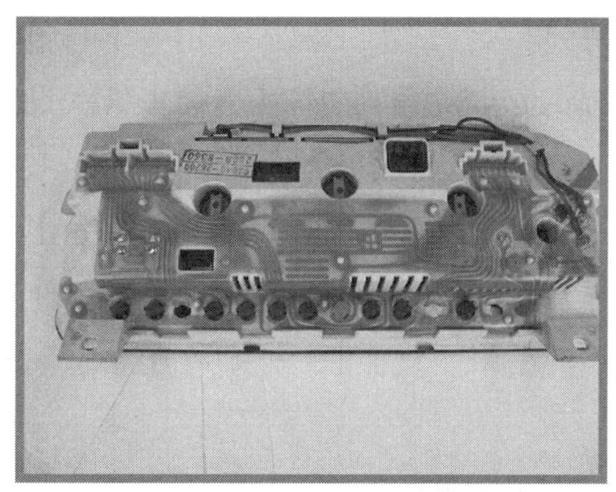

사진6-26 디지털 계기판의 후면

LCD(Liquid Crystal Display)의 표시가 현재의 값과 맞지 않는 경우는 대체적으로 LCD 계기판의 모듈(module)상의 문제보다 입력측 센서 부분 및 어스 상태의 접촉 불량일 가능성이 크므로 입력측의 센서 신호 및 어스 상태를 선행 점검한다. 또한 LCD (liquid crystal display)의 세그먼트(segment)가 끊겨서 표시되는 경우는 LCD 내부의 커넥터 문제일 가능성이 높다.

디지털 계기판의 내부 회로와 LCD(액정 표시)의 연결은 보통 고무로 만들어진 지브러 커넥터(zebra connector)를 사용하는 경우가 많은 데 지브러 커넥터와 LCD 글라스(glass)의 표면에 연결되는 틴 플렌 필름(tin plane film)의 박막에 오염 또는 이물질이 있는 경우나 지브러 커넥터의 변형에 의해 나타나는 현상이 많다. LCD 글라스의 표면을 소지하고 재조립하여도 동일 현상이 나타나는 경우는 LCD의 세그먼트가 죽은 것으로 판단 할 수가 있다. 또한 LCD(Liquid Crystal Display)의 바 그래픽이 밝기가 변화하거나 깜박이는 현상이 발생하는 경우가 있는데 이 경우에는 주로 배선의 접촉 불량을 의심하여 배선의 접촉 불량을 선행 점검한다. 배선의 전원 공급 전압 및 어스 접촉 상태, 센서 신호원의 접촉 불량에도 이상이 없는 경우는 전기적인 노이즈(noise)에 의한 것은 아닌지 스코프를 사용하여 확인한다.

LCD(액정 표시 장치)의 바-그래픽이 깜박일 때 자동차에 또 다른 전기 부하가 작동을 하고 있는지를 관찰하여 깜박이는 현상이 특정 전기 장치만을 사용 할 때만 발생하는 것인지 아니면 수시로 나타나는 현상인지를 확인한다. 특정 전기 장치의 작동에만 발생하는 경우라면 부하를 제거하여 원인을 확인하고 특정 부하의 어스 상태를 점검 후 이상이 없는 경우는 오실로스코프를 사용하여 전원 노이즈(noise)의 파형, 신호원의 노이즈(noise) 파형을 확인하여 이상이 있는 경우는 교환 조치한다.

그러나 항상 나타나는 현상인 경우라도 동일 방법으로 오실로스코프(oscilloscope)를 사용하여 LCD 계기판으로 노이즈가 유입되는지 확인하고, 유입이 되지 않는 경우에도 불구하고 LCD(Liquid Crystal Display)의 바 그래픽의 표시 장치가 깜박이는 경우는 LCD 계기판 ASS'Y(계기판 본체)의 원인으로 예측할 수 있다.

##  경고등 류의 점검

### 1. 경고등 회로

자동차의 운행에 필요한 정보를 운전자에게 제공하는 계기판에는 각종 장치의 이상을 알리는 경고등과 안전 운행에 필요한 경고등이 설치되어 있다. 이들 경고등 류의 회로를 살펴보면 전류의 단속을 감지하는 스위치류의 센서와 서미스터(thermistor)를 이용한 온도감지 센서 및 ECU(전자 제어 장치)에 의해 제어되는 경고등류로 구분 할 수 있다. 스위치(switch)를 이용한 센서류는 도어의 열림을 감지하는 도어 스위치(door switch), 파킹 브레이크의 잠김을 알리는 파킹 브레이크 스위치(parking brake switch), 엔진 오일 압력을 감지하는 오일 압력 스위치 등이 사용되고 있으며 충전 경고등과 같이 올터네이터 (alternator)의 내부 트랜지스터(transistor) 스위칭 회로에 의해 점등되는 충전 경고등, 반도체 서미스터를 이용한 연료 잔량 경고등 및 전자 제어 장치에 의해 점등 되는 엔진 체크 램프, ABS 경고등, ECS 경고등, 에어백(air-bag) 경고등, 안전벨트 미착용 경고등이 있다.

이들 경고등이 이상이 있는 경우는 회로를 점검하기 전에 해당 경고등이 점등되는 회로의 구성 및 경고등의 점등 조건을 알고 있어야 한다. 이들 경고등은 점화 스위치를 ON 시켰을 때 점등되었다 엔진이 회전을 시작하면 소등하는 것이 주류를 이루고 있지만 안전 벨트 경고등과 같이 일부 경고등은 일정 횟수 점멸하다 소등이 되는 경고등도 있다. 따라서 정확한 점등 조건은 자동차 제조사 제공하는 정비 지침서 등을 참고하여 중요한 것은 숙지하여 두는 것이 좋다.

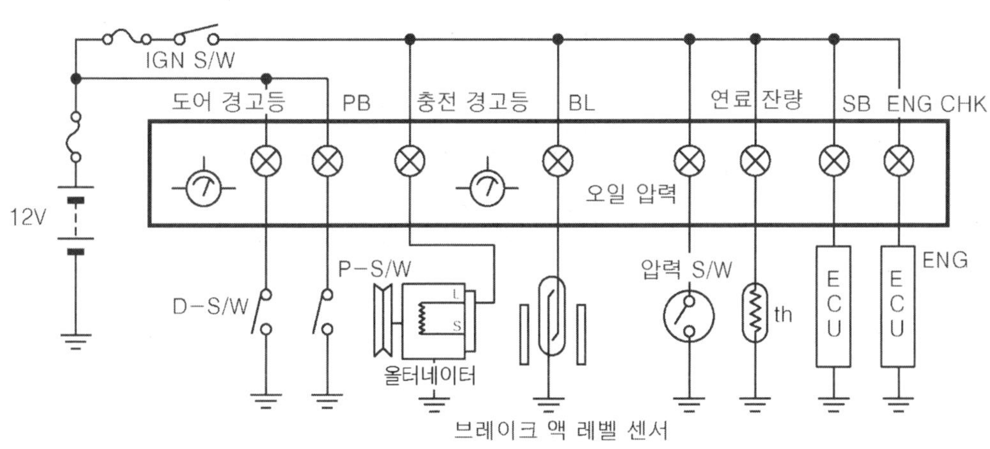


그림6-26 경고등 회로 구성

## 2. 도어 경고등 점검

### [1] 도어 경고등 점검

도어 경고등이 점등 되지 않는 경우는 도어 경고등이 필라멘트 단선 또는 도어 스위치 (door switch)의 접촉 불량, 배선상의 결함을 등을 생각 할 수가 있다. 도어 경고등이 점등 되었다 갑자기 도어 경고등이 점등 되지 않는 경우는 먼저 도어 경고등에 전원 공급을 점검한다. 도어 경고등의 전원은 파킹 브레이크(parking brake) 경고등과 같이 배터리로부터

상시 전원을 공급 받고 있어 파킹 브레이크를 당겨 파킹 브레이크 경고등이 점등되는 것
만으로도 도어 경고등의 전원이 공급되고 있음을 간단히 확인할 수 있다. 확인 결과 파킹
브레이크 경고등이 점등되는 경우는 도어 경고등에도 전원을 공급하고 있는 것으로 판단
할 수 있다. 예측 원인은 도어 스위치의 접촉 불량 또는 도어 경고등의 필라멘트 단선으로
추정 할 수가 있다.

도어 경고등은 계기판 내에 실장되어 있어 도어측에 부착되어 있는 도어 스위치를 먼저
그림 (6-27)과 같이 체크 램프를 이용 간단히 점검한 후 이상이 없는 경우는 경고등의 필
라멘트 단선으로 추정 할 수 있다.

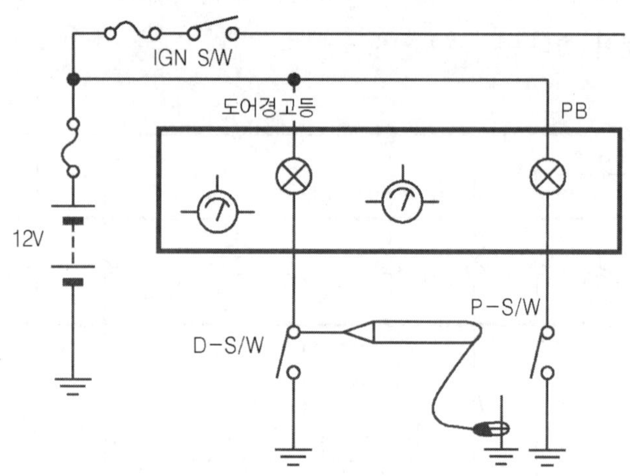


그림6-27  도어 경고등 회로 점검

## [2] 파킹 브레이크 경고등 점검

파킹 브레이크(parking brake) 경고등이 점등되지 않는 경우도 위 [1]항의 도어 경고
등의 점검 방법과 같이 먼저 도어 경고등이 점등되는 지를 확인하고 도어 경고등이 점등
되지 않는 경우는 도어 경고등과 파킹 브레이크(parking brake) 경고등으로 공급하고 있
는 전원 퓨즈(fuse) 등 전원 공급 회로를 점검한다. 도어 경고등이 점등되는 경우라면 파
킹 브레이크 경고등 또는 경고등의 필라멘트(filament) 단선으로 생각 할 수 있다. 작업 범
위를 줄이기 위해 먼저 파킹 브레이크 스위치의 이상여부를 점검한다. 점검 결과 이상이
없는 경우라면 파킹 브레이크 경고등의 필라멘트 단선으로 원인을 추정 할 수 있다.

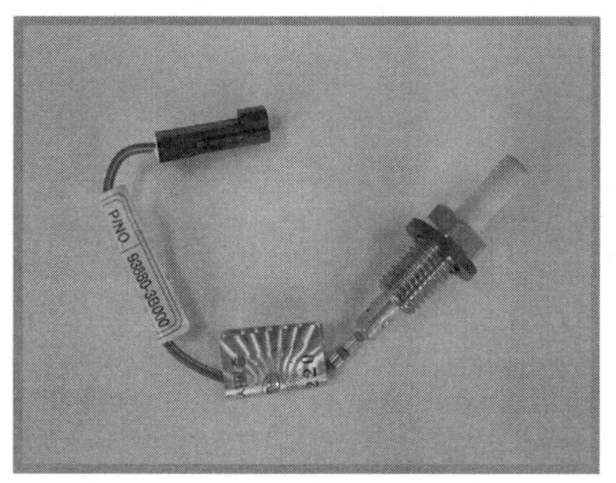

▲ 사진6-27 도어 열림 감지 스위치

## 3. 오일 압력 경고등 점검

　오일 압력 경고등이 점등되지 않는 경우는 경고등의 필라멘트(filament) 단선 또는 오일 압력 스위치의 불량 및 배선상의 결함으로 구분 할 수 있다. 경고등의 점검 방법은 점화 스위치를 ON 상태에서 오일 압력 스위치로부터 전압을 측정하여 배터리 전원 전압이 나타나는 경우는 오일 경고등의 필라멘트는 정상으로 판단 할 수 있다. 반면 오일 압력 스위치의 전압이 나타나지 않는 경우는 오일 압력 경고등의 필라멘트 단선으로 원인을 판단 할 수가 있다.

▲ 사진6-28 오일 압력 스위치

## 4. 충전 경고등 점검

이전부터 점화 스위치를 ON시 충전 경고등이 점등되지 않는 경우라면 충전 경고 등의 필라멘트(filament)의 단선 가능성이 높으며 이를 확인하기 위한 방법은 체크 램프를 알터네이터(alternator)의 L-단자에 접속하여 체크 램프가 점등되는 지를 확인한다. 체크 램프가 점등되는 경우는 충전 경고등의 단선으로 판단 할 수가 있다. 엔진이 회전을 하고 있는데도 불구하고 충전 경고등이 소등되지 않는 경우는 올터네이터의 레귤레이터(regulator) 이상으로 판단 할 수 있다.

올터네이터의 레귤레이터 점검은 엔진 회전수를 공회전 상태에서 약 3000rpm 정도 까지 상승하여 가며 올터네이터(alternator)의 B-단자에 전압을 측정하여 14±0.5V 범주에 있는 가를 확인하고 차량의 시동을 정지한 후 점화 스위치를 ON 상태에서 그림(6-28)과 같이 L-단자 전압을 측정하여 약 0.6V 정도이면 정상이다. 또한 충전 경고등이 점등 되지 않는 올터네이터의 레귤레이터를 점검하여 보아 이상이 없는 경우는 충전 경고등의 필라멘트(filament) 단선으로 판단 할 수 있다.

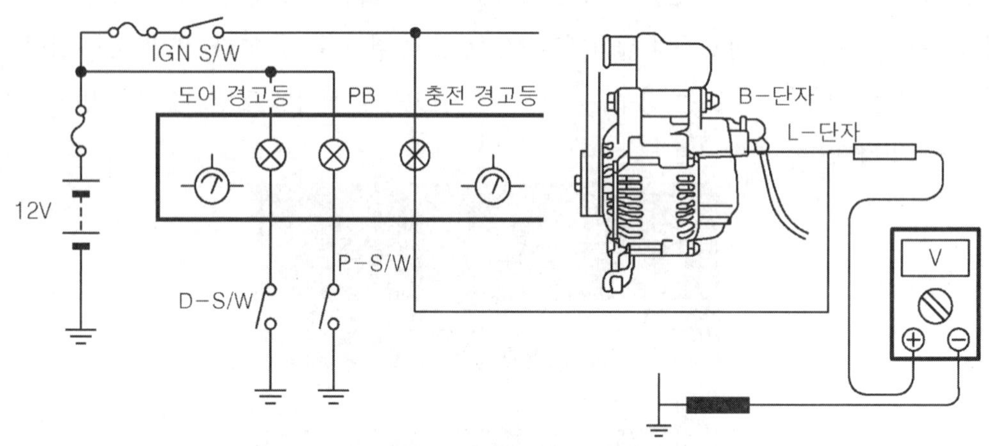


그림6-28 충전 경고등 회로 점검

## 5. 연료 잔량 경고등 점검

연료 잔량 경고등은 연료 탱크 내에 있는 부특성 서미스터를 가지고 있는 연료 잔량 감지 센서로부터 연료의 잔량을 검출하여 점등하는 경고등이다. 이 센서는 연료가 일정 레

벨 이하로 감소하면 연료 잔량 센서가 연료로부터 노출 돼 저항값이 감소하는 센서이다. 연료가 거의 소모 되었는데도 불구하고 경고등이 점등되지 않는 경우는 연료 잔량 경고등의 필라멘트(filament) 단선 또는 연료 잔량 센서의 이상, 배선 결함에 기인하는 것으로 점화 스위치를 ON 한 상태에서 다른 경고등도 점등되는지 확인하여 전원 공급 상태를 확인 한다.

다른 경고등이 점등되는 경우라면 일단 전원 공급회로는 이상이 없는 것으로 판단하고 그림(6-29)와 같이 멀티 테스터의 선택 스위치를 전압 렌지에 위치 한 후 측정 프로브를 연료 잔량 경고등 센서의 커넥터에 접속하여 약 6V 정도가 측정 되면 전원 공급 및 연료 잔량 경고등의 필라멘트(filament)는 이상이 없는 것으로 판단 할 수 있다. 반면 측정 전압이 0 V로 측정 되었다면 연료 잔량 경고등의 필라멘트(filament)는 단선된 것으로 판단 할 수 있다. 또한 멀티 테스터의 측정 전압이 12V로 고정이 된 상태로 있는 경우는 연료 잔량 센서의 단선으로 판단 할 수가 있다.

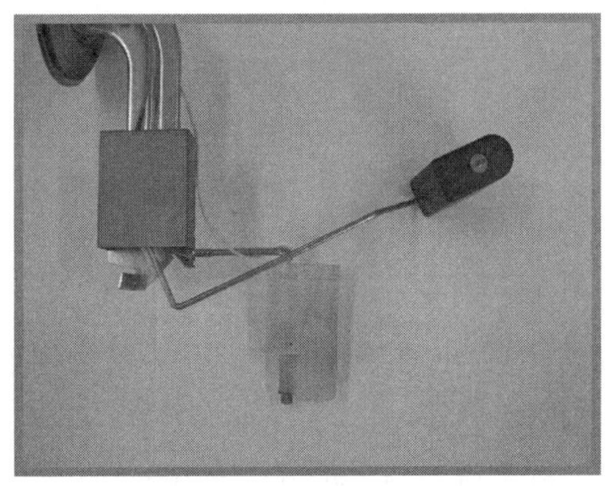

사진6-29 **연료 잔량 경고센서**

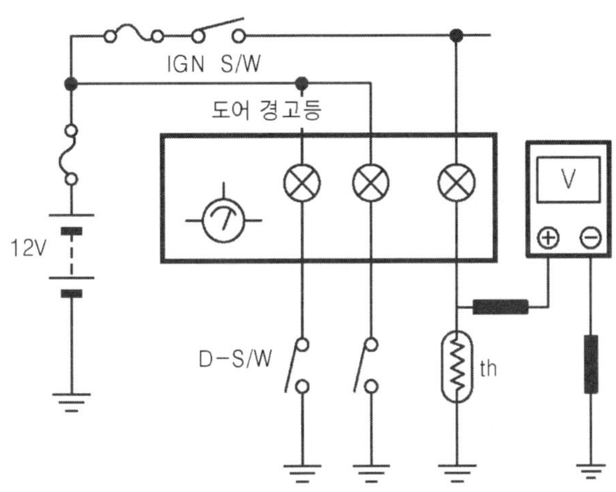


그림6-29 **연료 잔량 경고등 점검**

## 6. ECU 제어 경고등 점검

엔진 체크 램프(engine check lamp)와 같이 ECU(컴퓨터)에 의해 점등되는 경고 등 회로는 기본적으로 그림 (6-30)과 같이 되어 있어서 공급 전압 및 체크 램프에 이상이 없더라도 ECU가 점등 명령을 하지 않는 한 체크 램프는 점등되지 않는다.

따라서 엔진 체크 램프가 점화 스위치를 ON 하여도 점등되지 않는 경우나 엔진이 회전을 하고 있는 데도 체크 램프가 계속 점등되는 경우는 ECU

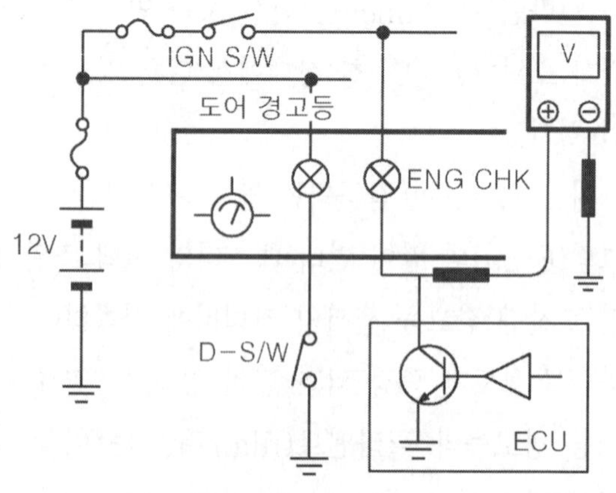


그림6-30 ENG 체크 경고등 점검

(컴퓨터)의 경고등 점등 조건에 의한 것인지 체크 램프 단선에 의한 것인지를 판별하지 않으면 안된다.

엔진 체크 램프의 점등 조건은 ECU(컴퓨터)에 전원 공급이 되어야 하며 점화 스위치 ON시 IGN 전압이 ECU(컴퓨터)로 공급되어 ECU는 정상적으로 작동이 되고 있어야 한다. 따라서 엔진 체크 램프가 점등되지 않는 경우는 ECU로 공급되는 배터리 상시 전원과 IGN 전원이 정상적으로 공급되고 있는지를 확인하여 이상이 없는 경우에는 그림 (6-30)과 같이 멀티 테스터의 측정 프로브(probe)를 ECU(컴퓨터)의 출력측에 접속하고 측정 전압이 12 V가 되면 엔진 체크 램프의 필라멘트 상태는 이상이 없는 것으로 판단하고 0V가 측정이 되면 체크 램프의 필라멘트가 단선된 것으로 판정하여도 좋다.

점검 결과 이상이 없는데 점화 스위치를 ON 하여도 체크 램프가 점등 되지 않는 경우는 ECU 상의 결함 또는 컴퓨터의 배선 접촉 불량을 의심 할 수가 있다.

전자 제어 장치는 모두 이상이 없더라도 체크 램프만 점등이 되지 않는 경우도 ECU에 의한 결함이 있을 수 있다.

# 07
# 편의장치 점검

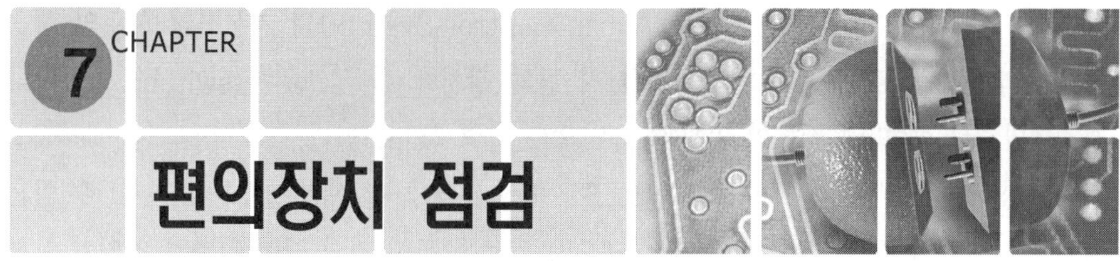


# 편의장치 점검

## TACS의 기능과 입출력 회로

### 1. TACS의 회로 구성

TACS는 Time and Alarm Control System의 약자로 마이-컴(micro computer)을 이용 차량의 주행에 필요한 각종 정보를 사전에 운전자에게 알려주거나 시간적 요소를 제어하는 편의 장치로 자동차 제조사에 따라서는 ETACS 또는 BCM이라 표현하는 장치이다. 최근에는 컴퓨터의 통신 기술 발전으로 자동차의 편의 장치를 통합 제어하는 BCM (Body Control Module)과 같은 장치는 컴퓨터 통신의 시스템에 대한 이해 없이는 자동차의 첨단 전장 장치에 대한 정비가 불가능 하게 되었다.

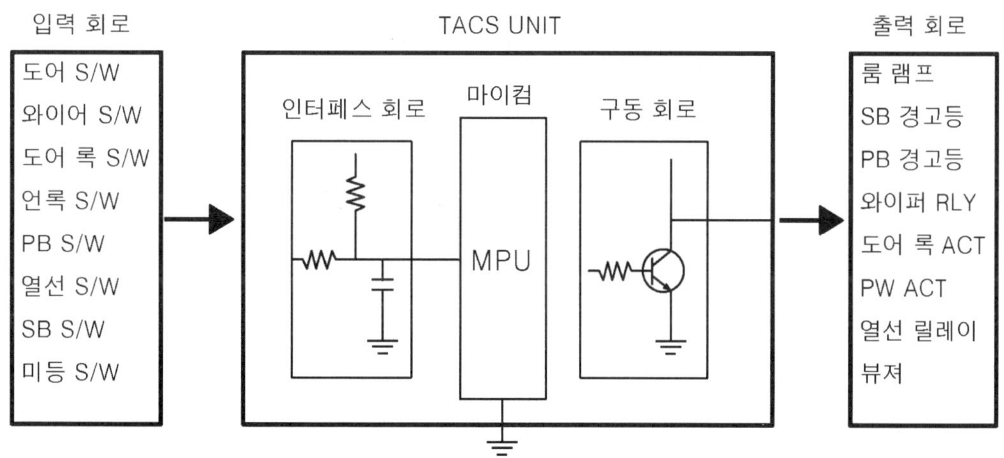


그림7-1 TACS의 회로 구성도

그림 (7-1)은 TACS(Time and Alarm Control System)의 기본적인 회로의 시스템을 나타낸 것으로 입력측에는 여러 가지 편의 장치에 관한 스위치(switch) 조작이나 시스템의 작동에 의해 신호가 TACS 유닛으로 입력시키고 있다.

TACS 유닛 내부에는 MPU(마이크로 프로세스 유닛)가 입력된 신호를 판독 할 수 있는 신호로 변환하여 주는 인터페이스(interface) 회로를 통해 편의 장치에 관한 스위치의 조작에 의한 신호를 MPU가 인식할 수 있는 신호로 변환하게 한다. 이렇게 변환된 입력 신호는 MPU를 통해 사전에 기억된 정보와 비교 및 연산하여 목표 제어값을 출력한다. MPU(Micro Process Unit)의 출력 포트(port)를 통해 출력되는 신호는 대개 수$\mu$A ~ 수십 $\mu$A 정도의 미약한 신호로 이때 자동차의 릴레이나 액추에이터를 구동하기 위해서는 별도의 버퍼(buffer) 및 출력 구동 회로를 필요로 하게 된다.

## 2. TACS의 기능

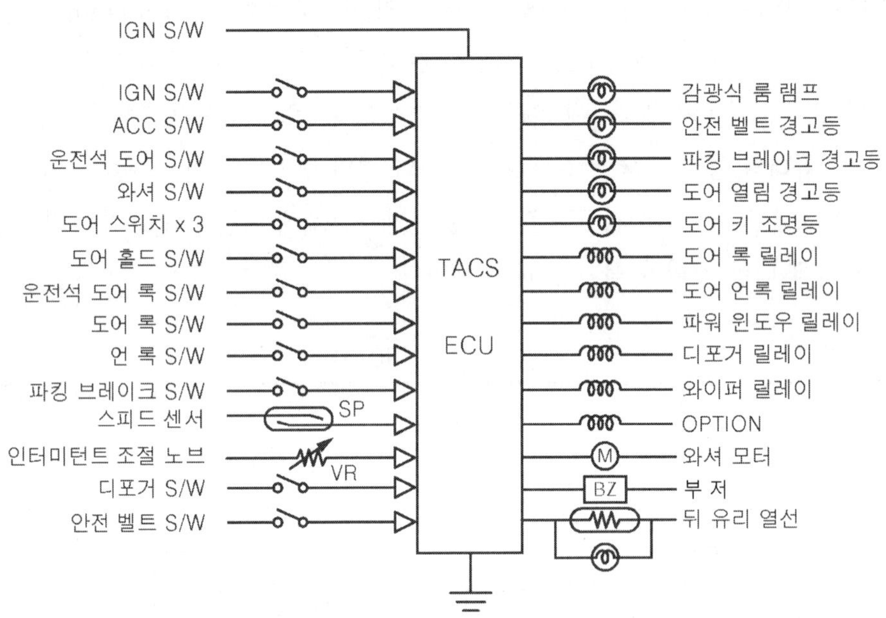


그림7-2 TACS의 입·출력 요소

TACS(Time and Alarm Control System)의 기능을 살펴보면 보통 운전자의 안전을 위해 주행중 도어 열림을 경고하는 도어 열림 경고 기능, 야간 운행 및 시인성을 위해

도어를 열면 실내를 조명하는 룸 램프 타이머 기능, 와셔 스위치를 누르면 워셔 모터 작동
후 와이퍼가 작동하는 윈드 실드 워셔(wind shield washer) 기능, 비의 량에 따라 와이
퍼의 속도를 조절 할 수 있는 인터미턴트 와이퍼(간헐 와이퍼) 기능, 뒤 유리 성애시 일정
시간 열선을 가열하는 성애 제거(열선 타이머) 기능, 파킹 브레이크를 잠근 상태에서 주
행을 경보하는 파킹 브레이크(parking brake) 경보 기능, 운행전 안전벨트 미착용을 알려
주는 안전벨트 경보 기능, 4개의 도어를 잠금과 해제를 동시에 가능케 하는 집중 도어 록
기능 등의 다양한 기능을 가지고 있다.

⚠ 사진7-1 정션박스 삽입용 TACS

⚠ 사진7-2 TACS의 유닛

이와 같은 기능은 차량의 고급화에 따라 TACS의 기능은 더욱 진보하여 적용되고 있
다. 승객의 보호를 위해 일정 속도 이상 주행시 자동으로 도어(door)가 잠기는 오토 도어
록 기능, 점화 키를 삽입한 체 도어(door)의 잠김을 방지하기 위한 점화 키 리마인드
(ignition key remind) 기능, 윈도우(window)에 사람의 신체가 끼이는 것을 방지하기
위한 윈도우 부하 감지 기능, 시동 키를 뽑은 상태에서도 일정 시간 윈도우가 작동하도록
하는 파워 윈도우 기능, 운전자의 편리를 위해 원격으로도 도어를 잠그고 열 수 있는 원격
도어 잠금 기능, 브레이크 오일이 일정량 이상 누유되는 것을 감지하는 브레이크 오일량
감지 기능, 차량의 충돌시 승객의 탈출을 원활하게 하기 위한 충돌시 도어 잠금 해제 기
능, 차량의 무단 침입을 방지하기 위한 도난 방지 기능 등이 다양하게 개발되어 시스템에
적용되고 있다.

| [표7-1] TACS의 기능 ||
| 기             능 | 내             용 |
| --- | --- |
| 1. 점화키 홀 조명 기능 | • 야간 운행 편의를 위해 도어를 개폐하면 점화 키 홀 조명은 약 10초간 점등되는 기능<br>• 점화 키 IGN ON시 조명은 즉시 소등되는 기능 |
| 2. 룸 램프 타이머 기능 | • 야간 운행 편의를 위해 도어를 개폐하면 룸 램프는 약 5초 후 서서히 소등되는 기능<br>• 키-레스 언록 상태에서는 30초가 점등 |
| 3. 안전벨트 경보, 타이머 기능 | • 점화 스위치 ON시 안전벨트 경고등 및 차임벨이 약 5초간 작동<br>• 안전벨트 착용시는 즉시 해제 |
| 4. 열선 타이머 기능 | • 열선은 전력 소모가 많은 부하이므로 올터네이터의 L-단자가 ON 상태에서 열선 스위치를 ON 시키면 약 20분간 ON되는 타이머 기능 |
| 5. 미등 자동 소등 기능 | • 점화 스위치를 ON → 미등 S/W를 ON한 상태에서 점화 스위치 OFF후 도어를 개폐하면 자동으로 미등은 자동으로 소등되는 기능 |
| 6. 키 삽입 remind 기능 | • 점화 키 삽입 상태에서 도어를 개폐하여 도어를 잠그는 경우 약 1초간 언록 되는 기능 |
| 7. 파워 윈도우 타이머 기능 | • 점화 키 ON상태 → 점화 키 OFF후 약 30초 간 파워 윈도우에 전원을 공급하는 기능 |
| 8. 파킹 브레이크 경보 기능 | • 파킹 브레이크를 잠금 상태이거나 도어가 덜 잠김 상태에서 주행을 하면 챠임벨이 경보하는 기능 |
| 9. 충돌시 도어 언록 기능 | • SRS 시스템과 연계하여 에어-백의 전개 신호가 입력되면 승객의 탈출을 용이하게 하기 위해 도어 잠김이 해제 되는 기능 |
| 10. 중앙 집중식 도어잠금기능 | • 운전석 도어 록 스위치 ON시 모든 도어가 잠김과 해제가 가능한 기능 |
| 11. 브레이크 오일 경고 기능 | • 브레이크 오일량이 일정량 이하로 떨어지는 경우 운전자에게 경보하는 기능 |
| 12. 자동 도어 록 기능 | • 시속 약 40km/h 이상 주행시 승객이 안전을 위해 4개의 도어가 자동으로 잠기는 기능<br>• 운전석에서만 수동 해제가 가능하다 |
| 13. 키 레스 엔트리 기능 | • 점화 키를 사용하지 않고 무선 리모콘으로 도어의 잠김과 풀림을 하는 기능 |
| 14. 간헐 와이퍼 기능 | • 와이퍼 조절 노브(knob)에 의해 와이퍼의 속도를 조절하는 기능<br>• 차속에 따라 와이퍼의 속도가 변화하는 기능 |

| 기　　능 | 내　　용 |
|---|---|
| 14. 간헐 와이퍼 기능 | • 와이퍼 조절 노브(knob)에 의해 와이퍼의 속도를 조절하는 기능<br>• 차속에 따라 와이퍼의 속도가 변화하는 기능 |
| 15. 도난 방지 기능 | • 각 도어가 닫힌 상태에서 리모콘의 잠김 신호 수신하면 경고 상태에 들어가게 된다. 이때 하나의 도어만 열려도 경보를 발하게 되는 기능 |
| 16. 원격 시동 기능 | • 리모컨을 이용 원격으로 시동을 걸 수 있는 기능 |
| 17. 기타 경보 기능 | • 경보중 배터리를 탈거 후 → 배터리를 연결하는 경우 재 경보 및 인히비터 릴레이를 작동하여 시동 불능 기능 |

※ 표의 기능은 차량에 따라 기능 및 사양이 차이가 있음

## 3. TACS의 입·출력 회로

　TACS(Time and Alarm Control System)의 입력 회로를 살펴보면 전원을 공급하는 전원부와 운전자의 조작이나 차량의 상태를 감지하는 센서부로 구분할 수 있다. TACS 유닛으로 공급되는 전원부는 BATT(battery)전원, ACC(accessory)전원, IGN (ignition) 전원으로 구분되어 입력되고 있어 TACS는 이들 전원이 항시 입력되고 있는지를 인지하고 있다. 센서부는 거의 운전자의 조작에 의한 스위치류가 다수를 차지하고 있다. 일부 자동차의 경우는 주행 상태나 엔진의 회전 상태를 검출하기 위해 차속 센서, 올터네이터(alternator)의 L-단자 전압, 위치를 검출하기 위한 포텐쇼미터 등을 센서로 사용하고 있다. 한편 TACS의 출력 회로는 경고등을 점등하기 위한 전구 회로와 모터(motor)나 릴레이(relay) 등을 구동하기 위한 액추에이터 구동 회로로 구성되어 있다. TACS의 내부 구성은 그림 (7-3)과 같이 TACS의 MPU에 내부 전원을 공급하기 위한 워치-독 타이머(watch dog timer) 및 입력 스위치류를 정합하기 위한 인터페이스(interface) 회로로 구성되어 있다.

　출력측으로는 경고등을 점등하기 위한 전구류나 릴레이 및 모터를 구동하기 위한 드라이브(drive) 회로로 구성되어 있다. 운전자의 조작에 의해 작동되는 TACS의 스위치(switch)류의 입력 회로는 대표적으로 그림 (7-4)와 그림(7-5)의 회로가 널리 사용되고 있어 TACS 이상시 비교적 간단하게 입력 회로의 이상 유무를 점검 할 수 있다.

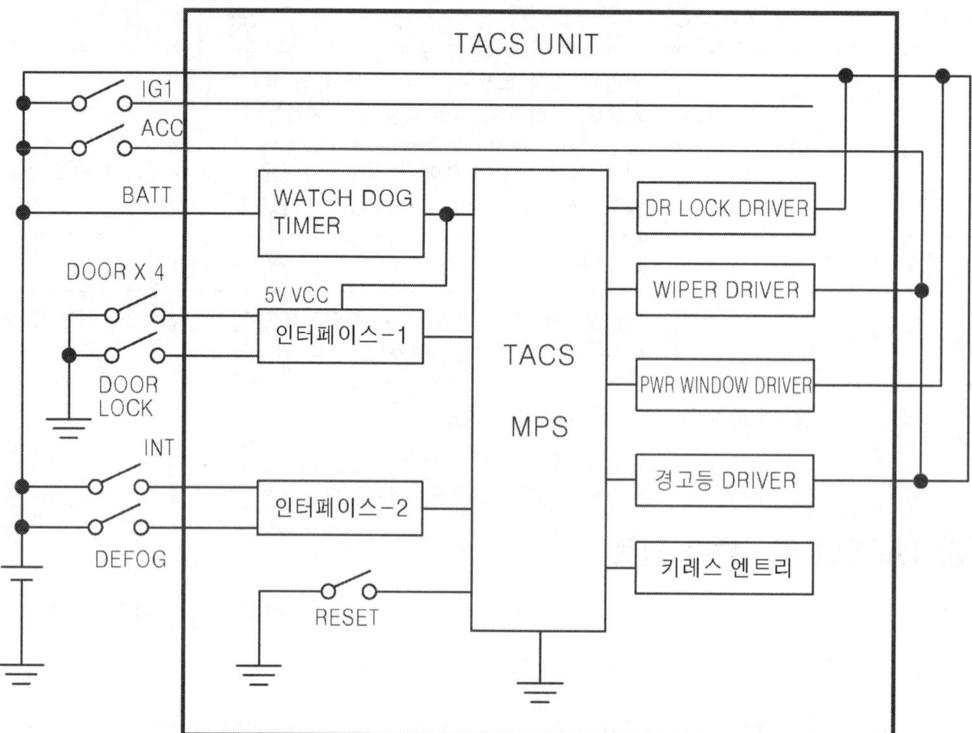


그림7-3  TACS 내부 회로의 블록 다이어그램

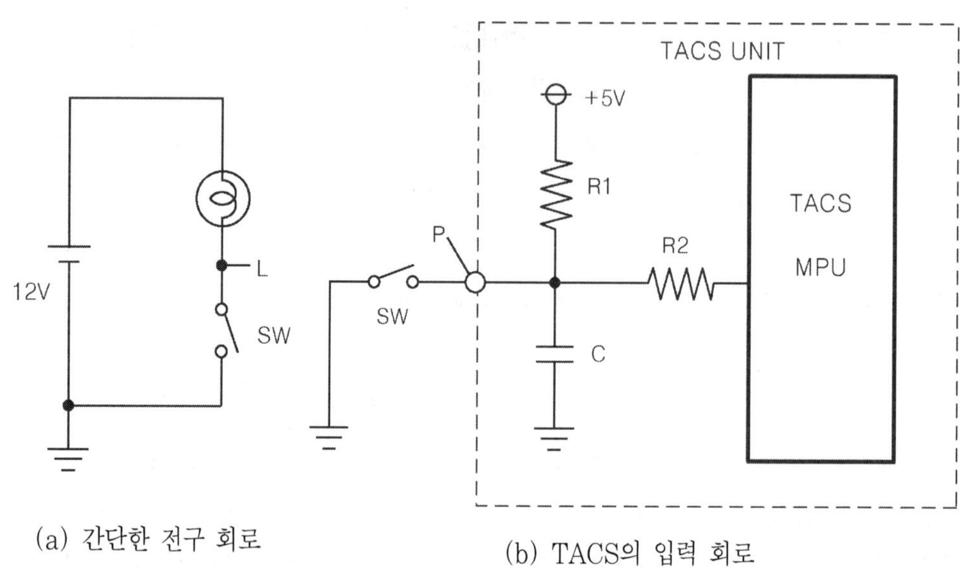


(a) 간단한 전구 회로          (b) TACS의 입력 회로

그림7-4 TACS의 입력회로(예)

그림 (7-4)의 (b) 회로는 스위치(switch)의 한쪽 리드가 접지(earth)가 되어 있고 다른 한쪽 리드는 저항 R1를 통해 정전압 전원 5V가 공급되어 있어 스위치를 ON 시키면 P점의 전압은 0V가 되고 OFF 시키면 5V가 되어 입력 스위치가 ON 또는 OFF 상태를 TACS MPU(마이크로 컴퓨터)는 인식할 수가 있다. 이 회로에서 사용하는 콘덴서(condenser) C는 노이즈(noise) 신호를 제거하기 위해 삽입하여 놓은 노이즈 바이 패스(noise by pass)용 콘덴서이다.

이에 반해 그림 (7-5)의 회로를 살펴보면 스위치의 한쪽 리드는 배터리의 전원 전압이 연결되어져 있고 다른 한쪽 리드(lead)는 다이오드(diode)를 통해 저항 R을 거쳐 TACS MPU(Micro Process Unit)와 연결되어져 있어 스위치를 ON 시키면 P점의 전압은 12V가 공급되어 다이오드 D를 통해 저항 R을 거쳐 TACS의 MPU로 입력하게 된다. 그러나 MPU(Micro Process Unit)의 전원은 5V를 사용하고 있어 입력되는 신호 전압도 전압 레벨(level)을 맞추어 주기 위해 5V로 변환 해 주어야 한다. 이러한 문제로 저항 R을 거친 지점에 제너 다이오드(zener diode)를 삽입하여 제어 전압만큼 드롭(drop) 시켜 MPU의 입력 포트로 입력하고 있다. 즉 스위치를 ON 시키면 제너 다이오드에 의해 약 5V 전압이 MPU의 입력 포트로 입력 하게 된다. 반대로 스위치를 OFF 시키면 P점의 전위는 거의 0V 상태로 나타나게 된다.

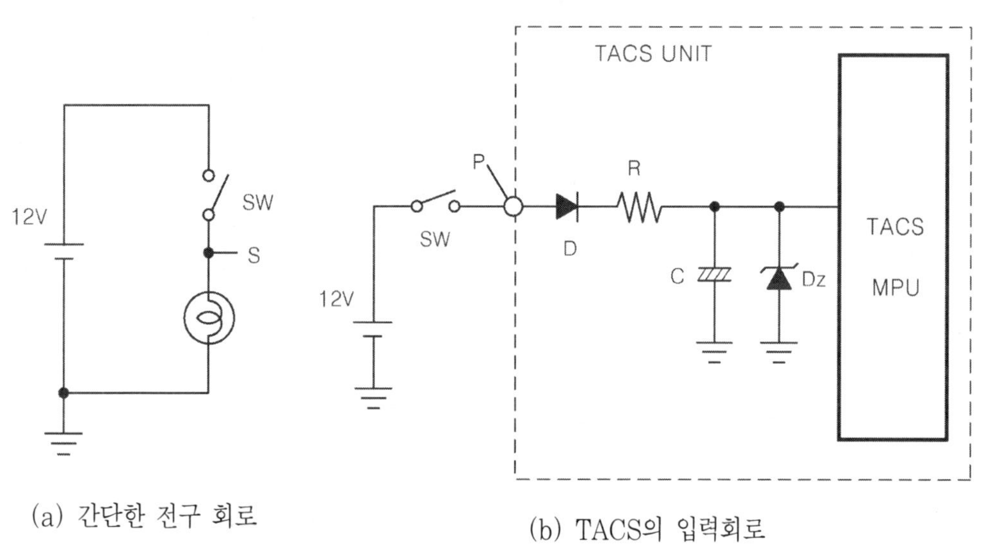


(a) 간단한 전구 회로

(b) TACS의 입력회로

그림7-5 TACS의 입력 회로(예)

 TACS(Time and Alarm Control System)의 출력 회로는 운전자에게 각종 정보를 경보하는 램프(lamp) 및 부저(buzzer)와 각종 모터(motor) 및 릴레이(relay)를 구동하기 위한 액추에이터(actuator)를 사용하고 있어 이들 램프 및 릴레이를 구동하기 위한 TACS 유닛의 내부 회로는 대표적으로 그림 (7-6)과 그림 (7-7)의 회로를 사용하고 있다.

 그림 (7-6)의 회로를 살펴보면 TACS MPU의 출력 포트는 버퍼(buffer) 회로를 거쳐 NPN 트랜지스터(NPN transistor)를 스위칭(switching)하도록 되어 있는 회로이다. 이 회로의 동작은 MPU의 출력 포트(port)의 전위가 낮아지면 트랜지스터의 베이스(base) 전위도 낮아져 이미터(emitter)에 공급되어 있던 전원 전압은 베이스(base)로 흐르게 돼 결국 트랜지스터는 ON 상태가 된다. 따라서 P점의 전압은 12V가 되고 전구는 점등하게 된다. 반대로 MPU의 출력 포트의 전위가 상승하면 트랜지스터의 베이스(base) 전류는 차단되고 트랜지스터는 OFF 상태가 된다. 이때 P점의 전위는 0V가 되고 전구는 소등하게 되는 회로이다.

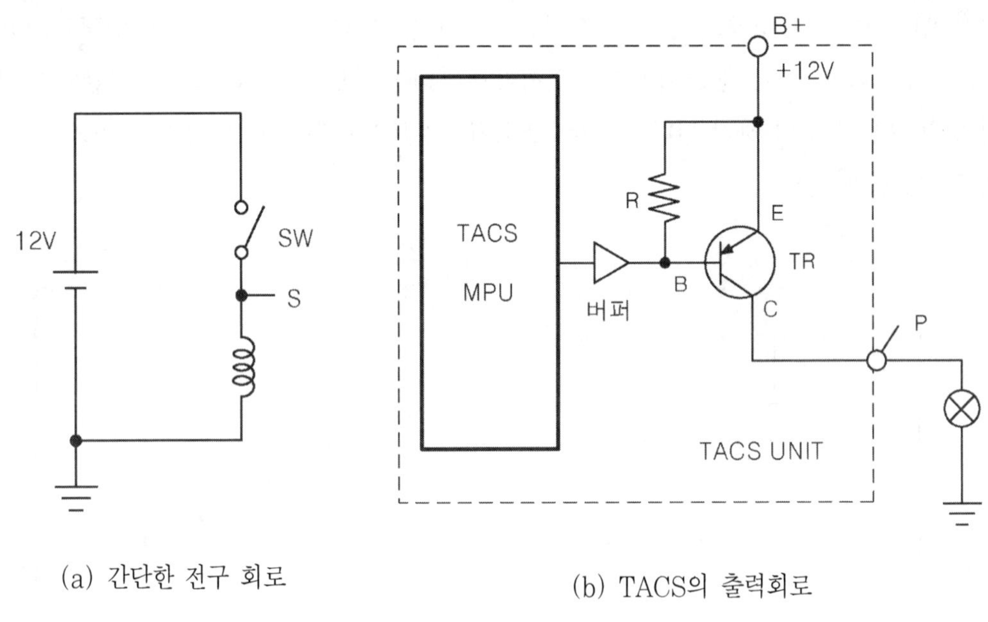


(a) 간단한 전구 회로      (b) TACS의 출력회로

그림7-6 TACS의 출력회로(예)

 이에 반해 그림 (7-7)의 출력 회로는 NPN 트랜지스터(transistor)을 사용하여 이미터(emitter) 접지 시킨 회로로 컬렉터(collector)측에는 릴레이(relay)와 같은 액추에이터를 연결하여 놓은 회로이다. 이 회로의 동작은 TACS MPU의 출력 포트 전위가 상승

하면 트랜지스터의 베이스(base) 전압도 저항 R을 통해 상승하게 돼 트랜지스터(transistor)의 컬렉터 전류 는 접지되어 있는 이미터(emitter)를 향해 흐르게 된다. 컬렉터 전류는 릴레이 코일(relay coil)에 철편을 자화시켜 릴레이의 접점을 가동하게 돼 릴레이는 ON 상태가 된다. 반대로 MPU의 출력 포트 전위가 낮아지면 트랜지스터의 베이스(base) 전위도 낮아져 트랜지스터의 컬렉터(collector) 전류는 차단하게 되고 릴레이 코일의 전류도 차단하게 돼 접점을 OFF 상태되는 회로이다. 이때 A점의 전위는 12V로 트랜지스터가 OFF 되어 있음을 의미한다.

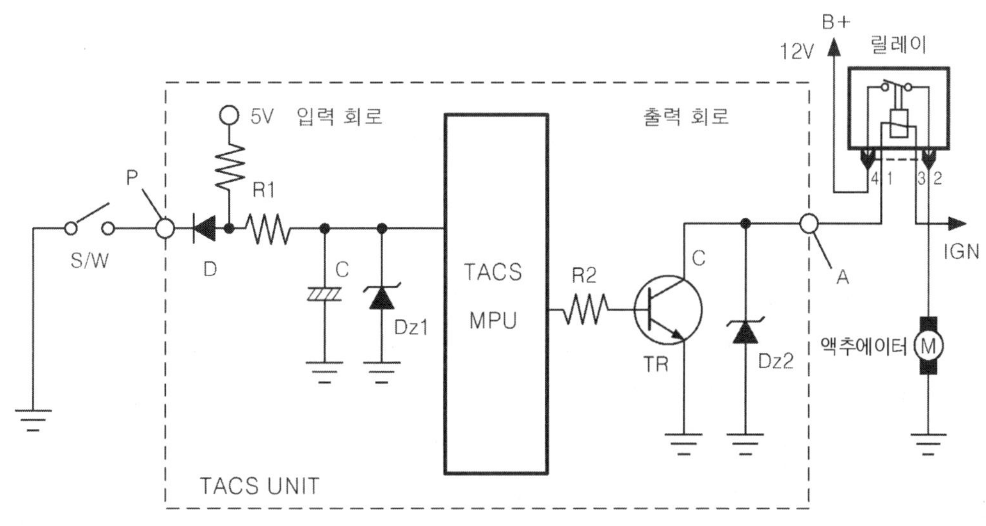


그림7-7 TACS의 입·출력회로(예)

 ## TACS의 점검

### 1. TACS의 점검 절차

TACS(Time and Alarm Control System) ECU가 제어하고 있는 기능에 이상이 생긴 경우 우선 확인하여야 할 것은 TACS 기능 전체가 작동되지 않는 가를 확인하고 이상이 없는 경우에는 TACS의 해당 기능 만 트러블(trouble)로 판단하여 작업 범위를 좁힌다. 만일 TACS 기능 전체가 작동이 되지 않는 경우는 우선 TACS 유닛 (ECU)에 공급되는

BATT 전원(상시 전원)과 어스 상태를 확인하고 부분적인 기능만 작동을 하는 경우에는 ACC 전원과 IGN 전원 공급 상태를 확인하는 것이 기본 점검 사항이다.

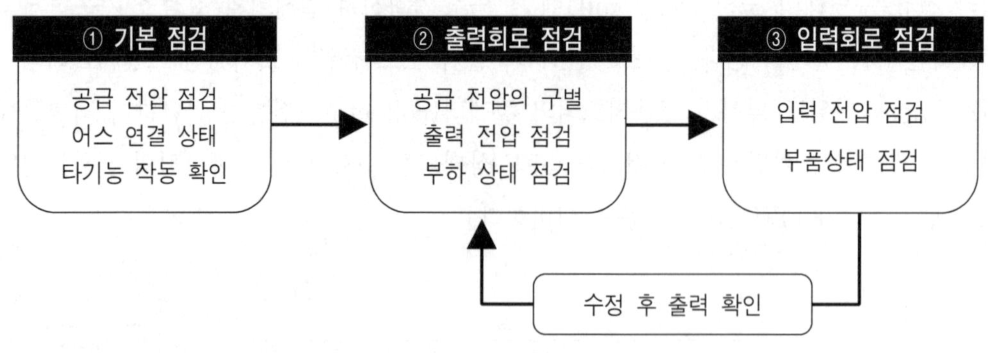


그림7-8 TACS의 점검절차

BATT 전원, ACC 전원, IGN 전원을 점검하는 요령은 대시 보드(dash board)나 콘솔 박스(console box) 등을 탈착하지 않고도 도어 열림 경고등, 시트 벨트 경고등, 파킹 브레이크 경고등 등이 정상적으로 점등되는지 만을 보고 전원 공급 상태를 간단히 확인할 수 있다. 만일 이상이 없는 경우는 고장 현상이 나타나는 출력측으로부터 전압을 확인한다. 이때 출력측의 부하에 공급하는 전원 이 BATT 전원, ACC전원, IGN 전원인지를 확인하고 이상이 없는 경우는 부하를 탈착하여 단품 상태로 부하를 점검한다, 점검 결과 출력 회로에 이상이 없다면 입력측 회로와 TACS 유닛(ECU)의 이상으로 범위를 좁힌다. 먼저 입력 회로를 점검 한 후 입력 회로에도 이상이 없는 경우라면 출력 회로를 구동하는 TACS 유니(ECU) 자체 이상이 있는 것으로 판단한다.

| ① | ② | ③ | 추정 원인 |
|---|---|---|---|
| OK | OK | OK | TACS 유닛 불량 |
| X | OK | OK | 전원 회로 이상 |
| OK | X | OK | 입력 회로, TACS |
| OK | OK | X | 입력 회로 접촉 불량 |

[표7-2] TACS 점검에 의한 추정 원인

## 2. TACS의 점검 요령

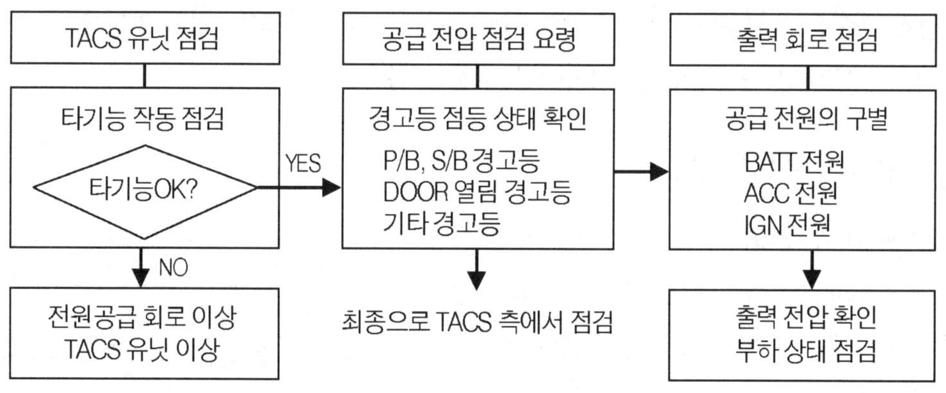


그림7-9 TACS 점검 요령

TACS 유닛(ECU)의 이상으로 판단한 경우라도 일단 TACS의 타 기능에도 이상이 있는 지를 확인하는 것이 우선이다. 타 기능상에는 이상이 없는 경우 해당 부하에 전원을 공급하고 있는 퓨즈(fuse) 및 배선을 확인하고 최종적으로 TACS 유닛을 의심 할 수가 있다. TACS 유닛은 타 기능 상에 이상이 없더라도 해당 출력측만 파손되는 경우가 있어 최종 점검시 출력 상태를 확인하고 TACS 유닛 교환 여부를 판단하여야 한다. 특히 TACS 유닛의 부하 전원은 BATT 전원, ACC 전원, IGN 전원이 구분되어 공급하고 있어 TACS 유닛 점검시 기본적으로 확인하여야 할 사항이다.

그러나 TACS 유닛은 일반적으로 운전석 하단부나 콘솔 박스 내에 장착되어 있어 TACS의 커넥터측에서 전원을 직접 확인하기란 쉽지 않은 경우가 있다. 이러한 경우에는 TACS 유닛과 관련이 있는 경고등의 점등 상태 등을 확인하여 정비 시간을 단축하는 것이 요령이다. TACS의 출력측 부하에 공급되고 있는 전원은 부하의 종류에 따라 BATT 전원, ACC 전원, IGN 전원이 이용되고 있어 정비 지침서의 회로도를 참고하여 해당 부하의 전원 공급 상태를 확인 한다.

보통 BATT 전원을 통해 작동 하는 부하는 도어 록 릴레이, 도어 록 액추에이터(door lock actuator), 파워 윈도우 모터(power window motor)릴레이, 룸 램프(room lamp), 파킹 브레이크 경고등 등이 있으며 ACC 전원을 통해 작동하는 부하는 와이퍼 모

터(wiper motor), 와이퍼 릴레이, 차임벨(chaim ball) 등이 있다. 또한 IGN 전원을 통해 공급 받고 있는 부하는 열선 릴레이, 안전벨트 경고등 기능이 있다. 결국 TACS 회로의 점검 수순은 출력측의 전원 상태와 작동 부하에도 이상이 없는 경우 TACS 유닛의 입력 회로와 TACS 유닛으로 원인을 좁힐 수가 있다.

## 3. 경고등 회로의 점검

계기판 내에 실장되어 있는 경고등 류 또는 룸 램프(room lamp) 등이 점등되지 않는 경우는 우선 확인 하여야 할 것이 TACS 유닛이 제어하는 다른 경고등도 점등되지 않는지를 확인하는 것이 우선이다. 다른 경고등도 점등 되지 않는 경우라면 이것은 전원 공급 회로 및 TACS 유닛 이상으로 간주 할 수 있다. 다른 경고등은 정상적으로 점등되는 경우라면 해당 경고등의 필라멘트(filament)가 단선이라고 판단하기 전에 입력 회로를 점검하여 보는 것이 순서이다.

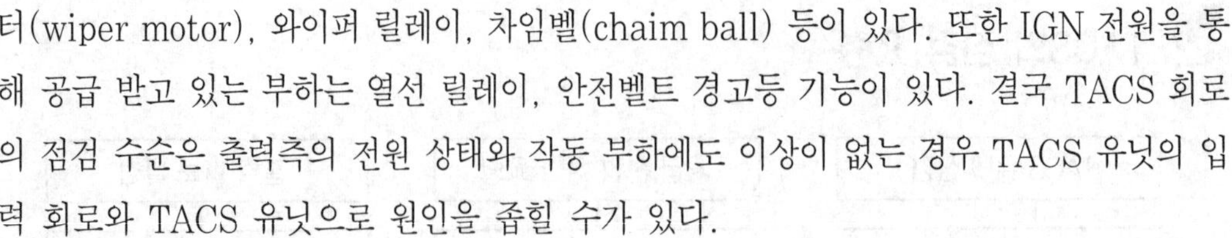

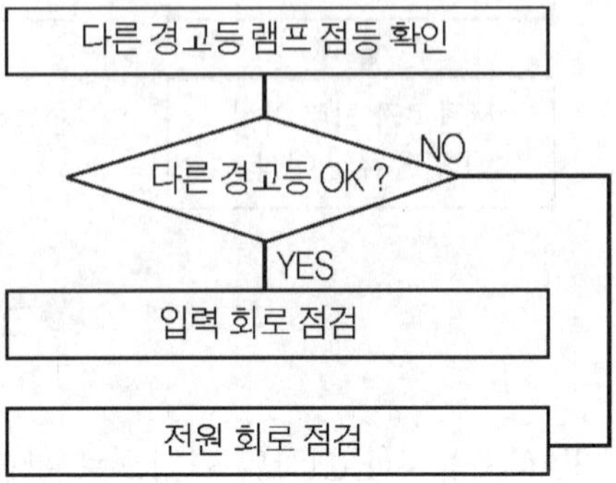

그림7-10 TACS의 경고등 회로 점검 절차

이것은 경고등이 장착 되어 있는 계기판을 탈착하는 것보다 입력 회로를 점검하는 것이 TACS 회로에서 간단하기 때문이다. 따라서 TACS 회로는 입력 회로를 점검하고 출력 회로를 점검하는 것이 좋다고 필자는 생각한다. 만일 경고등이 단선으로 판단하고 계기판을 탈착 하였다 이상이 없는 경우는 정비 효율 측면에서 바람직하지 않기 때문이다.

사진7-3 전면 인스트루먼트부

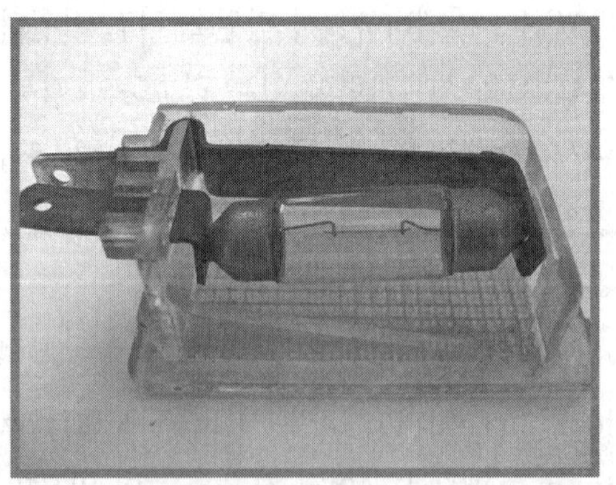

사진7-4 룸 램프

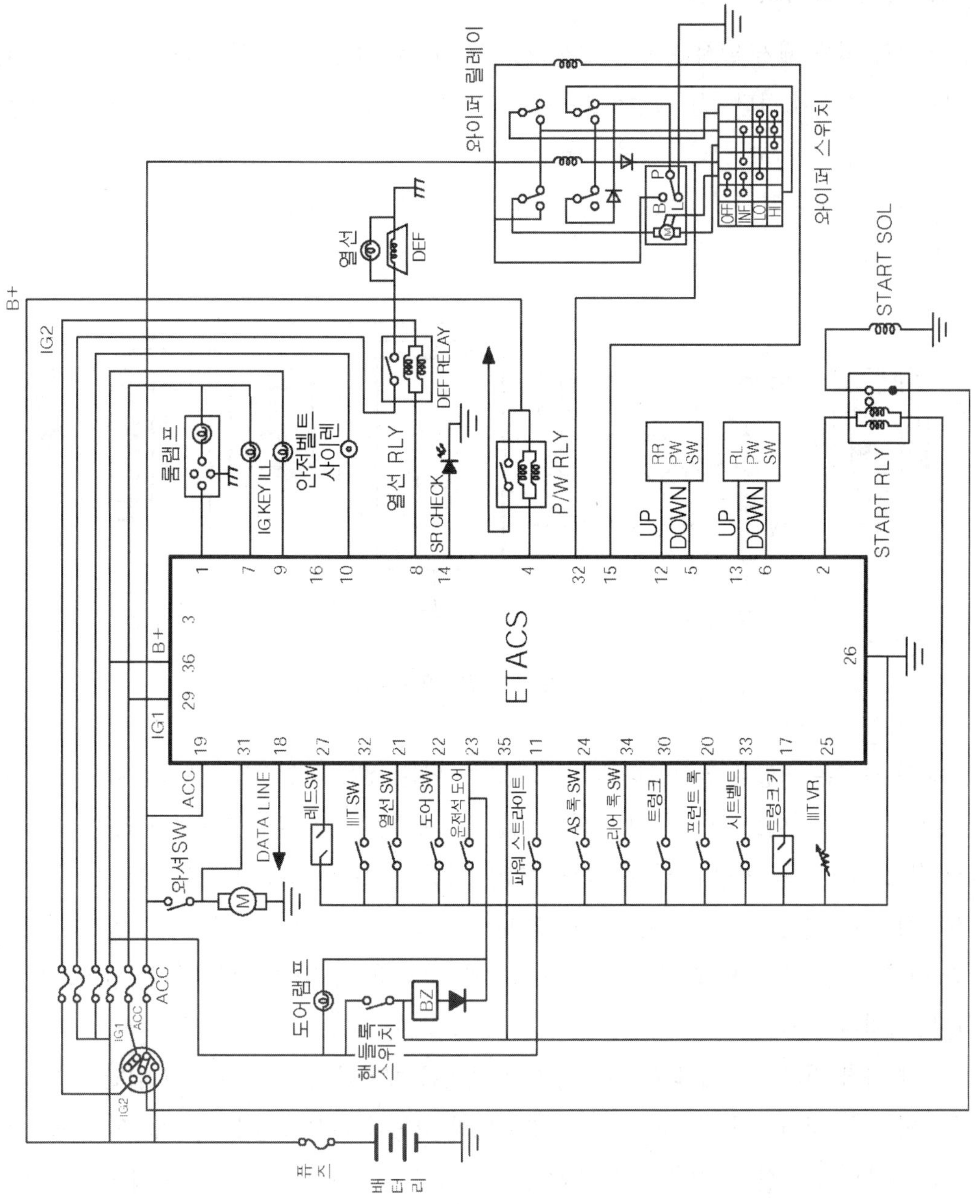

그림7-11  ETACS 회로

## 4. 열선 회로의 점검

차량의 성애 제거 열선은 보통 열선 스위치 ON시 약 20분간 히팅(heating) 되었다. 자동으로 전원이 차단되는 일종의 타이머 기능을 가지고 있는 것으로 그림(7-12)와 같은 회로 구성을 가지고 있다. 입력 회로를 살펴보면 올터네이터(alternator)의 L-단자가 TACS 유닛으로 입력되고 있는 것을 확인 할 수 있고 출력 회로는 열선 릴레이를 통해 열선의 전원을 공급하고 있다.

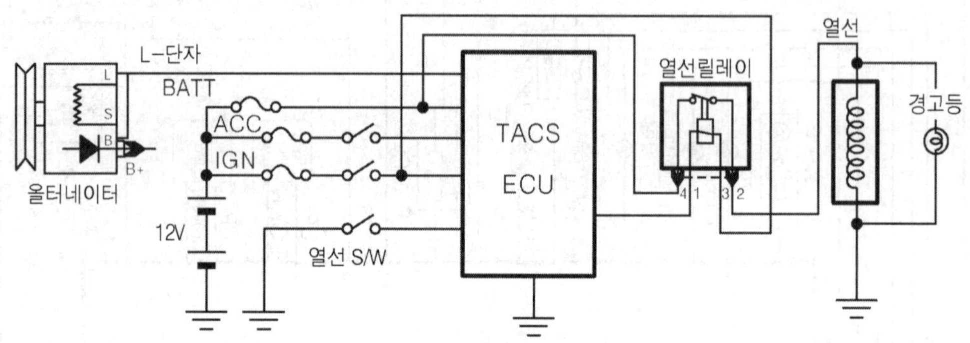


△ 그림7-12 열선 회로 점검

또한 열선은 병렬로 열선 경고등이 연결되어 있는 것을 확인 할 수 있다. 따라서 열선 스위치를 ON 하여도 열선이 작동 되지 않는 경우는 우선적으로 확인하여야 하는 것이 열선 경고등이다. 즉 열선 스위치를 ON시키면 열선 경고등이 점등 된다는 것은 열선이 단선되지 않는 한 열선 회로에는 이상이 없는 것을 의미하는 것으로 간단하게 열선 경고등만으로도 점검 할 수 있게 된다. 그러나 열선과 함께 경고등도 점등되지 않는 경우라면 상황은 달라지게된다.

이때 가장 먼저 점검해야 할 것은 열선 릴레이를 제거한 후 열선의 공급 전압과 TACS 유닛의 작동 상태를 확인하는 것이다. TACS의 작동이 이상이 없는 경우는 열선 릴레이 또는 커넥터의 단선을 의미하지만 TACS의 출력이 동작하지 않는 경우는 입력측 회로를 점검하여야 한다. 특히 올터네이터의 L-단자 입력은 엔진이 회전중에만 열선이 작동하도록 되어 있어 전원 공급 회로뿐만 아니라 엔진의 회전중 L-단자 전압을 확인하는 것을 잊어서는 안된다. 또한 열선 스위치는 한쪽 리드(lead)가 어스(earth)되어 있어 전압 점검만으로도 간단하게 스위치의 ON, OFF 상태인지를 확인 할 수가 있다. 이상과 같이 입력 회로를 점검 결과 이상이 없는 경우는 최종적으로 TACS 유닛(TACS ECU)을 의심하여도 좋다.

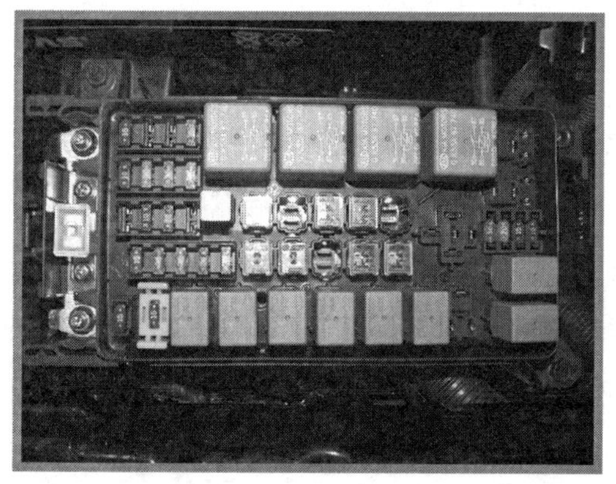

사진7-5 엔진 룸 정션 박스

사진7-6 알터네이터의 L단자

## 5. 와이퍼 장치의 점검

### [1] 와이퍼 모터의 동작

와이퍼(wiper) 회로의 구성은 보통 그림 (7-13)과 같이 와이퍼의 속도를 조절하는 와이퍼 스위치(wiper switch)와 모터에 전원을 절환하는 와이퍼 릴레이(wiper relay), 그리고 와이퍼의 작동 속도를 제어 할 수 있는 TACS 또는 ETACS 유닛으로 구성 되어 있다.

이 회로의 동작은 먼저 와이퍼 스위치(wiper switch)를 LOW 위치로 선택하면 와이퍼 스위치의 LOW 접점은 어스(earth)와 연결되고 와이퍼 모터의 6번 단자를 통해 공급하고 있던 IGN 전원은 와이퍼 스위치의 LOW 접점을 통해 전류가 흘러 와이퍼 모터는 저속으로 회전하게 된다. 와이퍼 스위치를 HIGH 위치로 선택하면 와이퍼 스위치(wiper switch)의 HIGH 접점은 어스(earth)와 연결되고 와이퍼 모터의 6번 단자를 통해 공급하고 있던 IGN 전원은 와이퍼 스위치의 HIGH 접점을 통해 와이퍼 모터의 고속 브러시와 연결되어 와이퍼 모터는 고속으로 회전을 하게 된다.

이에 반해 간헐 와이퍼(intermittent wiper)의 작동은 와이퍼 스위치를 INT(간헐 와이퍼) 위치로 선택하면 ETACS ECU의 15번 핀을 통해 어스와 연결되고 ETACS ECU는 1번 단자를 통해 와이퍼 릴레이를 구동하게 한다. 와이퍼 릴레이의 가동 접점이 어스(earth)와 연결되면 와이퍼 모터의 저속 브러시는 어스(earth)와 연결하게 돼 와이퍼 모터는 회전을 하게 된다.

와이퍼 모터가 회전을 시작하면 와이퍼 모터 내부의 캠 플레이트(cam plate) 접점은 절환되어 P점의 가동 접점이 어스와 연결하게 돼 ETACS가 와이퍼 릴레이의 구동을 멈추어도 와이퍼 모터는 정위치에 올 때까지 회전을 멈추지 않게 된다. 즉 간헐 와이퍼 회로는 ETACS가 와이퍼 속도 조절 신호(가변 저항)에 의해 미리 설정된 와이퍼 릴레이의 구동 시간을 결정하므로서 와이퍼 모터의 회전 속도를 제어하고 있다. 따라서 그림 (7-13)과 같은 전자 제어 회로는 INT 모드(mode)일 때만 와이퍼 릴레이를 구동하게 되어 있는 것을 알 수 있고 와이퍼 모터의 정위치 감지는 와이퍼 모터 내부에 캠-플레이트 접점에 의해 감지하고 있다는 것을 회로를 통해 알 수가 있다.

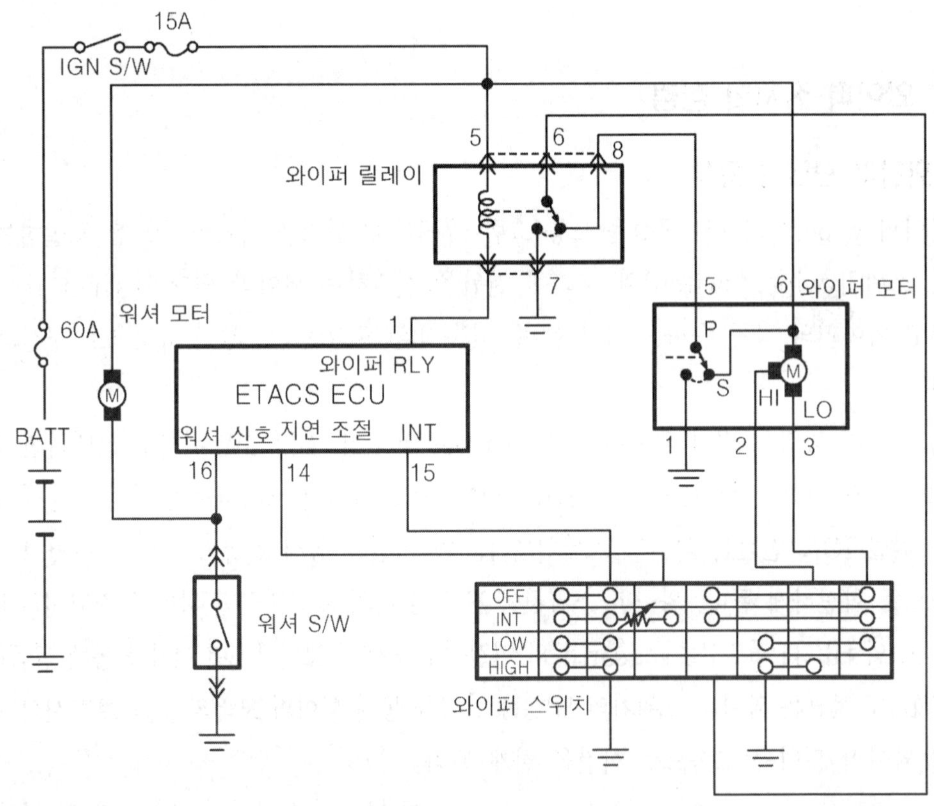


그림7-13 와이퍼 회로

△ 사진7-7 워셔 모터

△ 사진7-8 와이퍼 모터

## [2] 와이퍼 회로의 고장 점검

와이퍼(wiper)의 고장 현상은 크게 나누면 와이퍼 모터가 작동을 하지 않는 경우와 와이퍼 블레이드(wiper blade)가 정위치에 오지 않는 경우를 들 수 있다. 이중 와이퍼 모터가 작동을 하지 않는 경우에는 고속, 저속, 간헐 와이퍼 작동이 모두 안되는 경우와 저속 및 고속은 작동은 되는데 간헐 와이퍼만 작동이 안되는 경우, 간헐 와이퍼는 작동은 되는데 저속 또는 고속이 작동이 안되는 경우로 분류하여 생각 할 수 있다. 와이퍼(wiper)의 기능이 모두 작동이 안되는 경우는 구성 부품의 이상보다는 퓨즈(fuse)와 같은 전원공급에 관련된 배선상의 트러블(trouble)을 생각 할 수 있고 이에 반해 와이퍼 모터가 작동은 되지만 부분적인 기능만 작동이 되는 경우를 생각하면 다음과 같다.

### ① 간헐 와이퍼 기능만 작동이 안되는 경우

와이퍼(wiper)가 저속 및 고속 기능은 가능한데 간헐 와이퍼 기능만 작동이 안되는 경우를 생각하면 와이퍼 스위치를 저속 및 고속 상태에서 와이퍼 모터가 정상적으로 회전을 한다는 것은 와이퍼 모터(wiper motor)와 와이퍼 스위치(wiper switch)는 이상이 없는 것으로 생각하여 작업 범위를 좁힐 수 있다.

간헐 와이퍼의 작동은 ETACS ECU가 와이퍼 스위치의 입력을 받아 와이퍼 릴레이를 구동하도록 되어 있어 그림 (7-14)와 같이 LED식 체크 램프를 이용하면 간단하게 간헐 와이퍼의 작동 상태를 점검 할 수가 있다. 이 점검은 간헐 와이퍼 기능이 정상적으로 작동하고 있는데도 불구하고 와이퍼 모터가 작동을 하지 않는 것인지를 확인하기 위한 점검으로 와이퍼 스위치를 INT 위치로 놓은 상태에서 와이퍼 릴레이를 제거한 후 LED식 체크 램프를 와이퍼 릴레이의 5번 단자에 ①과 같이 접속하고 체크 램프가 점멸을 하고 있는지를 확인 한다. 이때 LED식 체크 램프가 점멸을 하면 ETACS 유닛은 INT 기능을 정상적으로 출력하고 있는 것으로 판단하여 와이퍼 릴레이 및 와이퍼 스위치 그리고 배선 상태를 점검한다. LED가 점멸을 하지 않는 경우는 ETACS 유닛과 ETACS 유닛으로 입력되는 와이퍼 스위치의 연결 상태를 점검하여야 한다.

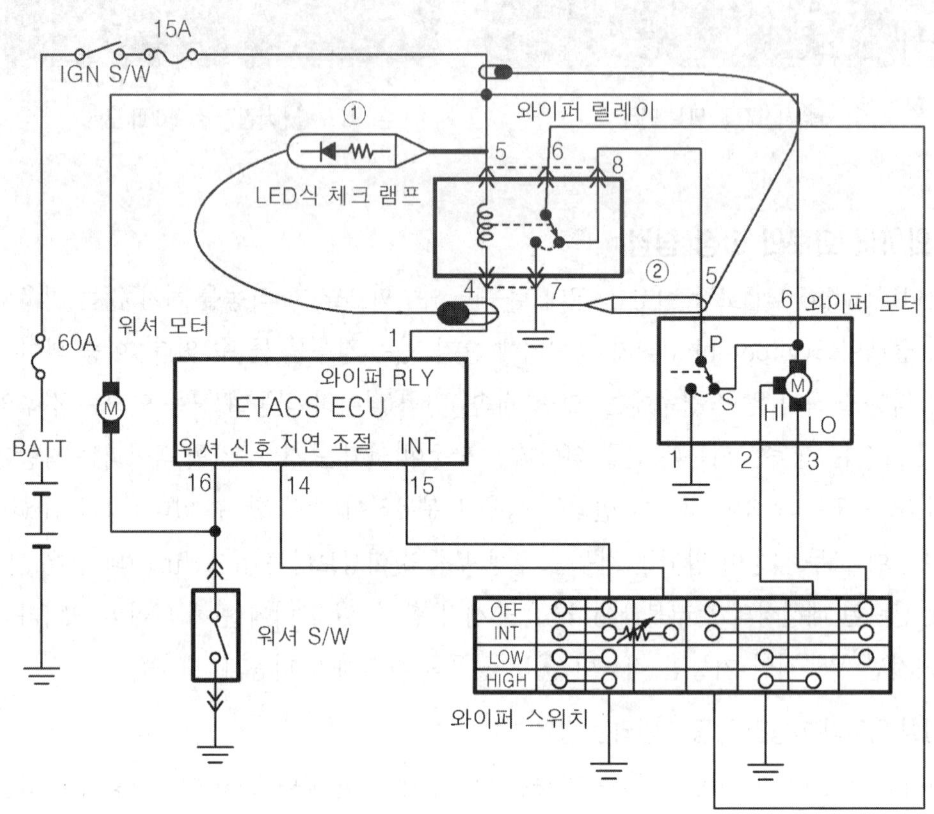


그림7-14 간헐 와이퍼 회로 점검

　점검 결과 LED식 체크 램프가 점멸을 하는데도 불구하고 간헐 와이퍼가 작동이 되지 않는 경우는 와이퍼 릴레이의 접점 이상과 와이퍼 스위치의 연결 상태의 이상으로 와이퍼 릴레이의 어스 상태 점검, 와이퍼 릴레이의 접점 상태 점검, 와이퍼 스위치의 접점 연결 상태를 하나씩 점검한다.

## ② 저속 또는 고속 기능만 작동이 안 되는 경우

간헐 와이퍼 기능이 작동이 된다는 것은 ETACS 유닛(ETACS ECU) 및 와이퍼 모터는 정상적으로 동작을 하고 있다는 의미이므로 저속 또는 고속 기능만 작동이 안 되는 경우라면 와이퍼 스위치(wiper switch)의 접촉 불량일 가능이 높다.

와이퍼 스위치의 접촉 불량의 점검은 와이퍼 스위치를 HI 상태(고속 상태)에 위치하고 그림(7-15)와 같이 체크 램프의 클립(clip)을 배터리의 +단자나 와이퍼 모터의 6번 단자에 접속하고 체크 램프 팁을 와이퍼 모터(wiper motor)의 2번 단자에 접속하여 체크 램프가 점등 되면 와이퍼 스위치의 HI 연결 접점은 이상이 없는 것으로 판단 할 수 있다. 같은 방법으로 와이퍼 스위치를 LO 상태(저속 상태)에 위치하여 체크 램프 팁을 3번 단자에 접속하여 체크 램프가 점등되면 와이퍼 스위치의 LO 연결 접점은 이상이 없는 것으로 판단 할 수가 있다.

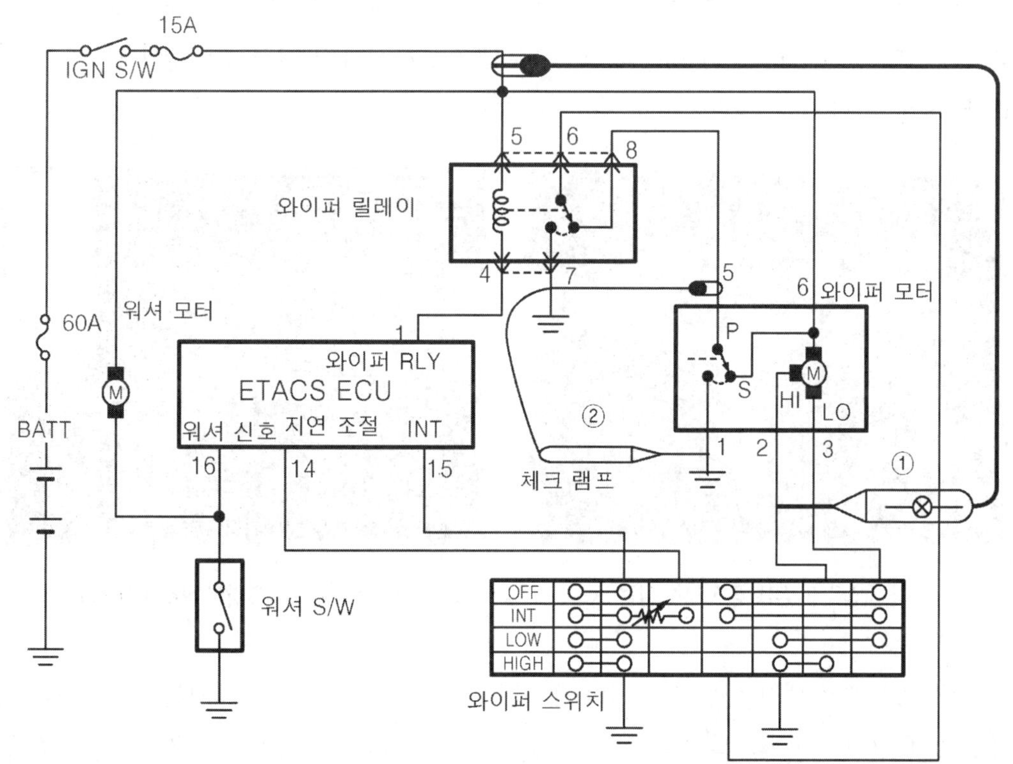


그림7-15 와이퍼 스위치 및 와이퍼 캠 플레이트 접점 점검

### ③ 와이퍼가 정위치에 오지 않는 경우

와이퍼가 정위치에 오지 않는 경우는 와이퍼 블레이드의 장력이 회전 토크보다 강해 와이퍼가 블레이드(blade)를 정위치로 이동하지 못하는 기구적인 결함과 와이퍼 모터의 캠 플레이트(cam plate)의 접점이 마모 또는 소손되어 접촉이 제대로 되지 않는 경우를 생각 할 수 있다.

전자의 경우는 와이퍼의 장력 조정만으로 간단히 가능하며 후자의 경우는 와이퍼 모터의 캠 플레이트 접점 상태를 확인하여 보아야 한다. 캠 플레이트의 접점 상태 점검은 그림(7-15)와 같이 체크 램프를 사용하여 체크 램프의 클립을 와이퍼 모터(wiper motor)의 캠 플레이트 접점의 5번 단자에 접속하고 체크 램프 팁은 1번 단자에 접속 한다. 이때 와이퍼 스위치를 INT 위치에서 저속상태로 조절하여 와이퍼가 작동시 체크 램프가 점등 및 소등이 반복되는지 확인하고 점등시는 체크 램프의 밝기의 상태를 점검한다.

체크 램프의 점등 및 소등이 반복되지 않는 경우나 체크 램프의 밝기가 어두운 경우는 와이퍼 모터(wiper motor) 내부의 캠 플레이트(cam plate) 접점이 이상이 있는 것으로 판단 할 수 있다.

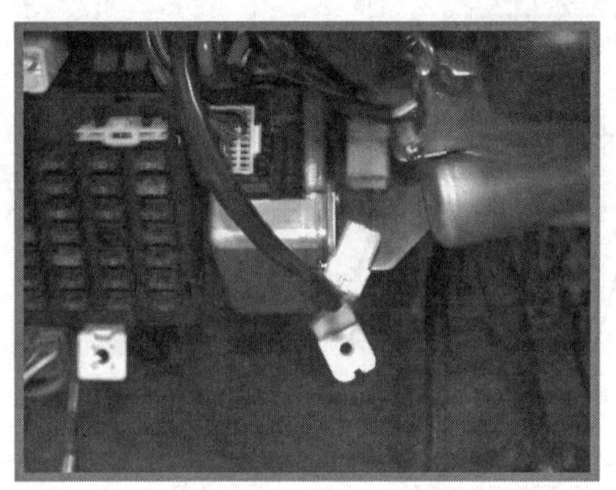

🔺 사진7-9 실내 퓨즈 박스 점검

🔺 사진7-10 와이퍼 모터의 커넥터

또한 체크 램프 대신 아날로그 멀티 테스터를 이용하여 점검 할 수 있는 데 이 때는 아날로그 테스터의 선택 스위치를 DC × 10V 렌지로 선택하고 테스터 봉을 그림(7-15)의 체크 램프 연결 단자에 접속하여 미터의 지침이 부드럽게 움직이는 지를 관찰하여 와이퍼 모터의 캠 플레이트 접점의 이상 유무를 점검하여도 좋다.

#### ④ 워셔가 작동이 되지 않는 경우

워셔(washer)의 작동 조건은 와셔 스위치를 0.5초 이상 ON상태를 유지하면 워셔 모터(washer motor)는 작동 후에 와이퍼 모터(wiper motor)가 작동을 하도록 되어 있어서 단순히 워셔 기능(washer) 작동을 하지 않는 경우는 워셔 모터가 단선이 된 경우와 와셔 스위치의 접촉 불량을 들 수가 있어 쉽게 판단이 가능하다.

그러나 워셔 모터는 작동을 하는 데 와이퍼가 작동이 되지 않는 경우는 ETACS 유닛의 문제인지 워셔 스위치의 입력 회로의 단선인지, 와이퍼 릴레이의 이상인지를 점검하여야 한다. 이 경우 간단히 점검하는 방법은 먼저 INT (간헐 와이퍼) 기능이 작동이 하는지를 확인하고 이상이 없는 경우는 ETACS 유닛 및 와이퍼 릴레이는 이상이 없는 것으로 간주할 수가 있어 입력 회로 단선으로 쉽게 유추가 가능하다.

## 6. 파워 윈도우 장치의 점검

### (1) 파워 윈도우의 동작

파워 윈도우의 기능은 윈도우를 내려놓은 상태에서 운전자가 차량 밖으로 나와도 시동 키를 사용하지 않고 일정 시간 파원 윈도우에 전원을 공급하여 파워 윈도우가 작동하도록 하는 편의 기능이다. 파워 윈도우(power window) 회로의 구성은 그림(7-16)과 같이 파워 윈도우 모터에 전원 공급을 절환하는 파워 윈도우 릴레이(power window relay)와 파워 윈도우 모터의 회전 방향을 절환하기 위한 파워 윈도우 스위치로 구성되어 있다.

그림 (7-16)의 회로를 살펴보면 운전석 파워 윈도우 스위치와 승객석 파워 윈도우 스위치가 서로 병렬로 연결되어 있어 운전석과 승객석에서 각각 파워 윈도우를 작동할 수 있게 되어 있다. 파워 윈도우 모터의 전원 공급은 배터리(battery)로부터 상시 전원이 파워 윈도우 릴레이의 접점을 통해 운전석 파워 윈도우 스위치로 연결되어 있어서 파워 윈도우 스위치의 조작에 따라 파워 윈도우 모터(power window motor)의 공급 전원의 극성이 절환 되는 것을 알 수 있다.

운전석 파워 윈도우 스위치의 내부 회로를 살펴보면 파워 윈도우 릴레이의 접점으로 공급 되는 상시 전원이 파워 윈도우 스위치의 고정 접점에 연결되어 있고 반대측 고정 접점은 어스(earth)와 연결되어 있는 것을 확인 할 수가 있다. 또한 파워 윈도우 스위치의 가동 접점은 파워 윈도우 모터의 ①번 단자와 ②번 단자로 연결된 것을 확인 할 수가 있다.

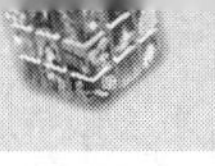

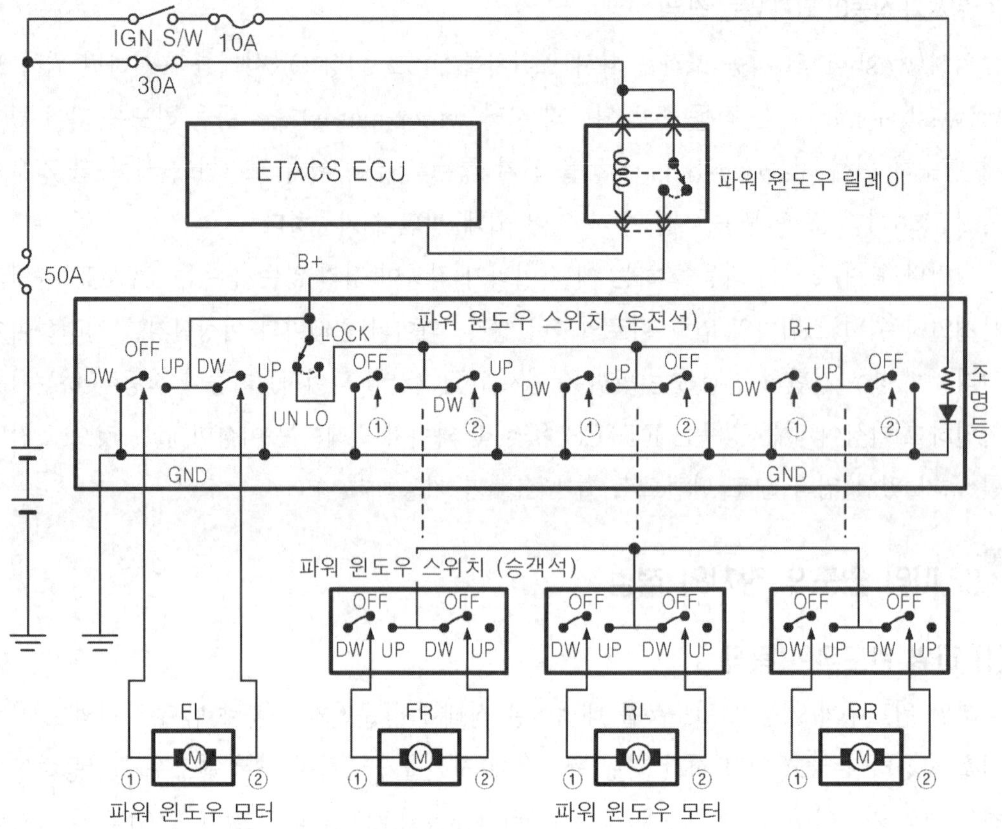


그림7-16 파워 윈도우 회로

이때 파워 윈도우 스위치의 가동 접점 ①번과 ②번은 평상시에는 중앙에 위치(OFF에 위치) 있다가 운전석 파워 윈도우 스위치(FL : 좌측 앞)를 UP(상향)으로 위치하면 파워 윈도우 모터의 ①번 단자는 B+(상시 전원)과 접속하게 되고 ②번 단자는 어스와 접속하게 돼 파워 윈도우 모터는 상향으로 작동하게 된다. 반대로 운전석 파워 윈도우 스위치를 DW(하향)방향으로 위치하면 파워 윈도우 모터의 ①번 단자는 어스와 접속하게 되고 ②번 단자는 B+(상시 전원)과 접속하게 돼 파워 윈도우 모터는 하향으로 작동하게 된다. 이와 마찬 가지로 승객석에 있는 파워 위도우 스위치를 조작하여도 운전석 윈도우 스위치와 병렬로 연결되어 있어서 동일하게 작동을 하게 된다.

결국 파워 윈도우 스위치(power window switch)는 파워 윈도우 모터의 공급 전원의 극성을 절환하여 줌으로서 윈도우의 올림과 내림을 할 수 있도록 한 장치이다.

## (2) 파워 윈도우의 고장 점검

파워 윈도우(power window)의 고장 현상은 크게 윈도우가 전혀 작동을 하지 않는 경우와 윈도우가 중간에서 멈추는 경우 및 윈도우가 리턴(return)하는 현상을 들 수가 있다.

### ① 파워 윈도우가 모두 작동을 하지 않는 경우

파워 윈도우가 모두 작동을 하지 않는 경우는 운전석 파워 윈도우 스위치에 조명등이 실장되어 있는 스위치인 경우 파워 윈도우 스위치의 조명등이 점등되는지 확인하고 조명등이 실장되어 있지 않는 스위치인 경우는 바로 공급 전원의 퓨즈 및 전원 상태를 점검한다.

확인 결과 전원 공급 상태에 이상이 없는 경우는 파워 윈도우 릴레이(power window relay)를 제거한 후 릴레이 접점부인 1번 핀과 3번핀을 그림 (7-17)과 같이 점프선을 연결하여 강제 구동하여 본다. 점프(jump)선을 연결하여 강제 구동하면 파워 윈도우 모터가 정상 작동하는 경우는 릴레이(relay) 또는 ETACS 유닛의 이상으로 원인을 추정 할 수가 있다. 반대로 점프선을 연결하여도 윈도우 모터가 작동을 하지 않는 경우는 파워 윈도우 스위치로 공급되는 전원이 단선 또는 어스(earth)의 접촉 불량으로 예측 할 수 있다.

### ② 파워 윈도우가 중간에 멈추는 경우

파워 윈도우가 중간에 멈추는 경우는 기구적인 결함과 전기적인 결함으로 구분 할 수 있다. 기구적 결함인 경우는 파워 윈도우 모터에 의해 작동하는 윈도우의 밸런스(balance)가 맞지 않아 중간에 걸리는 경우가 있으며 이 경우는 도어 트림(door trim)을 탈착하여 수정 작업으로 조치 할 수 있다.

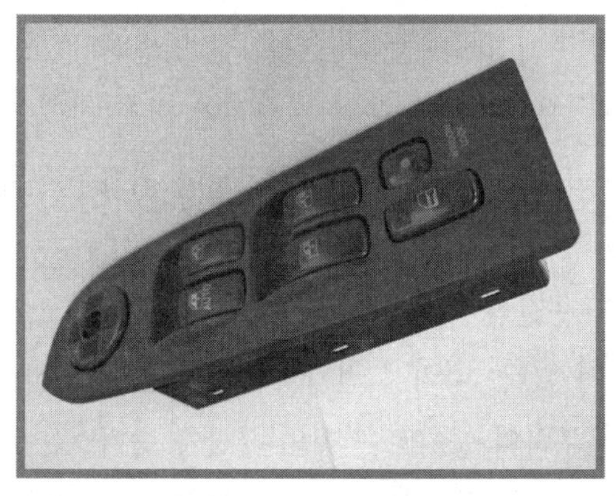

사진7-11 운전석 메인 스위치

사진7-12 메인 스위치 내부 PCB

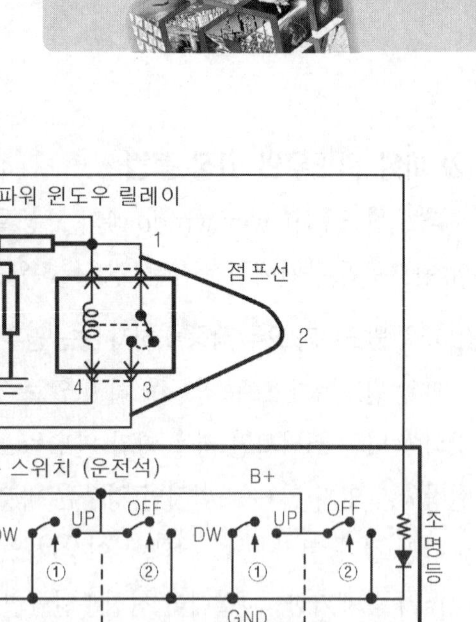


그림7-17 파워 윈도우 회로의 전원 연결 상태 점검

    윈도우(window)는 올림 상한선과 내림 하한선을 을 감지하는 방법은 보통 2가지 방법이 사용되고 있다. 한 가지 방법은 윈도우에 힘이 작용하면 윈도우 모터에 흐르는 전류가 증가하는 것을 감지하여 윈도우(window)를 멈추게 하는 방식과 다른 한 방법은 윈도우 모터(window motor)에 회전 센서(sensor)를 부착해 윈도우가 정상적인 회전 상태 일 때와 윈도우에 힘이 작용 할 때 모터의 회전 속도가 저하하는 것을 감지하여 윈도우에 부하가 가해지고 있는 것을 감지하는 방식이 있다.

    보통 파워 윈도우의 감지 모듈(module)은 운전석 파워 윈도우 메인 스위치(power window main switch) 내에 회로가 구성 되어 있다. 따라서 전기적인 트러블(trouble)로 윈도우가 중간에 멈추는 경우라면 기계적인 부하의 증가로 전기의 부하가 증가하는 경우와 파워 윈도우 모터(power window)의 회전속이 떨어지는 경우가 대부분으로 전기적인 부하가 받지 않도록 수정 작업을 하여 주어야 한다. 한편 파워 윈도우 모터는 파워 윈도우 스위치를 통해 전원을 공급하도록 하고 있어 공급 전원에 접촉 불량이 생기면 모터의 회전속이 떨어져 파워 윈도우가 중간에 멈추는 경우도 있다.

사진7-13 파워 윈도우 모터

사진7-14 탈착된 도어 트림

파워 윈도우의 접촉 불량에 의한 트러블의 점검은 멀티 테스터를 사용하여 그림 (7-17)과 같이 파워 윈도우 릴레이(power window relay)의 공급 전원을 확인한 후 윈도우 모터의 양단에 전압을 측정하여 그 차가 0.2V 이상이면 파워 릴레이를 통해 공급하고 있는 전압이 접촉 저항이 있다는 것을 의미 한다. 그러나 측정 전압의 차가 0.3V가 나더라도 작동을 하는 데에는 그다지 문제가 되지 않지만 이 값이 그 이상 초과를 하면 파워 윈도우 모터가 작동을 하더라도 접촉 저항의 있는 개소를 찾아 원인을 제거하여 주어야 한다. 접촉 저항의 원인 개소는 배터리 +(플러스) 터미널에서부터 파워 윈도우 릴레이 (power window relay), 운전석 파워 윈도우 메인 스위치, 승객석 파워 윈도우 스위치, 파워 윈도우 모터의 순으로 공급 전압을 측정하여 측정 전압이 크게 낮아지는 점을 찾아 원인 부품의 교환 또는 원인 개소를 수정 한다.

### ③ 파워 윈도우가 중간에서 되돌아가는 경우

파워 윈도우가 상승중 중간에서 걸리듯 되돌아가는 경우는 파워 윈도우의 전기적인 트러블(trouble) 보다 기계적인 트러블(trouble) 일 가능성이 매우 높다. 전술한 바와 같이 파워 윈도우의 상한선 또는 하한선 감지는 전기 부하 또는 파워 윈도우 모터의 회전 속에 의해 감지하고 있으므로 기계적인 마찰에 의해 파워 윈도우 모터에 부하가 증가하면 모터의

회전속은 떨어지게 되어 윈도우(window)의 상한선 또는 하한선을 다다르기도 전에 파워 윈도우의 감지회로는 상한선 또는 하한선을 감지한 것으로 인지하여 중간에서 되돌아가게 된다. 원래 이 기능은 실수로 신체가 윈도우에 끼이는 것을 방지하기 위해 작동하도록 되어 있는 기능으로 기구적으로 마찰이 없는지를 확인하여 수정하여야 한다.

파워 윈도우의 상한선 또는 하한선 의 감지를 파워 윈도우 모터(power window motor)의 부하에 의해 감지하는 방식의 경우는 파워 윈도우 모터의 내부 쇼트(short)로 인해 파워 윈도우 모터에 흐르는 전류가 상승하게 되면 윈도우(window)가 작동중에 상한선에 다다르기도 전에 상한선을 중간에서 감지하게 돼 파워 윈도우가 중간에서 멈추는 현상이 발생 할 수 도 있다. 따라서 이러한 경우 정확한 진단을 하기 위해서는 파워 윈도우 모터에 흐르는 전류를 비교 측정하여 이상이 있는 경우에는 윈도우 모터를 교환 조치한다.

## 7. 도어 록 장치의 점검

### [1] 도어 록 회로의 동작

일반적으로 도어 록(door lock) 회로의 구성은 그림 (7-18)과 같이 2개의 도어 록 릴레이와 4개의 도어 액추에이터(door actuator) 그리고 도어 록 스위치(door lock switch)로 구성되어 4개의 도어(door)를 동시에 잠김과 해제를 할 수 있도록 하고 있다.

2개의 도어 록 릴레이(door lock relay)는 4개의 도어 록 액추에이터에 전원을 공급함과 동시에 4개의 액추에이터(actuator)에 공급 전원의 극성을 전환하는 기능을 가지고 있다. 이것을 통해 운전석에 있는 도어 록 스위치(메인 스위치)는 2개의 도어 록 릴레이를 LOCK(잠김), UNLOCK(풀림)을 하도록 하고 있다. 즉, 2개의 도어 록 릴레이 중 하나는 LOCK(잠김)용으로 작동이 되고 다른 하나는 UNLOCK(풀림)용으로 작동을 하게 된다.

또한 운전석에 있는 도어 록 스위치(메인 스위치)는 운전석 도어의 키 스위치(key switch)와 병렬로 연결되어 있어서 시동 키만으로도 4개의 도어를 LOCK(잠김)과 UNLOCK(풀림)을 할 수 있도록 하고 있다.

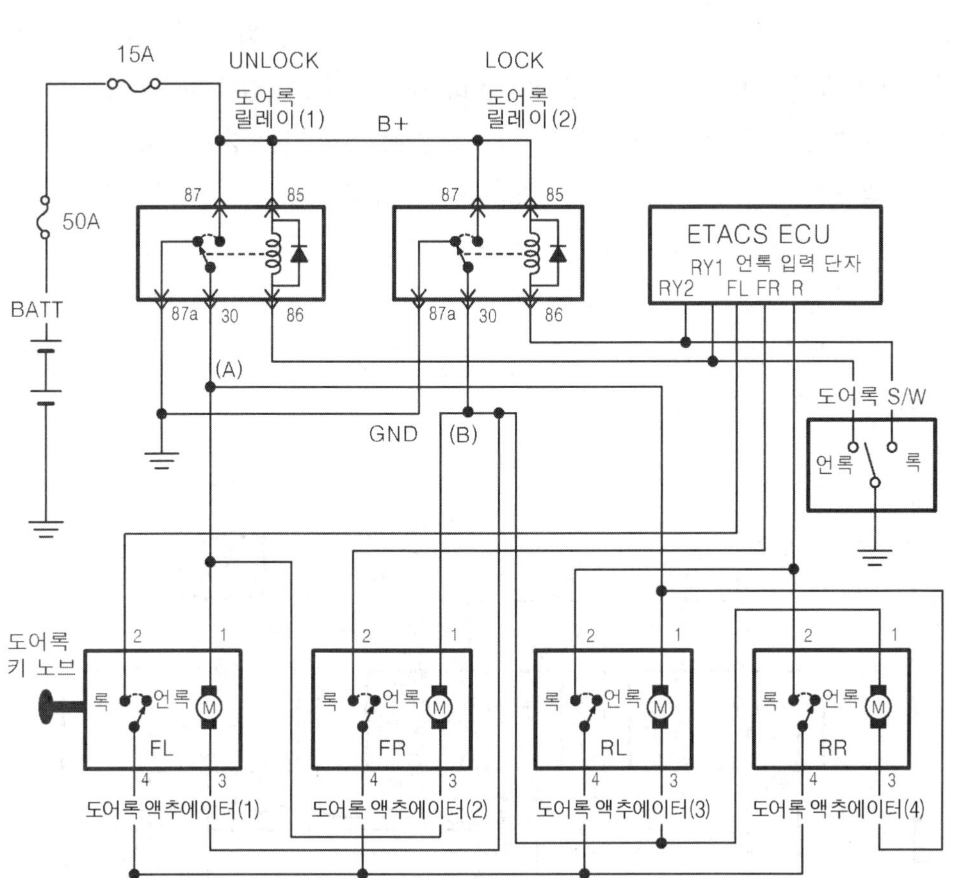


그림7-18 도어록 회로

## (2) 도어 록 장치의 고장 점검

도어 록(door lock) 장치의 고장 현상은 도어의 록 장치가 작동을 하지 않는 경우와 도어의 LOCK(잠김)은 되는데 UNLOCK(풀림)이 안되는 경우 또는 풀림은 되는데 잠김이 안되는 경우, 그리고 도어 LOCK(잠김)이 리턴(return)되는 현상이 있다.

### ① 도어 록 장치가 전혀 작동이 되지 않는 경우

도어 록 액추에이터(door lock actuator)는 도어 록 릴레이를 통한 공통 전원에 의해 작동되기 때문에 도어 록 장치가 전혀 작동이 되지 않는 경우는 우선 전원 공급 상태(전원 및 퓨즈) 및 어스(earth)의 연결 상태를 점검한다.

　전원 공급 및 어스 상태에 이상이 없는 경우는 그림 (7-19)와 같이 도어 록 릴레이를 제거한 후 릴레이 87번핀과 30번핀을 점프(jump)선을 사용해 강제 접속하여 도어가 잠김 상태로 들어가는지 확인한다. 이때 도어가 잠김 상태로 들어가는 경우는 도어 스위치(door switch) 및 도어 록 릴레이(door lock relay)로 범위를 좁힐 수 있다. 이렇게 점프(jump)선을 접속한 경우에도 도어(door)가 잠김 또는 풀림이 되지 않는 경우는 도어 록 액추에이터의 어스 상태 등을 점검한다. 도어 록 액추에이터의 어스 상태를 점검하기 전에 도어 록 릴레이측으로부터 전원 공급 상태를 1차 확인하고 이상이 없는 경우는 도어 록 액추에이터의 어스 상태를 점검한다.

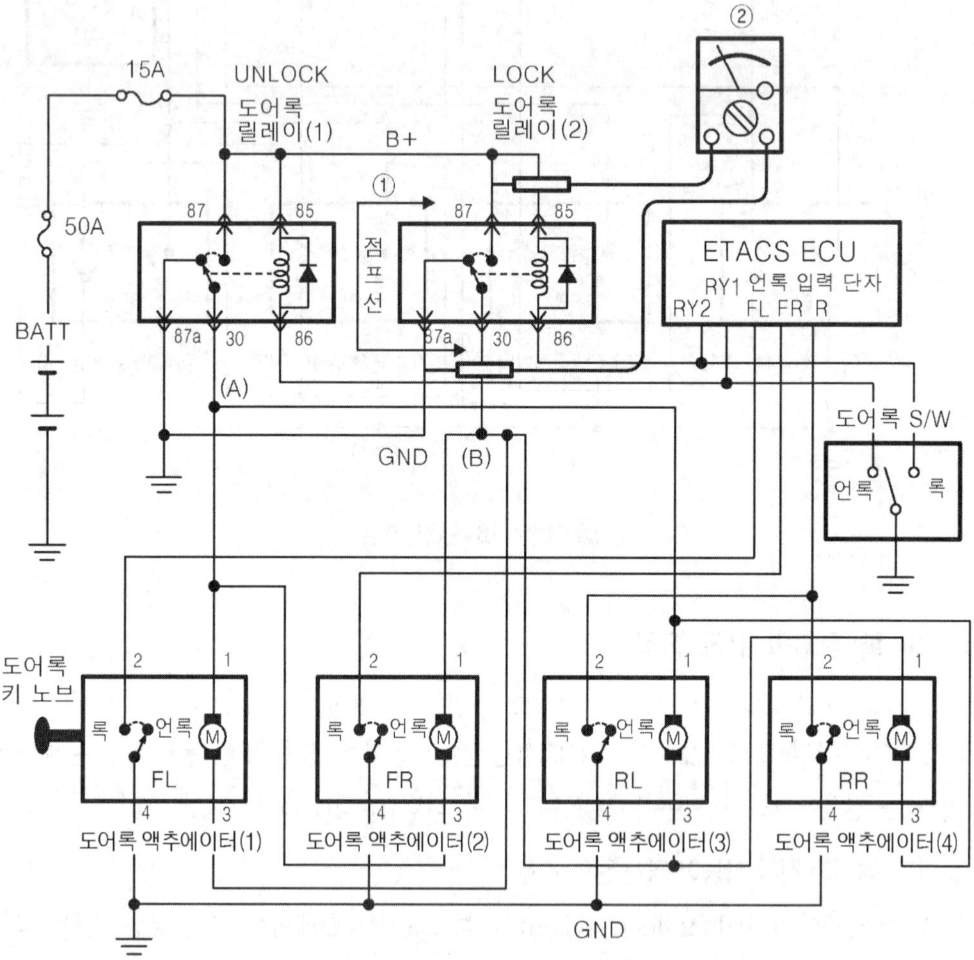

그림7-19  도어록 회로 점검(1)

　도어 록 릴레이측으로부터 전원 공급 상태의 점검은 멀티 테스터를 사용해 테스터의 선택 스위치를 전압 레인지에 위치하고 테스터의 측정봉을 그림 (7-19)의 ②와 같이 릴레이의 87번 핀과 87a번 핀을 접속하여 전압을 확인한다. 전압 측정 결과 전압이 측정되지 않는 경우는 도어 록 릴레이의 정선 박스의 어스 상태 불량에 기인한 것으로 판단할 수 있다.

　반면에 배터리 전압이 측정이 되는 경우는 이상이 없는 것으로 판단하고 도어 록 액추에이터에 연결된 접지를 자동차 메이커가 제공하는 회로도를 참조하여 어스(earth)의 연결 상태를 점검한다.

△ 사진7-15  도어 키 스위치

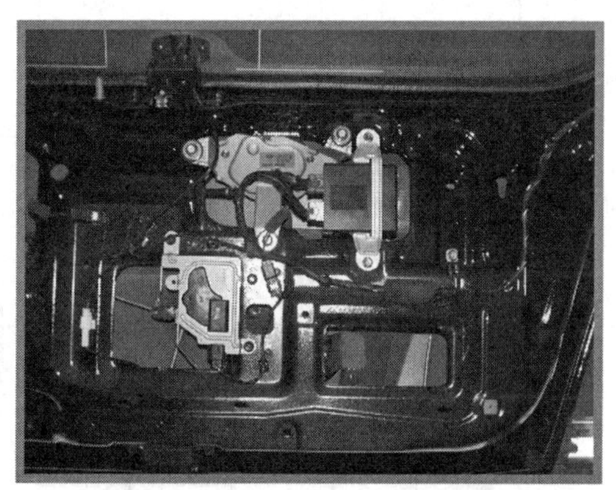

△ 사진7-16  탈착된 도어 트린 내부

## ② 도어 록은 되는데 언록 기능이 되지 않는 경우

　도어 록(door lock)은 되는데 언록(unlock) 기능이 되지 않는 경우는 도어 록 액추에이터 측의 회로는 이상이 없다는 것을 의미하는 것으로 도어 록 릴레이(1) 및 도어 록 스위치(door lock relay)를 점검하여야 한다. 도어 록 스위치의 점검은 탈착이라는 번거로움이 따르기 때문에 우선 도어 록 릴레이를 그림 (7-20)과 같이 점프 선을 이용해 릴레이의 87번핀과 87a번 핀을 접속하여 언록이 되는지를 확인한다.

　이와 같이 확인하여 언록(unlock)이 되는 경우는 도어 록 릴레이(1) 및 도어 록 스위치를 점검한다. 만일 도어 록 릴레이(1)의 87번 핀과 87a 핀을 접속하여도 작동이 되지 않는 경우는 도어 록 스위치의 록(lock)위치를 접속하는 접점측 회로의 쇼트(short)를 의심 할 수가 있다.

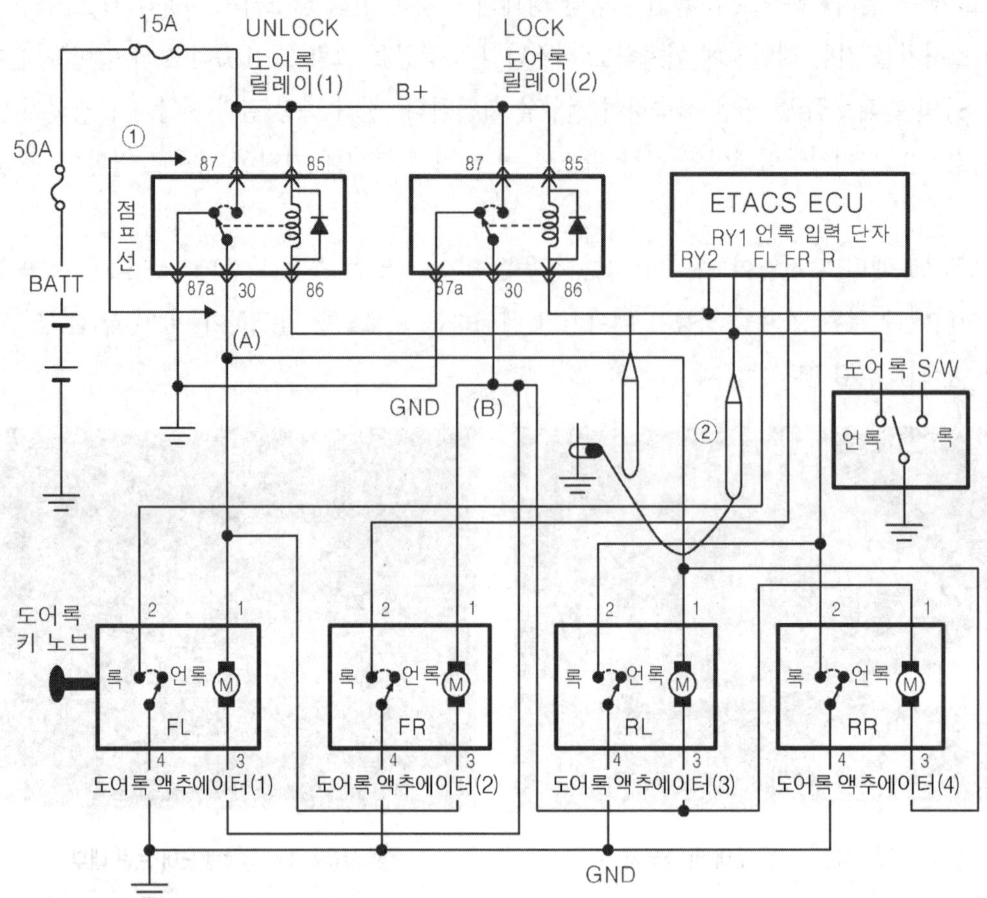


그림7-20  도어 록 회로의 점검(2)

### ③ 도어 록이 리턴 되는 경우

도어 록이 리턴 되는 고장 현상은 주로 TACS 제어 방식에서 많이 일어나는 현상으로 우선 도어 록 릴레이를 교체 하여 삽입 하여도 동일 현상이 나타나는 경우는 그림 (7-20)과 같이 ETACS 유닛 단자에 LED식 체크 램프를 접속하여 ETACS의 출력 신호 상태를 점검한다.

## 3 도난 경보 장치의 점검

### 1. 키 레스 엔트리 점검

키 레스 엔트리(key less entry) 장치는 리모컨(remocon)을 이용해 도어(door)의 잠금과 풀림 기능을 하는 편의 장치이다. 이 장치의 구성 부품은 송신기로부터 일정한 주파수를 송신하는 리모컨(remocon)과 송신한 주파수를 수신하는 리모컨 수신기 모듈(일명 키 레스 엔트리 모듈)과 그리고 ETACS 유닛으로 구성되어 있는 것이 보통이다.

제품에 따라서는 ETACS 유닛 내에 리모컨 수신기 모듈이 내장 되어 있는 제품도 있다. 키 레스 엔트리(key less entry) 장치의 고장 현상은 도어록 장치의 현상과 동일하게 나타나지만 리모컨(원격 제어) 단품상에 이상이 발생하여도 키 레스 엔트리는 작동을 하지 못하게 된다.

### [1] 고장 점검 방법

따라서 키 레스 엔트리(key less entry) 작동이 되지 않는 경우는 우선 시동 키를 사용하여 도어 록(door lock) 기능이 작동하는지를 확인하여 보는 것이 우선이다. 도어 키를 사용하여 도어 록 기능이 정상적으로 작동하는 경우는 키 레스 엔트리(리모컨 장치)장치에 이상이 있는 것으로 판단하고 도어 키(door key)를 사용하여도 도어 록(door lock) 장치가 작동을 하지 않는 경우는 먼저 도어 록 장치를 점검하여 이상이 없는 것을 확인하고 다음 키 레스 엔트리(리모컨) 장치를 점검하는 것이 수순이다.

사진7-17 키레스 엔트리 모듈

사진7-18 리모컨 수신기 모듈

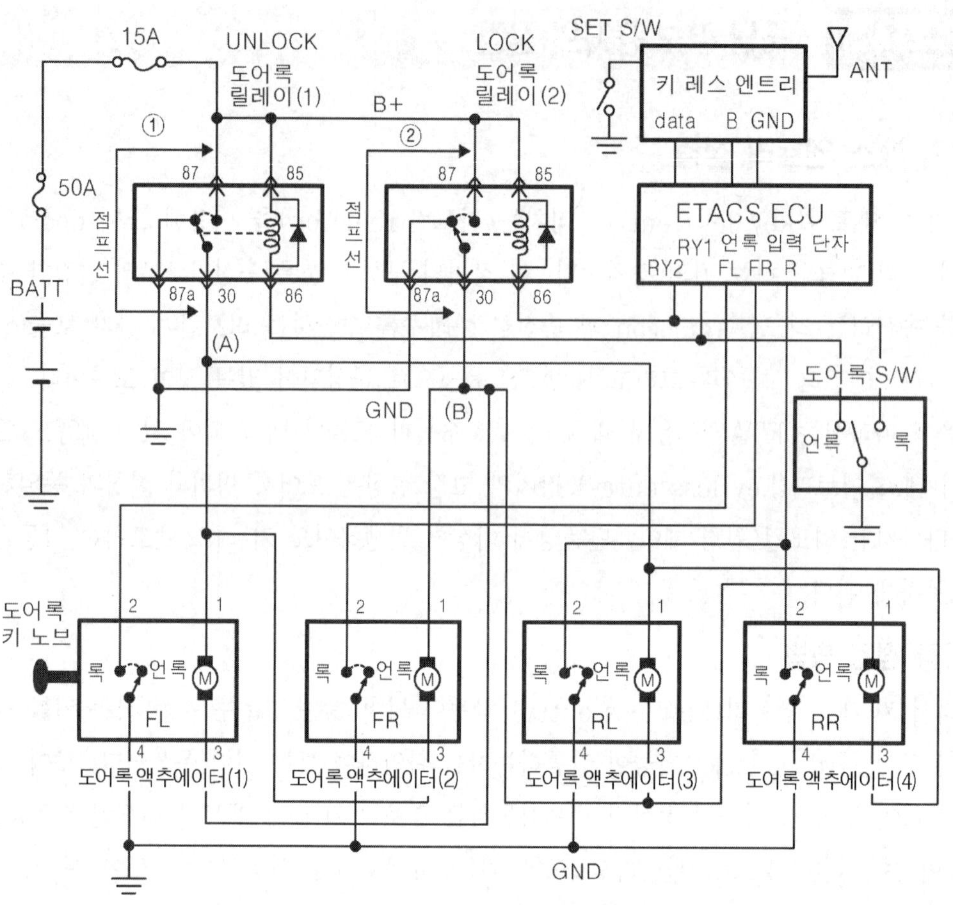


그림7-21 도어 록 회로(키레스 엔트리)

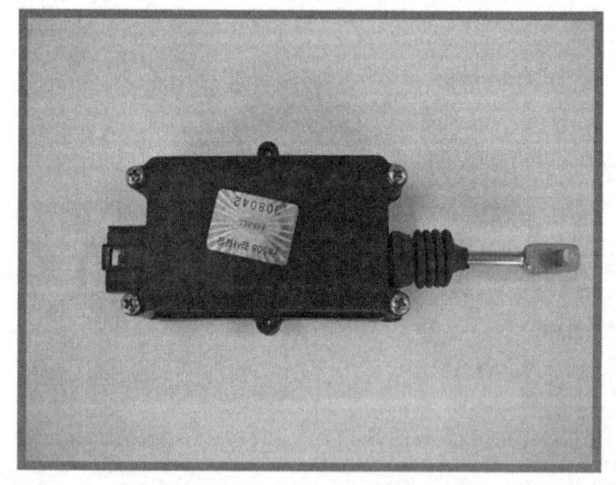
사진7-19 도어 록 액추에이터

사진7-20 키레스 엔트리 모듈

시동키를 사용하여 도어 록(door lock)이 되지 않는 경우는 우선 전원 공급 상태를 확인 한다. 이상이 없는 경우는 도어 록 릴레이(1)를 제거하고 릴레이(relay)의 87번 핀과 30번 핀을 점프(jump)선을 접속하여 도어 록이 되는지 확인하고 다시 도어록 릴레이(1)를 삽입하고 도어 언록 릴레이(2)를 제거한 후 같은 방법으로 점프선을 연결하여 도어 언록(door unlock)이 작동되는지 확인한다.

## 2. 리모컨 점검

리모컨(remocon)을 사용하여 도어 록이 작동되지 않는 경우는 우선 시동 키를 사용하여 도어 록이 작동되는지를 확인하여 도어 록 기능이 작동을 하는 경우는 리모컨과 키 레스 엔트리 모듈(key less entry module)의 이상을 예상 할 수가 있다.

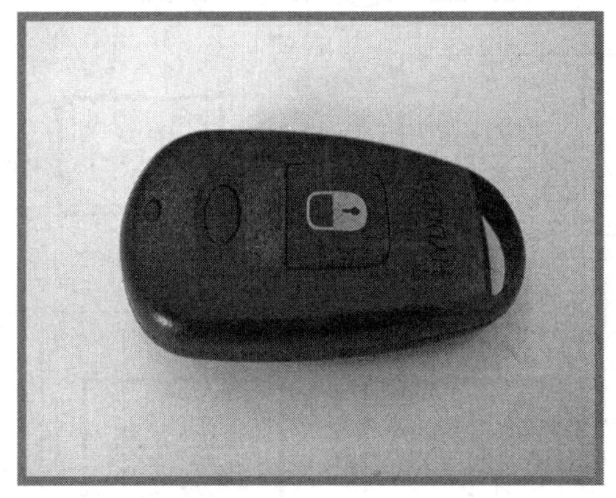

⬆ 사진7-21 리모컨 ASS'Y

⬆ 사진7-22 경보용 사이렌

### (1) 리모컨 점검

리모컨의 점검은 먼저 리모컨 스위치를 눌러 LED 램프가 점등되지 않는 경우 리모컨 커버(cover)를 열어 리모컨 내부에 삽입되어 있는 리듐 전지를 확인한다. 내부의 리듐 전지를 멀티 테스터를 사용하여 규정 전압값 내에 있는 경우는 일단 리모컨(remocon)은 이상이 없는 것으로 판단하고 키 레스 엔트리 모듈(수신기 모듈)의 수신 상태를 점검한다. 키 레스 엔트리 모듈(수신기 모듈)의 수신 상태를 점검하는 방법은 키 레스 엔트리 모듈이 있는 곳을 탈착하여 키 레스 엔트리(수신기 모듈)의 안테나(antenna)의 연결 상태는 이상

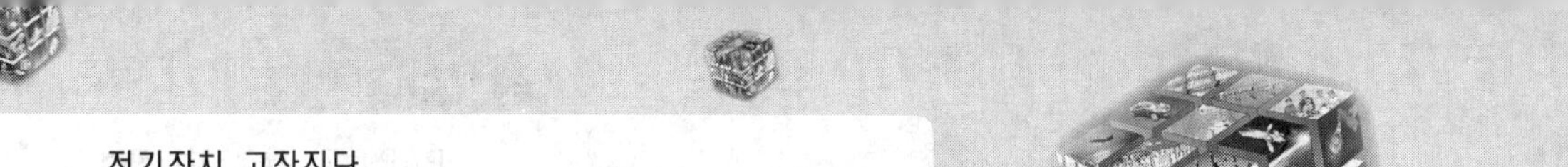

이 없는지 확인한다.

　안테나 및 커넥터의 연결 상태에 이상이 없으면 그림 (7-22)과 같이 키 레스 엔트리 모듈(수신기 모듈)의 데이터 라인(data line)을 찾아 오실로스코프(oscilloscope)를 이용하여 데이터가 정상적으로 수신되는지를 확인한다.

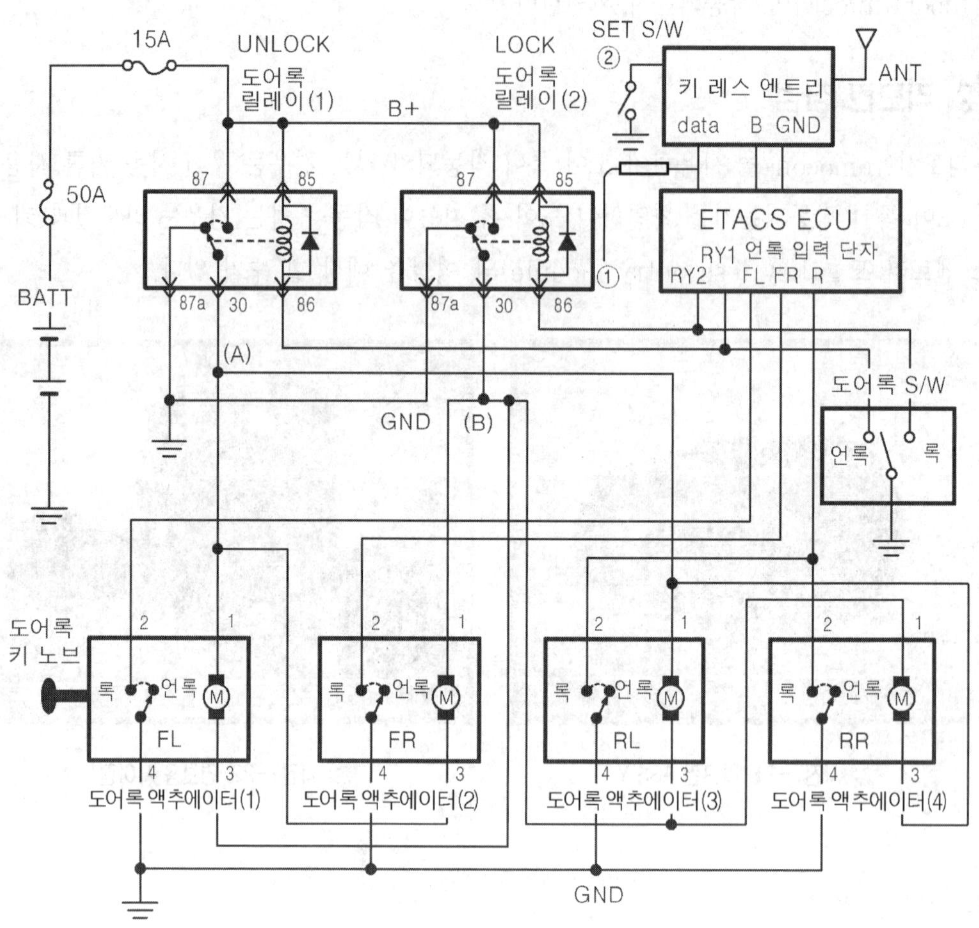


그림7-22 키 레스 엔트리 점검

　자동차에 사용되는 리모컨(remocon)은 사용 주파수는 전계 강도가 매우 낮고 FM 주파수를 사용하고 있어 대개 차량의 인접 거리에서 작동이 되도록 설계되어 있어서 차량의 거리가 조금만 떨어져 있거나 작동이 되지 않는다. 또한 리모컨의 송신 위치에 따라 수신 감도가 현저히 차이가 있어 근접 거리에서 작동을 점검하는 것이 좋다.

오실로스코프의 프로브(probe)를 키 레스 엔트리(key less entry)의 데이터 라인 (data line)에 접속하고 리모컨 스위치를 ON 시켜 데이터(디지털 전송 신호)가 전송되는 지를 확인 하여 이상이 없는 경우에는 리모컨으로부터 송신되는 고유 코드(code)가 키 레스 엔트리(수신기 모듈)와 맞는지를 확인한다.

### ② 수신 코드 입력

키 레스 엔트리 모듈은 고유의 수신 코드 번호(수신 코드 데이터)가 있어 수신 코드 데이터에 의심이 가는 경우에는 다시 고유 코드를 설정하여 준다. 고유 코드의 설정 방법은 키 레스 엔트리 모듈(수신기 모듈)에 있는 세트 스위치를 ON 위치로 하고 리모컨 스위치를 약 1초 이상 누르면 자동으로 고유 코드가 입력되도록 되어 있다. 이렇게 고유 코드를 재 설정하고 다시 리모컨을 작동하여 도어 록 (door lock)이 작동이 되지 않는 경우는 ETACS 유닛을 의심 할 수가 있다.

ETACS 유닛의 점검 방법은 먼저 ETACS의 다른 기능은 정상적으로 작동 하는지를 확인하고 이상이 없는 경우는 도어 록 릴레이의 출력단의 전압을 측정하여 출력측의 상태를 확인하여 이상이 있는 경우는 ETACS ECU를 교환한다.

또한 키 레스 엔트리 모듈(key less entry module)의 고유의 수신 코드 번호(수신 코드 데이터)를 입력 하는 방법으로는 스캐너 툴(scan tool)을 이용하는 방법이 있는데 이 방법은 먼저 스캐너 툴(scan tool)의 DLC 커넥터와 키 레스 엔트리의 통신 커넥터를 연결하고 원하는 차종별 진단 기능을 선택한 후 사양 정보 메뉴에서 트랜스미터 코드 등록 메뉴로 들어가 리모컨(remicon)의 스위치를 약 1초 이상 누르면 자동으로 입력하도록 되어 있다. 이때 주의 할 점은 시동 키가 삽입 되어 있지 않은 상태에서 이 작업을 수행하여야 한다.

## 3. 도난 경보 장치 점검

도난 경보 장치는 EATCS 유닛에 도난 경보 기능이 있는 것과 별도의 도난 경보 장치의 유닛(unit)을 사용하는 방식이 있다. 이들 장치의 고장 현상은 보통 도난 경보 장치가 작동이 되지 않는 경우와 도어 록(door lock) 기능은 작동은 되는데 경계 상태로 들어가지 않는 경우 그리고 경계 상태에 진입 후 해제가 되지 않는 경우 등이 있다.

## [1] 도난 경보 장치가 전혀 작동이 되지 않는 경우

도난 경보 장치가 전혀 작동이 되지 않는 경우는 키 레스 엔트리(key less entry)의 고장 점검과 동일한 방법으로 점검한다. ETACS 내장형인 경우에는 우선 ETACS의 다른 기능이 작동하는지를 확인하는 것부터 점검을 시작한다. ETCAC의 기능이 이상이 없는 경우는 리모컨 내부의 배터리 및 ETACS 유닛의 전원 공급 상태를 점검하고 이상이 없는 경우는 수신기 모듈의 리모컨 수신 상태와 ETACS의 입·출력 상태를 점검하여 이상 유무를 확인한다.

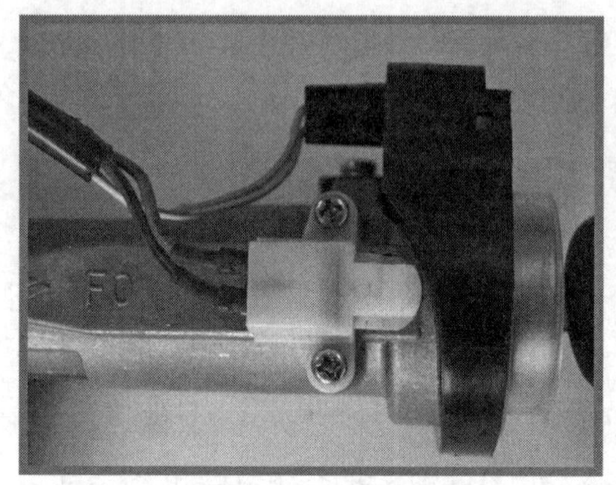

⚠ 사진7-23 키 리마인드 스위치

⚠ 사진7-24 도난경보 내장형 ETCAS

## [2] 경계 상태로 들어가지 않는 경우

도난 경보 장치가 경계 상태 진입으로 만 들어가지 않는 경우라면 리모컨의 작동과 수신 모듈은 정상적으로 작동하고 있는 것으로 판단할 수가 있으므로 도난 경보 장치의 경계 조건을 먼저 살펴보아야 한다.

도난 경보 장치는 여러 가지 기능이 있는 제품이 시중에 발매되고 있는데 일반적으로 이들 제품은 시동 키가 삽입되어 있거나, 도어 스위치(door switch), 후드 스위치(hood switch), 도어 키 스위치(door key switch), 트렁크 스위치(trunk switch)의 접촉 불량에 의해 ECU가 열려 있는 신호로 인식하거나 이들 도어가 열려 있는 상태에서는 리모컨 스위치를 작동 하여도 경계 상태로 진입하지 않게 되어 있어 우선 이들 신호가 ETACS 유닛에 열려 있는 신호로 입력이 되는지를 확인하는 것이 중요하다. 도어 스위치, 후드 스위치, 트렁크 스위치의 입력 신호가 정상적으로 입력이 되고 있는 경우라면 다

음은 점화 스위치 ASS′Y에 붙어 있는 키 리마인드(key remind) 스위치의 입력 상태도 확인 한다. 점검 결과 이상이 없는 경우라면 배터리의 터미널을 떼었다 붙인 후 수신기 모듈의 고유 코드 번호를 재입력하여 경계 상태에 진입하는지를 확인 한다. 확인 결과 동일 현상이 나타나는 경우 ETACS 유닛의 사이렌(siren), 미등 릴레이, 도난 방지 릴레이 등의 출력을 점검하여 실제 경계 상태가 들어가고 있는 지를 확인한다.

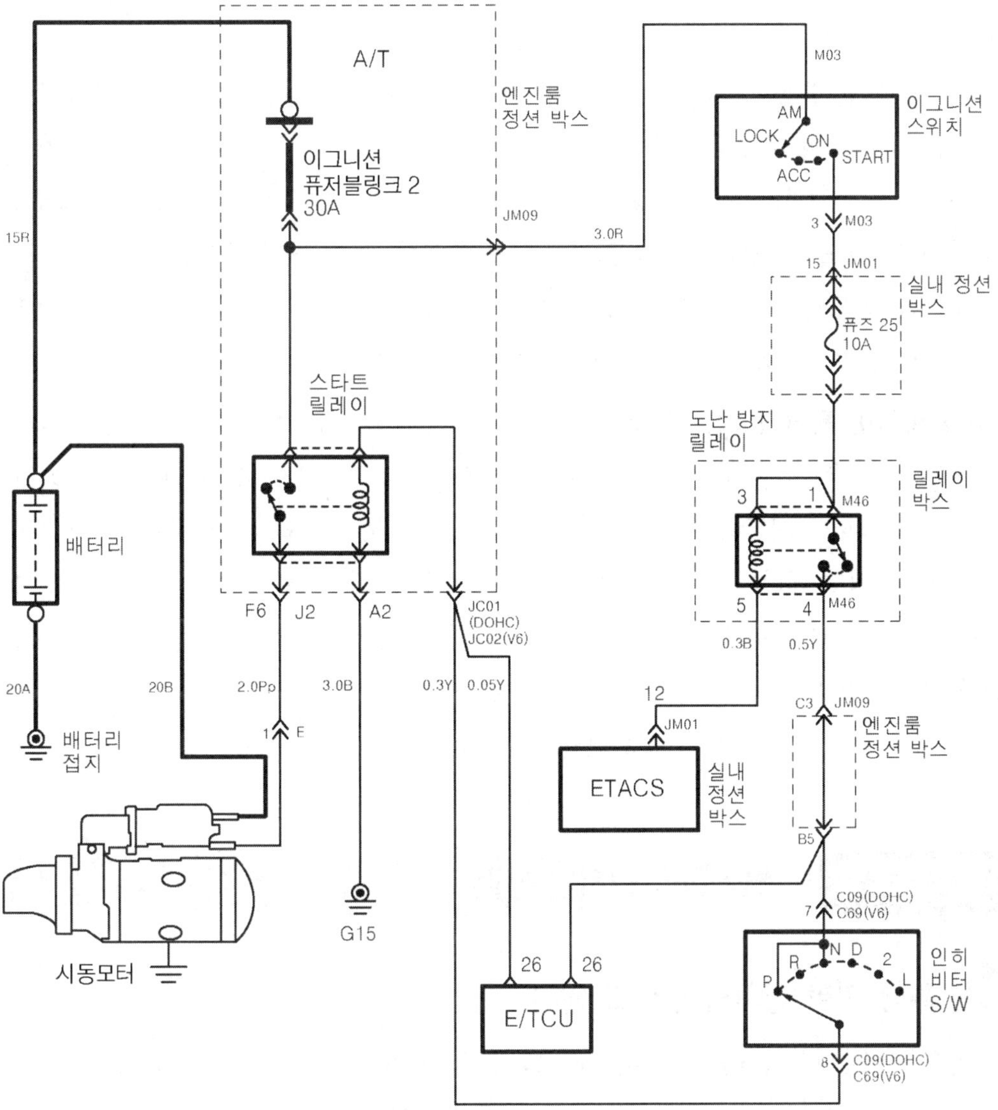

그림7-23 시동회로(도난 방지 적용)

### (3) 경계 기능이 해제 되지 않는 경우

일반적으로 도난 경보 장치는 경계 상태에 진입 한 후 해제를 하기 위해서는 반드시 리모컨(remocon)을 사용하여야 한다. 이때 도어 키 스위치(door key switch) 및 시동 스위치가 ON 되어 있지 않는 한 경계 상태는 해제 되지 않는 것이 보통이다. 또한 경계 상태라도 경보를 발하지 않는 경우라면 도어가 열린 상태에서도 경계가 해제가 가능하지만 경보를 발한 상태에서 도어가 열린 상태에서는 경계가 해제 되지 않는다(도난 경보 장치의 제품에 따라 기능이 다소 차이가 있을 수 있음).

따라서 도난 경보 장치는 경계 상태에 진입 한 후에 경계가 해제 되지 않는 경우라면 시동 키를 이용하여 해제하는 지를 확인하여 이상이 없는 경우는 리모컨 또는 수신기 모듈을 의심 할 수가 있다. 만일 시동키로도 해제가 되지 않는 경우라면 배터리의 터미널을 떼었다 붙인 후 모든 도어를 닫은 후 해제를 하여 본다. 점검 결과 동일한 현상이 나타나는 경우라면 리모컨 및 수신기 모듈(ETACS 내장형 포함)에 데이터 전송 라인 또는 ETACS 유닛에 이상이 있는 것으로 판단 할 수가 있다.

### (4) 사이렌이 울리지 않는 경우

미등은 작동이 되는데 사이렌(siren)이 작동이 되지 않는 경우는 도난 경보 장치의 기능은 정상적으로 작동이 되는 것으로 판단 할 수가 있으므로 점퍼선을 이용해 사이렌(siren)에 직접 배터리 전원을 접속하여 사이렌이 울리는지를 확인하여 본다. 이상이 없는 경우는 ETACS ECU 또는 도난 경보 장치의 모듈의 사이렌 출력 단자로부터 출력 전압을 확인하고 만일 출력 전압이 출력되지 않는 경우라면 ETACS ECU 또는 도난 경보 장치 모듈에 이상이 있는 것으로 판단 할 수가 있다.

 ## 폴딩 미러 장치의 점검

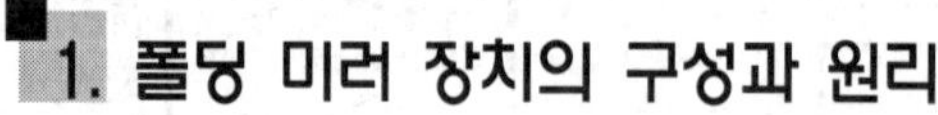 ## 1. 폴딩 미러 장치의 구성과 원리

아웃 사이드 미러(out side mirror)의 조절 및 격납(folding) 장치의 시스템 구성은 아웃 사이드 미러를 조절하는 아웃 사이드 미러 스위치(out side mirror switch)와 미러를 제어하는 미러 컨트롤 유닛(mirror control unit), 아웃 사이드 미러로 구성되어

있다. 보통 아웃 사이드 미러 내에는 미러(mirror)의 위치가 상/하 및 좌/우로 움직이도록 2개의 모터(motor)와 미러(mirror)가 폴딩(격납) 하도록 하는 폴딩 모터(folding motor)가 1개가 내장되어 있어 미러를 상/하, 좌/우, 격납(폴딩) 할 수 있도록 작동이 가능하다.

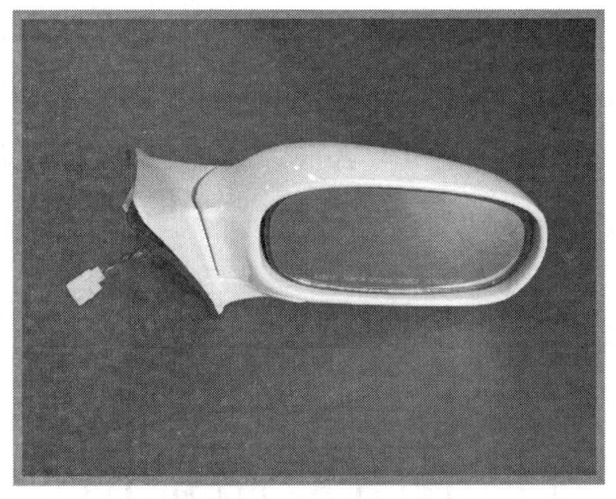

▲ 사진7-25 아웃 사이드 미러

▲ 사진7-26 미러 컨트롤 유닛

그림 (7-24)은 일반적인 아웃 사이드 미러 회로를 나타낸 회로이다.

아웃 사이드 미러 스위치(out side mirror switch) 회로에는 미러의 좌측과 우측을 선택하는 미러 선택 스위치와 미러를 상/하(up/down)로 작동케 하는 상/하 스위치(up/down switch), 미러를 좌/우(left/right)로 작동케 하는 좌/우 스위치(left/right switch)가 있다. 이들 스위치는 모두 2P3T(double point three through) 접점을 가지고 있는 스위치로 가동 접점이 항상 스위치를 조작 후에 원위치로 돌아오도록 되어 있는 시소 스위치(seesaw switch)로 구성 되어 있다. 이들 중 미러 선택 스위치의 회로로부터 미러 선택 스위치를 좌측으로 선택하면 미러 모터(mirror motor)는 좌측의 것만 접촉이 되고 반대로 우측으로 선택하면 미러 모터(mirror motor)는 우측의 것만 선택되도록 되어 있는 것을 알 수 있다.

또한 상/하 조절 스위치(up/down switch)와 좌/우 조절 스위치(left/right switch) 회로를 살펴보면 각각의 고정 접점 2개는 배터리(battery)로부터 상시 전원이 연결되어 있고 반대측 고정 접점 2개는 어스(earth)와 연결되어 있어서 이들 중 스위치의 가동 접점은 하나가 상시 전원과 연결되면 다른 가동 접점은 어스(earth)와 연결되는 것을 알 수

가 있다. 즉 상/하 조절 스위치(up/down switch)를 상측(up측)으로 누르면 좌측의 가동 접점은 어스와 접속이 되고 우측의 가동 접점은 배터리 상시 전원과 접속이 되어 선택된 미러(mirror)는 상측으로 움직이게 된다.

반대로 하측(down측)으로 누르면 좌측의 가동 접점은 배터리 상시 전원과 접속이 되고 우측의 가동 접점은 어스와 접속이 되어 선택된 미러(mirror)는 하측으로 움직이게 된다. 또한 아웃 사이드 미러에는 그림 (7-24)의 회로와 같이 폴딩(격납) 기능을 가지고 있는 차량이 있다. 미러(mirror)의 폴딩 기능은 점화 스위치의 ACC 스위치 입력과 폴딩 스위치(folding switch)에 의해 작동이 되도록 하고 있다.

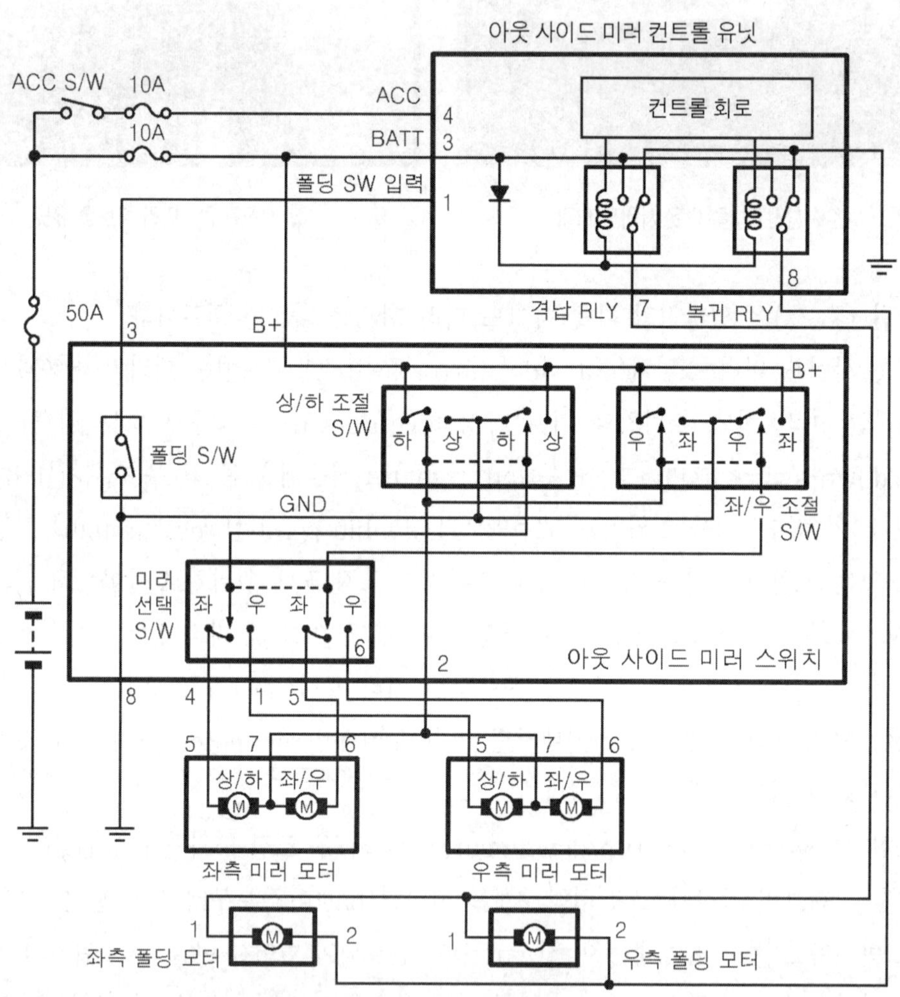


그림7-24 아웃 사이드 미로 회로

미러의 폴딩(격납) 작동은 미러 컨트롤 유닛(mirror control unit) 내에 있는 격납 릴레이 및 복귀 릴레이에 의해 폴딩 모터(folding motor)의 전원을 절환하고 있다.

## 2. 폴딩 미러 장치의 점검

아웃 사이드 미러(out side mirror)의 고장은 미러(mirror) 조절 기능의 작동이 안되는 경우와 폴딩(격납) 기능의 작동이 안되는 경우를 나누어 생각 할 수 있다.

### [1] 아웃 사이드 미러의 작동 불량

아웃 사이드 미러(out side mirror)의 고장 현상은 아웃 사이드 미러가 전혀 작동이 되지 않는 경우와 한쪽 미러(mirror)는 작동이 되는데 다른 한쪽의 미러는 작동이 되지 않는 경우, 그리고 미러의 상/하 조절은 되는데 좌/우 조절이 되지 않는 경우 또는 미러의 좌/우 조절은 되는데 상/하 조절이 되지 않는 경우 및 미러(mirror)의 작동이 불안정한 경우를 들 수 있다

#### ① 아웃 사이드 미러가 전혀 작동이 되지 않는 경우

아웃 사이드 미러(out side mirror)가 전혀 작동이 되지 않는 경우는 우선 사이드 미러 모터(side mirror motor)에 전원을 공급하는 상시 전원 및 어스 상태를 점검하는 것이 수순이다. 퓨즈 박스(fuse box)측으로부터 공급 전원이 이상이 없는 경우는 아웃 사이드 미러 스위치(out side mirror switch)측으로부터 전원 공급 상태 및 어스(earth)의 연결 상태를 점검한다.

#### ② 한쪽 미러만 작동이 되는 경우

아웃 사이드 미러 모터(out side mirror motor)에 공급되는 전원은 아웃 사이드 미러 스위치를 통해 공급되고 있기 때문에 미러(mirror)가 한쪽만 작동이 된다는 것은 미러에 공급되고 있는 전원은 이상이 없다고 판정할 수 있다. 따라서 한쪽만 미러(mirror)가 작동이 되는 경우는 미러 선택 스위치의 불량 또는 접촉 불량일 가능성이 높다.

그림 (7-25)와 같은 미러의 회로에서 우측 사이드 미러가 작동이 되지 않는 다고 가정하면 아웃 사이드 미러의 선택 스위치를 우측으로 선택하고 체크 램프(필라멘트용)를 아웃 사이드 미러 스위치의 6번핀 커넥터에 접촉하고 미러 조절 스위치를 좌측으로 눌러 체크 램프가 점등되는지 확인한다. 같은 방법으로 체크 램프를 미러 스위치의 1번핀에 접촉

하고 미러 조절 스위치를 상측으로 눌러 체크 램프가 점등되는지 확인한다. 만일 체크 램프가 점등되지 않는 경우는 미러의 선택 스위치의 단선으로 아웃 사이드 미러 스위치(out side mirror switch)를 교환 조치한다. 점검 결과 체크 램프(필라멘트용)의 밝기가 희미하게 점등이 되는 경우라면 스위치(switch)의 접점이 소손 또는 접점의 카본 퇴적에 의한 접촉 불량을 생각 할 수가 있다. 따라서 이 경우에도 미러의 작동이 불안정한 작동이 이어질 수 있어 아웃 사이드 미러 스위치를 교환하는 것이 좋다.

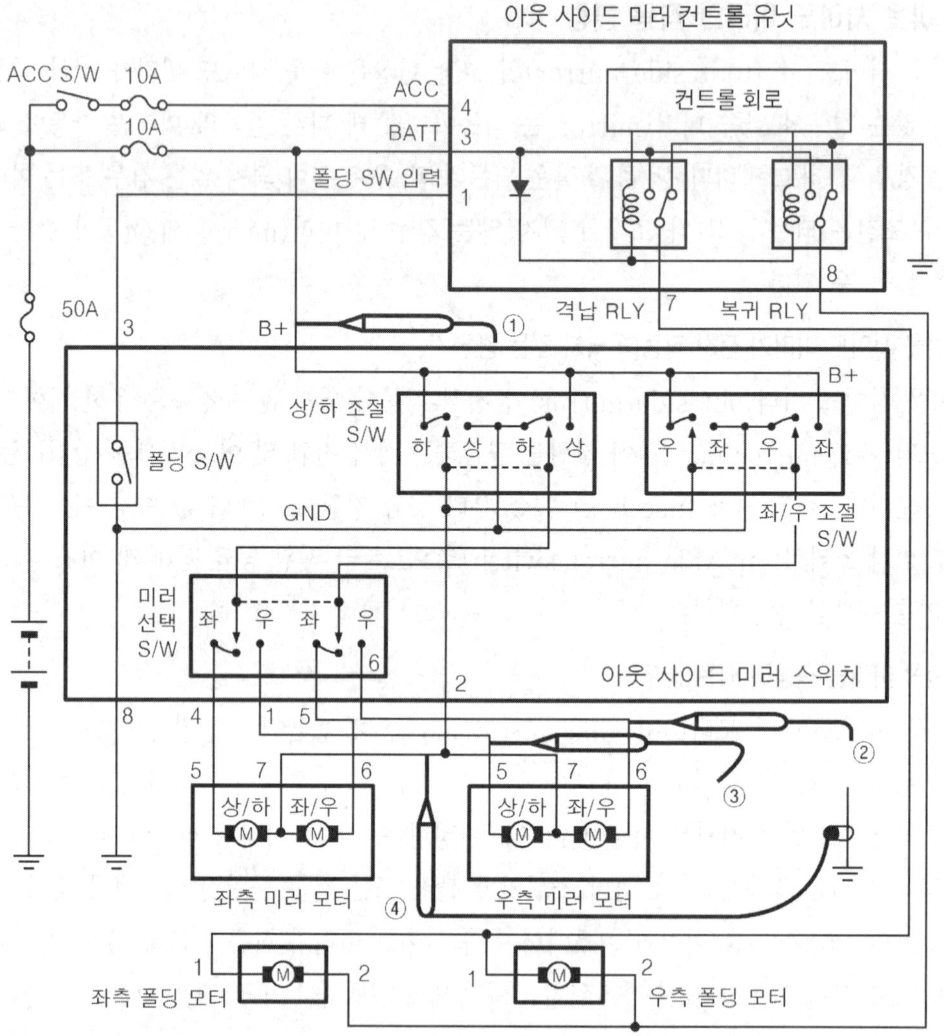

그림7-25 아웃 사이드 미러의 점검

## (2) 폴딩(격납)기능의 작동 불량

아웃 사이드 미러(out side mirror)의 폴딩(folding) 기능 고장 현상은 폴딩 기능이 전혀 작동이 되지 않는 경우와 폴딩(격납)은 되는데 복귀가 되지 않는 경우, 또는 복귀는 되는데 폴딩(격납)이 되지 않는 경우 그리고 한쪽 미러만 폴딩이 되는 경우와 폴딩이 불안정하고 작동중 중간에 멈추는 경우를 들 수가 있다.

### ① 폴딩 기능이 전혀 작동하지 않는 경우

아웃 사이드 미러(out side mirror)의 폴딩(folding)은 아웃 사이드 미러 컨트롤로부터 미러의 폴딩(격납) 및 복귀를 하도록 되어 있어 우선 아웃 사이드 미러 컨트롤 유닛(out side mirror control unit)에 공급 전원을 확인하고 이상이 없는 경우는 미러 스위치에 있는 폴딩 스위치(folding switch)의 어스 상태를 점검한다.

점검 결과 이상이 없는 경우는 아웃 사이드 컨트롤 유닛으로부터 ACC 입력 신호전원과 폴딩 스위치의 입력 신호가 정상적으로 입력되는지를 확인하고 이상이 없는 경우는 아웃 사이드 컨트롤 유닛을 제거한 후 폴딩 모터로 연결되는 회로상으로는 7번핀과 8번 핀에 배터리 전원을 공급하여 폴딩 모터가 구동하는 지를 확인 한다. 점검 결과 폴딩 모터(folding motor)가 구동이 되는 경우는 아웃 사이드 미러 컨트롤 유닛으로 원인을 추정 할 수가 있다.

### ② 한쪽 미러만 폴딩이 되는 경우

한쪽 미러만 폴딩(folding)이 되는 경우는 병렬 연결된 폴딩 모터 및 배선에 단선이 없는지를 확인하여야 한다. 점검 결과 폴딩 모터는 이상이 없는 경우라면 아웃 사이드 미러 컨트롤 유닛 또는 미러 컨트롤 릴레이(mirror control relay)로 원인을 추정 할 수 있다. 한쪽 미러가 작동이 되는 것은 컨트롤 유닛에 공급되는 전원 및 신호는 이상이 없는 것을 의미하므로 미러 컨트롤 유닛 이상을 원인으로 추정 할 수가 있다.

### ③ 폴딩은 되는데 복귀가 되지 않는 경우

폴딩(격납)은 되는데 복귀가 되지 않는 경우나 복귀는 되는데 폴딩(격납)이 되지 않는 경우는 폴딩 모터(folding motor)에는 이상이 없는 것을 의미하므로 이 경우에는 아웃 사이드 미러의 컨트롤 유닛(릴레이 내장용), 또는 격납 릴레이(또는 복귀 릴레이)이를 원인으로 범위를 좁힐 수 있다. 또한 폴딩 미러의 작동이 불안정 한 경우는 주요 원인은 배선의 커넥터부 또는 스위치의 접점의 접촉 불량에 기인하는 것이 많으므로 배선간 접촉 저항을 초점을 두어 점검하고 이상이 없는 경우는 폴딩 모터의 부품 불량으로 판단 할 수 있다.

## 5 시트 조절 장치의 점검

### 1. 시트 조절 장치의 구성과 원리

좌석의 안착 위치를 전동으로 조절하는 장치에는 그림 (7-26)과 같이 전기식 파워 시트 조절 장치와 전자 제어식 파워 시트 조절 장치가 있다. 그림 (7-26)의 (a)에 나타낸 것과 같이 전기식 파워 시트 조절 장치는 4개의 전동 모터와 전동 모터에 전원을 절환하는 시트 조절 스위치로 구성되어 있어 시트(seat)의 안착 위치를 조절하도록 하고 있다.

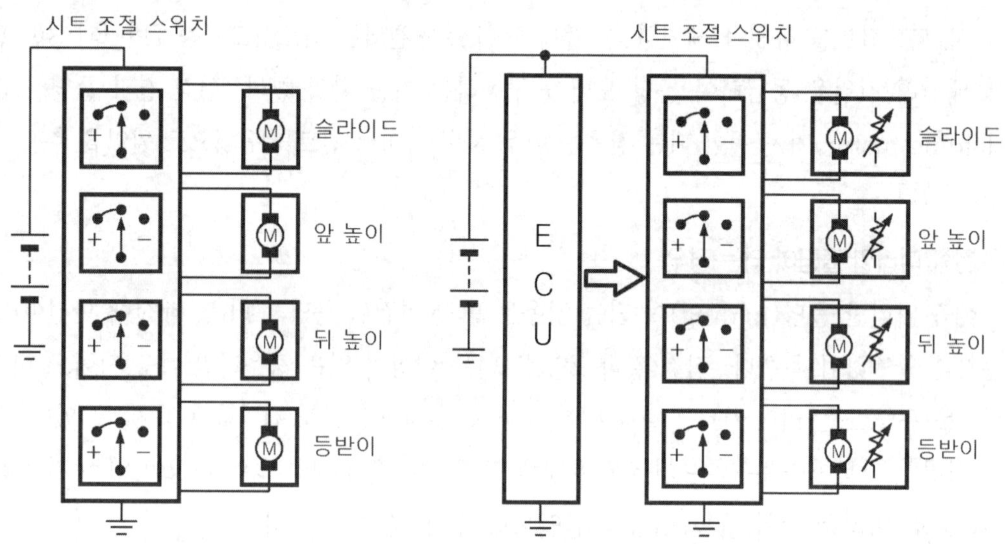


(a) 전기식 파워 시트 조절장치     (b) 전자제어식 파워 시트 조절장치

그림7-26 시트 조절장치의 종류와 구성

이에 반해 전자 제어식 파워 시트 조절 장치는 ECU(컴퓨터)를 이용해 좌석의 안착 위치를 기억시켜 탑승자가 원하는 안착 위치를 자동으로 설정할 수 있도록 하고 있는 장치

이다. 전자 제어식 파워 시트 조절 장치라도 ECU에 이상이 있는 경우는 수동으로 조절이 가능 하도록 하고 있다.

시트의 안착 위치는 4가지 모드(mode)로 작동이 되도록 되어 있다. 이들 4개의 모드는 시트(seat)의 전진과 후진을 조절할 수 있는 슬라이드 모드(slide mode), 시트의 앞 부분의 높낮이를 조절 할 수 있는 앞 높낮이 조절 모드(front height mode), 시트의 뒤 부분의 높낮이를 조절 할 수 있는 뒤 높낮이 조절 모드(rear height mode), 시트의 등 받이를 조절 할 수 있는 뒤 등받이 조절 모드(reclining mode)로 되어 있어 이를 각각의 동작 모드로 제어하기 위해 4개의 스위치와 4개의 전동 모터가 필요하게 되는 셈이다.

그림 (7-27)의 파워 시트(power seat) 회로를 살펴보면 시트 조절 스위치를 통해 시트 위치를 작동하는 4개의 전동 모터에 전원을 공급하고 있는 것을 알 수 있다.

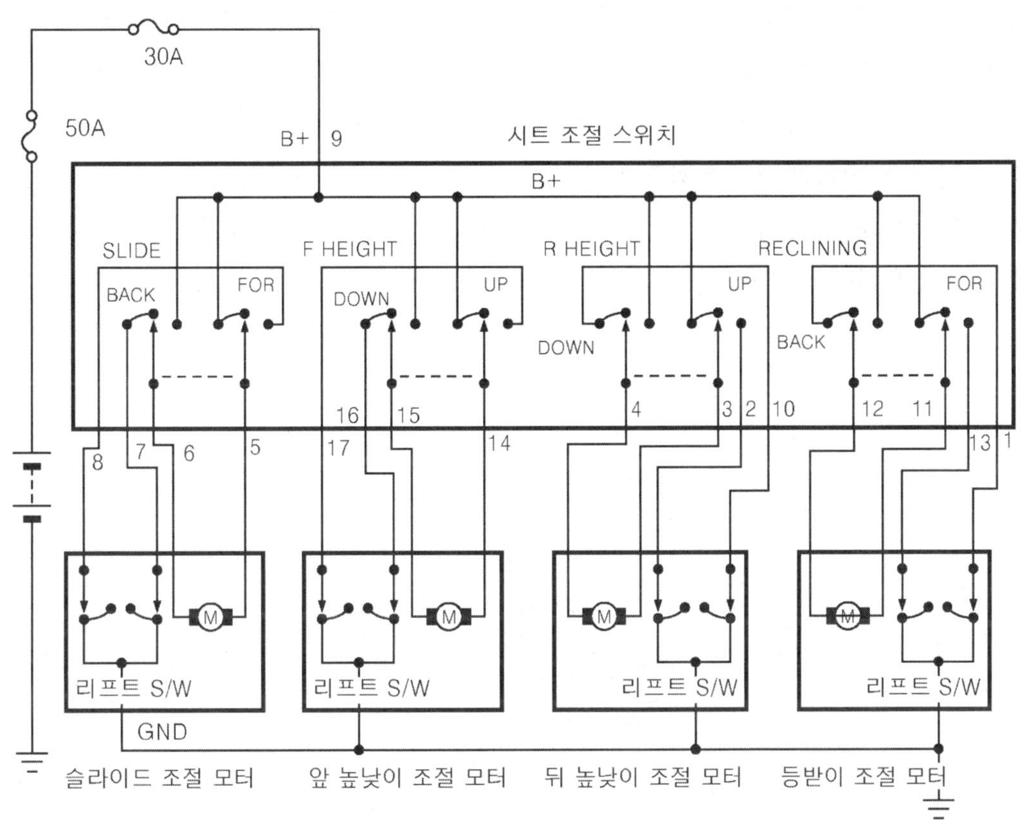


그림7-27 파워 시트 회로

시트 조절 스위치 내에는 4개의 시트 작동 모드를 조절하는 2P3P(double point three through) 스위치는 4쌍의 시소 스위치(seesaw switch) 구조로 되어 있어 각 전동 모터에 공급 전원의 극성을 절환하도록 되어 있다.

각 전동 모터 내에는 시트 위치의 작동 한계를 감지하는 리미트 스위치(limit switch)가 내장 되어 시트가 한계치에 이루면 자동으로 멈추도록 되어 있다. 회로의 동작은 먼저 시트 조절 스위치의 9번 핀을 통해 스위치의 고정 접점에 배터리(battery)의 상시 전원이 공급 되어 있고 다른 고정 접점은 전동 모터 내에 있는 리미트 스위치(limit switch)를 통해 어스(earth) 되어 있어 시트 조절 스위치를 우측으로 선택하면 가동 접점은 상시 전원과 어스로 접속이 되어 전동 모터는 시트 조절 스위치를 선택한 위치로 작동하게 된다.

이와 반대로 시트 조절 스위치를 좌측으로 선택 하면 가동 접점은 어스와 상시 전원이 접촉이 되어 전동 모터의 공급 전원은 반대로 접촉이 되고 전동 모터는 역회전 하게 되어 시트 조절 스위치를 선택한 위치로 전동 모터는 작동하게 된다. 전동 모터의 작동이 진행 되어 어느 일정 한계선에 다다르면 전동 모터 내에 있는 리미트 스위치는 회로를 차단하게 하여 전동 모터의 작동을 멈추게 하고 있다. 즉 파워 시트 회로는 4개의 시트 조절 스위치를 사용하여 4개의 시트 위치 조절 전동 모터의 공급 전원의 극성을 절환하여 시트(seat)의 위치를 조절하도록 하는 회로이다.

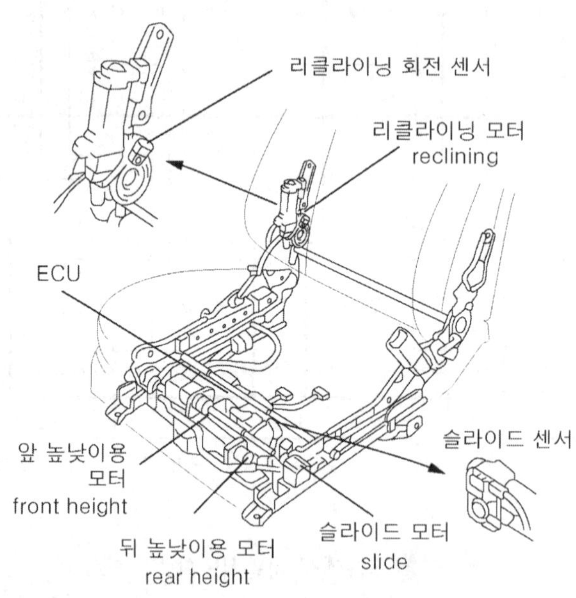


그림7-28 파워시트의 구조

## 2. 전기식 파워 시트의 점검

전기식 파워 시트 조절 장치는 시트(seat)의 위치를 조절하는 4개의 독립된 시소 스위치(seesaw switch)에 의해 전동 모터의 전원을 절환하고 있어 파워 시트 장치가 전혀 작동이 되지 않는 경우는 전원 및 어스 상태를 우선 점검하여 보는 것이 중요하다.

파워 시트 기능 중 1개의 기능 모드(mode)만 작동 되지 않는 경우는 해당 기능 모드(mode)의 스위치(switch) 및 전동 모터, 그리고 이들을 연결하는 배선의 단선을 생각을 할 수 있다. 1개의 기능 외에 다른 기능은 정상적으로 작동 된다는 것은 시트 조절 장치에 공급하고 있는 전원 상태는 이상이 없는 것을 의미한다. 전원 공급 상태가 이상이 없는 경우는 시트 조절 스위치를 멀티 테스터 또는 체크 램프를 사용해 점검한다.

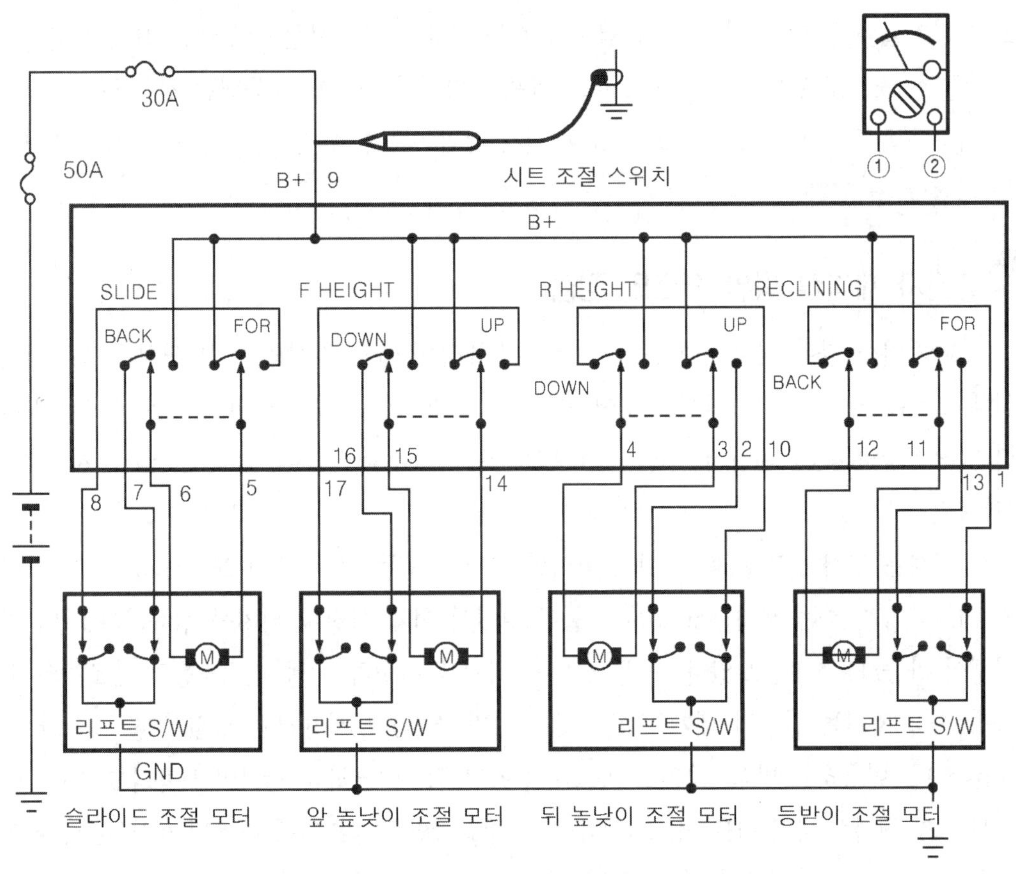


그림7-29 파워 시트 회로의 점검

멀티 테스터를 사용한 점검 방법은 그림 (7-29)와 같이 테스터의 선택 스위치를 전압 레인지(× 50V)에 위치하고 테스터의 측정봉을 시트 조절 스위치의 가동 접점 양단에 접속하고 해당 시트 조절 스위치를 좌측 및 우측으로 전환시 멀티 테스터의 눈금이 반전 되는지를 확인 한다(디지털 테스터인 경우에는 LCD 표시 장치에 전압 극성이 반전되는 지를 확인 한다).

멀티 테스터의 지침이 반전이 되는 경우는 시트 조절 스위치는 이상이 없는 것으로 판단 할 수 있어 해당 전동 모터의 단품 또는 배선의 단선을 추정 할 수가 있다. 또한 파워 시트 장치가 작동중 멈추는 경우에는 체크 램프(필라멘트용)를 사용하여 체크 램프를 시트 조절 스위치의 가동 접점 양단 즉 해당 전동 모터의 양단에 접촉하고 시트 조절 스위치를 좌측 및 우측으로 전환하여 체크 램프가 점등이 되는 것을 확인과 함께 점등된 체크 램프의 밝기를 확인한다. 만일 체크 램프의 점등 상태가 불안정한 경우에는 배선간 접촉이 불안정 한 것으로 판단 할 수 있고 체크 램프의 밝기가 어둡게 점등되는 경우에는 커넥터의 접촉 불량으로 판단 할 수 있다. 또한 점검 결과 이상이 없는 경우는 시트 조절 스위치를 의심할 수 있다.

## 3. 전자 제어식 파워 시트의 점검

전자 제어식 파워 시트 장치는 마이크로 컴퓨터를 이용 좌석의 안착 위치를 운전자의 신체 조건에 맞게 미리 기억시켜 놓고 자동으로 재생 할 수 있는 편의 장치로 메이커에 따라 IMS(Intelligence Memory System) 또는 MPS(Memory Power seat System) 시스템이라 불린다.

그 구성은 앞서 설명한 바와 같이 좌석의 위치를 구동하는 4개의 모터(motor)와 모터의 위치를 감지하는 센서(sensor)가 붙어 있어서 현재 설정된 위치를 컴퓨터가 기억 및 재생이 가능하도록 하고 있다. 구동 모터의 위치를 검출하는 센서는 자동차 제조사의 차종에 따라 차이는 있지만 대개 포텐쇼미터(가변 저항)를 사용하는 방식과 홀 센서(hall sensor)를 이용하는 방식, 그리고 마그네틱 스위치를 이용하는 방식이 사용되고 있다. 따라서 전자 제어식 파워 시트 시스템(MPS)의 점검방법은 시스템에 적용된 센서(sensor)의 종류만 알고 있으면 쉽게 점검이 가능하다. 보통 MPS(전자 제어 파워 시트 시스템)은 운전자의 체형에 맞는 좌석의 위치를 최대 5명(차종에 따라 다름) 까지 기억시킬 수 있는 기능이 있으며 운전자의 안전을 위해 주행중에는 자동으로 좌석의 위치가 작동하는 것을 금지하는 기능을 가지고 있다.

## [1] MPS의 고장 점검

MPS(Memory Power seat System)의 고장 현상은 전기식 파워 시트와 동일하여 파워시트가 전혀 작동이 되지 않는 경우와 4개의 기능 모드(mode) 중 1개의 기능이 작동이 안되는 경우, 좌석의 위치가 항상 고정된 위치로 작동을 하는 경우, 그리고 자동으로 시트의위치가 안착되지 않는 경우와 파워 시트(power seat)의 작동이 불안정한 경우를 들 수가있다.

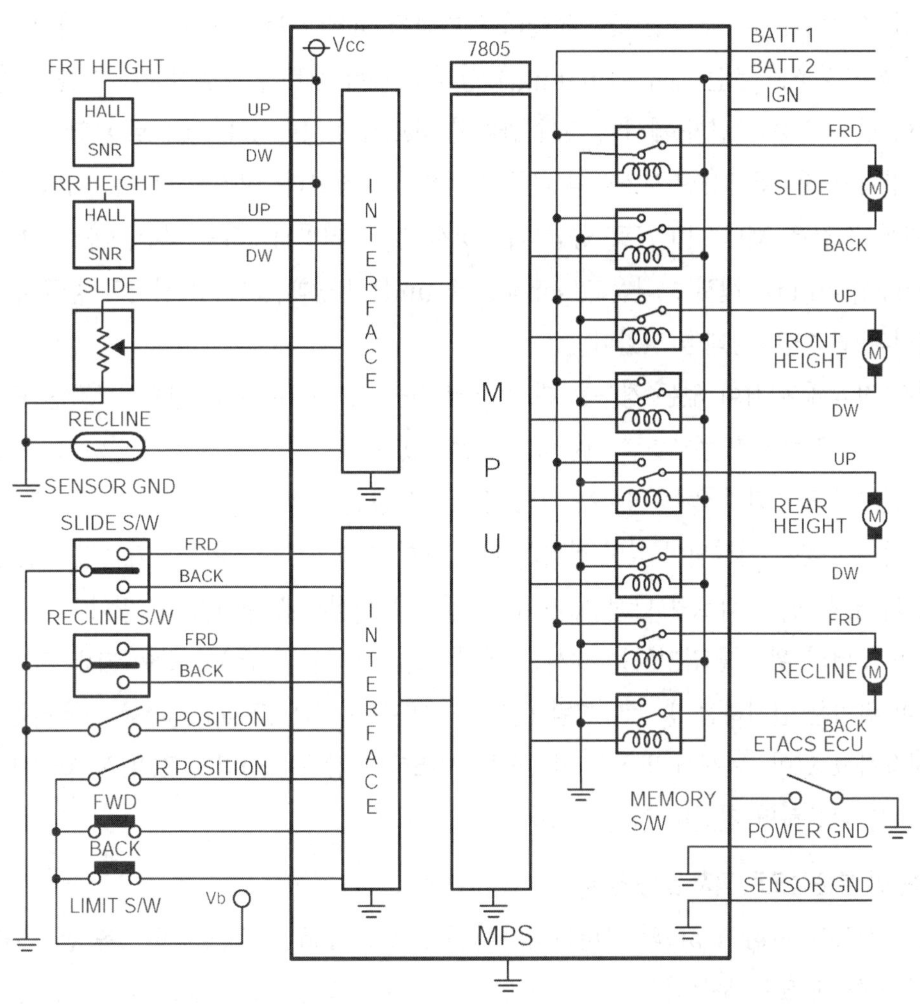


그림7-30 MPS 시스템(전자제어 파워시트 장치)의 회로

### ① 파워 시트가 전혀 작동이 되지 않는 경우

매뉴얼(manual) 조작으로도 파워 시트가 전혀 작동이 되지 않는 경우는 전기식 파워 시트 장치와 동일하게 전원 공급 상태 및 어스의 연결 상태를 점검한다. 전원 공급 상태의 점검은 파워 시트 모터(power seat motor)의 센서(sensor)부 커넥터(connector)에 센서 공급 전압의 배선을 찾아 센서 공급 전압이 정상적으로 출력 되고 있는지를 확인한다. 만일 센서(sensor)의 공급 전압이 출력 되지 않으면 MPS ECU로 공급 되는 전원선의 단선 또는 MPS ECU 자체가 손상될 가능성이 크다.

### ② 자동 조절 기능이 되지 않는 경우

리줌 스위치(resume switch)를 눌러도 기억된 파워 시트(power seat) 위치로 작동되지 않는 경우는 우선 매뉴얼(manual) 상태로 파워 시트가 작동이 되는지를 확인하고 이상이 없는 경우는 전자 제어 장치와 관련된 회로에 이상이 있는 것으로 판단한다. 전자 제어 장치의 점검은 MPS 시스템의 기본 점검부터 시작한다. 여기서 말하는 MPS 시스템의 기본 점검은 MPS ECU로 공급되는 상시 전원 전압과 IGN 전원, 파워 그라운드(power ground), 센서 그라운드(sensor ground)의 상태, 그리고 센서의 공급 전압 및 커넥터의 핀 연결 상태를 말한다.

기본 점검에 이상이 없는 경우는 리줌 스위치(resume switch) 신호가 MPS ECU로 정상적으로 입력이 되는지를 확인한다. 이상이 없는 경우 출력 상태를 확인하여 출력측에 구동 신호가 출력되지 않는 경우는 MPS ECU를 원인 추정할 수 있다. 또한 리줌 기능은 작동 되는데 본래 기억되어 있던 좌석의 위치 제어가 항상 고정 상태로 되는 경우는 MPS ECU의 입력 신호 회로의 단선 또는 입력 센서의 이상으로 판단할 수 있다.

구동 모터의 위치를 감지하는 센서는 대개 그림 (7-31)의 (a)와 같이 가변 저항을 사용하여 위치를 감지하는 방식과 그림 (b)와 같이 홀 센서(hall sensor)를 이용하는 방식을 사용하고 있어 홀 센서 방식을 사용하는 시스템의 경우는 점검시 LED식 체크 램프나 스코프를 이용하면 간단히 점검할 수 있다.

### ③ 작동이 부분적으로 되지 않는 경우

파워 시트(power seat)의 모터는 4가지 구동 모드(mode)로 구동하도록 한 구성품으로 이중 한 개 또는 부분적으로 구동이 안되는 경우는 해당 모터(motor)의 배선 단선 또는 모터 자체의 불량을 생각 할 수 있다.

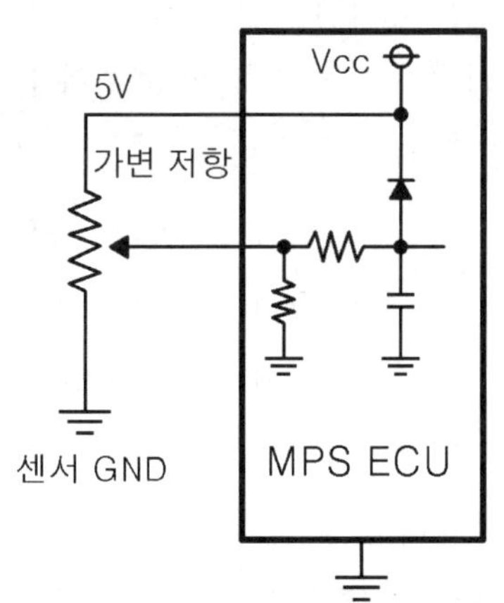

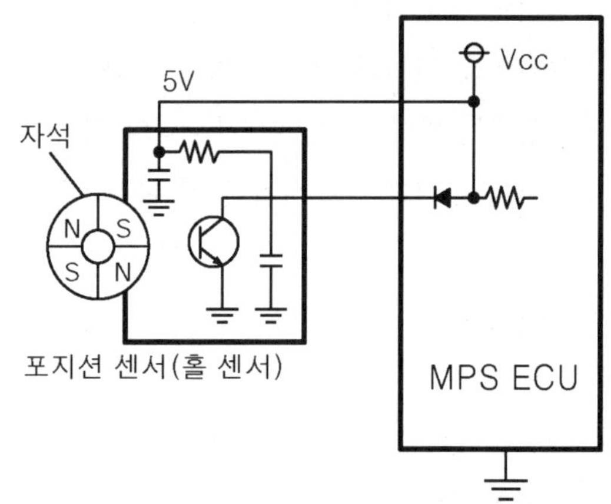



(a) 가변저항을 이용한 위치 감지센서          (b) 홀 센서를 이용한 위치 감지센서

그림7-31 MPS ECU의 센서 입력 회로(예)

또한 입력측 조절 스위치와 연결 된 배선의 단선 또는 단락 및 MPS ECU의 구동 회로 이상인 경우로 예상 할 수 있다. 이들 원인을 찾기 위해 우선 MPS ECU의 커넥터를 제거하고 구동 모터의 양단에 전원을 공급하여 구동 모터가 이상이 없는지를 확인한다. 구동 모터가 이상이 없는 경우는 다음은 입력측 스위치 회로를 점검한다.

해당 스위치 회로의 점검은 디지털 멀티 테스터(digital multi tester) 또는 LED식 체크 램프를 사용하여 입력측 해당 스위치가 이상이 없는지를 확인한다. 점검 결과 해당 스위치의 입력 신호는 정상적으로 MPS ECU로 입력이 되고 있다면 MPS ECU의 출력 상태를 확인하여 최종적으로 MPS ECU의 이상 여부를 판단한다.

## 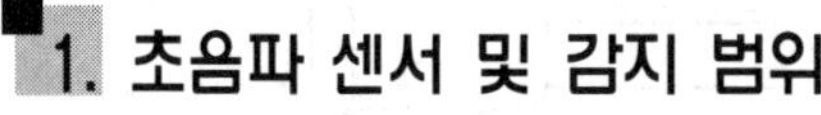 6 후진 경보 장치의 점검

###  1. 초음파 센서 및 감지 범위

초음파는 인간이 들을 수 없는 가청 주파수 이상의 주파수를 가진 음파로서 대개 30 ~ 40kHz 정도의 주파수를 초음파 센서로 이용하고 있다. 자동차의 후방 물체 유무를 감지할 목적으로 사용하는 초음파 센서는 압전 세라믹 진동자에 약 35kHz 정도의 교류 신호

를 인가하여 초음파가 발생하도록 하고 있다. 이 초음파 센서의 수신부에는 물체로부터 반사파에 의해 기계적 진동이 압전 세라믹 진동자에 가해져 교류 전압이 발생하게 된다. 이때 발생되는 반사파 신호는 반사파의 시차에 따라 진폭화하므로 진폭이 큰 값을 기준으로 송신파와 수신파간에 시차를 컴퓨터를 통해 거리를 연산하도록 하고 있다. 음파는 공기 중에 전파 속도가 343(m/s) 정도로 늦고 또한 매질에 따라 달라 초음파를 이용한 센서는 레이더(radar)와 같이 장거리를 측정하지 못하고 아주 짧은 거리를 측정하는 데 사용되고 있다.

초음파는 반사 효율이 높고 비교적 넓은 범위를 커버 할 수가 있어 자동차의 후방 물체 감지 센서로 많이 이용하고 있지만 물체의 식별 범위는 그림 (7-32)과 같이 최대 약 1.2(m)의 거리를 인식하고 있는 것이 보통이다.

또한 초음파의 특성에 의해 초음파 센서의 바로 아래측 및 위측은 물체를 식별할 수 없는 사각 지역인 불감대 영역이 존재하

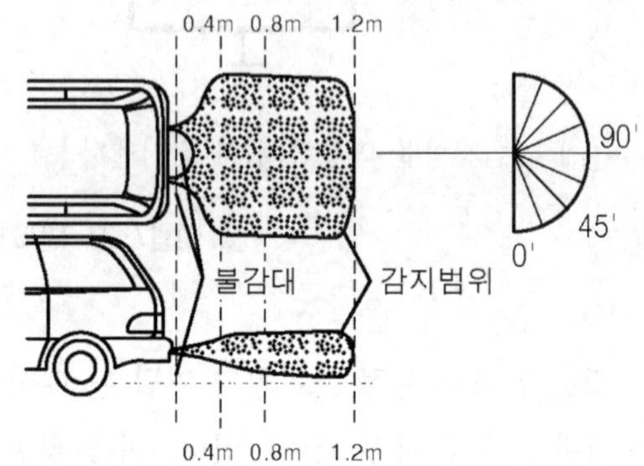


그림7-32 초음파 센서의 감지 범위

게 된다. 이 영역을 최소화하기 위해 차량의 후방을 감지하는 초음파 센서는 실제로 여러 개(4개 정도)의 센서를 부착하고 있다.

초음파 센서의 단자는 그림 (7-33)의(b)와 같이 보통 4개의 단자를 가지고 있다. 이중 2개의 단자는 초음파 센서의 전원 공급용으로 사용되고 2개의 단자는 압전 세라믹의 진동을 발생 및 감지하는 송수신 단자로 사용되고 있다.

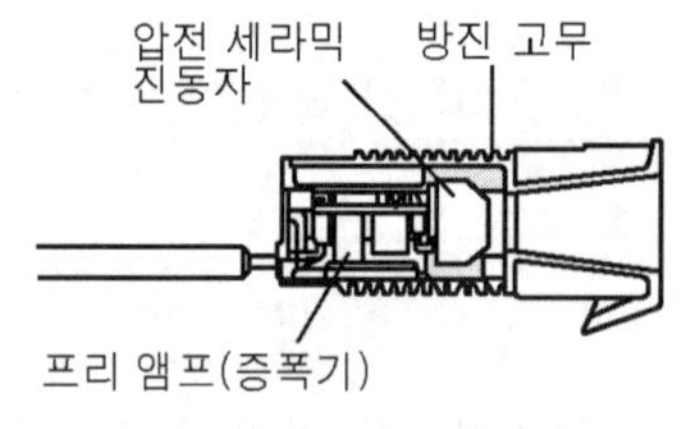


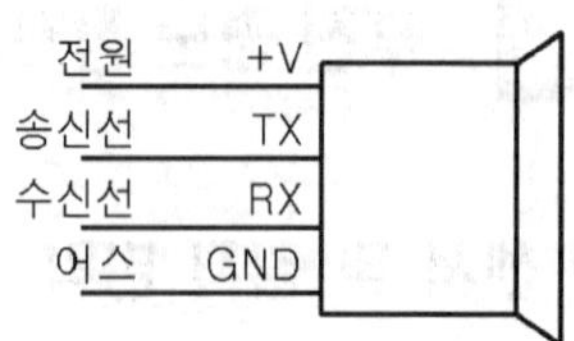


(a) 초음파 센서의 구조          (b) 초음파 센서의 단자

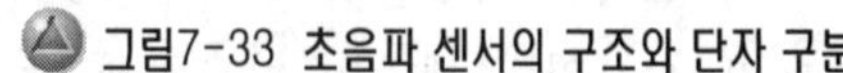

그림7-33 초음파 센서의 구조와 단자 구분

실제 자동차에 적용된 BWS(Back Warning System) 시스템에는 그림 (7-34)와 같이 BWS 유닛에 4개의 초음파 센서가 연결되어 있으며 출력측에는 물체 인식을 경보하는 부저(buzzer)가 부착되어 있어 초음파 센서로부터 물체를 감지하는 거리에 따라 단속음에서부터 연속음로 차량이 물체에 가까워 졌음을 경보하도록 하고 있다. 또한 차량의 후진시만 작동이 되도록 후진 기어 스위치(A/T차량인 경우에는 인히비터 스위치)와 차량이 시속 5(㎞/h) 이하에서만 작동 하도록 차속 센서(speed sensor)를 입력으로 사용하고 있다.

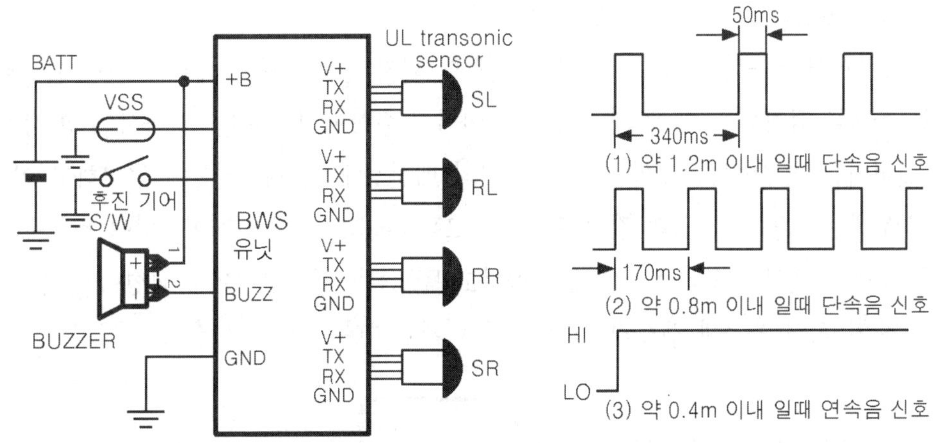


그림7-34 BWS의 외부 결선도와 출력 신호

## 2. 후방 감지 장치의 점검

BWS(Back Warning System) 장치의 고장 현상은 후방의 물체를 전혀 감지하지 못하는 경우와 물체의 감지 감도가 매우 낮아 물체의 인식이 잘 안되는 경우를 들 수 있다.

### [1] 후방 감지 기능이 전혀 작동이 되지 않는 경우

후방 감지 기능이 전혀 작동이 되지 않는 경우는 우선 전원 공급 상태에 이상이 없는지를 확인 한 후 이상이 없는 경우는 BWS에 연결된 부저(buzzer)의 커넥터를 제거한 후 배터리 전원을 부저에 연결하여 부저가 작동음을 발생 하는지 확인한다. 부저가 정상적으로 작동하는 경우는 BWS의 후진 기어 스위치(A/T 차량의 경우에는 인히비터 스위치)의 접점을 그림 (3-5)와 같이 멀티 테스터를 이용하여 점검한다. 멀티 테스터의 지시가 후진

기어를 넣었을 때 0V 가 되고 기어를 복귀 할 때 5V(또는 12V)가 되면 정상으로 판정한다. BWS 시스템에 VSS(차속 센서)가 입력되는 방식의 경우에는 차량을 리프트(lift)에 올려놓고 엔진이 작동 상태에서 후진 기어를 넣어 차속 센서의 작동 상태를 점검한다. 점검 결과 이상이 없는 경우에는 BWS 유닛 본체를 원인으로 추정할 수가 있다.

## (2) 후방 감지 감도가 낮은 경우

자동차에 사용되는 후방 감지 센서의 감지 능력은 최대 1.2m 정도의 거리를 감지하는 단거리 감지용 센서로 감지 각도는 약 30도 전후로 감지 할 수 있어 이를 커버하기 위해 대개 4개의 초음파 센서를 사용하고 있다.

따라서 4개의 초음파 센서 중 1개라도 작동이 되지 않는 경우는 해당 초음파 센서의 부근에는 물체를 감지할 수 없게 돼 감도가 떨어지는 현상이 발생한다. 따라서 후방 감지 감도가 떨어지는 경우에는 4개의 초음파 센서의 배선상에 이상은 없는지 점검하고 이상이 없는 경우에는 그림 (3-35)와 같이 오실로스코프(oscilloscope)를 이용하여 스코프의 프로브를 초음파 센서의 수신측 단자에 접속하고 BWS가 작동 상태에서 파형이 진폭변화가 있는지 확인 하여 초음파 센서의 이상 유무를 판단한다.

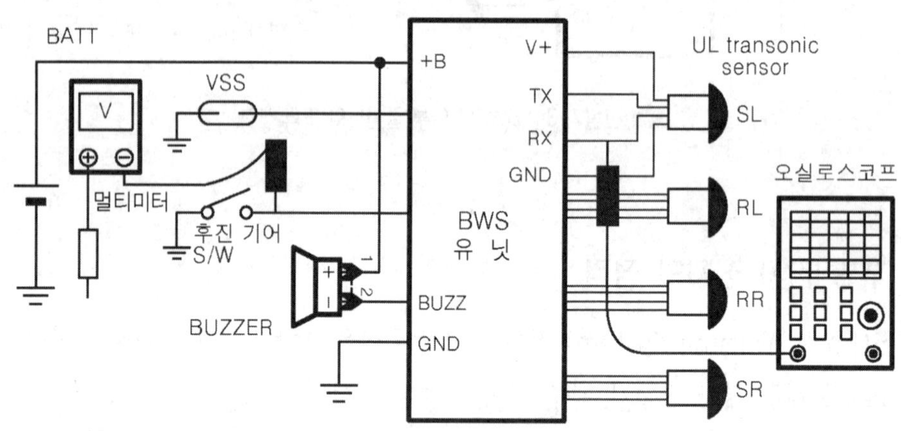


그림7-35 BWS 장치의 회로 점검

# 08
# 통합 편의장치 점검

# 통합 편의장치 점검

## BCM 시스템의 구성과 통신

### 1. BCM 시스템의 구성

전 장에서 설명한 ETACS(Electronic Time and Alarm Control System) 또는 TACS 시스템은 운전자의 안전 운행을 위한 경보 기능과 편의 장치 제어 기능을 가지고 있는 편의 장치 시스템인 반면 BCM(Body Control Module)시스템은 각종 전자 제어 편의 장치를 자동차의 표준 통신 방식(CAN 통신)통해 통합하여 제어하는 통합 편의 장치 시스템이다. 따라서 ETACS가 가지고 있는 기능뿐만 아니라 자동차의 전조등을 자동 조절하는 오토 라이트(auto light) 기능, 엔진 ECM(Engine Control Module)을 제어하여 차량 운행을 금지하는 이모빌라이저(immobilize) 기능, 운전자의 신체에 맞게 좌석의 위치를 자동으로 조절하는 MPS(Memory Power Seat) 제어 기능, 승객의 신체를 보호하기 위한 SPW(Safety Power Window)시스템 제어 기능, ID(identity) 카드 만으로도 차량 출입(도어의 풀림) 및 시동이 가능한 PIC(Personal Identification Card) 시스템 등을 통합 제어하는 시스템이다.

그림 (8-1)은 BCM(통합 편의 장치 제어 모듈)의 시스템 구성도를 예를 들어 나타낸 것이다. 기존의 ETACS 시스템은 다기능 스위치 및 도어 스위치(door switch)로부터 직접 연결되어 입력 스위치에 따라 해당 장치가 작동하도록 되어 있는 반면 BCM ECU는 그림 (8-1)에 나타낸 것과 같이 다기능 스위치 및 도어 스위치가 각각 하나의 ECU(전자 제어 장치)로 BCM ECU와 통신 라인을 통해 입력 신호를 받고 있다.

BCM 시스템은 선택 사양에 따라 엔진 ECU(EMS ECU)와도 양방향 통신을 할 수 있어 기존의 도난 방지 장치와 달리 엔진의 연료 장치 및 점화 장치의 작동을 금지 할 수 있는 이모빌라이저(immobilize) 기능이 가능하다.

또한 기존의 독립적으로 제어하던 파워 윈도우(power window)와 파워 시트(power seat)의 기능을 각각의 독립된 ECU(컴퓨터)를 적용해 이들 ECU(컴퓨터)를 통신 라인을 통해 제어하고 모니터링 하도록 구성되어 있다. 특히 운전자가 스마트 카트(smart card)를 이용해 도어의 잠금을 해제하고 시동키 없이도 시동이 가능하도록 PIC ECU와도 통신 라인을 통해 제어하도록 스마트 카드에 송수신 장치를 내장하고 있다. 기존의 ETACS의 키 레스 엔트리(key less entry) 기능이 가능하도록 내부에는 자동으로 전파를 송수신 하는 트랜스폰더(transponder)가 내장하고 있어 가능하다.

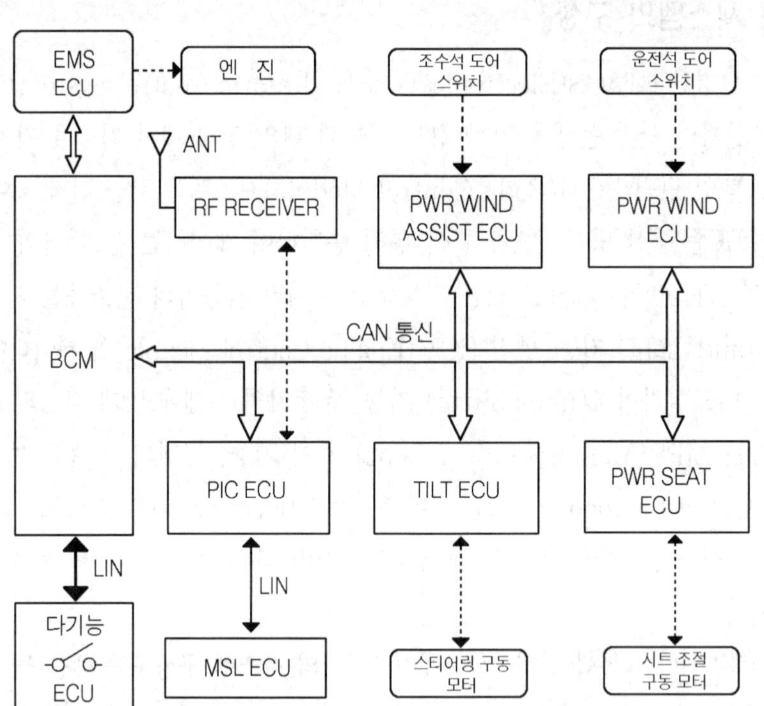

• BCM : Body Comtrol Module  • EMS : Engine Management System
• MSL : Mechatronic Steering Lock  • PIC : Personal Identification Card
• LIN : Local Interconnect Network  • CAN : Controller Area Network

그림8-1  BCM의 시스템 구성도(예)

　최근 자동차는 안전성, 편의성을 추구하는 각종 전자 제어 장치의 증가에 따라 이들 장치를 연결하는 배선(wire harness)도 함께 증가하게 돼 차량의 중량 뿐만 아니라 고장 발생률도 같이 증가하게 되는 문제점을 가지고 있다.

　따라서 이와 같은 문제점을 최소화하기 위해 여러 가지의 편의 장치와 안전장치의 ECU(컴퓨터)가 서로 통신을 통해 제어하므로 배선의 중량을 현저히 감소 할 수 있게 한 통합 편의 장치 시스템이다. 또한 각 시스템의 작동 상태를 모니터링(monitoring)하여 통신을 통해 진단 할 수 있도록 한 혁신적인 시스템으로 미래에 대한 정비 방향을 제시하고 있기도 하다. 따라서 미래의 차량 정비는 컴퓨터(computer)의 대한 기본적인 지식은 물론 적용된 시스템(system)에 대한 구성 및 작동 조건이 정비의 능력을 좌우하는 중요한 요소가 돼 이에 따른 지속적인 자기 학습과 훈련이 중요하다고 필자는 생각한다.

## 2. 시스템 통신 방식

　초기의 컴퓨터(computer)의 기술은 보다 편리하고 안전한 기계적 중심의 사고에서 현대 기술은 보다 안전하고 친환경적인 인간 중심의 사고로 꿈을 실현해가는 기술로 발전하여 오고 있다. 이러한 기술 진보는 메커트로닉스(mechatronics)의 대표적인 자동차에도 많은 변화를 가져오게 하였다.

　특히 자동차에 사용되는 각종 편의 장치는 주로 센서(sensor)나 스위치(switch) 신호를 통해 모터(motor)나 액추에이터(actuator), 전구(lamp) 등을 구동하는 회로가 주류를 이루고 있어서 이들 회로를 구동하고 제어하기 위해 많은 전선이 필요하게 되고 정비성 또한 현저히 떨어지게 되었다. 이러한 문제점을 효과적으로 대응하기 위해 ECU(컴퓨터)와 ECU(컴퓨터)가 대화하는 LAN(local area network) 통신 방식을 채택하므로서 전선의 량을 크게 감소할 수 있게 되었다.

　LAN (local area network) 통신 방식은 각종 스위치, 및 센서 신호와 모터, 액추에이터 신호 등을 LAN 통신 라인을 통해 송수신 하고 이상 유무를 체크(check) 할 수 있어 정비성도 크게 향상하게 되었다. 그러나 이러한 발전에도 불구하고 각 메이커 마다 통신 방식이 다르고 상호 호환성이 결여 되어 자동차 전용 프로토콜(protocol)이 필요하게 되었다.

　이러한 점을 간파한 로버트 보쉬(Robert Bosch)사는 CAN 통신 방식을 개발하여 국제 특허를 얻게 되면서 현재는 자동차의 컴퓨터 통신 방식이라 하면 CAN(controller area network) 통신이 표준 통신 방식으로 통하게 되었다.

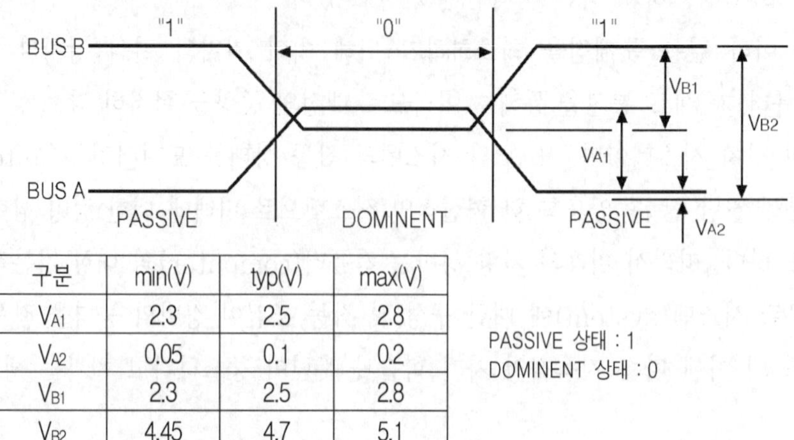


| 구분 | min(V) | typ(V) | max(V) |
|------|--------|--------|--------|
| $V_{A1}$ | 2.3 | 2.5 | 2.8 |
| $V_{A2}$ | 0.05 | 0.1 | 0.2 |
| $V_{B1}$ | 2.3 | 2.5 | 2.8 |
| $V_{B2}$ | 4.45 | 4.7 | 5.1 |

PASSIVE 상태 : 1
DOMINENT 상태 : 0

그림8-2 BUS의 데이터 비트 정의

표(8-1)은 CAN 통신과 LAN 통신 방신의 제원 비교를 나타낸 것으로 CAN 통신과 LAN 통신은 데이터 설정하는 방법 외에는 크게 차이가 없다.

[표8-1] CAN과 LAN통신의 비교 사양

| 제 원 | 사 양 | |
|-------|---------|---------|
| | CAN 통신 방식 | LAN 통신 방식 |
| NETWORK 형태 | BUS 형 | BUS 형 |
| 전송 매체 | twisted pair wires | twisted pair wires |
| 전송 속도 | 50 Kbps | 62.5 Kbps |
| 부호화 방식 | NRZ 방식 | NRZ 방식 |
| ACCESS 방식 | CSMA/CD | CSMA/CD |
| 우선 순위 제어 | NDA(비파괴 조정) | NDA(비파괴 조정) |
| 오류 검출 방식 | 15 bit CRC | 8 bit CRC CHECK |
| 동기 방식 | bit stuffing | |
| 데이터의 길이 | MAX 8 BYTES | 4 BYTE |

CAN(Controller Area Network)통신 방식은 차량의 각종 편의 장치를 원격으로 제어할 수도 있고 스마트 카드 칩(smart card chip)을 차량 내에 실장하여 무선으로 데이터(data)를 자동으로 제어 할 수도 있는 시리얼(serial) 통신 방식으로 데이터 버스(data bus)를 통해 정보를 주고받을 수 있어 차량용 통신 방식에 적합하다.

이와 같은 CAN 통신 방식은 모터(motor)나 솔레노이드 밸브와 같은 액추에이터(actuator)의 인접 거리에 서브 ECU(sub 컴퓨터)를 장착하여 CAN 통신을 통해 서브 ECU를 제어하므로 전장품에 소요되는 배선(wire harness)의 량을 현저하게 감소 할 수 있게 되었다. 또한 액추에이터나 스위치와 같은 신호의 상태를 서브 ECU를 통해 모니터링(monitoring) 할 수가 있어 전장 회로에 이상 상태를 컴퓨터(computer)를 통해 체크(check) 할 수 있어 정비성이 우수하다 할 수 있다.

그림 (8-3)은 CAN 통신과 LAN 통신의 데이터 프레임(data frame)을 나타낸 것이다. 1데이터 프레임은 약 140 bit로 이루어져 데이터를 주고받고 있다. SOF(start of frame)은 데이터의 프레임이 시작을 나타낸 코드이며 AFTF(Arbitration Field)은 해당 프레임의 타입(type)을 나타낸 코드이며 해당 프레임의 우선 순위를 결정한다. 또한 해당 프레임이 무슨 타입(type)인지를 나타내며 해당 프레임(frame) 중 데이터 영역의 내용을 식별하기 위한 ID 코드로 무선으로 데이터를 요구하는 RTR(Remote Transmission Request) 코드를 1 bit 포함하고 있다.

| 8bit | 8bit | 8bit | 8bit | 4byte | | | 8bit |
|------|------|------|------|-------|-----|-----|------|
| SOF | PRI | TYPE | ID | DATA | CRC | ANC | EOF |

(a) LAN통신 데이터 프레임 구성

| 1bit | 24bit | 12bit | max 8byte | 32bit | 4bit | 7bit |
|------|-------|-------|-----------|-------|------|------|
| SOF | AFTF | CF | DATA | CRC | ACK | EOF |

(b) CAN 통신 데이터 프레임 구성

데이터 프레임

그림8-3 LAN통신과 CAN통신의 데이터 프레임 구성

여기서 사용하는 ID 코드는 각 ECU 들을 식별하기 위한 코드이며 타입 프레임은 전송 모드를 설정하기 위해 마이크로 컴퓨터의 반도체 제조사로부터 설정되어 있는 코드를 설계자가 설정하는 코드(code)이다. CF(Control Field)는 전송 데이터를 컨트롤하기 위한 코드이며 데이터의 길이를 지정 하고 있다.

CAN 통신 프레임은 데이터(data)를 데이터 프레임 당 최대 8byte 까지 전송 할 수 있으며 전송된 데이터의 에러(error)를 체크하기 위해 CRC(Cylic Redundancy Check) 에어 검출 방식을 사용하고 있다. CRC 에러 검출 방식은 채널 에러(channal error), CSE, 포맷 에러(format error), ANC 에러(acknowledge error)가 사용되고 있다.

채널 에러인 경우에는 송신 ECU가 데이터를 송신함과 동시에 비트(bit)를 수신하여 비교하여 이상이 있는 경우 에러로 인식하게 되고 데이터의 송신을 중단하게 하는 에러 검출 코드이며 CSE는 BUS상에 송신된 데이터 프레임(data frame)이 길이가 최대 데이터 프레임 보다 긴 경우 에러(error)로 데이터를 처리하게 된다. 또한 포맷 에러(format error) 검출은 버스(bus)상에 데이터 프레임을 수신시 데이터의 포맷(format)이 규정된 포맷과 다른 경우 송신을 중단하게 된다. ANC 에러(acknowledge error) 검출은 데이터 프레임 수신시 ECU에 등록된 ACK 코드가 반송되지 않는 경우 재송 후 에러 검출시 송신을 중단하게 된다.

EOF(end of frame)은 데이터 프레임의 끝을 알리는 코드이다. CAN 통신 방식과 같이 보조 통신 수단으로 LIN 통신을 사용하고 있는데 LIN(local interconnection network) 통신은 스위치나 모터, 전구 회로와 같이 ON, OFF에 의해 제어 되는 부하 또는 입력 장치 간에 1개의 라인을 통한 시리얼(serial) 통신을 통해 제어 하는 방식이다. 이 방식은 통신 라인을 1개를 사용하여 비교적 간단한 부하를 제어하기 위한 것으로 데이터 프레임은 2~8byte 까지 가능하다.

데이터(data)의 전송 속도는 최대 20Kbps까지 가능하며 자기 동기(self synchronization) 방식을 채택하고 있는 통신 방식이다. LAN 통신 방식의 데이터 프레임은 CAN 통신 방식과 거의 유사하며 PRI(priority)를 나타낸 코드이다. PRI 코드는 각 ECU의 데이터 프레임의 충돌을 방지하기 위해 우선 순위도를 정한 ECU 순으로 데이터 프레임을 송신하게 된다.

## 3. ECU의 그라운드(ground)

전기에서 말하는 어스(earth)란 지면의 접지와 같은 넓은 의미에서 사용되는 것을 말하며 그라운드란 전자 장치와 같은 좁은 의미에서 사용되는 것을 말 한다. 그러나 많은 사람들은 어스(earth)와 그라운드(ground)를 구분 없이 사용하고 있지만 틀리다고 할 수는 없다.

최근 자동차 전장 회로에는 ECU(전자 제어 장치)의 사용 증가로 어스(earth)의 종류

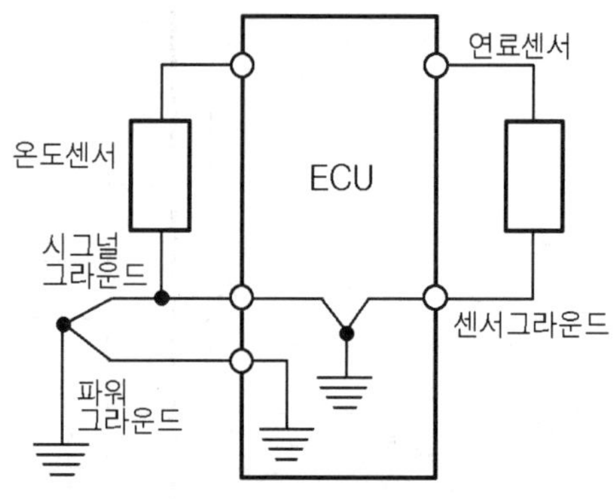


**그림8-4 전자제어 장치의 어스**

를 파워 그라운드(power ground), 시그널 그라운드(signal ground), 센서 그라운드(sensor ground)로 분류하여 표기하는 것을 많이 볼 수 있는데 이것은 회로의 노이즈(noise)에 의한 신호의 오작동 및 회로의 안정을 기하기 위한 것이다. 전원과 관련이 있는 회로의 어스는 그림(8-4)와 같이 파워 그라운드(power ground)로 구분하여 같이 사용하고 센서의 신호가 아날로그(analog) 입력 신호인 경우에는 시그널 그라운드(signal ground)로 구분하여 사용 한다. 또한 센서의 신호가 외부의 신호에 영향을 받기 쉬운 경우에는 센서 그라운드(sensor ground)로 구분하여 사용하고 있다.

## 4. BCM의 기능

그림 (8-5)는 BCM(Body Control Module) 기능의 제어 개념도를 나타낸 것으로 다기능 스위치(multi function switch) ECU와 BCM간 통신 라인을 통해 입력 신호를 주고받으며 도어 스위치, 후드 스위치, 트렁크 스위치, 파킹 브레이크 스위치, 브레이크 스위치, 안전벨트 스위치, 안개등 스위치 등과는 직접 신호를 입력 받아 ETACS 기능을 수행하고 있다.

BCM ECU 내부에는 키 레스 엔트리 모듈(key less entry module)이 내장되어 있어 원격 도어 록(door lock) 기능을 수행 할 수 있게 하고 있다. 또한 BCM ECU 내부에는 도난 경보 장치 기능을 같이 갖고 있어 기존의 ETACS(TACS)가 수행하는 도난 방지 기능을 가지고 있다.

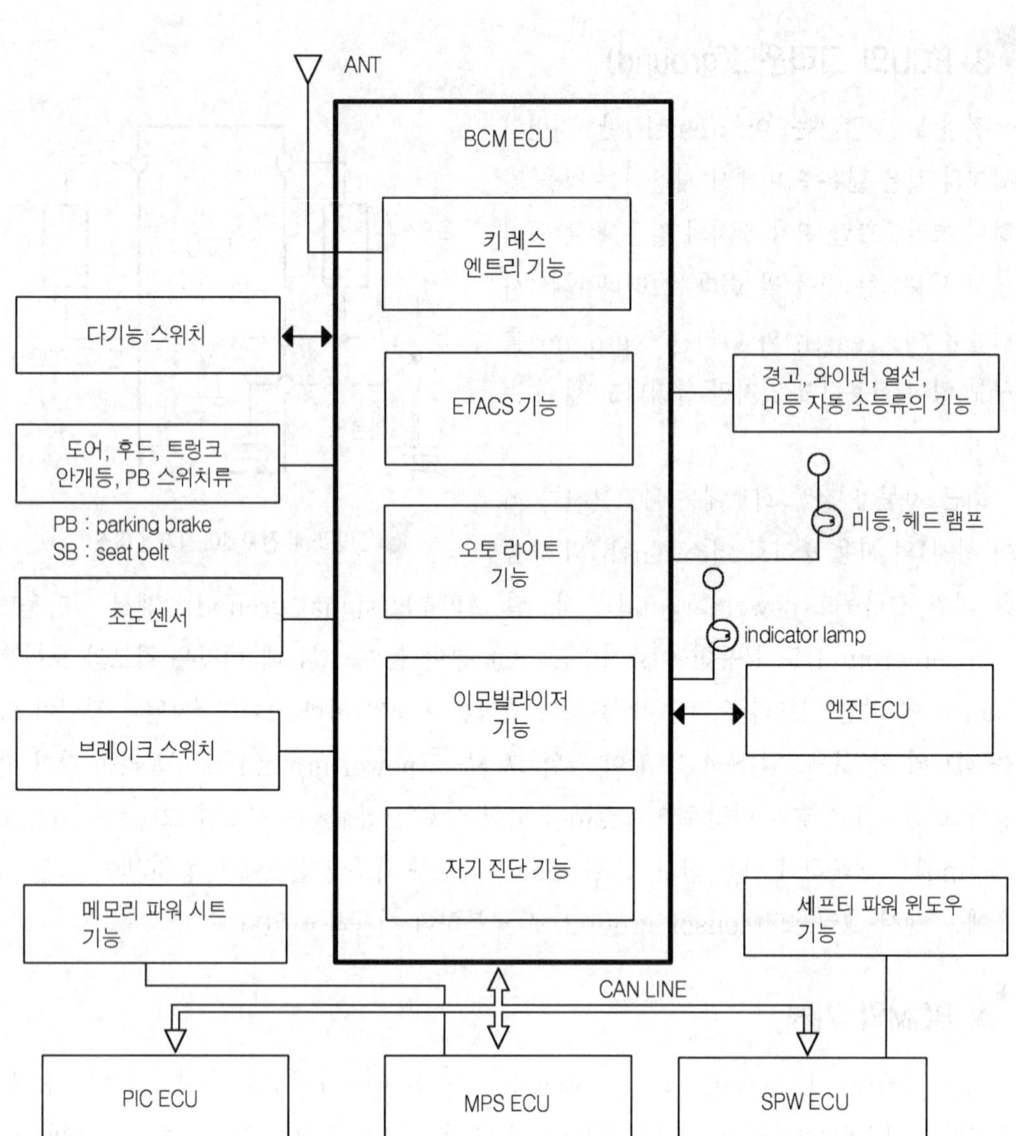



그림8-5 BCM 기능의 기본 제어 개념도

BCM은 기존에 별도의 오토 라이트(auto light)의 기능을 BCM ECU 내부에 가지고 있어 미등 및 헤드램프의 오토 라이트 기능을 수행하고 있다. 자동차 제조사의 선택 사양에 따라서는 차량 내부에 스마트 카드 칩(smart card chip)를 실장하여 무선으로 데이터를 주고받을 수 있는 PIC(Personal Identification Card) 시스템을 가지고 있어 운전자가 차량

접근만으로도 도어(door) 개폐 기능 등이 가능하다. 또한 이 시스템은 좌석의 안착 위치를 기억 또는 호출 할 수 있는 MPS 시스템 제어기능, 사람의 신체를 보호하기 위한 SPW 시스템 제어 기능 등을 CAN 통신 라인을 통해 제어하는 기능을 가지고 있다.

## 2 BCM의 기능

### 1. 다기능 스위치 제어 기능

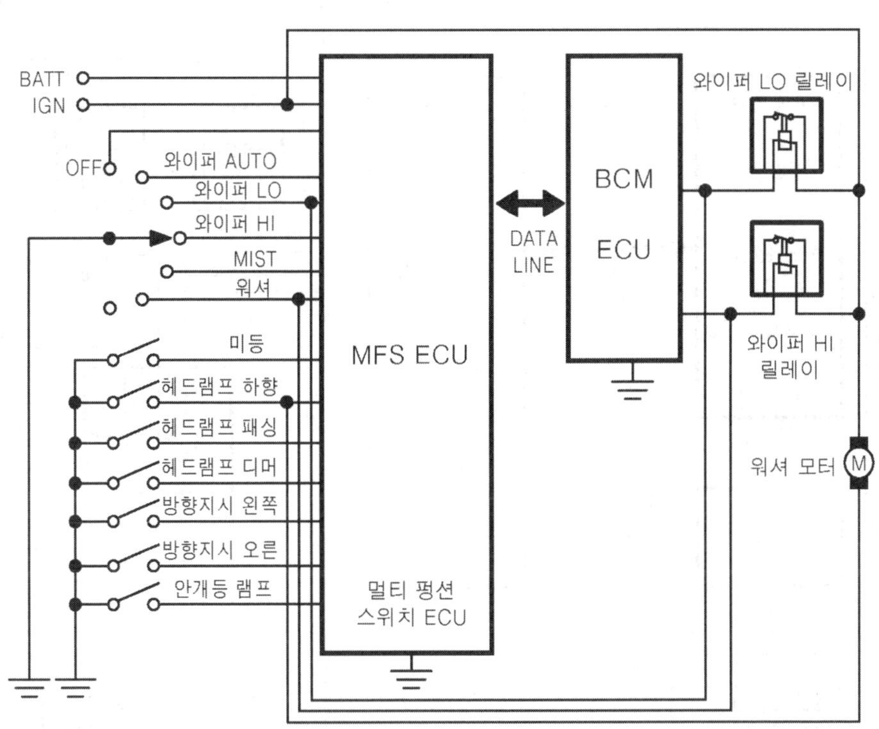


그림8-6 멀티 펑션 스위치 ECU회로

다기능 스위치 모듈(multi function switch module) 내에는 MFS ECU(다기능 스위치 컴퓨터)를 내장하고 있어 기존까지 사용되어 오던 접점 방식의 다기능 스위치와 달리 통신 라인(data line)을 통해 스위치 입력 신호를 BCM ECU와 주고받을 수 있도록 하고 있어 하드웨어 적으로 배선의 수를 획기적으로 감소시키고 있다.

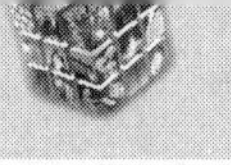

또한 소프트웨어(software)적으로는 스위치에 대한 고장 점검도 BCM ECU를 통해 진단 할 수 있게 되어 정비의 효율성도 상당히 높아졌다. 이 시스템은 유사시 MFS ECU 가 고장으로 작동이 되지 않더라도 헤드라이트 릴레이와 와이퍼 릴레이는 스위치 (switch)와 병렬로 연결되어 있어서 MFS ECU의 고장에 대한 페일 세이프(fail safe) 기능을 할 수 있도록 하고 있다.

## ■2. 와이퍼 시스템 제어 기능

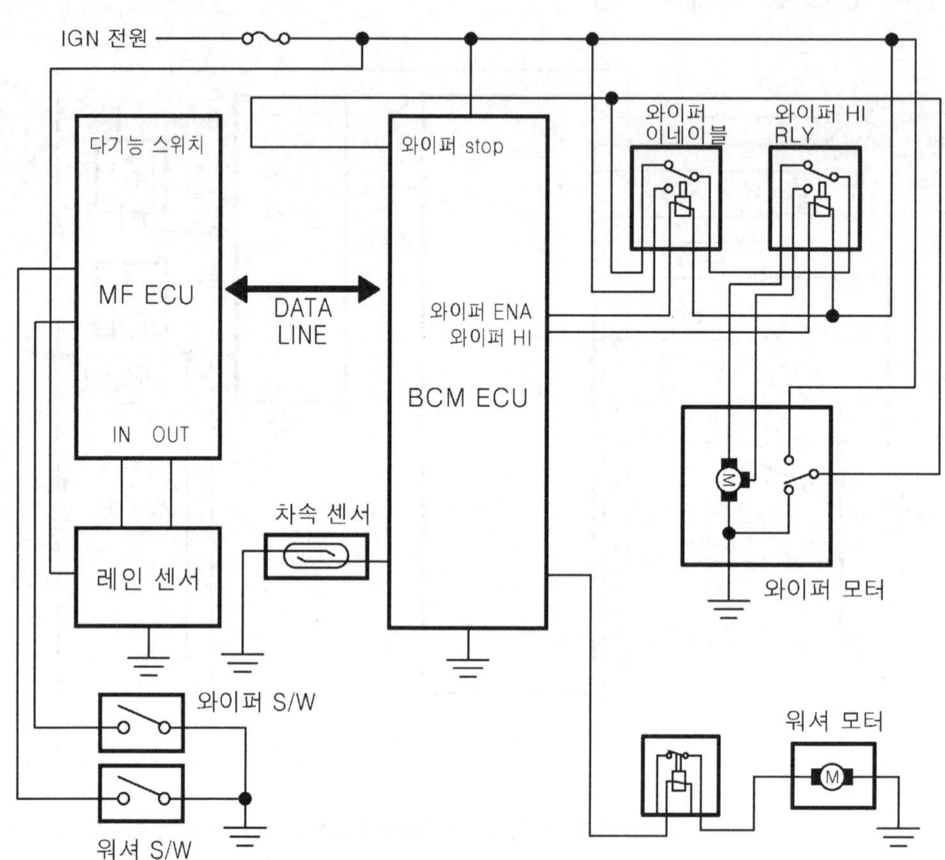


그림8-7 와이퍼 회로

와이퍼 시스템(wiper system)은 MFS 모듈 내에 있는 와이퍼 스위치로부터 입력 신호 가 MF ECU(Multi Function Electronic Control Unit)로 입력되면 BCM ECU와 와이퍼 스

위치 입력 정보를 통신 라인을 통해 수신하여 와이퍼 릴레이를 구동하도록 하고 있다. 와이퍼 스위치를 오토 모드(auto mode)로 위치하는 경우에는 MF ECU는 레인 센서(rain sensor)를 작동하게 해 레인 센서로부터 비의 량을 감지하도록 하고 있다. 이 레인 센서(rain sensor)의 출력값은 듀티(duty) 값이 변화로 비의 량을 나타내고 있는 방식이다. 레인 센서의 고장시에도 출력값 역시 듀티값으로 나타내고 있다. 레인 센서의 듀티값은 약 50% 이하인 경우에는 고장 모드를 나타내고 약 70% 이상에서부터는 비의 량에 따라 듀티값이 증가하고 있다.

## 3. 방향 지시등 제어 기능

BCM 시스템이 적용된 방향 지시등 회로는 그림 (8-8)과 같이 MF ECU(다기능 스위치 ECU)에 의해 방향 지시등의 지시 신호를 수신하고 수신된 입력 신호 정보는 통신 라인을 통해 전송하여 BCM ECU에 의해 방향 지시등 작동이 되도록 하고 있다. 방향 지시등은 계기판의 방향 지시 인디케이터(indicator)와 병렬로 연결되어 있어 방향 지시 회로의 작동 여부를 쉽게 알 수가 있다.

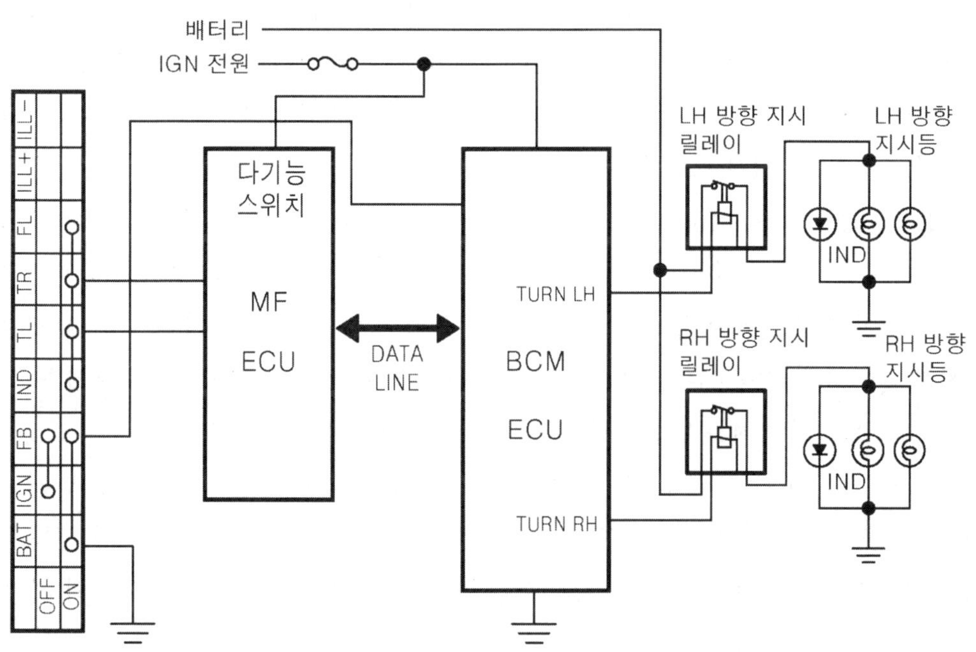


그림8-8  방향지시등 회로

따라서 방향 지시 회로 점검시 인디케이터(indicator) 만 확인하여도 쉽게 작동 상태를 점검 할 수가 있다. 정상적인 방향 지시등의 점멸 횟수는 1초에 약 1.5회 정도 점멸을 하지만 방향 지시등이 이싱이 있는 경우에는 1초에 약 2회 정도 점멸을 하도록 되어 있다. 또한 BCM 시스템에 적용된 방향 지시등 회로는 배터리(battery)의 전압 레벨을 감지하고 있어서 배터리 전압이 일정 전압이하로 떨어지면 방향 지시등의 고장 감지 기능이 작동 할 수 없도록 되어 있다.

보통 배터리 전압 레벨 감지는 10V이하로 전압이 강하되면 고장 감지 기능은 작동을 금지한다. BCM ECU는 방향 지시등의 출력 회로에 이상이 있는 경우에는 내부의 고장 감지 회로에 의해 BCM ECU에 고장 감지 내용을 입력하여 BCM ECU는 방향 지시등의 점멸 횟수를 1초에 약 2회 정도의 빠른 주기로 점멸을 하도록 하고 있다.

## 4. 오토 라이트 제어 기능

그림 (8-9)는 BCM 시스템의 오토 라이트(auto light) 회로를 나타낸 것으로 BCM ECU는 점화 스위치를 통해 IGN 전원을 공급 받고 MF ECU의 모듈 내에 있는 오토 헤드 램프 스위치(auto head lamp switch)에 의해 BCM ECU는 오토 라이트 센서를 작동 시킨다. 보통 오토 라이트 센서는 포토 트랜지스터(photo transistor)를 이용하고 있어 조도에 따라 오토 라이트 센서의 출력값은 전압값으로 변화하게 돼 조도에 따라 헤드 램프를 작동할 수 있게 하고 있다.

오토 라이트 센서(auto light sensor)는 다기능 스위치의 헤드라이트 스위치가 오토 모드(AUTO 모드)로 되어 있으면 BCM ECU는 오토 라이트 센서의 공급 전압을 감지하기 시작하여 일정 전압 이하가 되면 오토 라이트 센서의 결함을 알리게 된다. 오토 라이트 센서의 출력 전압 작동 범위는 제조사의 사양에 따라 다르지만 미등 점등의 센서 출력 전압은 약 1.8V 이며 헤드라이트 점등의 센서 출력 전압은 약 0.6V 정도이다.

오토 라이트 센서로부터 출력된 전압값이 미등 및 헤드라이트를 점등 될 수 있는 전압 레벨이라 하여도 센서의 ON/OFF의 전압 레벨 값은 히스테리시스(hysteresis)를 가지고 있어 오토 라이트는 즉시 점등 또는 소등 되지 않고 약 (500mS~3S) 정도의 시간 지연(filtering time) 특성을 가지고 있다.

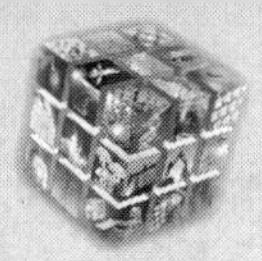

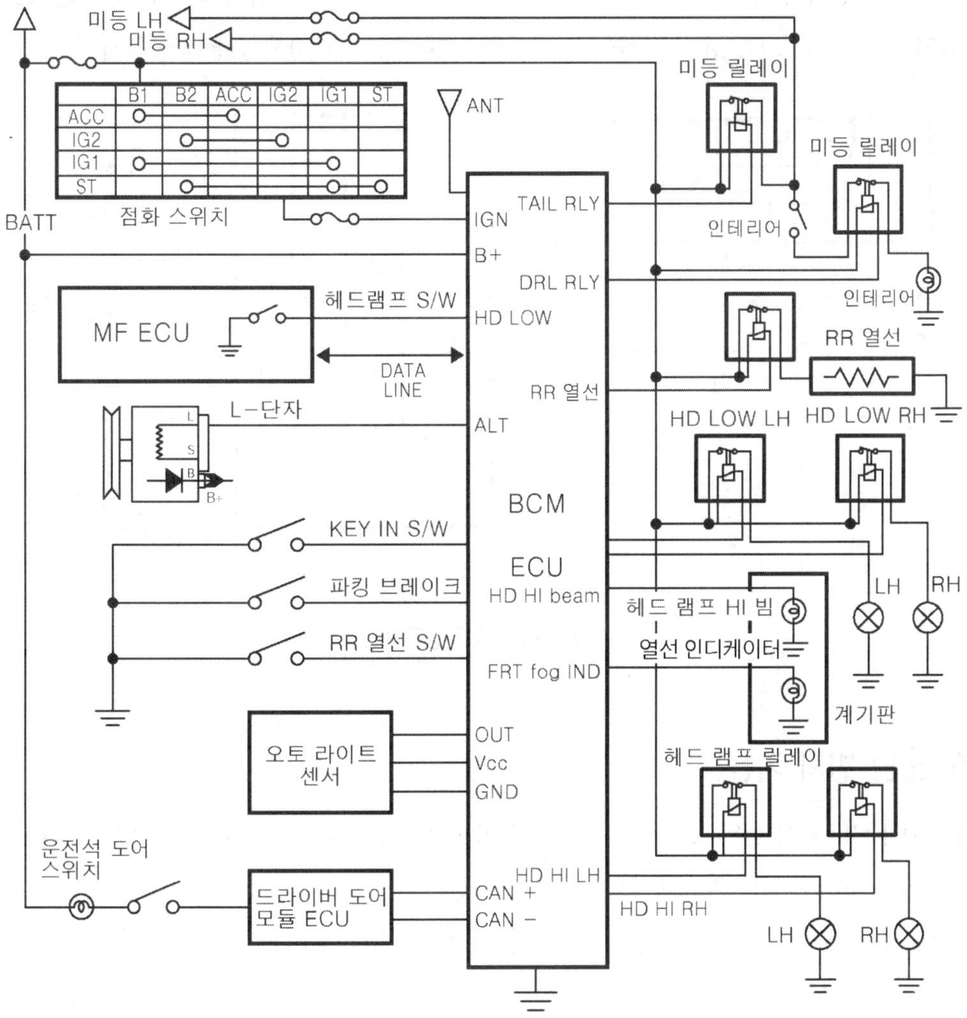


그림8-9 오토라이트 회로

## 5. 제동등 고장 제어 기능

제동등 고장 제어는 제동등의 단선이나 퓨즈(fuse) 등에 의해 전원 공급이 차단되는 경우 계기판에 있는 경고등을 점등하도록 하는 기능이다. 이 기능은 브레이크 스위치(brake switch)가 ON 상태일 때만 검출하도록 되어 있다.

그림 (8-10)은 제동등 단선 검출 회로를 나타낸 것으로 브레이크 스위치에 의해 점등

되는 제동등 전류를 BCM ECU의 입력 회로가 검출 한다. 이 입력 회로는 전압값으로 변화하여 입력함으로 BCM ECU는 스톱 램프(stop lamp) 경고등을 점등하게 하고 있다.

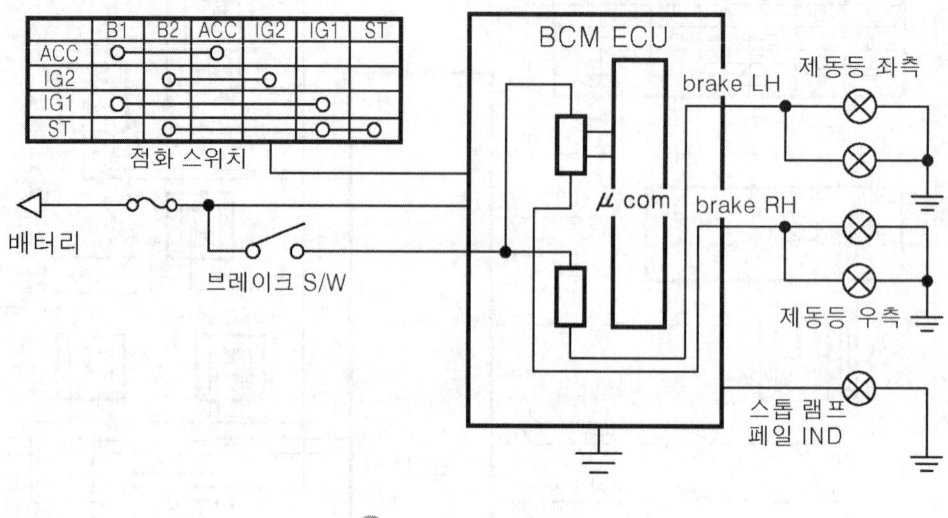


그림8-10 제동등 회로

## 6. 도난 방지 기능

BCM ECU에 내장된 도난 경보 장치의 작동은 리모컨(remocon)이나 PIC(personal identification card) 카드에 의해 작동이 가능하다. 메시지의 전송을 리모컨(remocon)을 사용하는 경우는 BCM 모듈의 수신 안테나(key less entry)를 통해 직접 도난 경보 장치가 작동하도록 되어 있는 반면 PIC 카드를 사용하는 경우는 PIC ECU의 통신 라인 (CAN 통신)을 통해 BCM ECU로 도난 경계 및 해제 신호를 전달하고 있다.

### [1] 경계 상태 진입

경계 상태 진입은 ETACS의 도난 경보 기능과 같이 모든 도어(door)는 닫혀 있는 상태 일 때 경계 상태로 진입할 수 있다.

BCM은 리모컨이나 PIC 카드에 의해 도어 록(door lock)명령을 수신하면 통신 라인 (CAN 통신)을 통해 BCM ECU는 도어 스위치에 실장 되어 있는 운전석 파워 윈도우 ECU(driver power window ECU)로 도어 록 명령을 보내게 된다. 이때 운전석 파워 윈도우 ECU로부터 도어(door)가 록(lock) 되었다는 응답을 받게 되면 BCM ECU는 비상등을 1회 점멸하여 경계 상태로 진입 하였다는 것을 운전자에게 알리게 된다.

## (2) 경계 상태 해제

BCM은 리모컨이나 PIC 카드에 의해 도어 언록(door unlock) 명령을 수신하면 통신 라인(CAN 통신)을 통해 BCM ECU는 도어 스위치에 실장 되어 있는 운전석 파워 윈도우 ECU( driver power window ECU)로 도어 언록 명령을 보낸다.

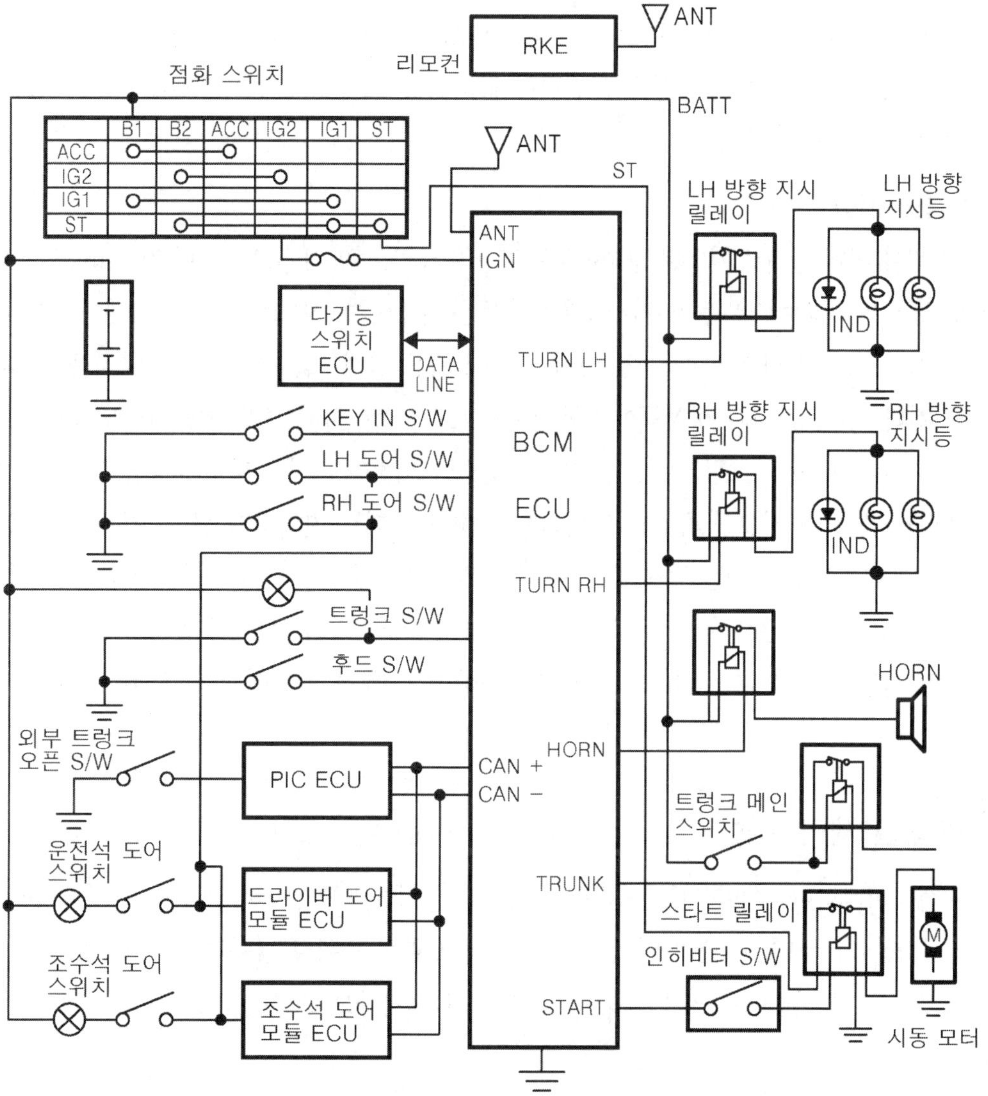

그림8-11 도난 방지 회로

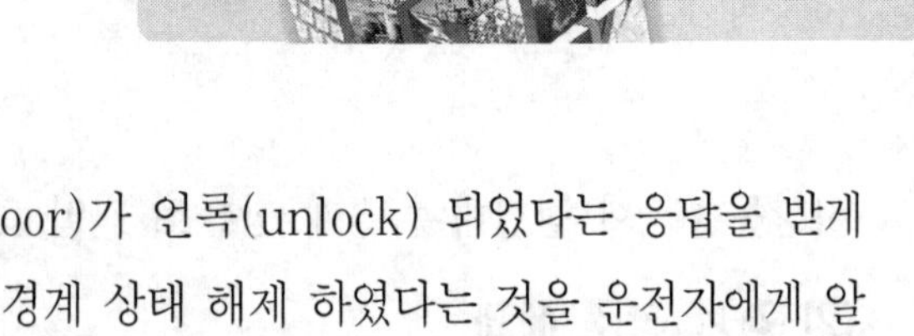

    운전석 파워 윈도우 ECU로부터 도어(door)가 언록(unlock) 되었다는 응답을 받게 되면 BCM ECU는 비상등을 2회 점멸하여 경계 상태 해제 하였다는 것을 운전자에게 알리게 된다. 경계 상태에서 리모컨이나 PIC 카드를 이용하여 도어 또는 트렁크를 열 경우에도 경계 상태 해제 명령을 실행하게 된다.

    리모컨(remocon)이나 PIC 카드를 이용하여 언록(unlock) 명령을 실행하여도 5초 이내 도어(door)나 트렁크를 닫는 경우는 자동으로 경계 상태로 재 진입하게 된다. 또한 경계 진입 상태에서 PIC 카드에 의해 트렁크(trunk)을 연 경우라도 트렁크 스위치 신호는 BCM ECU에 트렁크 열림 신호를 전달하게 되지만 도어(door)나 후드(hood)는 그대로 경계 상태를 유지하게 된다.

## (3) 경보 기능

    BCM이 경계 상태로 진입된 상태에서는 도어(door), 후드(hood), 트렁크(trunk)중 하나라도 도어가 열리는 경우는 혼(horn)과 비상등은 약 30초 ON, 10초 OFF 상태를 3회 출력(제조사의 제품에 다소 차이가 있음)하게 되고 시동 릴레이를 강제 차단하여 시동을 금지하게 한다. 혼(horn)과 비상등이 3회 연속 경보가 작동하여 종료 되었더라도 다시 도어(door), 후드(hood), 트렁크(trunk)중 1개 문을 개폐하면 다시 혼과 비상등은 위 경보 주기를 반복하게 되고 경보가 종료 되었더라도 재경보 상태로 진입하게 된다. 경계 진입 상태에서는 배터리(battery)를 탈착 후 장착 하는 경우라도 혼(horn)과 비상등은 약 30초 ON, 10초 OFF 상태를 3회 출력하게 되어 경계 상태는 해제 되지 않는다. 위의 작동 내용은 제조사의 사양에 따라 다소 차이가 있으므로 정확한 사양은 차종에 따라 정비 지침서를 참고 한다.

## 7. 열선 제어 기능

    열선(defroster) 제어 기능은 ETACS의 열선 기능과 동일하게 엔진의 시동중 올터네이터(alternator)의 L-단자 전압이 입력이 되고 열선 스위치 입력 신호가 BCM ECU로 입력되면 열선 릴레이는 약 20분간 ON 되었다가 자동으로 OFF되는 기능을 가지고 있다.

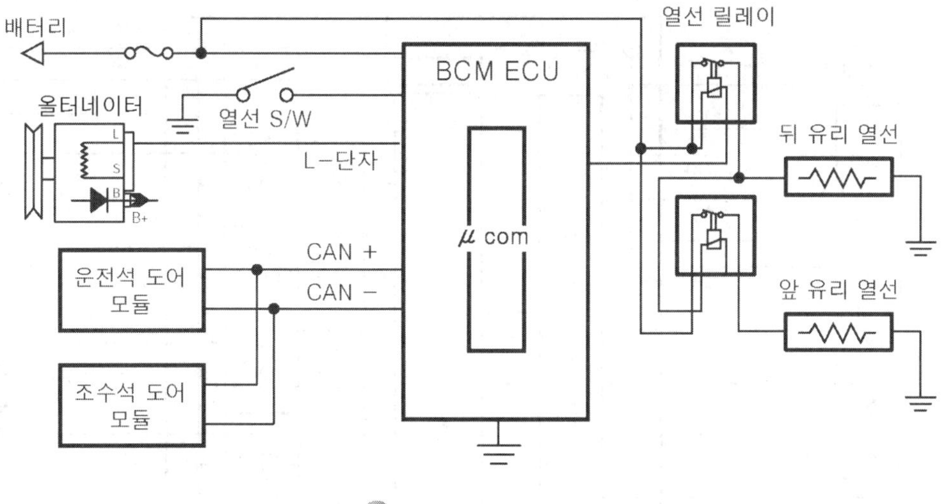



그림8-12 열선 회로

## 3 MPS의 기능

## 1. MPS

MPS 시스템(memory power seat system)의 회로 구성은 그림 (8-13)과 같이 4개의 전동 모터를 제어하기 위한 4개의 시트 조절 스위치와 시트의 위치, 미러의 위치, 스티어링(steering)의 위치를 재생하기 위한 포지션 스위치(position switch) 그리고 운전자가 설정한 시트(seat), 미러(mirror), 스티어링의 위치를 기억하기 위한 메모리 스위치(memory switch)와 이들을 제어하기 위한 MPS ECU로 구성되어 있다.

이들 스위치 입력 신호는 MPS ECU를 통해 전송 신호로 BCM ECU와 CAN 통신하도록 되어 있다. 따라서 보통 파워 시트에 붙어 있는 파워 시트 스위치 모듈(power seat switch module)의 스위치 신호에 의해 MPS ECU(memory power seat ECU)는 4개의 시트 조절 모터를 구동하고 구동한 출력 신호는 CAN 통신을 통해 BCM ECU로 보내져 MPS(memory power seat)가 현재 작동하는 조건 및 작동 상태를 모니터링(monitering)하고 있다.

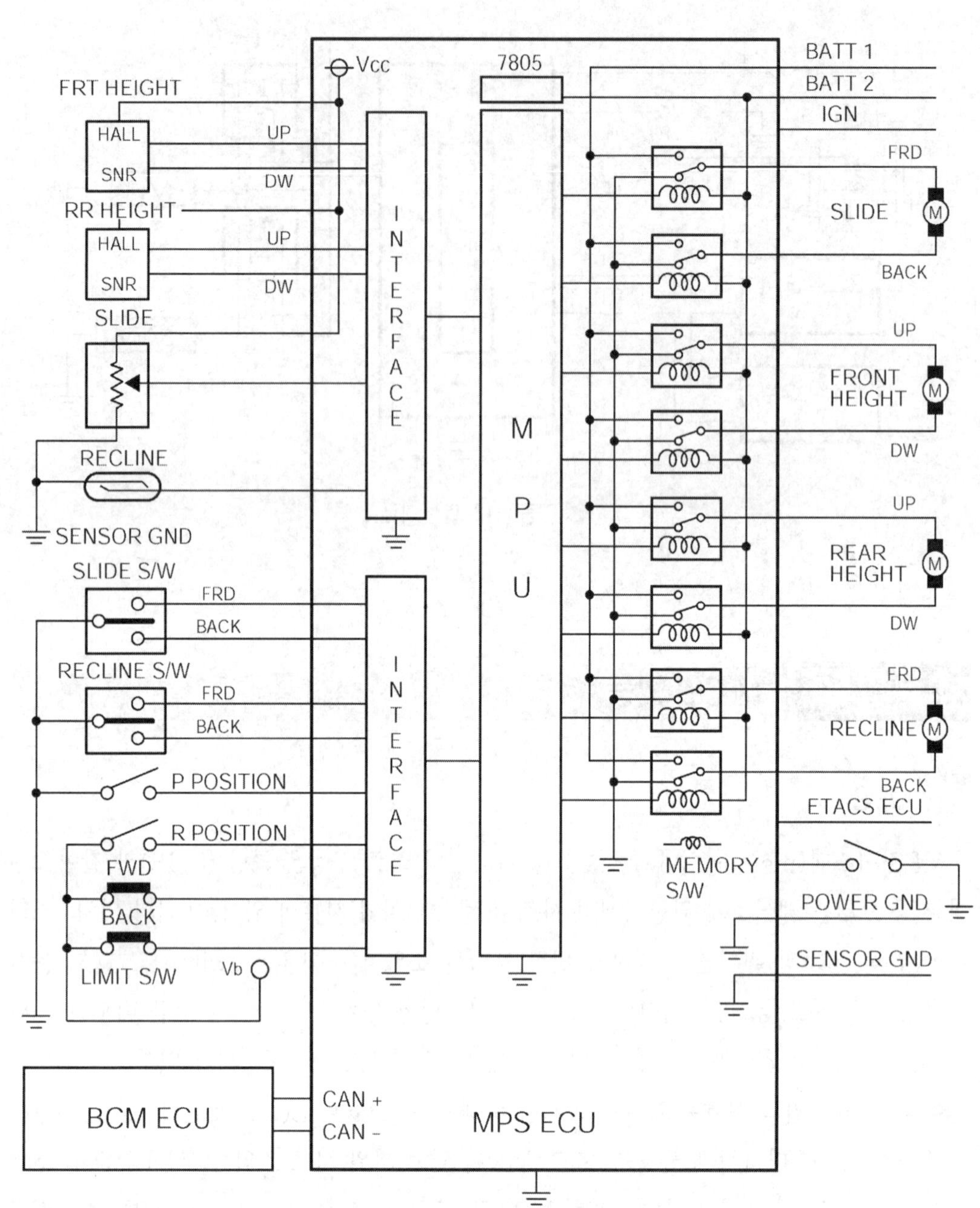


그림8-13 MPS 시스템 회로

회로상에 나타낸 리미트 스위치(limit switch)는 시트의 조정 한도를 초과하는 경우 스위치가 OFF 되도록 한 상폐 접점(normal close 접점) 스위치이며 스톱 스위치(stop switch)는 전동 모터에 의해 이동 중인 시트(seat)의 위를 일시 정시하기 위한 스위치이다. MPS ECU는 페일 세이프(fail safe)시 수동 조작으로도 시트의 위치 조절이 가능하도록 시트 조절 스위치와 구동 모터의 릴레이(relay)와 병렬로 연결되어 있다.

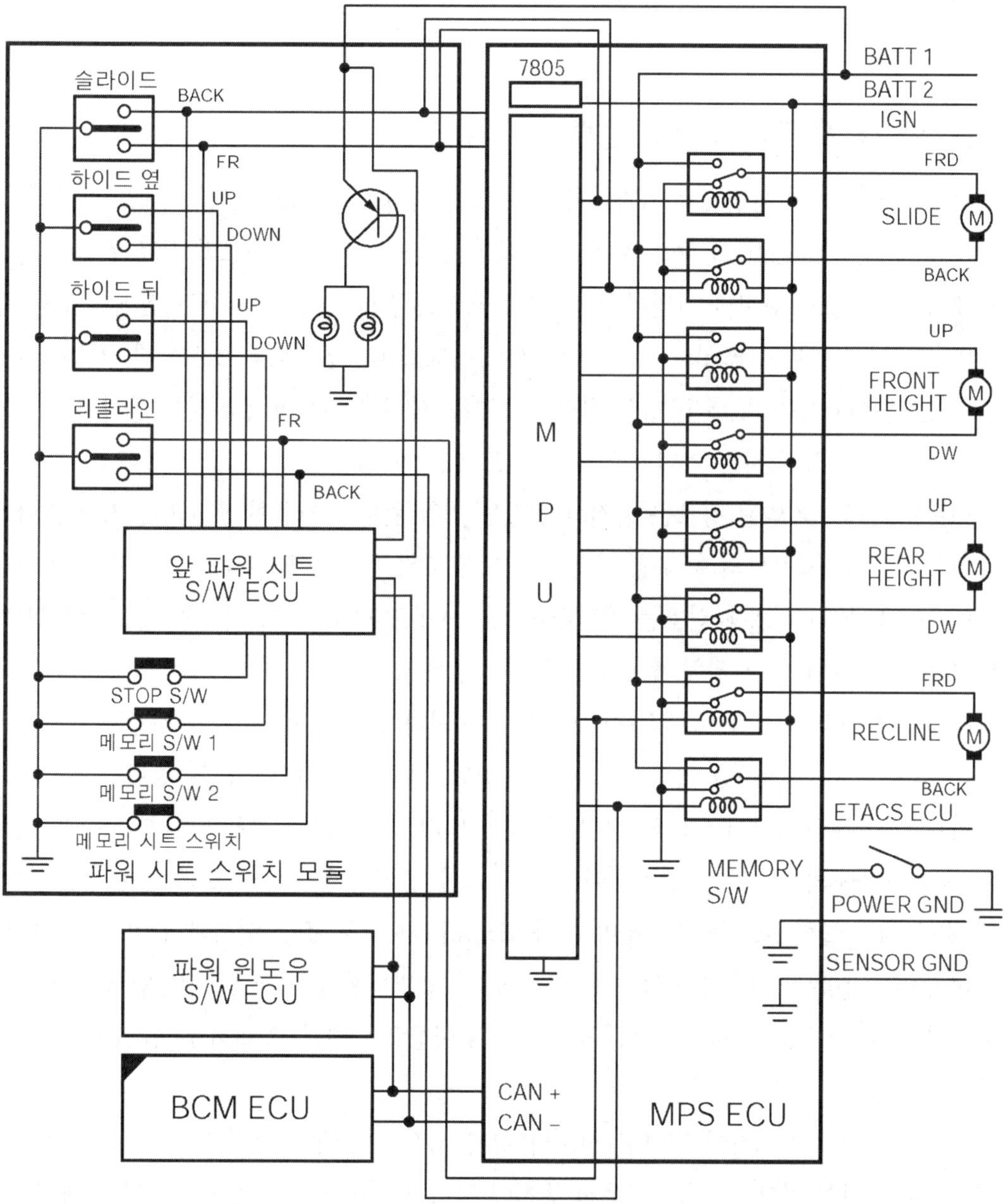

그림8-14 운전석 파워 시트 회로

시트 위치의 기억 방법은 제조사의 사양에 따라 다르지만 대개 2명에서 5명까지 시트 (seat) 및 미러(mirror)의 위치를 기억시킬 수가 있도록 하고 있다. 리모컨(remocon) 에 의한 시트 위치의 기억 및 재생은 리모컨 송신 코드(code) 값에 따라 도어 록(door lock) 및 언록(unlock) 작동과 함께 리모컨 코드에 대응하는 기억 위치로 자동 출력하게 되어 있다.

## 2. 기억 금지 조건과 에러 검출

시트의 위치 기억 방법은 운전자의 신체에 맞는 위치로 시트(seat)를 맞추고 메모리 스위치(memory switch)를 누른 후 5초 이내에 포지션 스위치를 누르면 시트 위치를 기억하게 된다. 시트의 위치가 기억이 되지 않는 조건은 점화 스위치가 OFF 상태에 있는 경우와 브레이크 스위치(brake switch)가 ON 상태일 때, 인히비터 스위치가 P위치 이외에 있는 경우나 시속 3km/h 이상 차량이 주행할 때 2개 이상의 스위치를 동시에 누르는 경우 등은 시트의 위치를 기억시킬 수가 없도록 되어 있다.

MPS ECU에 기억된 정보는 운전석에 있는 파워 윈도우 스위치 모듈의 포지션 스위치 (position switch)에 의해 재생 명령을 받으면 파워 윈도우 ECU는 CAN 통신 라인을 통해 MPS ECU에 재생 신호를 전달하게 되고 MPS ECU는 이 신호를 수신하여 MPS ECU에 기억되어 있던 위치 정보를 출력하도록 하고 있다.

위치 조절 모터의 구동시 에러(error) 검출은 위치 감지 센서(sensor)로부터 감지하여 에러 코드(error code)를 출력하도록 하고 있다. 예컨대 시트(seat)의 높이를 감지하는 하이트 센서(height sensor)와 같이 홀 센서(hall sensor)를 사용하는 경우는 홀 센서의 출력 주파수의 변화량을 감지하여 에러 코드를 출력한다. 대개 1초 동안 4 (Hz) 미만인 경우 에러 출력 코드를 출력하며 슬라이드(slide) 위치 조절 센서와 같이 포텐쇼미터 (potentiometer)를 사용하는 경우는 1초 동안 전압 변화량이 50(mV) 미만인 경우 센서의 와이어 하니스(wire harness) 단선 또는 센서의 이상으로 에러 코드(error code)를 출력하게 된다.

MPS ECU의 메모리에 기억된 시트의 위치 조절 기능에 이상이 있어도 수동 조작은 가능하도록 되어 있다. 모터의 구동시 동시에 모터가 작동하는 것을 방지하기 위해 각 구동 모터의 작동 시간 은 약 0.1초의 주기를 가지고 순차적으로 작동을 하도록 하고 있다.

이때 구동의 구동 순위는 첫째 슬라이드(slide)용 모터가 작동하고 둘째는 리클라인 (recline)용 모터, 셋째 프런트(front) 높이용 모터, 리어(rear) 높이용 모터 순으로 구 동한다.

## SPW의 기능

### 1. 파워 윈도우 회로의 네트워크

파워 윈도우 모듈(power window module) 내에 실장 된 파워 윈도우 메인 ECU는 그림 (8-15)와 같이 파워 윈도우 조수석 ECU와 CAN 통신 라인을 통해 입·출력 정보를 교환 할 수 있도록 구성되어 있다. 또한 BCM ECU와도 CAN 통신 라인을 통해 파워 윈 도우(power window)의 작동 상태를 모니터링(monitering)하도록 하고 있다. 파워 윈 도우 ECU는 BCM ECU 뿐만 아니라 PIC ECU, MPS ECU 등과도 CAN 통신 라인 을 통해 입, 출력 정보 및 고장 진단 정보를 송수신 하고 있다.

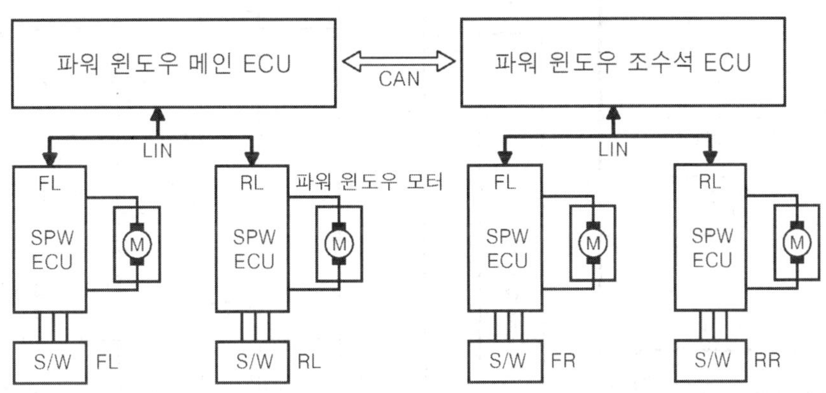


그림8-15 파워 윈도우 회로의 네트워크

### 2. 파워 윈도우의 기능

BCM 시스템(body control module system)에 적용된 파워 윈도우의 메인 스위치 모듈(main switch module)에는 파워 윈도우 스위치, 아웃 사이드 미러 스위치, 시트(seat)

와 미러(mirror)의 기억 스위치(memory switch), 집중 도어 록 스위치, 언록 스위치
(unlock switch), 트렁크 오픈 스위치(trunk open switch)가 일체화 되어 있어 이들 스위치
의 입력 신호를 파워 윈도우 메인 스위치 ECU가 CAN 통신 라인을 통해 입·출력 신호
정보를 송수신 하고 있다.

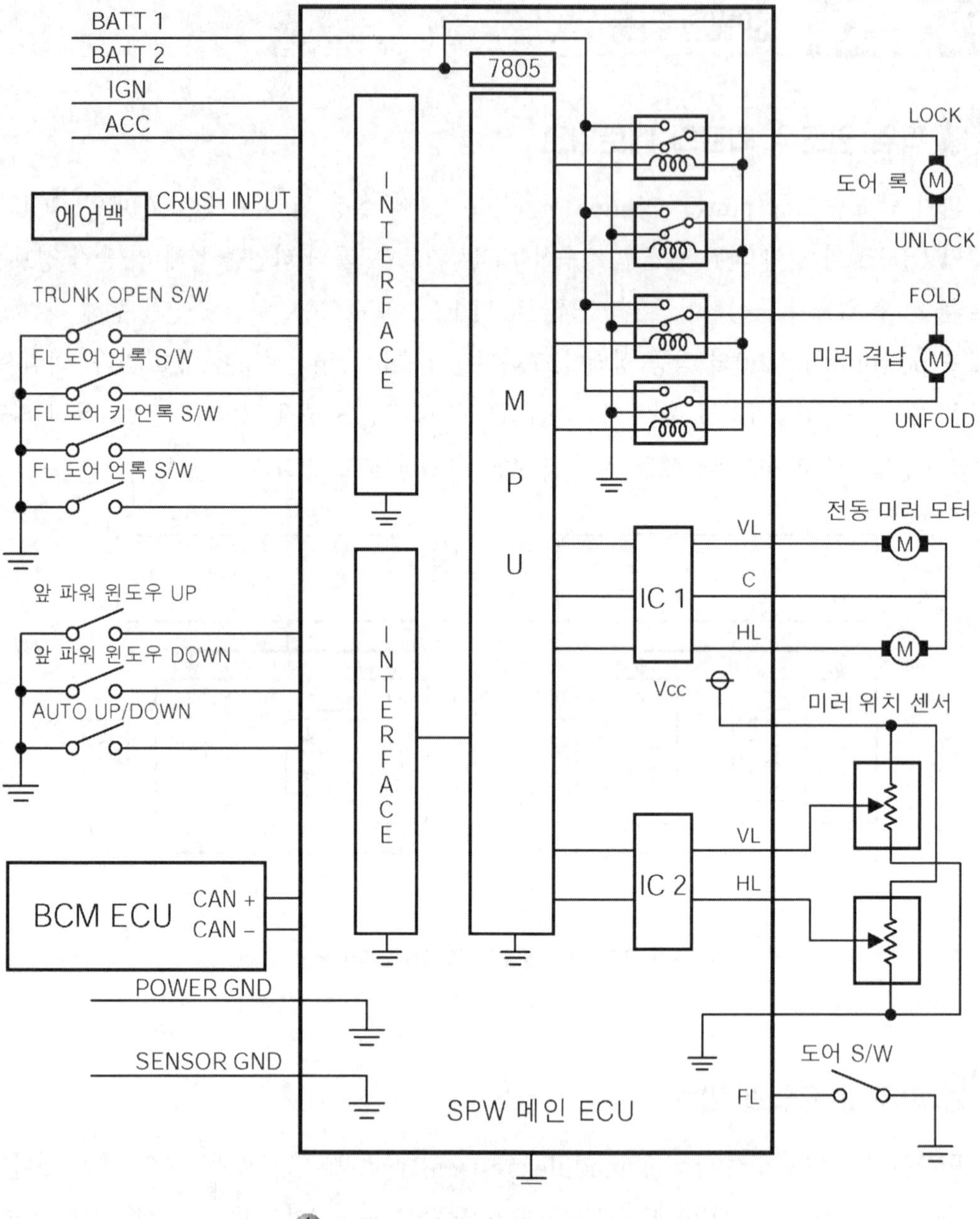

그림8-16 파워 윈도우 메인 스위치 회로

그림 (8-16)은 파워 윈도우 메인 스위치(power window main switch) 회로를 나타
낸 것으로 트렁크 오픈 스위치(trunk open switch), 집중 도어 록 스위치, 파워 윈도우
스위치(power window switch)의 입력 신호가 SPW 메인 ECU(파워 윈도우 메인 스
위치 ECU)로 직접 입력하여 이들 신호의 입출력 정보를 바탕으로 SPW ECU가 집중 도
어록 및 트렁크 오픈 기능을 수행하도록 하고 있다.

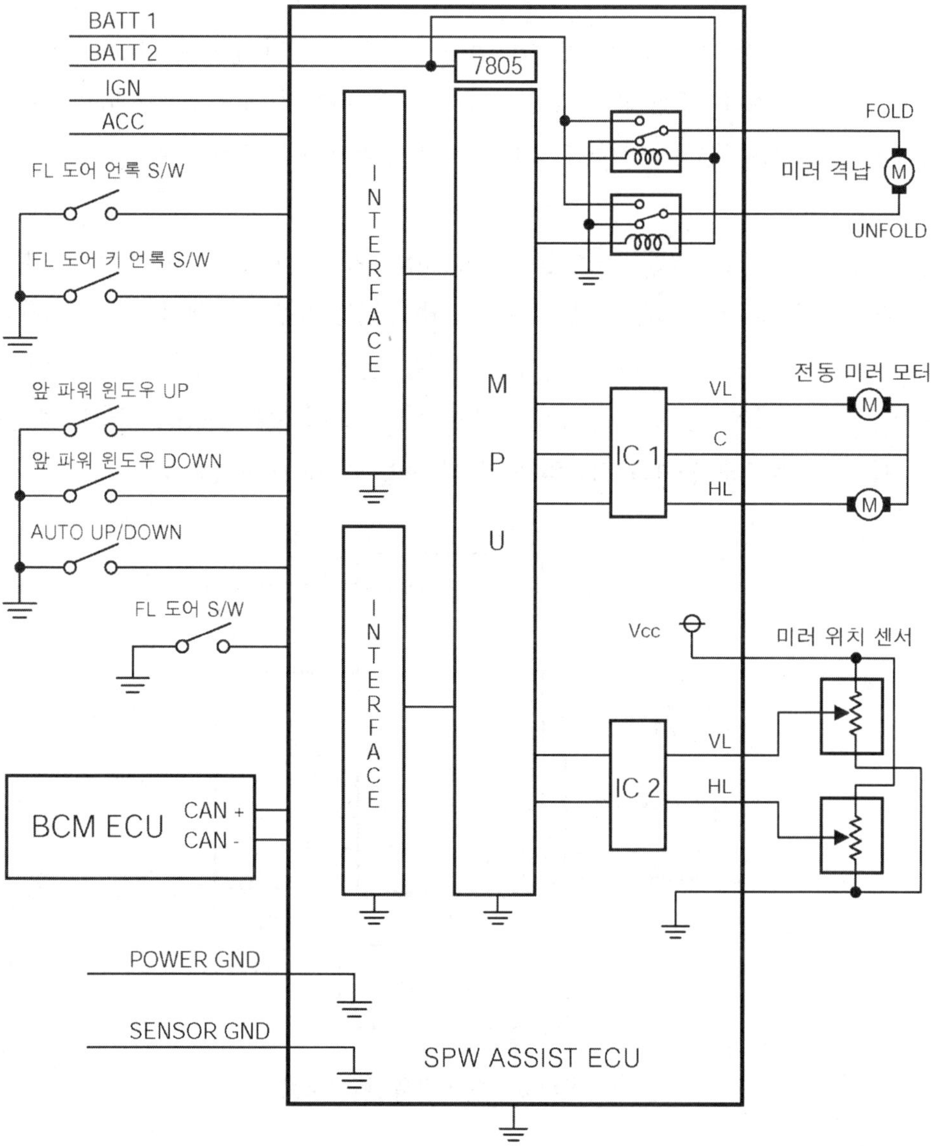

그림8-17 조수석 파워 윈도우 스위치 회로

이들 입출력 정보의 상태는 BCM ECU와 CAN 통신 라인 통해 모니터링(monitering)하고 있다. 또한 파워 윈도우 메인 스위치 ECU는 에어백(air bag) ECU로부터 차량 충돌 시 충돌 신호를 입력 받아 처리하고 SWE 메인 ECU는 언록(unlock)신호를 출력하도록 하고 있다.

그림 (8-17)은 조수석 파워 윈도우 ECU의 회로를 나타낸 것으로 조수석의 윈도우(window) 개폐 기능 및 도어 록(door lock)기 능을 하고 있으며 파워 윈도우 메인 ECU로부터 아웃 사이드 미러(out side mirror)의 입·출력 정보를 CAN 통신을 통해 작동하도록 하고 있다. 또한 ETACS의 파워 윈도우 타이머(power window timer) 기능과 같이 점화 스위치 OFF 시에도 30초간 윈도우가 작동하도록 하는 파워 윈도우 타이머 기능이 있다.

아웃 사이드 미러의 경우도 30초간 폴딩(folding)이 가능하도록 되어 있다. 그 밖에 도어 키 스위치(door key switch)에 키가 삽입되어 있는 경우와 운전석 도어(door), 조수석 도어가 열려 있는 상태에서는 도어의 잠김은 일어나지 않는다. 운전석 도어(drive door)나 조수석 도어(assist door)가 닫히고 0.5초 이내 도어 록(door lock)하는 경우에는 언록 출력을 1회 출력하도록 하는 키 리마인드(key remind) 기능이 있다.

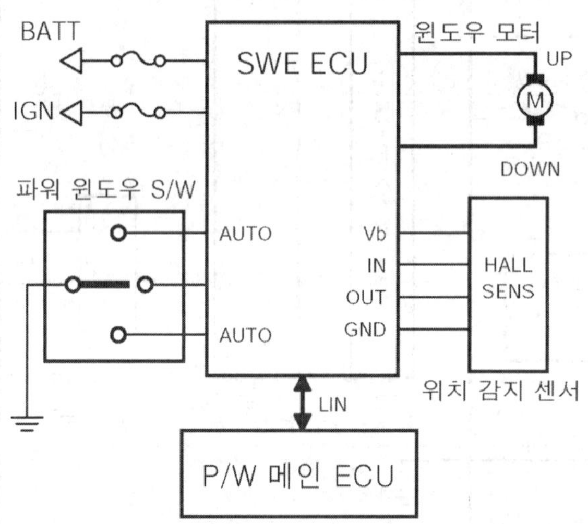


그림8-18 세프티 파워 윈도우 회로

아웃 사이드 미러(out side mirror)의 작동은 ACC 전원이 ON 상태에서 미러의 조절 스위치의 신호는 SPW ECU로 입력되어 SPW ECU는 미러의 전동 모터를 구동하도록 되어 있다. 좌측 미러의 경우는 운전석 도어 스위치 모듈로부터 조절된 입력 신호는 SPW 메인 ECU를 통해 CAN 통신 라인으로 정보를 전송하여 SPW assist ECU로 전달하여 미러의 전동 모터를 구동하고 있다.

아웃 사이드 미러의 기능 중 자동 위치 조절이 가능하도록 파워 윈도우 메인 ECU는 미러의 위치를 기억 할 수 있다. 기억 방법은 미러의 위치를 조절 후 메모리 스위치 (memory switch)를 누른 후 5초 이내에 포지션 스위치를 누르면 미러의 세트 위치를 기억 할 수 있다. 그러나 메모리 스위치를 누른 후 5초 이상 경과하거나, 점화 스위치가 OFF 상태에 있는 경우, 포지션 스위치가 2개 이상 동시에 눌러지는 경우, 파킹 브레이크 (parking brake)가 해제된 상태에서 인히비터 스위치의 변속 레버가 P-위치 외에 있는 경우에는 미러(mirror)의 위치 기억을 금지하고 있다. 또한 배터리의 터미널을 제거 하는 경우에도 기억된 정보는 지워진다.

 ## PIC 시스템의 기능

## 1. PIC 시스템의 구성

PIC(personal identification card) 시스템은 BCM ECU에 스마트 카드 칩(smart card chip)를 내장하여 PIC 카드와 PIC ECU간 무선으로 차량 운전자의 개인 ID(identification)를 확인하고 확인(pass)된 ID 신분으로 차량의 도어(door)를 자동으로 개폐하고 시동을 걸 수 있는 시스템(system)이다. 그 동안 외제 차량에 적용되어 오던 것을 국내에도 최초로 적용하기 시작하였다. 이 시스템은 인증 되지 않은 신분으로 차량의 도어를 개폐 할 경우 PIC ECU는 EMS ECU(엔진 전자 제어 장치)로 차량 시동 금지 신호를 전송하여 연료 분사 및 점화 신호 금지를 작동하여 차량 시동을 불능케 하는 이모빌라이저(immobilizer) 기능을 가지고 있다.

이와 같은 PIC(personal identification card) 시스템의 구성을 살펴보면 그림 (8-19)와 같다. PIC ECU와 BCM ECU간에는 CAN 통신을 통해 정보를 주고받으며

스티어링 록(steering lock) ECU와는 싱글 라인(single line)을 통해 신호를 주고받도록 구성되어 있다.

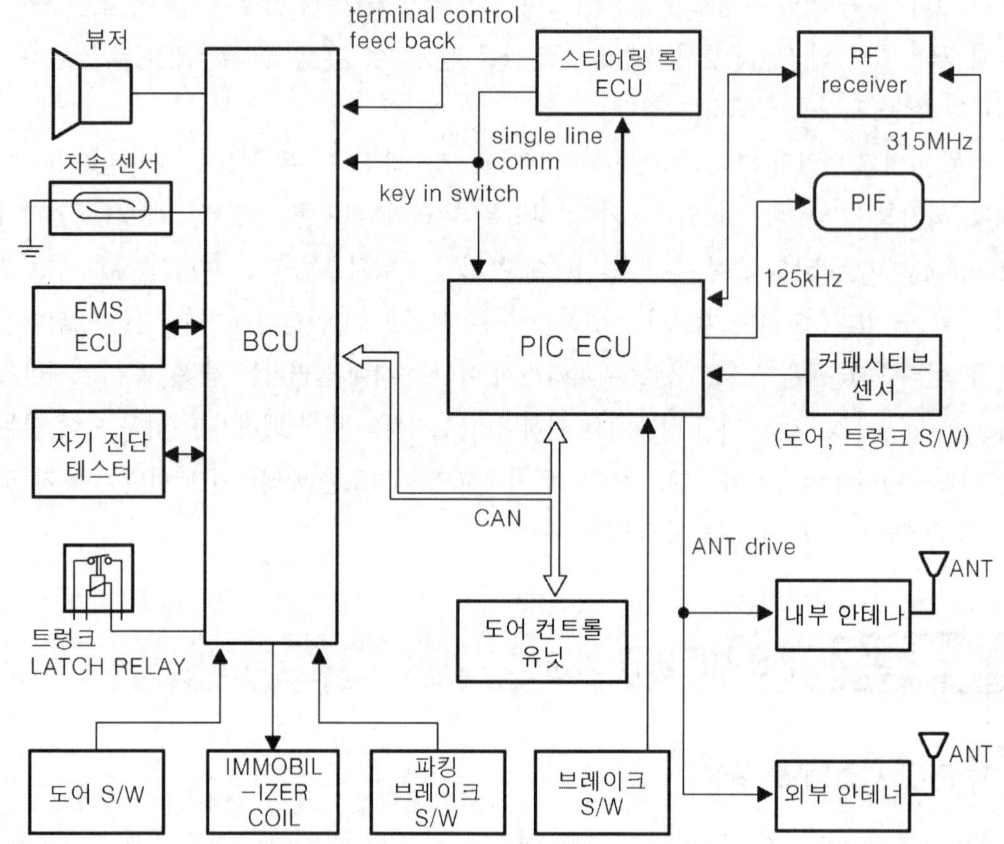


그림8-19 PIC 시스템 블록 다이어그램

또한 PIC ECU는 내부 및 외부 안테나 모듈을 통해 인접한 PIC 카드의 인증 신호를 응답하여 주도록 차량의 내외·부 안테나 모듈을 가지고 있다. BCM ECU는 PIC ECU로부터 송수신된 정보를 EMS ECU로 전달하도록 구성되어 있다. PIC ECU는 개인 ID(identification)와 차량 ID에 관한 정보를 관리하는 기능을 가지고 있어 외부의 입력 신호를 받으면 ID 확인 요구 신호 및 응답 신호를 유선 또는 무선으로 송수신 하고 있다. PIC 카드에는 자동으로 송수신하는 트랜스폰더(transponder) 기능을 가지고 있는 스마트 카드 칩이 내장되어 있어서 PIC ECU로부터 ID 확인 신호를 요구 받으면 자동으로 ID 신호를 송신하게 되어 시동 키를 삽입 없이도 차량의 도어 개폐 및 시동을 가능하다.

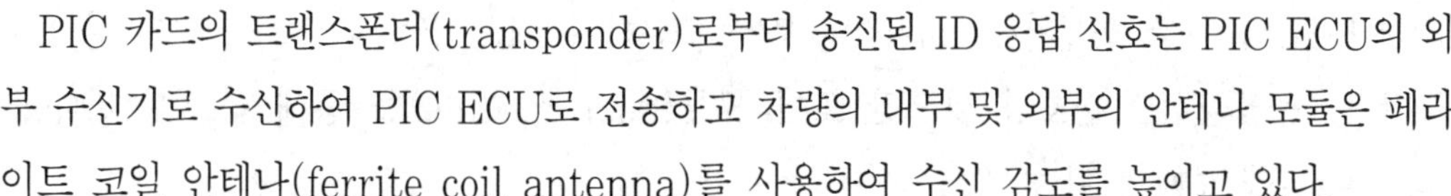

PIC 카드의 트랜스폰더(transponder)로부터 송신된 ID 응답 신호는 PIC ECU의 외부 수신기로 수신하여 PIC ECU로 전송하고 차량의 내부 및 외부의 안테나 모듈은 페라이트 코일 안테나(ferrite coil antenna)를 사용하여 수신 감도를 높이고 있다.

도어(door)의 핸들 내에는 안테나와 록 버튼(lock button) 및 커패시티브(capacitive sensor)가 내장되어 있어서 운전자가 도어의 잠금을 록 버튼(lock button)을 사용하거나 PIC 카드를 사용 할 수 있다. PIC 카드를 사용하는 경우에는 PIC 카드의 트랜스폰더에 의 한 전자파 발사로 커패시티브 센서(capacitive sensor)의 용량값이 변화하게 되면 PIC ECU는 이들 트리거(trigger) 신호를 받아 BCM ECU로 도어의 개폐 및 잠금 및 해제를 할 수 있도록 되어 있다. 만일 PIC 카드가 이상이 있는 경우에는 시동 키를 이용하여 시동이 가능하도록 페일 세이프(fail safe) 기능을 가지고 있다.

## 2. PIC 시스템의 기능

### (1) PASSENGER ACCESS

PIC 카드의 작동 범위는 보통 차량으로부터 1m 이내의 범위에서 작동이 가능하도록 전계 강도가 낮은 전파 신호를 사용하고 있다. 무선 스마트 카드(smart card)를 내장한 PIC 카드를 소지하고 차량에 접근하게 되면 전자파의 전계에 의해 커패시티브 센서 (capacitive sensor)의 용량값이 변화하게 되고 이 용량값의 변화는 PIC ECU의 트리거 (trigger) 신호로 인식하게 돼 운전자가 차량에 접근 해 있음을 알리게 된다.

PIC ECU는 이 신호를 받아 도어 핸들(door handle)의 안테나를 통해 PIC 카드로 ID 신호를 요구하게 되고 PIC 카드는 내부 트랜스폰더를 통해 인증 신호를 송신하게 된다. 송신된 ID 신호는 PIC의 외부 수신기를 통해 수신하여 PIC ECU로 입력하고 입력된 ID 신호는 PIC ECU가 검증하여 검증된 ID 가 맞으면 CAN 통신 라인을 통해 BCM ECU로 도어의 언록 메시지(unlock message)를 보내게 된다.

### (2) PASSENGER LOCKING

도어 핸들의 록 버튼(lock button)을 누르는 것은 운전자가 운행을 정지하는 의도로 판단하는 것으로 PIC ECU는 이를 시스템 트리거 신호로 인식하여 PIC ECU는 도어 핸들의 안테나(antenna)를 통해 ID를 확인 요청하게 된다. PIC 카드는 PIC ECU로부터 ID 요청 신호를 수신하면 PIC 카드는 ID 응답신호를 송신 한다. 송신한 ID 응답 신호는

PIC ECU의 외부 수신기(receiver)로부터 수신하여 PIC ECU로 보내고 수신한 PIC ECU는 응답한 ID 신호가 맞으면 도어 모듈(door module)을 통해 록 메시지(lock message)를 보내게 된다.

## (3) PASSENGER ACCESS TRUNK

운전자가 트렁크 스위치(trunk switch)를 누르는 것은 트렁크를 열기 위한 의도로 판단하고 PIC ECU는 시스템 트리거(system trigger) 신호로 인식되어 PIC ECU 는 트렁크에 있는 안테나를 통해 ID 신호를 요구한다. PIC 카드는 이를 수신하여 응답 신호로 ID 신호를 송신하면 PIC ECU는 범퍼 안테나(bumper antenna)를 통해 수신하여 PIC ECU로 전송 한다. PIC ECU는 응답한 ID 신호가 맞는지를 확인 하여 ID 신호가 맞으면 BCM ECU로 트렁크 오픈 메시지(trunk open message)를 내보내는 신호를 통해 약 100(ms) 내에 동작이 이루어지게 한다.

## (4) POWER MODE ACCESS

운전석 도어 핸들을 통해 PIC ECU가 ID를 확인하게 되면 MSL ECU로 스티어링 록 (steering lock) 해제 메시지를 보내게 되고 MSL ECU는 점화 스위치의 파워 모드(OFF, ACC, IGN)를 가능하게 한다. 즉 점화 키 없이 점화 스위치 조작이 가능 하도록 하게 한다. 이 상태에서 운전자가 브레이크 페달을 밟으면 브레이크 스위치(brake switch)의 입력 신호는 PIC ECU로 입력 돼 PIC ECU는 차량의 실내 안테나를 통해 PIC 카드로 다시 ID 요구 신호를 송신하게 되고 PIC 카드는 다시 ID 응답 신호를 PIC ECU로 보내 응답 신호가 맞으면 PIC ECU는 MSL ECU(mechatronic steering lock ECU)로 MSL 해제 메시지를 보내게 된다. MSL이 해제 되어 10초 내에 시동을 걸지 않으면 이 기능은 다시 블록(block) 상태로 전환하게 된다.

## (5) STEERING LOCK RELEASE

스티어링에 장착된 로터리 스위치(rotary switch)의 노브(knob)가 절환되기 위해서는 브레이크 페달을 밟아야 한다. 브레이크 스위치(brake switch)가 ON 상태가 되면 PIC ECU는 차량의 실내 안테나를 통해 PIC 카드로 ID 인증을 요구하게 되고 PIC 카드는 이에 대해 ID 인증을 회신하게 된다. 회신된 ID 인증 신호는 PIC ECU가 해독하고 인증 신호가 맞으면 MSL ECU로 해제 메시지를 송신하게 된다.

## (6) START

스티어링에 장착된 로터리 스위치(rotary switch)가 IGN ON 상태에 있으면 PIC ECU는 EMS ECU로 이모빌라이저(immobilzer) 확인을 요구하게 되고 EMS ECU는 BCM ECU로 이모빌라이저 확인 요구를 하게 된다. 이때 BCM ECU는 유효한 인증인 경우에 EMS ECU로 이모빌라이저를 해제하게 한다.

BCM ECU로부터 이모빌라이저 해제 명령을 받기 위한 선행 조건으로는 차량의 실내 안테나를 통해 PIC 카드의 인증이 이루어져야 하고 브레이크 페달을 밟은 상태에서 변속기의 시프트 레버(shift lever)는 P 또는 N 렌지로 위치하여야 가능하다.

## (7) WARNING MESSAGE

스티어링에 장착된 로터리 스위치가 OFF 되지 않은 상태에서 도어를 열고 닫으면 PIC ECU는 PIC 카드를 찾게 된다. 이때 PIC 카드가 차량 실내에 없는 경우에는 운전자가 PIC 카드를 차량에 놓은 상태에서 차량을 이탈한 것으로 판단하여 경보음을 발하게 한다.

또한 로터리 스위치가 OFF 상태에서 변속 레버가 P위치에 있지 않고 도어가 열리는 경우에도 운전자의 파킹 브레이크를 경고하는 경보음을 발하게 된다. 또한 스티어링이 록(lock) 되지 않은 상태에서 도어를 열면 스티어링 록을 알리는 경보음을 발하게 된다.

## (8) FAIL SAFE

만일 PIC 카드가 이상이 있는 경우에는 일반 키를 이용하여 도어의 열림 및 시동이 가능하다. PIC 카드에는 자동으로 송신하는 트랜스폰더(transponder)가 내장 되어 있어서 PIC 카드를 스티어링의 점화 스위치에 삽입하면 BCM ECU,는 점화 키 삽입 신호를 인식하게 된다.

BCM ECU는 자동으로 응답하는 키 삽입 코드가 맞으면 PIC ECU로 스티어링 언록(steering unlock) 해제 신호를 송신하게 되고 PIC ECU는 통신 라인 통해 MSL ECU로 스티어링 언록 메시지를 송신하게 된다. 운전자는 시동을 하기 위해 로터리 스위치를 돌리면 BCM ECU의 이모빌라저 확인신호를 통해 이모빌라저 해제 메시지를 EMS ECU로 송신하게 된다.

## 3. 이모빌라이저 구성

이모빌라이저(immobilizer)의 기능은 차량이 도어 록(door lock) 상태가 되면 자동으로 이모빌라이저는 블록(block) 상태가 되어 차량의 시동을 금하게 하는 기능이다.

이 시스템의 구성은 PIC 카드, PIC ECU, BCM ECU, EMS ECU로 구성되어 이모빌라이저 기능을 수행하고 있다.

PIC 카드에는 스마트 카드 칩(smart card chip)과 트랜스폰더(transponder)가 내장되어 있어 도어 안테나 모듈로부터 ID 신호를 요청 받으면 PIC 카드의 트랜스폰더 안테나(transponder antenna)는 전자파를 수신하여 트로이달 코일(toroidal coil) 통해 트랜스폰더로 전송하고 전송된 신호는 데이터(data)화 하여 이미 설정된 ID 신호를 트랜스폰더(transponder)를 통해 송신하게 된다. 송신된 PIC 카드의 회신 신호는 PIC의 수신기 모듈을 거쳐 PIC ECU로 보내지게 되고 PIC ECU는 다시 BCM ECU로 ID 확인 메시지를 전송하게 돼 BCM ECU는 확인된 ID 신호를 통해 EMS ECU로 이모빌라저 기능(block & release 기능)의 메시지(message)를 보내게 된다. 즉 BCM ECU는 무단 침입자를 감지하고 PIC ECU는 BCM ECU로부터 ID 확인 요청을 받아 무단 침입자의 ID 확인을 하게 된다.

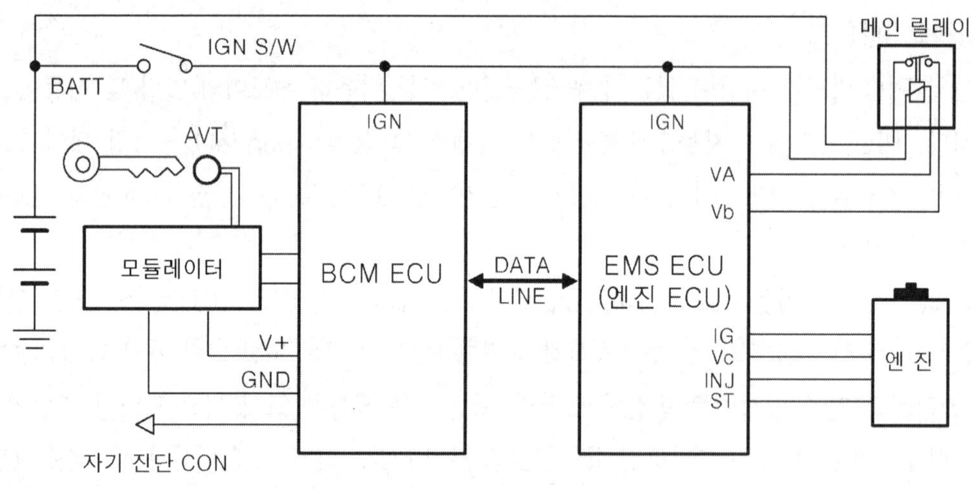


그림8-20 이모빌라이저 회로

　　BCM ECU는 무단 침입 감지하면 침입 상태라는 명령을 EMS ECU로 보내 이모빌라이저 기능을 수행도록 한다. BCM ECU가 이모빌라이저를 관리하기 위해 통신하는 경우는 수동키를 삽입하고 로터리 스위치를 IGN ON 위치로 돌려 BCM ECU는 점화키 삽입 신호를 인식하게 될 때, IGN ON 위치에서 브레이크 스위치가 ON 상태가 되면 BCM ECU은 EMS ECU로부터 시동 허락 요구 신호를 받게 될 때, PIC ECU가 이모빌라이저 기능을 해제 할 때, 진단 장비를 이용해 구성 요소의 학습 및 자기 진단을 할 때 BCM ECU와 통신을 하게 된다.

## 4. 이모빌라이저의 시스템 동작

### (1) 정상적인 상태일 때

　　이모빌라이저(immobilizer) 기능이 정상적으로 작동하기 위해서는 BCM ECU, PIC ECU, PIC 카드, MSL ECU에 이미 비밀 키 코드(secret key code)가 저장되어 있어야 하며 BCM ECU는 학습이 되어 있는 상태라야 이모빌라이저 기능이 가능하다.

　　이 기능은 PIC 수동 키가 삽입된 상태에서 운전자가 브레이크 페달을 밟고 PIC ECU로부터 이모빌라이저 해제 요구 신호를 수신하게 되면 BCM ECU는 EMS ECU로부터 MIN 코드(model identification number code)를 수신하여 BCM ECU는 MIN 코드에 대한 응답 신호를 송신한 후 BCM ECU는 이모빌라이저(immobilizer) 해제 명령을 보내게 돼 해제(release) 상태가 된다.

### (2) 학습 모드(teaching mode) 일 때

　　BCM ECU는 진단 장비로부터 학습 모드를 수신 할 때 이모빌라이저 기능은 학습 모드로 전환하게 된다. 이때 BCM ECU는 PIN(personal identification number)코드를 학습하고 PIC 카드 내에 있는 트랜스폰더(transponder)도 학습을 하게 된다.

　　학습이 완료된 후 진단 장비로부터 PIC 구성품의 학습 명령을 수신하게 되면 이모빌라이저(immobilizer) 기능은 PIC ECU, PIC 카드, MSL ECU에 학습 모드로 진입하게 된다.

## 5. 이모빌라이저의 시스템 모드

### [1] 초기 모드(virgin mode)

EMS ECU를 처음 장착시 EMS ECU는 BCM ECU로부터 VIN(vehicle ID 코드) 코드를 받기전 까지는 초기 모드 상태를 유지하게 된다.

### [2] 학습 모드(learnt mode)

EMS ECU는 BCM ECU로부터 VIN(vehicle identification number) 코드를 수신하게 되면 학습 모드로 전환하게 되고 학습이 완료되면 해제 상태가 된다. 학습 모드 상태에서 EMS ECU는 매 통신시 마다 BCM ECU로부터 응답 신호를 확인 하여 다른 코드(VIN 코드, MIN 코드)를 수신하게 되면 EMS ECU는 이모빌라이저의 잠김(block) 상태를 출력하게 된다.

### [3] 중립 모드(neutral mode)

새로운 VIN 코드를 학습하기 위해서는 BCM ECU는 EMS ECU로부터 중립 모드로 전환을 요구 할 수 있다. 이 경우 ECM ECU는 학습 모드로 전환함과 동시에 해제(release) 상태가 되고 이때 BCM ECU로부터 VIN 코드를 수신하게 되면 VIB 코드를 학습할 수 있다.

### [4] VIN 코드 학습

VIN 코드의 학습은 EMS ECU의 교환시나 중립 모드 일 때 가능하다. VIN 코드 학습은 BCM ECU로부터 2회 연속 BCM 학습 상태와 동일한 VIN 코드를 수신 했을 때 이루어진다.

## 6. BCM 시스템의 고장 진단

### 1. BCM 시스템의 점검 방법

BCM(Body Control Module) 시스템과 같이 CAN 통신을 이용하여 ECU 간 정보를 주고받는 시스템(system)의 경우는 점검 방법 이전에 우선 시스템의 구성과 각 ECU의 동작 조건들이 파악되어 있어야 한다.

예컨대 BCM 시스템의 전체가 작동이 되지 않을 때는 기본 점검 항목부터 점검하여야 한다는 것은 기본적인 사항이지만 시스템이 부분 이상이 있는 경우에는 ECU간 연결되어 있는 CAN 통신 라인의 단선 여부를 확인하여 보는 것이 기본 점검이기 때문이다. 즉 BCM 시스템은 현상에 따라 CAN 통신 라인, LIN 통신 라인, K 통신 라인의 단선 점검이 기본 점검 항목에 해당한다는 것이다. 통신 라인의 이상 유무는 진단 장비를 통해서 간단히 확인할 수 있지만 통신 라인의 단선 개소는 나타나지 않기 때문에 이에 대한 점검은 멀티 테스터나 오실로스코프를 이용해 점검하여야 한다.

## [1] 시스템의 현상에 의한 진단

배터리(battery)는 이상이 없는 데도 불구하고 BCM 시스템이 전체가 작동이 되지 않는 경우에는 우선 BCM 시스템의 공급 전압 및 어스의 연결 상태, CAN 통신 라인을 기본 점검 항목으로서 점검하여야 한다. 이것은 BCM 시스템이 구성 부품간 동작 상태를 CAN 통신 라인을 통해 정보를 주고받으며 자기 진단을 포함한 시스템의 전체를 컨트롤 하는 기능을 BCM ECU가 담당하고 있기 때문이다.

또한 BCM 시스템은 페일 세이프(fail safe) 기능을 가지고 있어 초기 고장 현상 파악시 페일 세이프 기능이 작동하는 지를 확인하여야 한다.

## [2] 인디케이터에 의한 진단

계기판에는 BCM과 관련된 여러 가지 경고등(indicator lamp)이 부착되어 있어 점검시 경고등의 점등 상태를 확인 한다. 열선과 헤드램프의 인디케이터(indicator)는 부하와 병렬로 연결되어 있어 회로의 작동 상태를 한눈에 판단할 수가 있다.

이모빌라이저(immobilizer)의 경우 인디케이터는 PIC 카드가 인증된 경우 점화 스위치의 선택 위치에 따라 점등 시간이 변화한다. 점화 스위치가 IGN OFF 상태시에는 약 10초간 점등 되었다 소등이 되지만 점화 스위치가 IGN ON 상태시에는 약 2초간 점등 되었다 소등이 되면 PIC ECU는 운전자의 ID을 인증한 것을 나타낸다. 이것은 차량의 제조사에 따라 차이가 있어 정확한 사항은 자동차의 정비 지침서를 참고 한다. 만일 인디케이터(indicator)가 계속 소등이 되는 경우는 작동 시간 초과나 도어(door) 열림 상태에 있는 것을 나타내며 인디케이터(indicator)가 계속 점멸을 하는 PIC ECU가 운전자의 ID을 인증하지 못한 것을 나타낸다. PIC 카드나 다른 모듈을 교환시 학습과정 중에 있는 경우에는 인디케이터(indicator)는 소등된다.

## [3] 자기 진단

BCM 시스템의 점검시 진단 장비를 사용한 자기 진단은 기본 점검 항목으로 자기 진단 결과 고장 코드(DTC 코드)가 표시되는 경우는 고장 코드에 대한 진단 항목을 확인한다. 진단 항목은 해당 항목에 대한 서비스 데이터(service data)를 참고 하여 진단 항목에 대한 점검을 실시한다.

## [4] 서비스 데이터 점검

서비스 데이터(service data)의 점검 사항에는 BCM 시스템의 기본 점검 항목인 KEY IN 신호 전압, ACC 신호 전압, IGN 신호 전압, 배터리 전압, 올터네이터 L-단자 신호 전압을 확인할 수 있다. 또한 각종 스위치 입력 신호의 현재 상태를 ON/OFF 표시로 나타내 주고 있어 점검시 편리하다. 스위치 조작에 따른 전구 및 액추에이터(actuator)의 작동 상태를 ON/OFF 표시로 나타내주고 있어 입출력 점검을 한눈에 확인할 수가 있다. 센서(sensor) 값의 경우는 전압값 또는 주파수 값으로 표시하여 주고 PIC 카드의 경우에는 현재 PIC 카드가 BCM ECU에 등록되어 있는 상태 및 PIC 카드가 현재 유효 한지를 정보로서 제공하고 있다.

**1. 차종별 진단 기능**

차종 : 그랜저 XG
사양 : B-BODY
01. 자기 진단
02. 센서 출력
03. 주행 검사
04. 액추에이터 검사
05. 센서 출력 & 시뮬레이션
06. 사양 정보(ROM-ID)

**그림8-21 차종별 자기 진단**

그림 (8-22)는 진단 장비를 이용해 서비스 데이터를 확인하기 위한 예를 나타낸 것으로 시스템별 입/출력 상태를 확인하여 줌으로 TACS 점검에 비해 정비 효율성이 좋다. 서비스 데이터 상으로는 이상이 없는 것으로 나타나지만 BCM 시스템은 고장 현상으로 나타나는 경우나 출력 회로가 작동이 되지 않는 경우는 진단 장비를 사용하여 그림

(8-23)과 같이 직접 액추에이터(actuator)의 강제 구동 방법을 사용하여 출력 회로를 확인해 볼 수 있다.

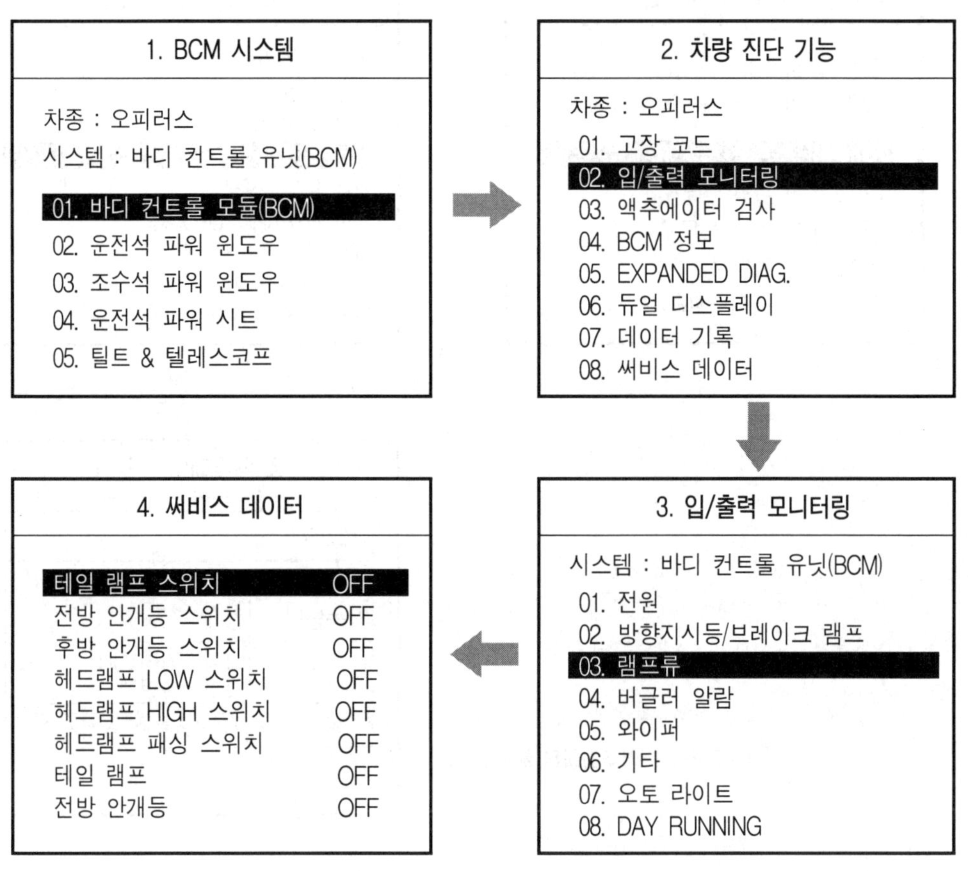


그림8-22 서비스 데이터 점검

액추에이터 강제 구동은 방법은 진단 장비의 통신 라인을 통해 명령을 실행하여 출력 회로를 점검하는 것으로 불필요한 작업 시간을 단축할 수가 있는 이점이 있다. BCM 시스템과 같은 시스템을 진단 장비를 이용하여 진단 한다는 것은 시스템 구성과 동작 조건을 이해하고 있다는 의미이다.

시스템이 구성 조건이 어떻게 이루어져 있는지, 이들 구성 부품 간에는 어떤 방식으로 데이터(data)를 주고받으며 시스템이 동작을 하는지, 시스템이 어떤 조건일 때 어떻게 구동하는지를 알고 있지 못하면 고장 진단은 항상 어려운 난제로 남게 되기 쉬워 결국 진단 장비를 이용 진단한다는 것은 시스템 이해에서부터 출발하여야 한다.

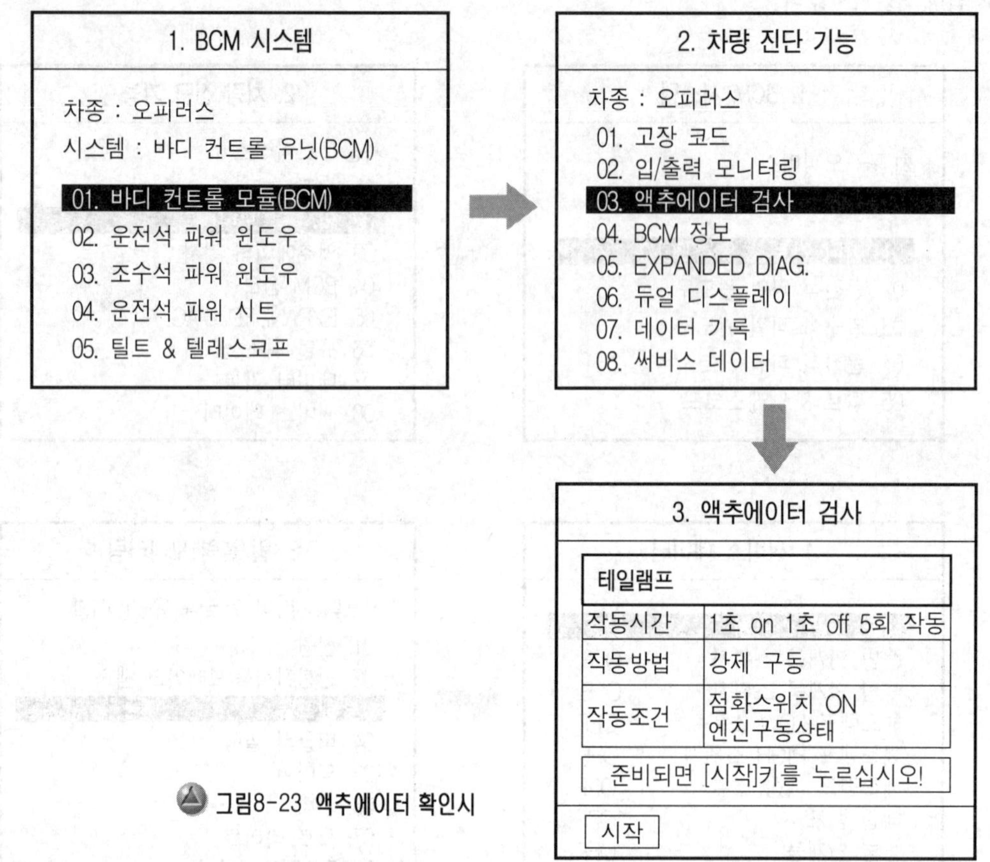



그림8-23 액추에이터 확인시

## 2. PIC 카드의 교환

통신 라인을 통해 데이터(data)를 주고받는 BCM 시스템은 각 ECU간 설정된 고유 코드(code)를 통해 정보를 확인하고 회신하도록 되어 있다. 이들 시스템의 구성 부품이 이상으로 교환 또는 추가적인 PIC 카드를 사용하고자 할 때에는 기존에 적용된 BCM 시스템과 학습이라는 과정을 거쳐 구성 부품의 고유 코드를 등록하게 된다. 따라서 PIC 카드에 이상이 있어 교체를 하는 경우나 추가로 PIC카드를 등록하기 위해서는 메이커가 제공하는 PIN 코드를 먼저 부여 받아야 한다.

PIN(Personal Identification Number)는 차량마다 제조사가 부여하는 차량의 비밀 코드(vehicle secret code)로 이 코드를 알지 못하면 PIC 카드를 사용할 수가 없도록 되어 있다.

제조사로부터 PIN 코드를 부여 받으면 PIC 카드를 차량의 노브(knob)에 삽입한 후 그림 (8-24)와 같이 진단 장비를 이용 PIC 학습 모드의 창을 열어 PIN 코드 번호를 입력 한다. 이때 PIC 카드의 트랜스폰더는 키 학습 시작이라는 메시지(message)를 보내면 비로소 학습 과정이 시작하게 된다. 이것은 BCM ECU에 미리 입력된 PIN 코드와 새로 입력한 PIN 코드를 BCM ECU는 비교하여 PIN 코드가 일치하면 PIC카드는 등록을 위한 학습을 시작하게 된다. 학습이 완료되면 추가로 PIC 카드를 등록하려는 의향이 메시지를 표시하게 되는데 추가 등록은 메시지에 따라 전과 동일 방법으로 학습을 진행하면 된다.

만일 PIN 코드를 입력시 잘못된 PIN 코드를 3회 이상 입력하게 되면 BCM ECU는 PIC 카드의 학습을 1시간 동안 금지하게 된다. 또한 금지된 1시간 중 배터리(battery)를 탈거하게 되면 장착 후 다시 처음부터 1시간 동안 학습을 금지하게 된다.

## 3. 구성 부품의 교환

BCM 시스템에 적용된 구성 부품 중 통신 라인 통해 데이터(data)를 주고받는 부품이 이상으로 인해 교환 할 때에는 반드시 PIC 학습 과정을 거쳐야 한다. PIC학습과 관련이 있는 구성 부품은 BCM ECU, 엔진 ECU(EMS ECU), PIC ECU, MSL ECU, PIC 카드이다. BCM 시스템의 PIC 학습 과정은 엔진 ECU의 이모빌라이저 학습, PIC ECU 학습, MSL학습, PIC 카드 학습 순으로 이루어지도록 되어 있다.

사진8-1 진단 커넥터

사진8-2 SCAN 진단 장비

## (1) BCM ECU 교환시

BCM ECU를 처음으로 차량에 장착시에는 BCM ECU는 초기화(PIN 코드, 암호화 된 비밀 키, VIN 코드의 초기화)상태이며 학습을 하기 전까지는 초기화를 유지하고 있다. BCM ECU를 교환하기 위해서는 진단 장비를 이용 PIN 코드를 저장하고 암호화 된 비밀 키의 고유 코드를 계산 저장하면 비로소 PIC 학습을 개시 할 수가 있다. 이때 잘못된 코드를 3회 이상 입력하게 되면 BCM ECU는 1시간 동안 입력을 금하게 된다.

## (2) PIC ECU 학습

PIC ECU의 이상으로 교환시에는 PIC ECU는 다른 구성 부품과 학습이 되어야 한다. PIC ECU의 학습은 먼저 BCM ECU의 상태가 PIC 학습 모드에서 트랜스폰더 및 BCM이 학습된 상태이어야 한다.

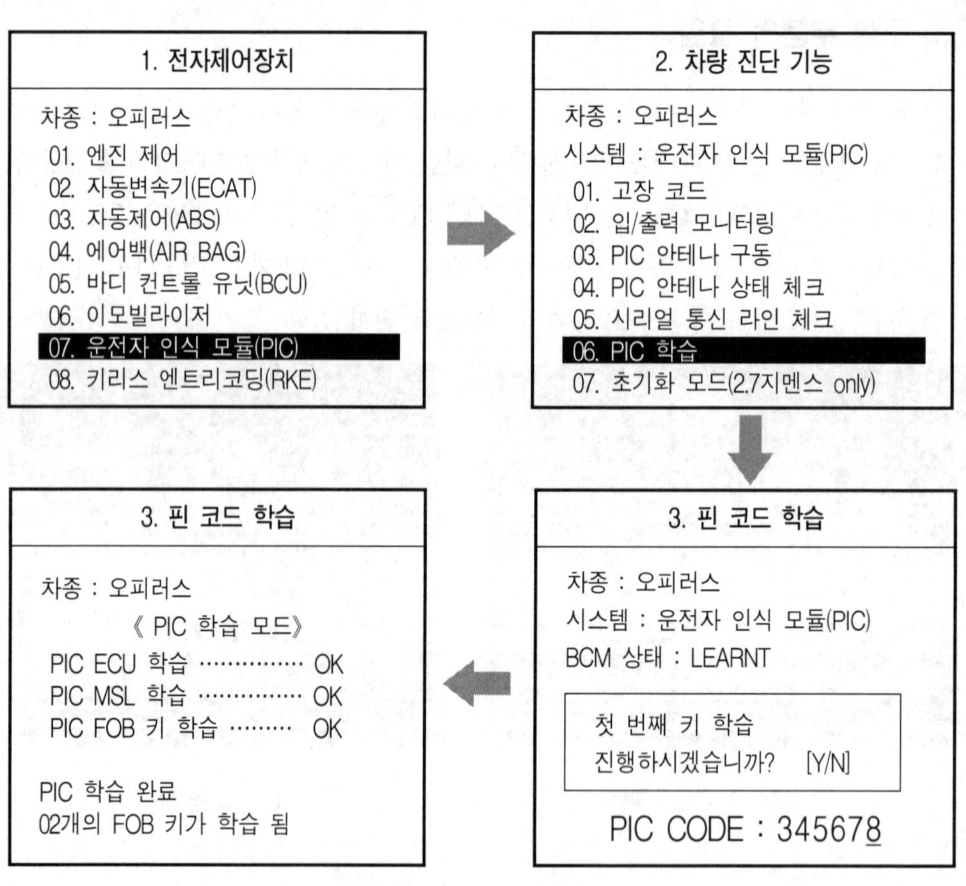


그림8-24 PIC 학습 방법

사용된 키가 MSI에 삽입된 상태에서 BCM ECU는 PIC ECU로 학습 명령 및 비밀 키(secret key)의 신호를 보내게 되고 PIC ECU는 이 신호를 받아 비밀 키 번호(secret key number)를 저장하고 회신 신호를 BCM ECU에 보내게 된다. 다시 BCM ECU는 연산 및 응답 신호를 PIC ECU로 보내고 PIC ECU는 응답 내용을 확인하고 비밀 키 번호(secret key number)를 고정한다. 이때 BCM ECU로 피드 백(feed back)신호를 보내게 되면 BCM ECU는 결과 신호를 진단 커넥터를 통해 내 보내게 된다.

## [3] PIC 카드의 학습

PIC 카드의 학습은 선행해서 BCM ECU 및 PIC ECU가 학습된 상태이어야 가능하다. PIC 학습은 BCM ECU로부터 PIC ECU가 ID 학습 명령을 수신하게 되면 PIC ECU는 PIC 카드에 ID 학습 신호를 보내게 된다. PIC 카드의 트랜스폰더는 저장된 ID 신호를 PIC ECU로 피드백 하면 PIC 카드는 학습을 시작하게 된다. PIC ECU가 PIC 카드로 신호를 송신 할 때는 LF(저주파수)로 보내게 하고 PIC 카드가 PIC ECU로 송신 할 때는 RF(고주파수)로 보내 전자파의 간섭에 의한 감쇄 현상을 막고 있다.

## [4] MSL ECU의 학습

MSL(Mechatronic Steering Lock) ECU의 학습은 먼저 BCM ECU, PIC ECU가 선행 학습된 상태이어야 한다. PIC ECU는 BCM ECU로부터 MSL학습 명령을 수신하게 되면 PIC ECU는 통신 MSL의 통신 라인을 통해 학습을 시작하게 되고 MSL ECU는 PIC ECU로부터 학습 종료 신호를 수신하게 되면 MSL ECU로부터 피드벡 신호를 받아 PIC ECU는 새로운 요구 신호를 BCM ECU로 송신하게 된다. PIC ECU는 MSL 학습을 완료하게 되면 BCM ECU로 완료 신호를 보내 BCM ECU는 이 신호를 받아 진단 장비를 통해 확인 할 수 있도록 진단 커넥터로 신호를 내 보내게 된다.

# 09

# 공조장치 점검

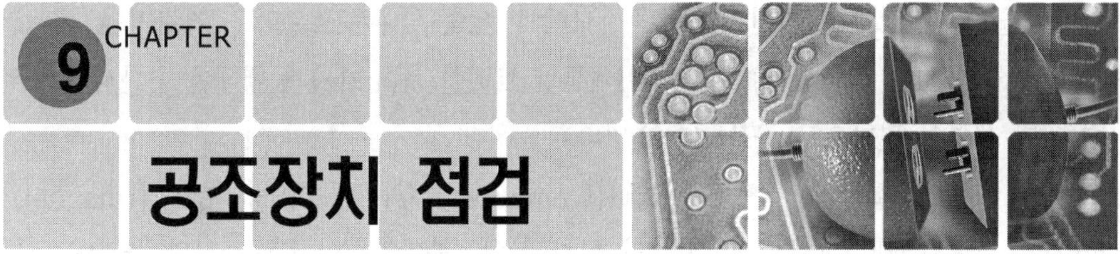



# CHAPTER 9

# 공조장치 점검

## 에어컨 진단

## 1. 에어컨의 고장 진단

에어컨(air-con)의 기본 원리는 냉매 가스(R-12, R134a)를 에어컨 순환관 내에 주입
하여 액체가 기화 할 때 주위의 열을 빼앗도록 한 장치이다.

▲ 사진9-1  에어컨 컨트롤 모듈

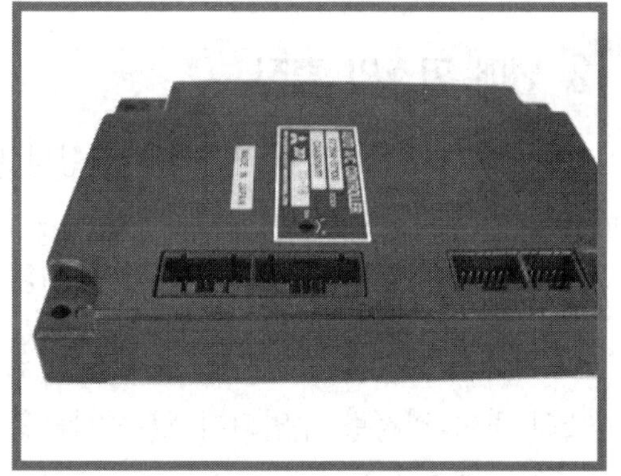

▲ 사진9-2  에어컨 ECU

에어컨의 기본 구성은 순환관 내에 냉매 가스(R12, R-134a)를 액화하고 기화 시키는
과정을 반복하도록 컴프레서(compressor), 콘덴서(condenser), 증발기(evaporator)
등의 부품으로 구성되어 있는 일종의 냉매 순환 사이클 장치이다. 따라서 에어컨의 고장
또한 냉매 순환 계통의 누설 또는 순환 부품의 작동 결함에 의한 트러블 및 냉매 가스를
순환시키기 위한 전기 계통의 결함으로 나누어 생각 할 수 있다.

에어컨 장치의 고장 진단은 블로어 모터의 토출구 온도로부터 시작하지만 에어컨 (air-con)의 고장 상태는 냉매 순환기 계통의 트러블(trouble)과 냉매를 순환시키기 위한 전기 계통의 결함으로 구분 할 수 있다.

전기 계통의 결함의 경우 컴프레서(compressor)의 마그네틱 클러치(magnetic clutch) 작동 상태, 콘덴서 펜 모터의 회전 상태, 증발기(evaporator)의 블로어 모터 (blower motor) 작동 상태는 육안 및 청각만으로도 쉽게 이상 유무를 확인할 수 있다. 그러나 냉매의 순환관의 상태는 육안으로 확인할 수 없기 때문에 에어컨의 압력 게이지 (manifold gauge)와 촉감을 이용하여 이상 여부를 진단한다. 에어컨의 압력 게이지 (manifold gauge)를 사용 순환기 계통을 진단하기 위해서는 먼저 냉매의 규정량(차종에 따라 제조사 정한)이 정확히 주입되어 있어야 한다.

실제로 에어컨의 순환기 계통이 막히는 경우 냉매 가스가 정확히 주입되어 있더라도 압력 게이지의 지침은 정상적이지 않기 때문에 냉매의 량을 정확히 충진하지 않고는 순환기 계통의 정확한 진단은 쉽지 않다. 따라서 냉매의 충진량을 정확히 알 수 없는 경우에 냉매를 회수하여 규정량을 재 충진하는 것이 좋다.

## 2. 냉매 가스의 충진

냉매의 충진량이 너무 과다하면 액상의 냉매는 이배포레이터(evaporator)를 통과 할 때 완전히 기화되지 않고 컴프레서(compressor)로 다시 흡입되어 에어컨 관내의 압력은 상승하게 된다. 또한 이와는 반대로 냉매의 충진량이 부족하면 기화 할 수 있는 냉매량이 부족하게 돼 에어컨(air-con)의 성능은 현저히 떨어지게 돼 에어컨의 성능 진단은 냉매 가스의 량이 적정량 주입되어 있는지를 확인하는 것부터 시작하여야 한다. 냉매 가스의 주입량은 제조사의 차량에 따라 다르지만 일반적으로 승용차의 경우에는 약 900g 정도의 냉매량을 주입하고 있다.

냉매량의 주입 방법은 사용하는 장비에 따라 차이가 있어 일일이 기억하여 둘 필요가 없다. 사진(9-3)과 같은 에어컨 가스 충진 장비를 사용하면 냉매 가스의 충진량을 무게로 설정하고 충진 스위치를 누르면 진공에서 충진까지 자동으로 주입이 되어 냉매 주입이 편리하다. 일반 범용 충진 장비로는 에어컨 압력 게이지를 이용하여 주입하는 방법이 있다. 이 방법은 에어컨의 압력 게이지(manifold gauge)의 밸브를 잠김 상태에서 게이지의 적색 호스(hose)는 고압 라인에 청색 호스(hose)는 저압 라인에 연결하고 노랑색 호스는 게이지의 중간과 에어컨 봄베(bombe)에 연결한 후 충진 장비의 진공 스위치를 누른다. 순환 계통에 진공 상태가 완료되면 압력 게이지의 저압과 고압 밸브를 열어 순환 계통의 압력차에 의해 자연 흡입되도록 한다.

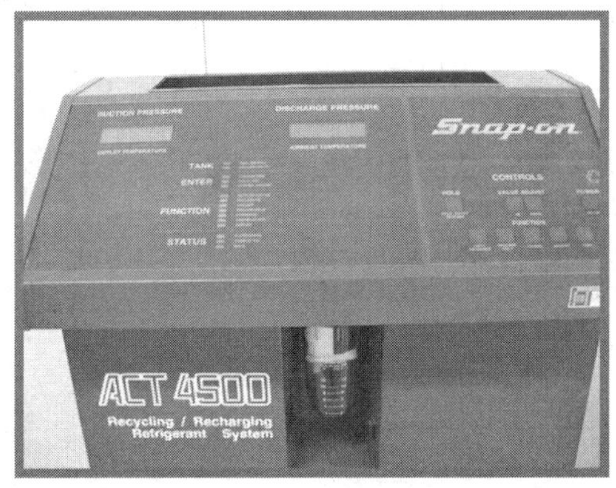

사진9-3 냉매가스 자동 충진기

사진9-4 냉매가스의 주입 밸브

이때 게이지 압력이 정지된 상태에서 저압측 밸브를 잠그고 엔진 시동을 걸어 엔진 회전수가 1500~2000rpm 상태에서 에어컨 압력 게이지 지침이 저압측은 2kg/㎠(28 PSI)이고 고압측은 15kg/㎠(213 PSI)이면 냉매 가스의 주입은 규정치로 간주한다. 이 규정치는 섭씨 30℃를 기준으로 한 수치이므로 자세한 값은 표 (9-2)의 온도와 압력 대비표를 참고하기 바란다.

에어컨의 순환기 계통의 압력은 주위의 온도와 습도, 그리고 엔진 회전수 및 콘덴서의 능력에 따라 변화하므로 보통 콘덴서의 팬(fan)에 흡입되는 공기의 온도에 1/2 정도를 고압측 압력으로 목표를 잡고 있다. 그러나 좀더 정확한 냉매 가스를 충지하기 위해서는 메이커(maker)가 규정한 냉매의 중량을 주입하는 방법이다.

냉매의 중량을 체크하는 방법은 차종에 따라 냉매의 량이 달라지므로 별도의 서비스 데이터(data)를 참고하여야 한다. 일반적으로 승용차의 경우에는 900g ± 50g 정도의 냉매 량을 주입하며 승합차의 경우에는 1400g ± 50g 정도의 량을 주입한다. 주입된 냉매량을 게이지 압력 측정으로 정확히 판단하는 방법은 저압과 고압의 밸런스(balance) 압력을 측정하는 것이다. 이 방법은 차량을 8시간 정도 방치한 후 저압과 고압을 측정하는 방법으로 무엇 보다 정확하지만 정비 현장에 현실성이 결여되어 사용하고 있지는 않다.

표 (9-1)은 외기 온도에 대한 저압과 고압의 정상적인 밸런스(balance) 압력을 나타낸 것으로 외기 온도에 1/4.5 정도를 목표치로 하고 있다. 밸런스 압이 표 (9-1)의 이하인 경우에는 냉매량이 부족으로 보충을 의미하며 반대로 이상인 경우에는 과충진으로 냉매량을 회수하여야 한다. 밸런스 압이 낮은 경우에 에어컨을 작동하면 리시브 드라이어의 사이트 글라스(sight glass) 부에 기포가 다량으로 움직이는 것을 볼 수 있는 경우이다.

| [표9-1] 외기온동에 의한 밸런스 압력 | |
|---|---|
| 외기 온도 | 밸런스 압력kg/cm² (psi) |
| 15 ℃ | 3.5 ~ 4.2 (50 ~ 60psi) |
| 20 ℃ | 4.3 ~ 5.0 (61 ~ 71psi) |
| 25 ℃ | 5.2 ~ 6.0 (74 ~ 85psi) |
| 30 ℃ | 6.2 ~ 7.0 (88 ~ 99psi) |
| 35 ℃ | 7.0 ~ 7.8 (99 ~ 111psi) |

## [1] 냉매 가스 및 충진시 주의 사항

① 냉매 가스는 빙점이 낮고 강한 휘발성을 가지고 있어 피부에 접촉시 동상이 걸릴 수 있으므로 피부에 접촉을 피해야 한다.

② 고압 용기에 저장된 냉매 가스는 40℃ 이상이 되면 급격히 팽창해 압력이 상승하기 때문에 보관시나 취급시 햇빛이나 엔진과 같은 고열 부위에 고압 용기가 닫지 않도록 접촉을 피해야 한다.

③ 에어컨(air-con)의 순환관을 분해 할 때에는 냉매 가스를 완전히 제거하지 않고 에어컨의 순환관을 제거하여서는 안된다.

④ 에어컨(air-con)의 순환관 부품은 오물이나 수분 유입을 방지하기 위해 보호용 켑(cap)으로 밀봉하고 있는데 이 보호용 켑(cap)은 작업 전에 미리 제거하는 일이 없도록 하는 것이 좋다.

⑤ 호스(hose) 및 파이프(pipe)를 신품으로 교환 할 때에는 오-링(o-ring)을 새것으로 교환하고 냉동유를 오링(o-ring)측면에 도포하여 기밀성을 높이도록 한다.

⑥ 이배포레이터(ebaporator), 콘덴서(condenser), 컴프레서(compressor)및 호스(hose), 파이프(pipe) 등을 교환시에는 반드시 리시버 드라이어(receiver drier)를 함께 교환하여야 한다.

[표9-2] 온도와 압력 대비표

| rpm | 습도(%) | 외기 온도 | 저압 kg/㎠ (psi) | 고압 kg/㎠(psi) |
|---|---|---|---|---|
| 1500 | 40~55 | 21 | 0.9~1.0 (13~14) | 13~13 (185~189) |
| | | 23 | 1.1~1.2 (16~17) | 14~15 (203~208) |
| | | 27 | 1.3~1.3 (18~19) | 15~16 (220~226) |
| | | 29 | 1.5~1.6 (21~23) | 16~17 (232~239) |
| | | 32 | 1.7~1.8 (24~26) | 17~18 (243~251) |
| | | 35 | 1.9~2.0 (27~29) | 18~19 (261~270) |
| | | 38 | 2.0~2.2 (29~32) | 20~20 (278~289) |
| | 60~75 | 21 | 1.0~1.1 (15~16) | 13~14 (193~198) |
| | | 23 | 1.3~1.3 (18~19) | 15~15 (213~218) |
| | | 27 | 1.5~1.5 (21~22) | 16~17 (233~238) |
| | | 29 | 1.7~1.8 (25~26) | 17~18 (246~253) |
| | | 32 | 2.0~2.1 (28~30) | 18~19 (259~267) |
| | | 35 | 2.2~2.4 (32~34) | 20~20 (280~290) |
| | | 38 | 2.4~2.6 (35~37) | 21~22 (300~312) |
| | 80~85 | 21 | 1.3 ( 18 ) | 14 ( 202 ) |
| | | 23 | 1.5 ( 21 ) | 16 ( 232 ) |
| | | 27 | 1.7 ( 24 ) | 17 ( 244 ) |
| | | 29 | 2.0 ( 28 ) | 18 ( 261 ) |
| | | 32 | 2.2 ( 32 ) | 19 ( 277 ) |
| | | 35 | 2.5 ( 36 ) | 20 ( 297 ) |
| | | 38 | 2.7 ( 39 ) | 22 ( 316 ) |

※참고 : 1 pound = 453 g,    1 inch = 2.54 cm

⑦ 습기가 많은 비 오는 날은 가급적 교환 작업을 금하는 것이 좋다.

▲ 사진9-5 에어컨 컴프레서

▲ 사진9-6 에어컨 압력 게이지

## 3. 냉매 회로의 압력 변화

컴프레서(compressor)로부터 토출된 냉매 가스는 압력과 온도에 의해 기체 냉매에서 액체 냉매로 변화 된다. 이렇게 변화된 액상 냉매는 증발기(evaporator)를 통해 기화되고 다시 컴프레서와 콘덴서를 통해 액화 되어 냉매의 순환 과정을 반복하게 하는 장치가 에어컨(air-con)이다.

컴프레서(compressor)로부터 토출된 냉매는 고온 고압의 기체 상태의 냉매로 그림 (9-1)의 (c)와 같이 외기 온도에 따라 에어컨의 순환기관의 압력은 크게 변화하게 된다. 이것은 고온 고압의 기체 냉매가 콘덴서(condenser)를 통해 온도를 저하하면 액상 냉매로 응축할 수 있음을 의미하기도 한다.

즉 컴프레서를 통해 토출된 고온 고압의 기체 냉매는 콘덴서를 통해 저온 고압의 액상 냉매로 만들지 않으면 안되는데, 콘덴서를 통한 저온 고압의 액상 냉매는 충분히 온도를 낮추지 못하면 냉매 가스는 액화되지 않아 액체와 기체가 혼합된 일정량의 냉매 가스는 리시버 드라이어를 통해 익스팬션 밸브로 흐르게 된다. 이런 상태의 액상 냉매는 익스팬션 밸브로부터 무상의 상태로 토출되어 증발기(evaporator)의 출구를 통과 할 때 완전히 기화하지 못하고 컴프레서로 흡입되고 만다.

이와 같이 익스팬션 밸브(expansion valve)로부터 액상 냉매가 다량으로 흡입 되어

증발기로부터 토출된 냉매 가스가 완전히 기화되지 못하면 에어컨의 성능은 현저히 감소하게 되고 또한 저압측 압력은 높아지게 된다. 이와 같이 냉매 회로는 익스팬션 밸브를 경계로 저압측과 고압측으로 나누는데 이 냉매의 순환 회로에 이상이 있는 경우 저압측과 고압측의 압력이 변화하게 돼 에어컨(air-con)의 압력 게이지로 냉매의 순환 회로를 진단 할 수 있게 되는 것이다.

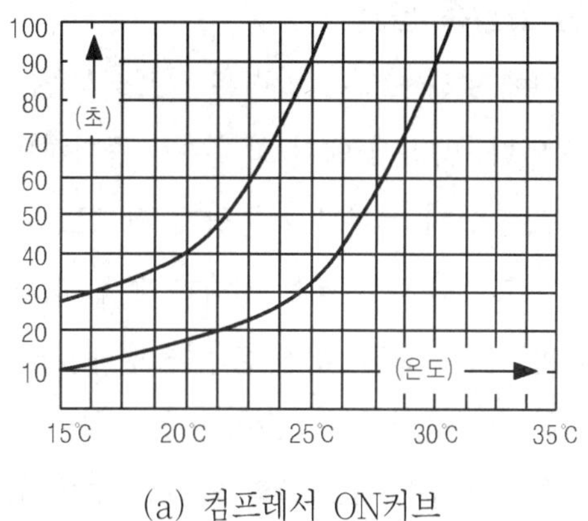


(a) 컴프레서 ON커브

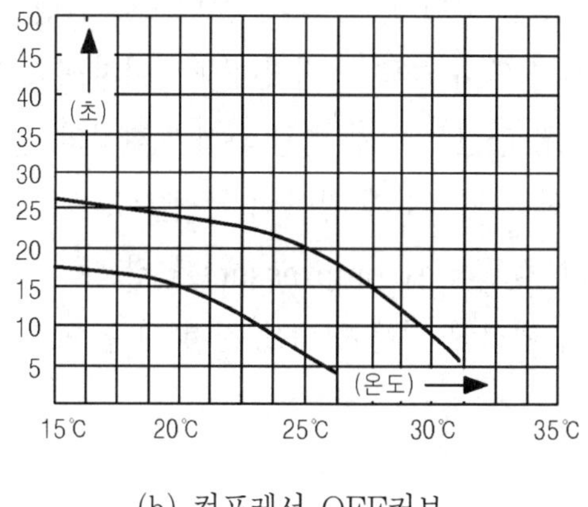


(b) 컴프레서 OFF커브

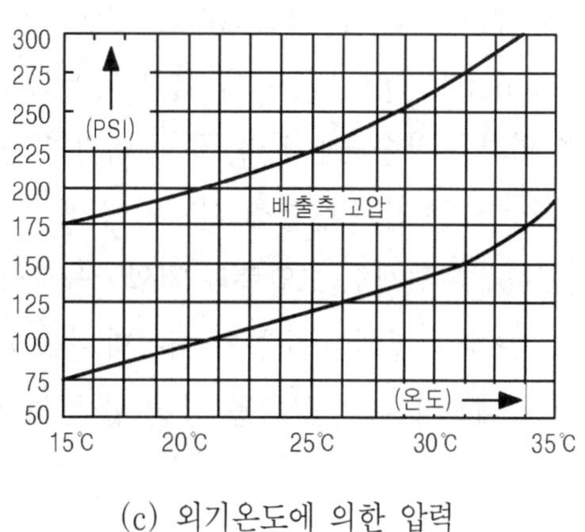


(c) 외기온도에 의한 압력

그림9-1 외기온도에 의한 압력 변화

## [1] 저압측 압력

저압측 압력은 컴프레서(compressor)의 회전수 및 냉매의 유량에 밀접한 관계가 있어서 엔진 회전수(컴프레서 회전수)가 상승하게 되면 냉매 가스는 컴프레서의 입력측으로 순조롭게 흡입되어 저압측 압력은 낮아지게 된다. 따라서 엔진 회전수(컴프레서 회전수)가 일정한데도 불구하고 저압측 압력이 규정압보다 낮은 경우에는 냉매 가스 부족을 생각 할 수 있다. 반대로 저압측 압력이 높은 경우에는 냉매유량 과다 및 컴프레서(compressor)의 성능 저하를 생각할 수 있다. 또한 블로어 모터(blower motor) 회전수를 낮게 하면 증발기로부터 기화하는 냉매 가스의 량이 감소하게 돼 저압측이 압이 낮아지게 된다.

### (2) 고압측 압력

이에 반해 고압측 압력은 컴프레서(compressor)의 성능과 냉매의 주입량에 밀접한 관계가 있다. 따라서 엔진 회전수가 증가하면 컴프레서의 압축 능력은 증가하여 고압측의 냉매 가스는 쉽게 액화가 가능하게 되므로 고압측의 압력은 낮아지게 되고 냉매 주입량이 과다하면 고압측의 압력은 상승하게 된다. 엔진 회전수가 일정 한데도 불구하고 고압측의 압력이 규정압보다 높은 경우는 냉매 가스의 과충진 또는 컴프레서의 성능 저하(압축 능력 저하) 및 콘덴서(condenser)의 성능 저하를 생각 할 수 있다. 또한 고압측 순환 회로가 막히는 경우도 고압측의 압력은 높아지게 된다.

콘덴서(condenser)의 성능 저하는 콘덴서 팬 모터(fan motor)의 회전속 저하로 인한 전기계 원인인 경우도 있지만 콘덴서의 핀(pin)부위에 먼지 등의 오염으로 콘덴서 핀(condenser pin) 부위에 퇴적 되어도 콘덴서의 액화 능력은 현저하게 떨어지므로 고압측 압력은 상승하게 된다. 즉 에어컨의 순환 계통 진단은 마치 병원 의사가 환자의 신체를 체온계와 청진기를 통해 환자의 신체 상태를 진단하는 것과 같이 팽창 밸브(expansion valve)를 경계로 고압측과 저압측을 구분하고 컴프레서(compressor)를 경계로 저온과 고온으로 구분하여 순환기 계통의 온도와 압력 변화에 의한 상태를 점검 해 봄으로서 순환기 계통의 현재 상태를 진단 할 수가 있다 .

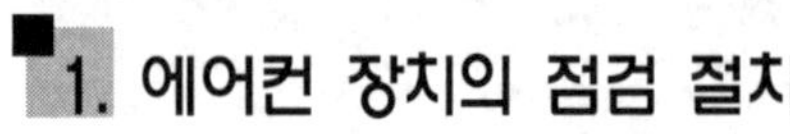

## 순환 계통의 진단

### 1. 에어컨 장치의 점검 절차

에어컨(air-con)의 고장 현상은 냉방이 전혀 되지 않는 경우와 냉방 능력이 떨어지는 경우로 구분 할 수 있다. 전자의 경우는 주로 냉매 가스의 누설에 의한 원인과 에어컨의 순환 계통의 구성 부품 이상으로 에어컨이 작동이 되지 않는 경우를 들 수 있으며 후자의 경우는 주로 냉매 가스의 과충진 또는 과부족으로 인해 냉방 능력이 떨어지는 경우와 그리고 구성 부품의 결함이나 청결 부족으로 에어컨의 구성 부품이 성능을 발휘하지 못하는 경우를 들 수 있다.

에어컨 스위치를 ON 시켜도 에어컨이 작동이 되지 않는 경우는 우선 에어컨 스위치의 파일럿 램프(에어컨 스위치에 부착되어 있는 파일럿 램프(pilot lamp)) 점등 상태를 확인하여 간접적으로 에어컨 회로에 전원이 공급되고 있음을 확인하고 냉매 가스의 주입된 상태를 점검한다. 냉매가 충진된 상태에도 불구하고 에어컨이 작동되지 않는 경우는 컴프레서가 작동을 하지 않는 것으로 에어컨 순환 계통의 밸런스(balance)압을 점검하여 밸런스 압이 표 (9-1)보다 낮은 경우는 냉매 가스를 보충진한다. 이때 주의하여야 할 것은 냉매 가스를 충진하기 전에 냉매 가스의 누설 부위는 없는지 순환 계통의 호스(hose)나 파이프(pipe)에는 이상이 없는지를 반드시 확인하고 냉매 가스를 주입하여야 한다. 밸런스(balance) 압이 이상이 없는 경우는 전기 계통을 점검한다. 에어컨(air-con) 장치는 작동이 되는데 에어컨 성능 문제로 진단을 하는 경우는 증발기의 토출구(vent) 온도부터 확인하여 보는 것이 순서이다.

에어컨의 성능은 단순히 사람의 감각에 의존하여 판단하는 것은 금물이며 일반적으로 증발기의 토출구 온도는 4~8℃ 범주에 있으면 에어컨의 성능은 양호하다. 증발기의 토출구 온도 측정은 엔진을 2~3분간 작동 한 후 블로어 모터(blower motor)를 최대로 하고 엔진 회전수를 1500~2000rpm 사이에서 토출구의 온도를 측정한다.

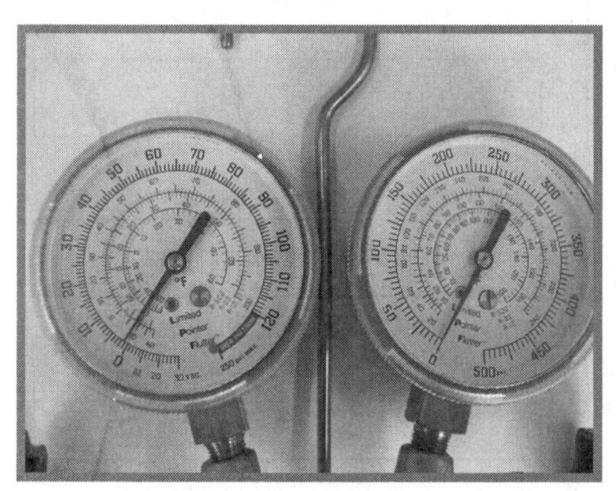

🔺 사진9-7 압력게이지 눈금

🔺 사진9-8 냉매가스 주입밸브

에어컨의 성능 저하 원인은 주로 에어컨 가스(air-con gas) 주입 잘못에 의해 발생하는 경우가 많으므로 에어컨의 성능 진단 수순은 증발기 토출구 온도 측정과 정확한 냉매 가스 주입량 확인하는 것으로부터 출발하여야 한다. 주입된 냉매 가스의 량을 정확히 확인하는 방법은 앞서 기술한 순환 계통의 밸런스(balance)압을 측정하여 보는 것이지만

시간적인 문제로 밸런스 압을 측정하기가 어려운 경우는 냉매의 규정압을 확인하여 본다. 에어컨의 순환 계통은 주위의 온도와 습도, 콘덴서의 성능 등에 따라 압력이 변화하기 때문에 규정압으로는 에어컨의 정확한 량을 확인할 수 없는 경우는 냉매 가스를 회수하여 재 충진하는 것도 한 방법이다.

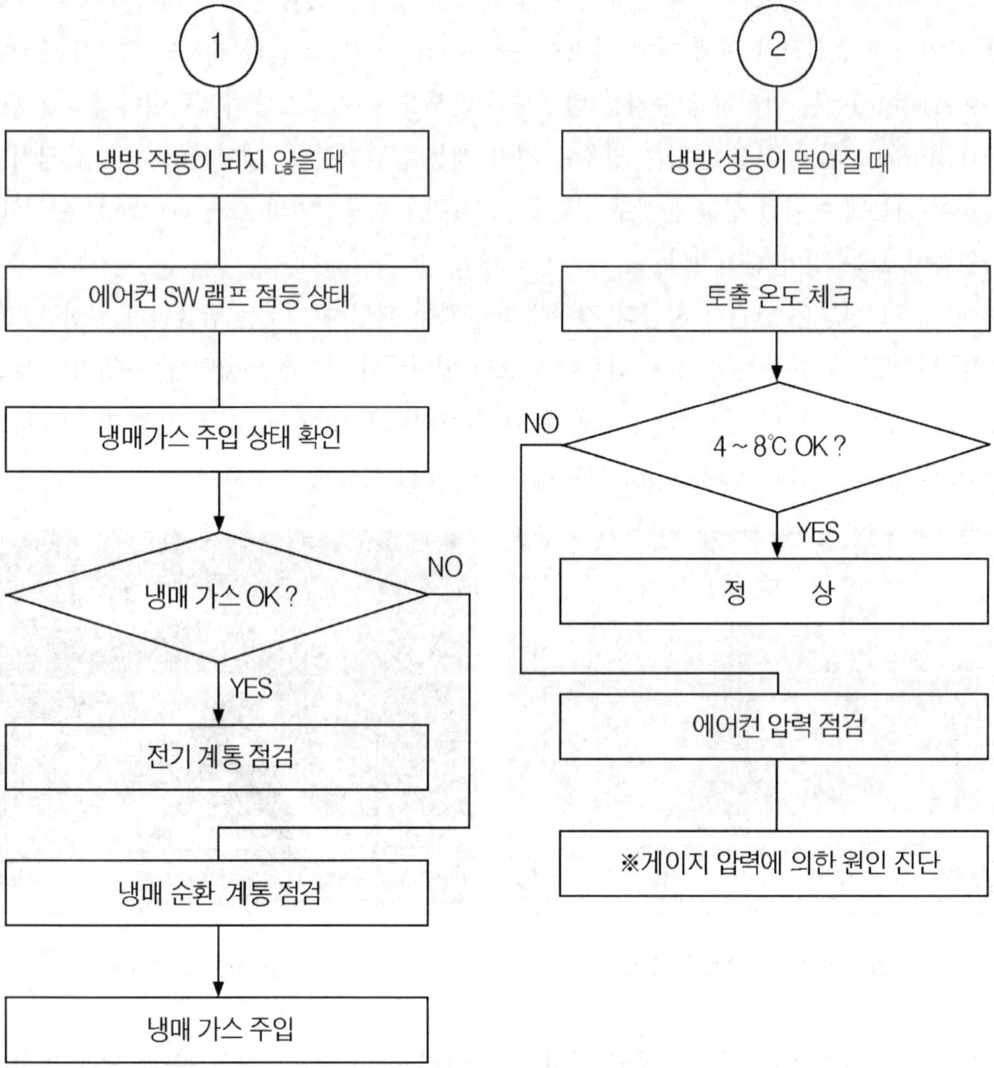

그림9-2 에어컨 고장 점검 절차

## 2. 규정압과 냉매 부족시

압력 게이지(manifold gauge)로 냉매의 순환 계통을 점검하는 것은 마치 의사가 청진기를 사용하여 신체를 진단하는 것과 같은 것으로 냉매의 순환 계통 압력은 외기의 온도, 엔진의 회전수, 구성 부품의 성능 등에 따라 변화하기 때문에 순환 계통의 압력을 점검하여 봄으로서 에어컨의 고장 진단을 할 수가 있다. 냉매의 순환 계통 압력을 점검 할 때에는 에어컨을 약 15분 정도 작동시켜 순환 계통의 안정 된 후에 점검하는 것이 좋다.

그림 (9-3)은 에어컨의 순환 계통이 정상적 일 때 저압과 고압의 압력값을 나타낸 것으로 외기 온도가 약 30℃ 정도이고 엔진 회전수가 1500~2000rpm일 때 저압측 지시치는 2kg/㎠(29 psi) 이고 고압측 지시치는 15kg/㎠(214 psi) 정도이다. 이 값은 실내 온도, 엔진 회전수, 콘덴서 팬(condenser fan)으로부터 흡입되어 지는 외기 온도 등에 따라 크게 변화한다. 따라서 외기 온도가 10℃ 이하인 낮은 온도의 경우와 30℃이상의 높은 온도에서는 저압과 고압의 게이지(gauge) 지시치 만으로 정확한 냉매의 량을 판정하기가 쉽지 않으므로 표 (9-2)를 참고 하기 바란다.

그림 (9-4)는 저압과 고압의 지시치가 규정압 보다 낮은 경우로 순환 계통의 냉매 부족에 의한 경우는 리시버 드라이어의 사이트 글라스(sight glass)에 다량의 기포가 움직이는 것을 볼 수가 있다. 순환 계통에 냉매 가스가 조금 누설이 되었다 하여 냉방 능력이 급격히 감소하는 것은 아니지만 어느 정도 이상 빠지게 되면 냉방 능력은 급격히 저하하고 만다. 특히 냉매 부족에 의한 냉매 보충시에는 반드시 누설 부위에 원인을 제거 해 주어야 한다.

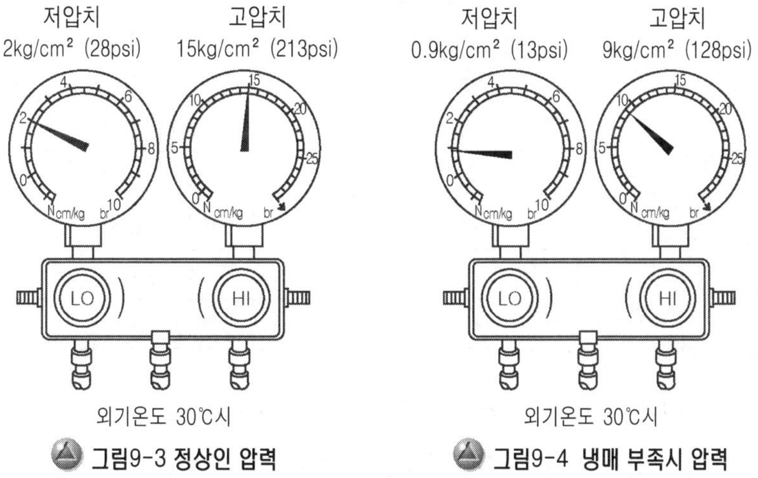


그림9-3 정상인 압력      그림9-4 냉매 부족시 압력

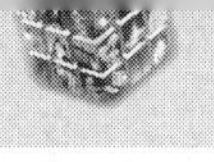

## 3. 콘덴서의 성능 저하시

냉매의 순환 계통의 압력이 그림(9-5)과 같이 저압치는 2kg/㎠(28 psi) 정도의 정상치를 지시하고 고압치는 정상치 보다 높거나 약 12~16kg/㎠(170~227 psi) 정도로 진동을 하고 리시버 드라이어(receiver drier)를 손으로 만져 보아 뜨뜻함을 느껴지는 경우는 콘덴서의 능력 부족으로 진단 할 수 있다.

컴프레서(compressor)의 토출 압력은 콘덴서 팬으로부터 흡입되는 공기의 온도에 따라 변화하게 되는데 표(9-3)은 콘덴서에 흡입되는 온도에 따라 고압측의 압력이 변화하는 일례를 나타낸 것이다.

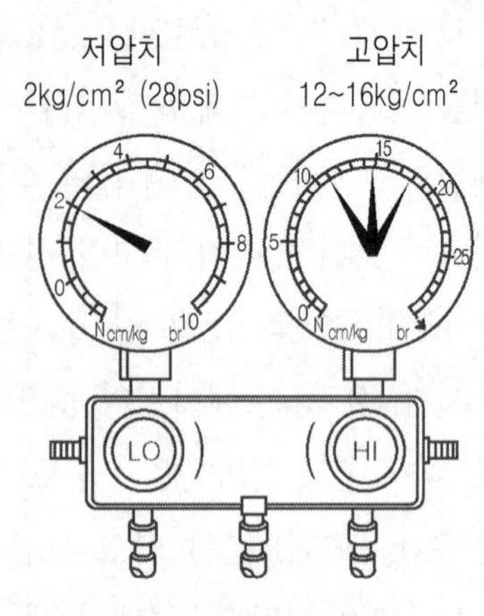


▲ 그림9-5 콘덴서 온도가 높을 때

| 외기 온도 (℃) | 콘덴서의 온도(℃) | 고압 압력(kg/㎠) |
|---|---|---|
| | | [표9-3] 콘덴서의 흡입온도와 고압측 압력 |
| 25℃ 시 | 30 | 10.05~10.75 |
| | 35 | 11.75~12.50 |
| | 40 | 13.50~14.00 |
| | 45 | 15.00~15.50 |
| | 50 | 16.25~16.75 |
| | 55 | over heat |
| 35℃ 시 | 30 | 10.80~11.70 |
| | 35 | 12.50~13.30 |
| | 40 | 14.00~15.00 |
| | 45 | 15.75~16.50 |
| | 50 | 17.25~ |
| | 55 | over heat |

콘덴서의 팬 모터(fan motor)의 회전속 이상으로 콘덴서로 흡입되는 공기의 량이 작아지면 냉매 가스의 정확한 충진량과 관계없이 게이지의 고압측 지시치는 규정값보다 높

게 나타나거나 지침이 진동을 하게 된다. 또한 콘덴서(condenser)의 오버 히트에 의해 컴프레서(compressor)가 과부하가 걸리는 경우도 생기게 되는데 컴프레서의 과부하는 차량이 연비를 증가시키는 원인으로 작용하게 돼 근본 원인을 찾아 제거 해 주지 않으면 안된다.

또한 최근의 자동차는 운전 조건에 따라 콘덴서의 전동 팬 모터가 저속 및 고속으로 회전하도록 되어 있어서 컴프레서가 작동을 하지 않을 때는 저속으로 회전하고 컴프레서가 작동을 할 때에는 고속으로 팬 모터가 회전 하는지도 점검 해 보아야 한다.

## 4. 냉매의 과충전 시

냉매의 순환 계통 압력이 그림(9-6)과 같이 저압치는 $2kg/\text{cm}^2$(28 psi) 정도 정상치를 지시하거나 약간 높은 값을 지시하고 있고 고압치는 정상치 보다 높은 약 $20kg/\text{cm}^2$ 정도의 지시치를 나타내고 있다 또한 사이트 글라스(sight glass)에는 기포가 보이고 리시버 드라이어(receiver drier)를 손으로 만져보면 뜨뜻함을 느껴지는 경우 냉매의 과충으로 진단할 수 있다.

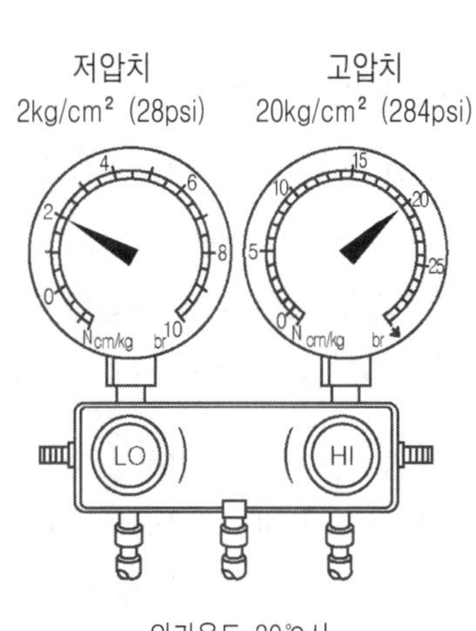

그림9-6 냉매 과충진시

냉매 과충진시 압력 게이지의 압력은 콘덴서의 성능 저하와 유사하게 나타나 2가지를 정확히 구분하기란 쉽지 않다. 대개 압력 게이지의 압력이 저압측과 고압측이 함께 높게 나타나는 경우에는 냉매가스의 과충진으로 볼 수 있고 고압측만 높게 나타나는 경우에는 콘덴서(condenser)의 과열을 생각할 수 있다.

냉매가 과충진 되면 저압측으로 흐르는 냉매의 량은 많아지게 되고 이로 인해 저압측의 압력이 상승하게 된다. 또 순환 계통의 저압측에 흐르는 냉매의 량이 많아지면 기화 되지 않은 액상의 냉매가 컴프레서(compressor)로 그대로 흡입되어 압축할 때 컴프레서의 과부하가 걸리게 되며 압축된 액상의 냉매의 팽창으로 고압측은 이상 상승하게 된다.

고압측이 압력이 $18kg/\text{cm}^2$(256 psi)이상이 되면 컴프레서에는 크게 부하가 걸릴 뿐만 아니라 높은 압력에 의해 고압측 호스(hose)가 파열될 수도 있기 때문에 냉매 가스를 충진 작업 중이라도 고압측 압력이 $18kg/\text{cm}^2$(256 psi) 이상이 되면 냉매 충진 작업을 중지

하고 고압측이 높게 되는 원인을 제거하여 재 충진 하여야 한다. 대개 순환 계통의 과열 (over heat) 현상이 일어나는 경우는 냉매 가스의 과충진을 생각할 수 있다.

또한 콘덴서 팬 모터(condenser fan motor)의 회전속 저하 및 콘덴서 핀(condenser pin)의 먼지나 오염에 의한 막힘 현상 있는 경우, 익스팬션 밸브(expansion valve)의 감도 불량에 의한 원인을 들 수가 있다. 익스팬션 밸브(expansion valve)의 과도한 열림은 컴프레서의 부하로 인해 순환 계통의 과열(over heat) 현상으로 이어지게 되는데 이 경우에는 컴프레서의 저압측 파이프(pipe)에 다량이 물이 보이거나 착상하는 경우가 일어나기도 한다. 한편 구성 부품상에 이상이 없는 데도 불구하고 고압 게이지가 이상히 상승하는 경우에는 순환 계통에 공기(air) 혼입을 생각 할 수 있다.

## 5. 공기 혼입시

순환 계통에 공기가 혼입 되는 경우 공기는 기체 상태 인 냉매 가스와 같이 컴프레서(compressor)로 흡입 되 어 압축 될 때 쉽게 압축되지 않아 저압 게이지와 고압 게이지가 같이 상승하게 된다.

이것은 콘덴서(condenser)의 성능 부족시나 냉매 가 스의 과충진 때 나타나는 현상과 비슷하게 나타나 원인 을 구분하기 란 쉽지 않은 것이 특징이다.

순환 계통에 공기가 혼입 될 때 냉매의 압력 게이지의 지침은 그림 (9-7)과 같이 저압측은 규정값과 같거나 약간 높은 경우를 나타내고 고압측은 규정값 보다 높이 나타나 냉매의 과충진과 비슷한 결과를 나타내지만 뚜렷

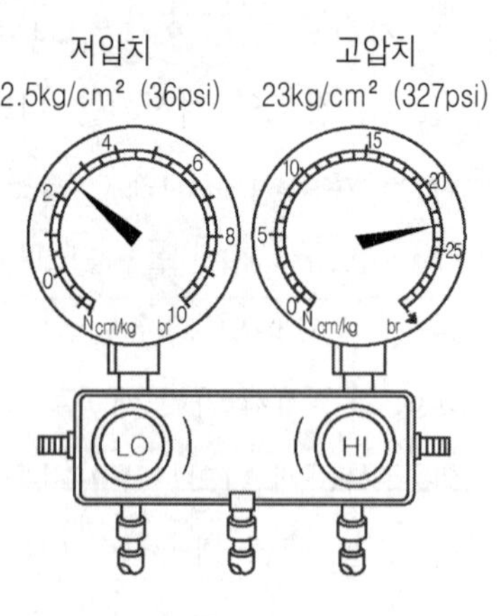


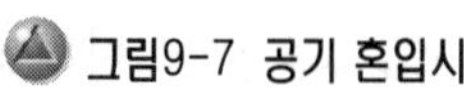

그림9-7 공기 혼입시

한 원인 규명 방법은 없다. 공기는 에어컨용 컴프레서(compressor)로는 압축은 되어도 액화는 되지 않기 때문에 순환 계통에 공기가 혼입되면 에어컨(air-con)의 냉방 능력은 콘덴서(condenser)의 성능이 저하한 것처럼 현저하게 감소하게 된다.

순환 계통에 공기가 혼입되는 것은 냉매 가스의 수회 보충시나 수회 재충진시 공기의 혼입을 생각 해 볼 수 있다. 순환 계통의 공기가 혼입되는 경우는 동시에 함께 습기도 혼 입되기 때문에 익스팬션 밸브(expansion valve)의 노즐(nozzle)이 빙결하여 노즐이 막

히는 현상이 일어나기도 한다. 이와 같이 순환 계통에 공기가 혼입되는 경우는 동시에 습기도 혼입되어 있다고 볼 수 있기 때문에 이러한 경우에는 냉매를 회수하여 재 충진 하여 주는 것이 좋다. 공기 및 습기의 혼입 원인에 의한 냉매 가스 충진시는 리시버 드라이어(receiver drier)을 같이 교환하여 주어야 한다.

실제 순환 계통의 공기의 혼입은 압력 게이지 만으로 판단하기란 어려움으로 이러한 경우에는 점검 수순을 정하여 조치하는 하는 것이 최선의 방법이라 생각한다. 콘덴서 등 구성 부품의 성능에는 이상이 없는데 고압측만 유난히 높은 경우에는 순환 계통의 공기 혼입을 생각 할 수 있다. 결국 순환 계통이 공기 혼입 판정은 냉매 가스의 순환 계통에 밸런스(balance)압을 확인하여 냉매의 주입량이 이상이 없다고 판정이 되면 다음은 에어컨의 구성 부품을 점검하여 이상이 없다고 판단이 되는 경우에 최종적으로 순환 계통에 공기의 혼입을 결정하는 것이 순서이다. 그러나 점검시 비용 문제나 시간적 요인으로 냉매가스를 회수하여 재 충진하는 방법을 택하고 있는 것이 현실이다

## 6. 고압측이 막힐 때

### [1] 리시버 드라이어 부위가 막힐 때

냉매의 순환 계통중 고압측이 막히는 경우는 리시버 드라이어(receiver drier) 전이 막히는 경우와 리시버 드라이어의 후인 익스팬션 밸브가 막히는 경우를 생각 할 수가 있다. 리시버 드라이어의 후가 막히는 경우 리시버 드라이어 내에는 냉매 가스를 일시 저장하는 방이 있어서 고압측의 압력은 비교적 낮아지는 현상을 띠게 된다. 또한 고압측 순환 계통이 막히는 경우 액상의 냉매는 원활히 흐르지 못하고 관(pipe)내에 머무르게 돼 막힌 부위가 온도가 내려가 손으로 파이프를 만져보면 막힌 부위를 알 수 있는 경우도 있다.

그림 (9-8)은 리시버 드라이어가 막힌 경우 압력 게이지 지침을 나타낸 것으로 초기에 정상적인 압력을 나타내다가 어느 정도 시간이 경과하면 컴프레서(compressor)로 흡입되는 냉매 가스의 량이 점점 감소하게 돼 압력 게이지 지침이 서서히 내려가게 된다. 이렇게 압력 게이지

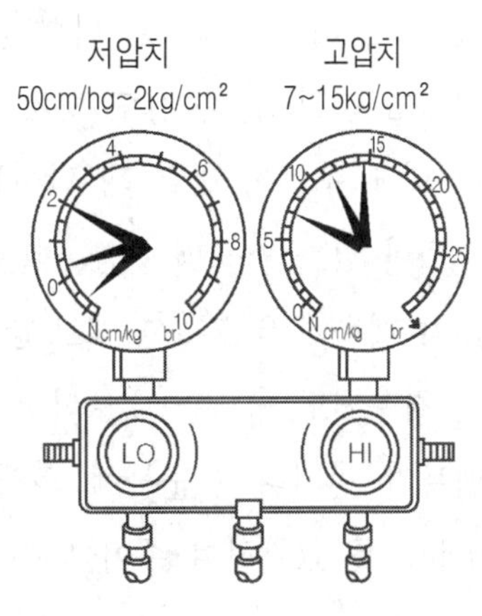

그림9-8 고압측 막힐 때

지침이 서서히 감소하게 되면 따라서 에어컨의 냉방 능력도 감소하게 돼 결국은 냉방 능력을 잃게 된다. 지침이 서서히 내려가 저압측 지침이 제로 상태가 되며 에어컨의 작동을 계속하면 지침은 마이너스(minus)까지 내려가게 되고 고압측 지침은 초기에 정상적인 압력을 지시하다가 내려가 지침의 지시치는 7kg/㎠(99 psi) 정도까지 저하하게 된다. 이렇게 지침이 서서히 내려가는 시간은 일정하지 않지만 보통 10분 ~40분 정도 지침이 저하한다. 순환 계통의 막힘이 있는 부위에는 온도가 저하하기 때문에 손으로 감촉하여 보면 막힌 부위를 알 수 있는 경우가 있다.

## [2] 익스팬션 밸브 부위가 막힐 때

그림 (9-9)의 그림은 익스팬션 밸브(expansion valve)가 완전히 막혀 저압측 게이지의 지침이 마이너스(minus)의 지시치를 가리키고 고압측의 게이지 지침은 약 5kg/㎠(71psi) 까지 하강한 예를 나타낸 것이다.

에어컨의 파이프(pipe)를 교환 직후부터 이러한 현상이 나타나는 경우는 패킹용 고무마개에 의해 순환 계통이 막히는 경우가 있으며 익스팬션 밸브가 막히는 주요 원인은 순환관 내에 수분이 혼입되는 경우이다.

순환 기관 내에 수분이 혼입되면 익스팬션 밸브의 출구부에 빙결로 인해 쉽게 막히게 되며 익스팬션 밸브 (expansion valve)가 막히면 에어컨의 냉방 성능은 떨어지고 다시 30분 정도 방치 후 재가동하면 에어컨의 작동되는 경우에는 에어컨의 순환관 내에 수분이 빙결 해 막히는 경우라고 생각 할 수 있다.

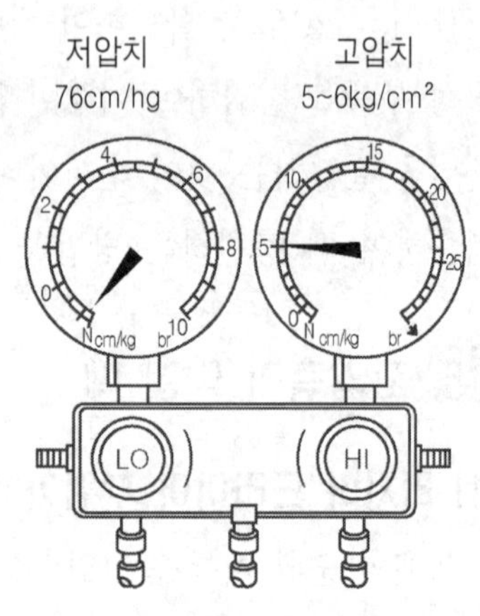



그림9-9 익스팬션밸브가 막힐 때

또한 익스팬션 밸브(expansion valve)의 토출 간극은 0.3~0.5mm 정도 밖에 되지 않기 때문에 익스팬션 밸브(expansion valve)의 조정 스크류(screw)를 지나치게 조이는 경우에도 순환관 내부의 불순물이 걸려 막히는 경우가 발생하게 된다. 이때 익스팬션 밸브가 먼지나 불순물에 의해 막혀 재조립 하는 경우에는 리시버 드라이어(receiver drier)를 교환하여 주어야 한다.

## [3] 서모 스위치 불량시

에어컨(air-con)의 서모 스위치(thermo switch) 결함으로 인해 익스팬션 밸브의 토출구 온도가 영하 이하로 내려가도 컴프레서의 마그네틱 스위치를 차단하지 못하는 경우가 생기면 익스팬션 밸브(expansion valve)가 막히는 현상과 같이 저압측과 고압측의 압력이 그림 (9-9)와 같이 유사한 지시를 표시한다.

서모 스위치(thermo switch)의 이상으로 증발기의 온도가 영하로 내려가 익스팬션 밸브가 빙결하고 저압측 라인에도 착상하는 현상이 생겨도 컴프레서(compressor)가 계속 작동하는 경우에는 컴프레서(compressor)의 입구측으로 다량의 액상 냉매가 흡입 되어 컴프레서는 부하에 의해 소음과 함께 심한 경우에는 파손에 이루게 된다.

🔺 사진9-9 증발기 ASS'Y

🔺 사진9-10 핀 서모센서

## 7. 익스팬션 밸브 이상 시

냉매의 순환 계통 압력이 그림(9-10))과 같이 저압치는 2.5kg/㎠(36 psi) 정도를 지시하고 고압치는 22kg/㎠(312 psi) 정도로 높게 나타나는 경우는 익스팬션 밸브(expansion valve)의 감열부 감지 불량 또는 감열부의 탈착 현상으로 증발기 출구로부터 냉매의 류량이 과다하게 방출하는 경우를 들 수 있다.

이 같은 현상은 저압측과 고압측 압력이 높게 나타나 마치 냉매 가스의 과충전시와 유사한 게이지 지침을 나타나게 된다.

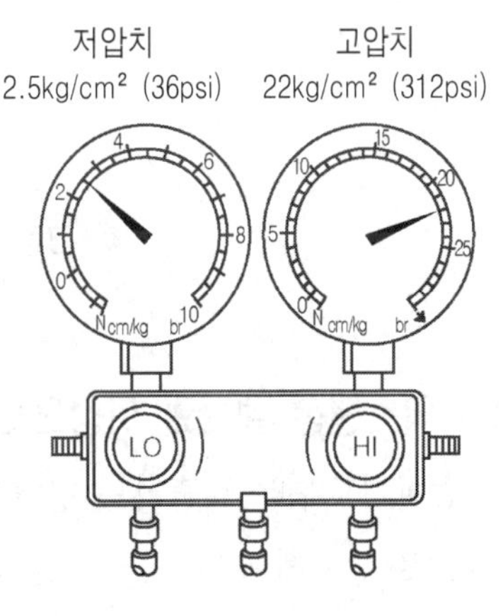


🔺 그림9-10 익스팬션 밸브 이상시

    냉매량이 적정량 주입 되었는데도 불구하고 같은 현상이 나타나는 경우는 익스팬션 밸브를 조정 또는 교환하여야 한다. 익스팬션 밸브(expansion valve)의 감열부는 증발기의 출구부에 부착되어 증발기(evaporator)의 출구 온도를 감지하고 있어 캐필러리 튜브에 있는 냉매 압력이 변화하는 것을 익스팬션 밸브의 다이어프램(diaphragm)을 조절하여 증발기로 배출되는 냉매의 유량을 조절하는 기능을 가지고 있는 밸브이다.

    증발기의 출구부에 온도의 감지를 하지 못하게 되면 냉매의 유량이 과다하게 컴프레서(compressor)의 입구로 흘러들어 컴프레서는 과부하가 걸리게 되고 심한 경우에는 컴프레서 파손 또는 엔진의 오버 히트(over heat)까지 이어지게 된다. 증발기로부터 배출되는 냉매의 유량이 과다하면 증발기를 통해 배출되는 냉매 가스가 완전히 기화하지 못하고 액상의 냉매로 배출되기 때문에 오히려 냉방 능력은 떨어지게 된다. 익스팬션 밸브의 이상 판정은 냉매의 주입량이 적정한데도 불구하고 그림 (9-11)과 같이 저압측과 고압측이 높게 나타나고 사이트 글라스(sight glass)에 기포가 보이는 경우이다.

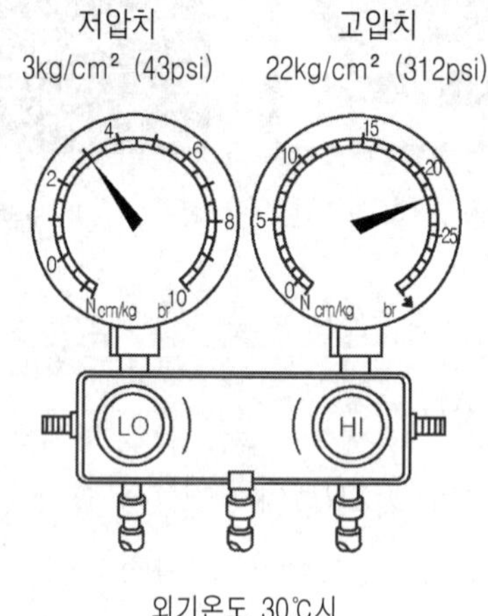


그림9-11 익스팬션 밸브가 열려 유량이 과다 할 때

## [1] 익스팬션 밸브의 이상으로 나타나는 현상

    증발기로부터 토출되는 냉매의 유량이 과다하게 되면 컴프레서의 흡입측이 차가워지게 되므로 컴프레서의 헤드(head) 부위를 손으로 만져보아 컴프레서의 헤드가 냉매 유량과 다로 차가워지는 지를 확인한다.

만일 컴프레서(compressor)에 부하가 많이 걸려 소음이 나며 차량의 연비가 악화되는 경우나 컴프레서가 ON 상태 일 때 엔진에 부하가 크게 걸려 엔진 회전수가 저하 하는 경우에는 익스팬션 밸브의 온도 감지 불량으로 판단 할 수가 있다.

## [2] 익스팬션 밸브의 개도 상태 점검 방법

규정량의 냉매가 주입된 상태에서 증발기의 토출 온도와 저압측 게이지(gauge)의 지침을 비교 한다. 증발기의 온도가 4℃ 이하로 내려가면 익스팬션 밸브는 냉매의 유량을 줄이기 때문에 유량을 줄어든 냉매 가스가 통과하는 음이 들리는 경우도 있다. 이때 저압측 게이지의 지침이 같이 저하하는 것을 점검한다. 즉 증발기의 토출구의 온도가 4℃ 이하로 내려가는데도 불구하고 저압측 게이지 지침이 같이 저하 하지 않는 경우는 익스팬션 밸브(expansion valve) 이상으로 판정한다.

## 8. 컴프레서의 압축 누설 시

냉매의 순환 계통 압력이 그림(9-12)와 같이 저압치는 4 ~ 6kg/㎠ 정도로 정상치 보다 높게 나타나고 고압치는 7~10kg/㎠ 정도로 낮게 나타나는 경우는 컴프레서(compressor) 능력 저하로 생각할 수 있다. 이러한 경우 나타나는 현상은 컴프레서 능력이 떨어지게 돼 냉방 능력도 감소하게 된다.

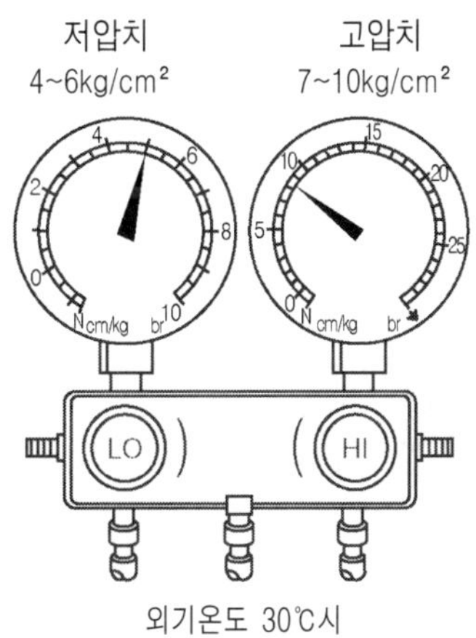


그림9-12 컴프레서 압력이 누설할 때

에어컨(air-con)에 사용되고 있는 컴프레서(compressor)의 밸브는 얇은 철판으로 되어 있어서 밸브(valve) 사이에 이물질이 끼이게 되면 쉽게 압축 누설로 이어지게 된다.

　또한 컴프레서(compressor)의 온도가 이상히 높고 오일(oil) 탄 냄새가 나는 경우는 컴프레서의 압축 불량에 의한 것으로 생각 할 수 있다. 컴프레서(compressor)의 개스킷이 파손이나 밸브(valve) 등에 의해 컴프레서의 토출 불량이 발생하게 되면 한번 압축된 냉매 가스가 다시 한번 흡입되는 결과를 가져오게 돼 컴프레서의 온도는 이상이 높고 컴프레서로부터 토출되는 냉매의 량도 감소하게 돼 고압측 압력이 낮아지게 되고 동시에 흡입되는 량이 감소하게 돼 저압측의 압력도 높게 나타난다. 특히 이 경우에는 에어컨 스위치(air-con switch)를 OFF하면 저압측과 고압측의 압력 밸런스(balance)가 빨라지는 것이 특징이다.

　그림 (9-13)은 컴프레서가 작동중에는 정상적인 압력을 지시하다가 컴프레서가 OFF 상태가 되면 저압측과 고압측이 곧 같아지는 경우도 컴프레서의 압축 누설을 생각 할 수 있다. 순환 계통 압력이 그림 (9-14)와 같이 저압치는 약 4.5kg/㎠(64 psi) 정도로 높게 나타나고 고압치는 5~12kg/㎠(71~170 psi) 범위 정도로 진동을 하는 경우는 컴프레서로부터 저압측이 흡입력이 감소하는 것을 나타내며 고압측은 압력이 상승하지 않고 진동을 하는 경우는 컴프레서의 토출 밸브의 파손에 의한 것으로 생각할 수 있다. 컴프레서의 밸브가 파손으로 인해 압축 불량이 발생하면 저압측과 고압측의 압력이 거의 동일하게 나타나게 된다. 컴프레서 밸브가 파손하는 원인은 주로 냉매의 충진량이 지나치게 많이 주입이 된 과충진 상태이거나 익스팬션 밸브(expansion valve)의 결함으로 익스팬션 밸브의 출구로부터 과다한 냉매 유량이 유입되는 경우가 많으므로 에어컨의 점검 절차는 냉매의 규정량 주입부터 라고 해도 과언이 아니다.

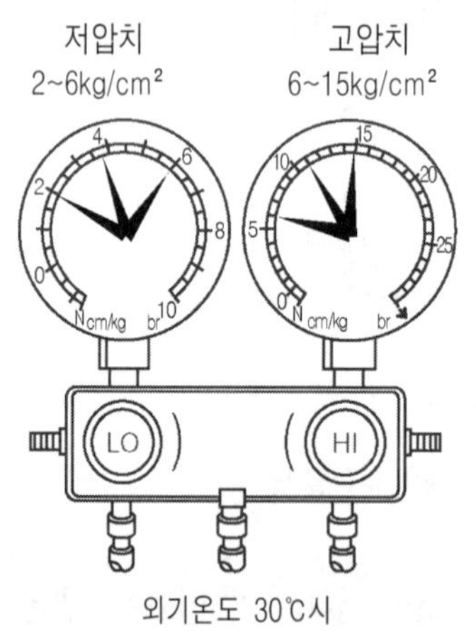


그림9-13 컴프레서가 멈출 때

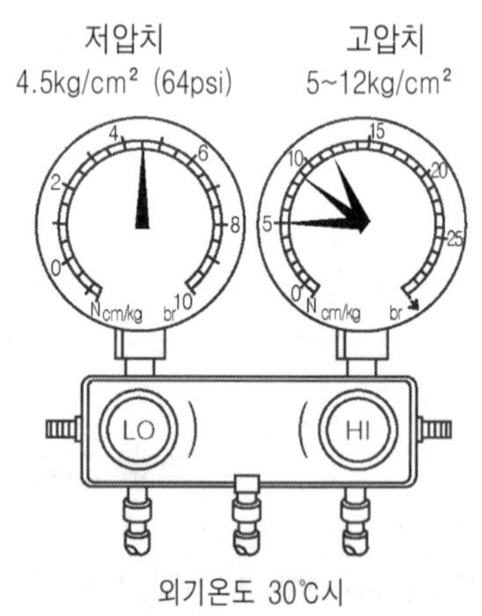


그림9-14 컴프레서 압축이 누설하는 경우

## 3 전기 계통의 점검

### 1. 전기 계통의 고장 현상

에어컨의 전기 계통 고장은 블로어 모터(blower motor) 장치 결함, 컴프레서의 마그네트 클러치(magnet clutch) 구동 장치 결함, 콘덴서 팬 모터(condenser fan motor)의 회로 결함, 에어컨 온도 및 토출구의 풍량을 제어하는 쿨러 유닛 회로 결함 및 기타 구성 부품의 결함에 의한 트러블(trouble)로 구분할 수 있다.

사진9-11 에어컨 컴프레서

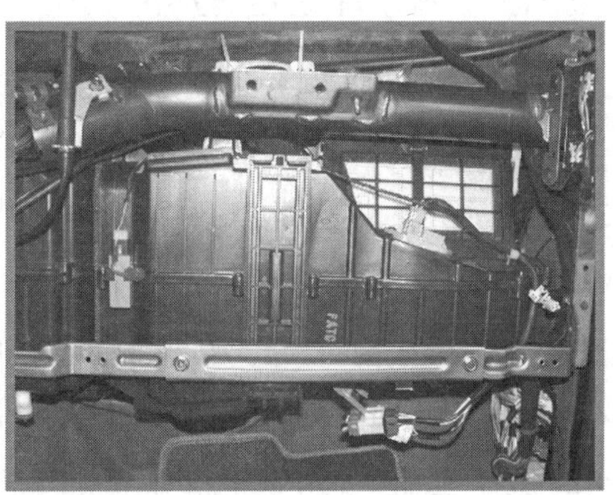

사진9-12 이배퍼레이터 ASS'Y

에어컨의 전기 계통 고장 현상을 살펴보면 컴프레서(compressor)의 마그네트 클러치(magnet clutch)는 작동 하는데도 불구하고 블로어 모터(blower motor)가 회전을 하지 않는 경우나 블로어 스위치(풍량 조절 스위치)를 조절하여도 모터의 회전속이 변화하지 않는 경우나 또는 블로어 모터의 결함에 의한 소음을 들 수 있다.

컴프레서의 구동 회로의 결함으로 나타나는 현상으로는 에어컨 스위치를 ON 시켜도 컴프레서(compressor)가 작동을 하지 않는 경우나 컴프레서의 마그네트 클러치(magnet clutch)가 자주 ON, OFF를 반복하는 경우를 예를 들 수 있다. 또한 콘덴서 팬 모터 회로의 결함으로 나타나는 현상은 콘덴서 팬 모터가 회전을 하지 않는 단순 현상도 있지만 최근의 자동차 냉각 회로는 에어컨의 콘덴서 팬 모터와 연동되어 고속 또는 저속으로 회전하는 방식이 사용되고 있어 냉각 회로의 결함에 의해 나타나는 현상은 다양하다.

콘덴서 팬 모터가 저속으로만 작동하는 경우나 고속으로만 작동하는 경우를 들 수 있으며 에어컨 스위치를 OFF 시켜도 콘덴서 팬 모터(condenser fan motor)가 계속 작동되는 경우도 있다.

에어컨의 토출 온도 및 풍량을 자동으로 제어하는 방식에는 쿨러 유닛(cooler unit)을 이용 일사 센서, 수온 센서, 내 외기 온도 센서의 입력 신호에 의해 자동으로 벤트(vent)의 풍향 조절하는 벤트 조절 액추에이터(actuator) 등을 사용하고 있어 이들 구성 부품의 결함으로 온도 및 풍량이 조절 되지 않는 경우도 있다.

## 2. 전기 계통의 점검 절차

에어컨(air-con)의 전기 계통 고장 현상은 바로 원인 요소로 나타나는 경우가 많아 그림 (9-15)와 같은 점검 절차는 필요치 않지만 최근의 에어컨 장치는 온습도는 물론 차량 실내의 환기 시스템(system)까지 자동으로 제어 하는 전자 제어 방식을 채택하고 있어 전기계 결함인지 냉매 순환 계통 트러블(trouble)인지를 쉽게 판단할 수 없는 경우가 있다.

블로어(blower) 회로만 하더라도 저항을 직렬로 연결하여 블로어 모터(blower motor)의 회전 속을 변화하는 수동 에어컨 방식과 달리 에어컨 ECU(전자 제어 장치)을 사용하여 블로어 모터의 회전 속을 제어하는 자동 에어컨 방식이 적용 되고 있어 이에 대한 점검 절차도 다르다.

자동 에어컨인 경우에는 종류에 따라 스캐너 장비를 이용 진단할 수 있는 자동 에어컨, DTC(Diagonsis Trouble Code)코드만

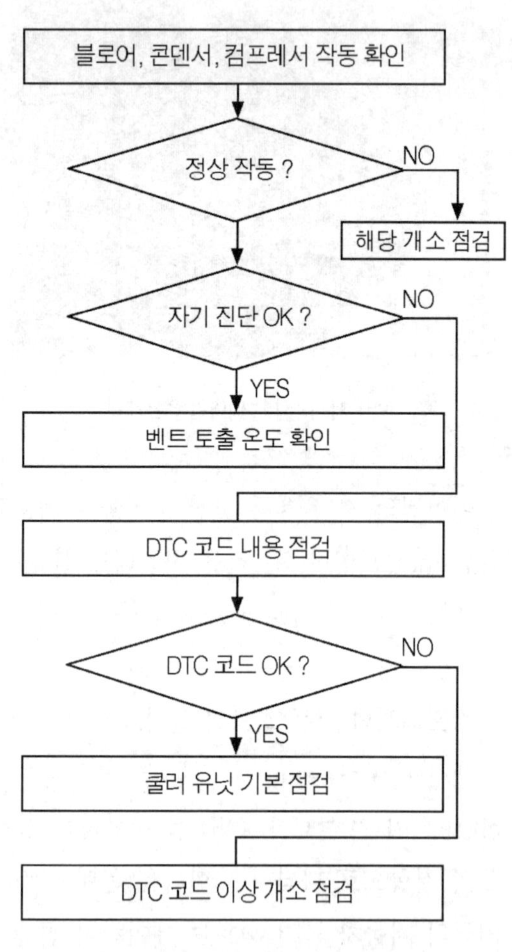


그림9-15 전기계통 점검 절차

으로 고장 내용을 읽어 낼 수 있는 자동 에어컨, 에어컨 컨트롤 모듈 자체에 자기 진단 기능이 있는 자동 에어컨 방식 등이 적용되고 있다. 따라서 에어컨(air-con)의 전기 계통 점검 절차는 그림 (9-15)와 같이 블로어 모터(blower motor), 콘덴서 팬 모터(condenser fan motor), 컴프레서(compressor)의 작동 상태를 확인한 후 이상이 없는 경우에는 자동 에어컨의 시스템 종류에 따라 스캐너 또는 아날로그 멀티 테스터를 이용하여 DTC 코드(고장 코드)를 점검한다.

만일 DTC 코드(고장 코드)가 이상이 있는 경우라면 해당 개소를 우선 점검한다. 이상이 없는 경우라도 고장 현상으로 나타나는 경우는 벤트의 토출 온도 측정서부터 쿨링 유닛(에어컨 ECU) 계통까지 순차적으로 점검하여 나간다.

## 3. 블로어 회로의 점검

블로어 스위치(blower switch)를 ON 시켜도 블로어 모터가 회전을 하지 않는 경우는 블로어 모터의 전원 공급 회로의 단선이나 구성 부품인 블로어 모터의 결함 또는 블로어 스위치(blower switch) 접촉 불량에 기인하는 것으로 판단할 수 있다. 블로어 모터가 회전을 하지 않는 경우라면 우선 블로어 전압 공급 회로인 퓨즈(fuse) 및 블로어 릴레이측부터 공급 전원을 확인하여 보는 것이 수순이다.

### [1] 블로어 모터가 회전하지 않을 때

블로어 모터의 회로는 일반적으로 그림 (9-16)과 같이 블로어 릴레이(blower relay)를 통해 공급되는 전원은 블로어 스위치(blower switch)를 거쳐 어스(earth)로 흐르게 되어 있어 배터리로부터 블로어 모터를 거쳐 어스로 흐르는 전원 라인에 단선이 발생하면 블로어 모터(blower motor)는 전원 공급 차단으로 회전하지 않는다.

따라서 블로어 회로에 공급되는 전원의 단선 점검은 멀티 테스터를 이용 그림 (9-17)과 같이 블로어 릴레이(blower relay)를 제거한 후 삽입되어 있던 블로어 릴레이의 접점 양단간 접속부에 측정봉을 접속하여 12V(배터리 전압)가 측정이 되면 배터리에서부터 블로어 스위치(blower switch)까지 배선의 연결 상태는 이상이 없는 것으로 판정한다. 이때 점화 스위치 및 블로어 스위치(blower switch)는 ON 상태이어야 한다.

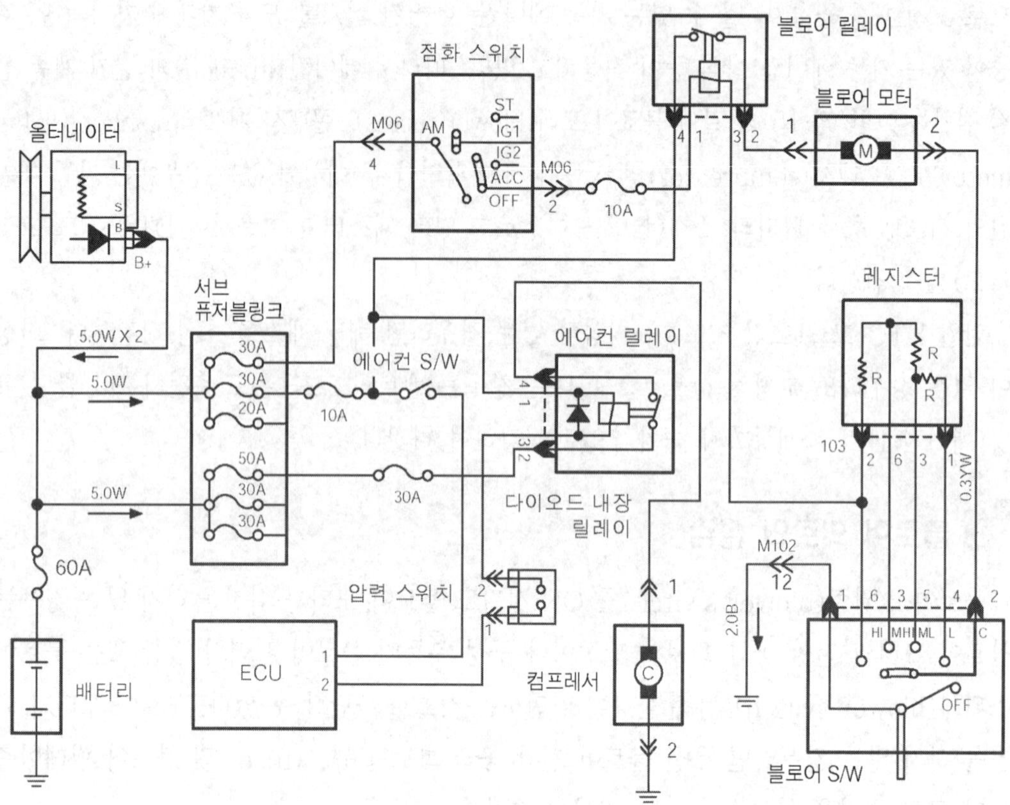

그림9-16 에어컨 회로

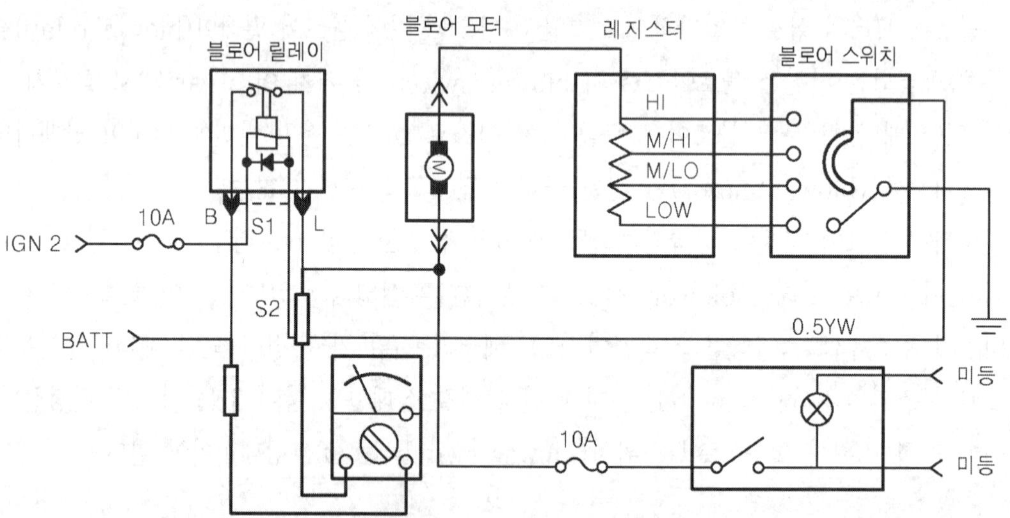


그림9-17 블로어 회로 점검

다음은 블로어 릴레이(blower relay)의 코일측 전원 회로의 단선 상태를 점검하는 방법으로 블로어 릴레이가 제거된 상태에서 같은 방법으로 삽입되어 있던 릴레이의 코일(coil)측 양단을 측정하여 12V(배터리 전압)가 측정이 되면 블로어 릴레이의 코일측 배선의 연결 상태도 이상이 없는 것으로 판단한다. 이와 같이 점검하여 전원 공급 라인에 이상이 없는 데도 불구하고 블로어 모터(blower motor)가 회전을 하지 않는 경우는 블로어 릴레이의 결함 또는 블로어 모터(blower motor)의 결함으로 판단할 수 있다.

사진9-13 블로어 모터 릴레이

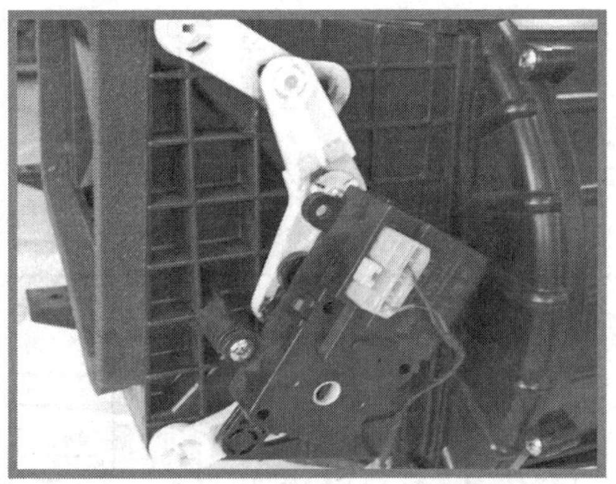

사진9-14 벤트 도어 액추에이터

## (2) 블로어 모터의 회전속이 조절되지 않을 때

블로어의 풍속 조절 스위치(blower switch)를 저속에서부터 고속까지 조절하여도 블로어 모터의 회전속이 일정한 경우는 블로어 스위치의 접점이 쇼트(short)를 예상 할 수 있다.

수동 에어컨의 경우는 블로어 모터로 전원을 연결하는 접속부에 그림 (9-17)과 같이 레지스터(resistor)를 직렬로 연결하고 있어 풍속 조절 스위치(blower switch)의 풍속을 저속에서 고속으로 변화할 때 마다 레지스터(resistor)의 값은 작아지게 된다. 결국 레지스터의 값은 블로어 모터에 흐르는 전류를 증가하게 해 모터의 회전 속도는 빨라지게 된다.

따라서 모터에 직렬로 연결된 레지스터(resistor)의 연결 상태를 확인하기 위해서는 블로어 릴레이의 L-단자에서 풍속 조절 스위치의 위치를 변화 할 때 마다 저항치가 변화하는 지를 확인한다.

# 4. 컴프레서의 구동 회로 점검

컴프레서(compressor)가 구동을 하지 않는 경우는 컴프레서의 마그네트 클러치 (magnet clutch)의 단선 또는 마그네트 클러치로 공급 되는 전원 회로 단선과 냉매 가스의 누설을 생각할 수 있다. 일반적으로 마그네트 클러치로 공급되어지는 전원 회로는 그림 (9-18)과 같이 구성되어 있다. 보통 이 회로는 쿨러 AMP 회로로 입력되어 지는 에어컨 스위치, 엔진 회전수 신호, 증발기의 온도를 감지하는 서미스터 센서(thermistor sensor) 및 컴프레서에 부착된 압력 스위치로 구성되어 있다.

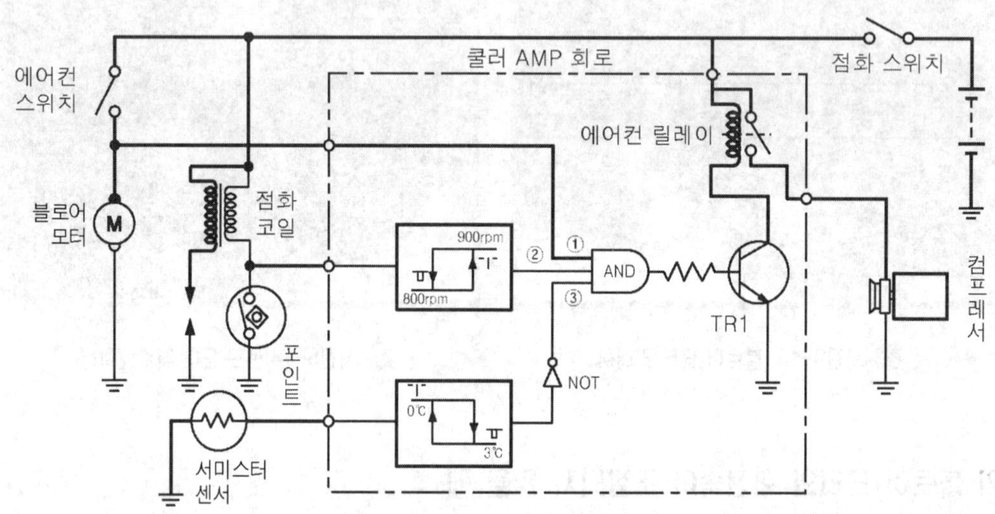


그림9-18 에어컨 AMP 기본 회로

그림 (9-19)와 같이 컴프레서의 마그네트 클러치(magnet clutch)를 ECU(전자 제어 장치)에 의해 제어하는 방식의 경우도 에어컨 스위치(air-con switch)와 압력 스위치로 이어지는 전원 회로로 구성 되어 있다. 따라서 컴프레서의 마그네트 클러치가 작동이 되지 않는 경우는 마그네트 클러치로 공급되어 지는 전원 회로에 이상 없는지를 확인하여야 한다.

마그네트 클러치(magnet clutch)의 전원 공급 회로의 점검은 에어컨 릴레이(air-con relay)를 제거한 후 릴레이의 접점측과 코일측으로 공급되어지는 전원이 이상이 없는지를 확인하고 이상이 없는 경우는 그림(9-19)와 같이 에어컨 스위치를 ON시켜 마그네트

클러치의 양단간 전압을 확인한다. 만일 마그네트 클러치로 전원이 공급되고 있지 않는 경우는 예상 할 수 있는 것이 에어컨의 압력 스위치 및 쿨러 AMP 회로에 이상 또는 에어컨 ECU의 제어 회로에 결함으로 볼 수가 있다.

따라서 그림 (9-19)와 같이 우선 마그네트 클러치의 전원 공급 상태를 확인하고 이상이 있는 경우는 압력 스위치와 서모 스위치의 양단간 도통 시험을 통해 이상이 없는지를 확인하여 보아야 한다.

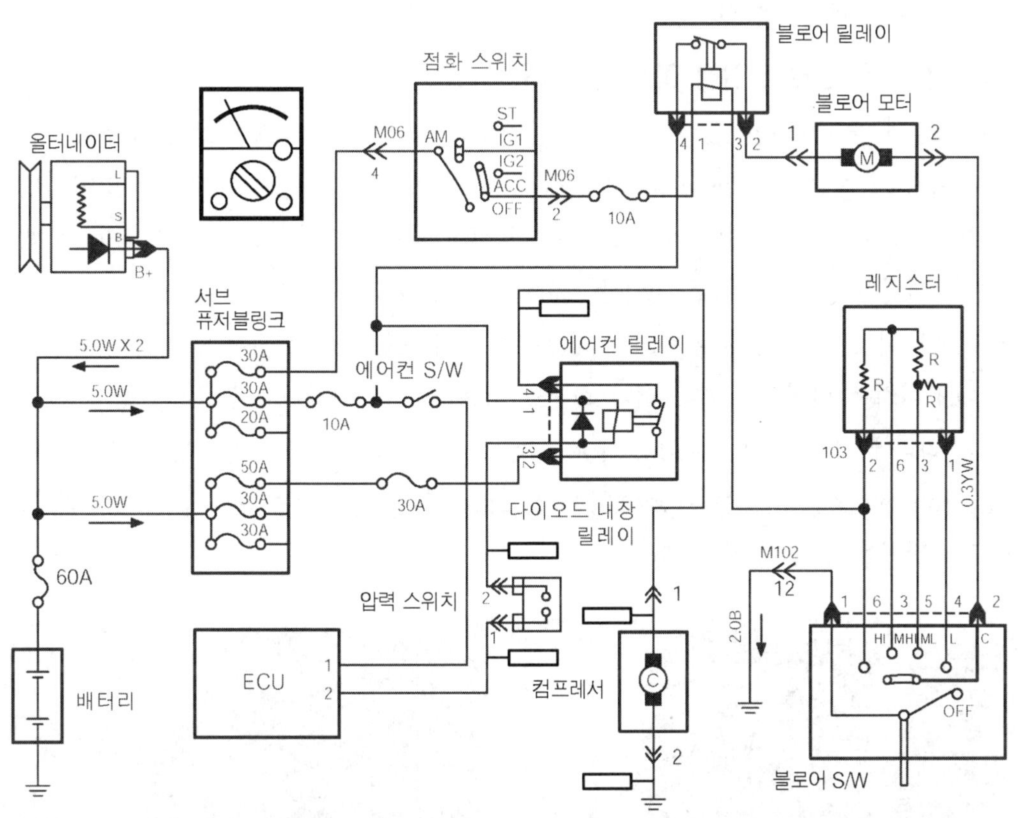


그림9-19 에어컨 회로

## 5. 냉각 회로의 점검

최근의 자동차는 엔진이 고성능화에 따라 차량의 실내는 넓어지고 엔진 룸의 공간은 오히려 조밀화 현상이 두드러지는 것을 볼 수 있다. 엔진 룸(engine room)의 조밀화는 엔진 룸을 더욱 과혹한 환경으로 만들어 엔진 룸(engine room) 내의 온도는 130℃ 정도

까지 상승하는 하게 돼 이에 대한 열방출 대책을 하지 않으면 안된다. 따라서 이에 대해 냉각 회로의 열방출 대책으로는 라디에이터 팬과 콘덴서 팬(condenser fan)을 에어컨의 사용여부와 엔진의 냉각수 온도에 따라 저속과 고속으로 자동으로 조절하도록 하는 경향이다.

제조사의 차량에 따라 적용하는 방식이 다소 차이는 있지만 라디에이터(radiator)와 콘덴서(condenser)를 냉각시키는 기본 기능은 같으므로 여기서는 2가지 냉각 회로를 예를 들어 설명하도록 하겠다.

## [1] 콘덴서 팬 모터가 회전 하지 않을 때

콘덴서 팬 모터(condenser fan motor)가 회전을 하지 않을 때는 우선 점검하여야 하는 것이 전원 회로의 퓨즈(fuse) 및 전원 공급 전압을 확인하는 것이 일반적이지만 냉각 회로가 그림 (9-20)과 같이 저속 및 고속으로 회전하도록 되어 있는 전동 방식의 냉각 회로는 에어컨 스위치(air-con switch) ON시 라디에이터 팬 모터(radiator fan motor)와 콘덴서 팬 모터(condenser fan motor)가 같이 작동 하도록 되어 있어 에어컨 스위치를 ON 시켜 라디에이터 팬 모터가 회전을 하는 지를 확인하여 보는 것이 좋다.

즉, 라디에이터 팬 모터(radiator fan motor)만 회전을 하는 경우는 에어컨 스위치(air-con switch) 회로는 이상이 없는 것으로 이러한 경우에는 콘덴서 팬 모터의 전원 회로에 단선을 생각 할 수 있다.

▲ 사진9-15 콘덴서 팬 모터

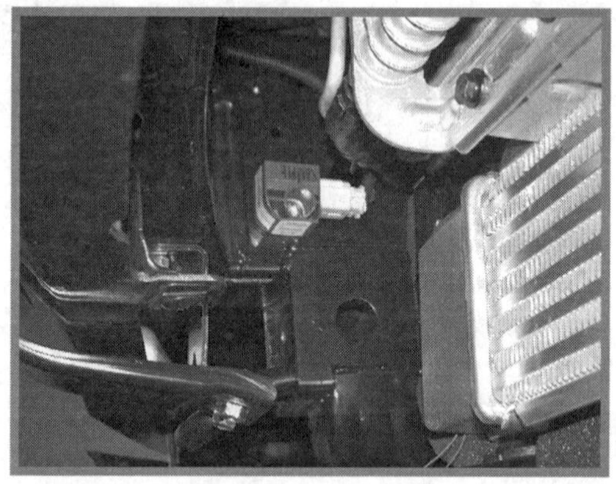

▲ 사진9-16 증발기

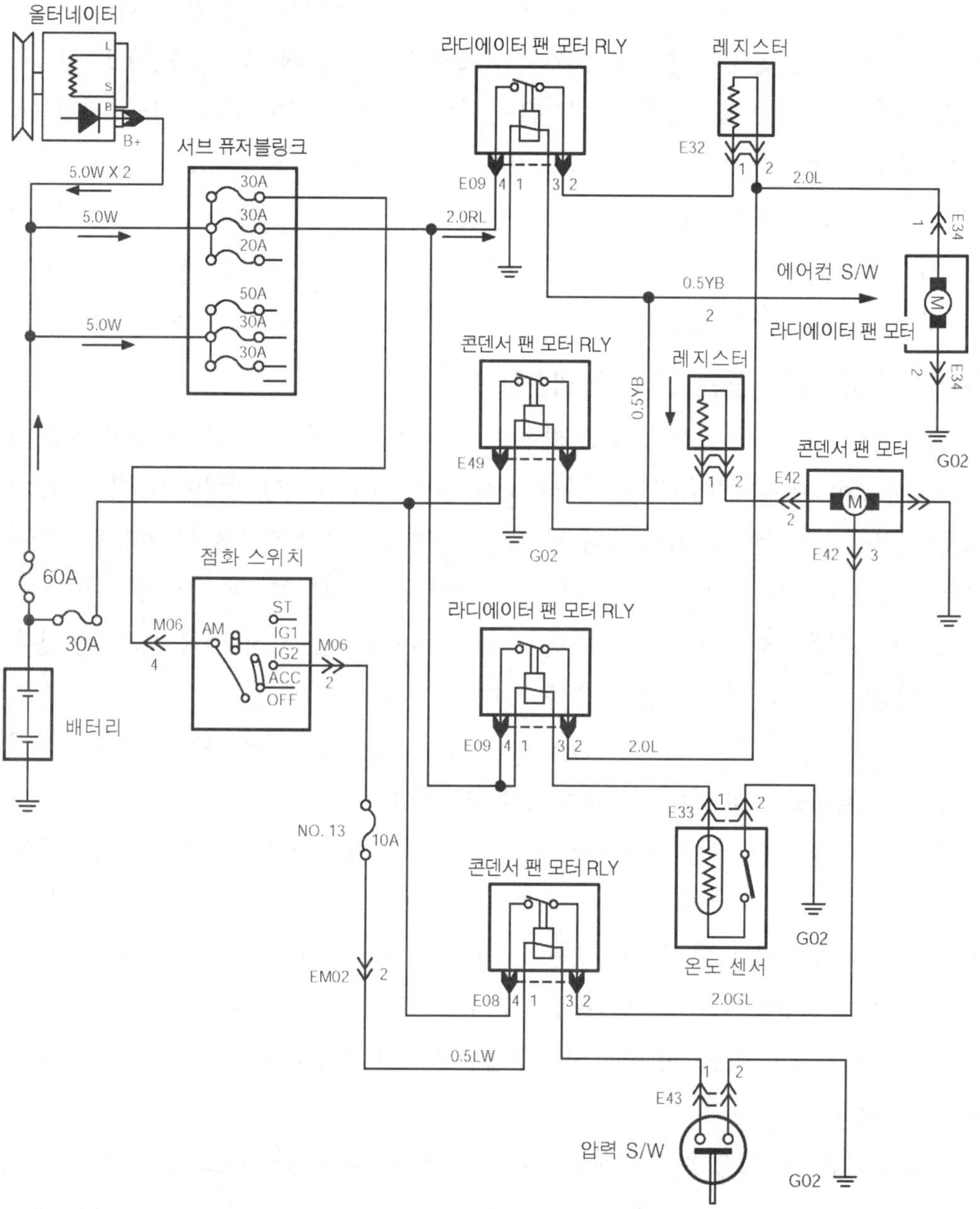

그림9-20 냉각회로(1)

그러나 라디에이터 팬 모터(radiator fan motor)와 콘덴서 팬 모터(condenser fan motor)가 같이 작동 하지 않는 경우는 퓨즈 및 전원 회로를 확인하고 이상이 없는 경우는 에어컨 스위치 회로를 점검하는 것이 순서이다. 에어컨 스위치(air-con switch)의 점

검은 라디에이터 팬 모터 릴레이 또는 콘덴서 팬 모터 릴레이를 제거 한 후 라디에이터 팬 모터 릴레이 또는 콘덴서 팬 모터 릴레이의 코일측에 멀티 테스터의 측정봉을 접속하여 12V(배터리 전압)가 측정이 되면 에어컨 스위치 회로는 이상이 없는 것으로 판단 할 수 있다. 점검 결과 콘덴서(condenser)의 전원 회로와 에어컨 스위치(air-con switch) 회로가 이상이 없는 경우는 콘덴서 팬 모터에 전원을 직접 연결하여 모터가 회전하는 가를 점검한다. 그림 (9-21)과 같이 쿨링 유닛을 사용하고 있는 회로의 경우에는 쿨링 유닛 (cooling unit)의 결함으로 콘덴서 팬 모터가 회전을 하지 않는 경우도 있다.

## (2) 팬 모터가 저속 또는 고속 만 회전할 때

팬 모터가 저속 또는 고속으로 만 회전을 하는 경우는 그림 (9-21)과 같이 쿨링 유닛 (cooling unit)나 에어컨 ECU를 사용하여 제어하는 쿨링 시스템 방식이 대부분이다. 이와 같은 방식에 고장 현상이 위의 예와 같이 나타나는 경우는 점검 방법이 논리적이지 못하면 의외로 정비 시간이 소요될 수 있는 고장 현상이다. 콘덴서의 팬 모터가 저속 또는 고속으로만 회전을 한다는 것은 콘덴서 팬 모터(condenser fan motor)에 공급되는 전원 회로는 이상이 없다고 간단히 판단 할 수 있다.

다음은 자동차 제조사가 제공하는 쿨링 유닛(cooling unit)의 동작 조건을 파악하여 쿨링 유닛 회로를 중심으로 확인하는 것이 순서이다.

그림 (9-21)과 같이 쿨링 유닛(cooling unit)을 사용하는 회로는 라디에이터 팬 모터와 콘덴서 팬 모터가 고속으로 회전을 하기 위해서는 에어컨이 정상 작동 중이라야 가능하다. 쿨링 유닛에 의해 콘덴서 팬 모터가 고속으로 회전을 하기 위해서는 에어컨 스위치(air-con switch)가 ON 상태이어야 하며 컴프레서의 마그네트 클러치(magnet clutch)는 작동 중이어야 하고 압력 스위치는 ON 상태 이어야 콘덴서의 팬 모터(fan motor)는 고속으로 회전을 하게 된다.

따라서 콘덴서가 고속 회전을 하는 조건이 만족 하는지를 점검하고 쿨링 유닛(cooling unit)의 출력을 점검하여야 한다(쿨링 유닛을 사용하고 있는 냉각 회로는 자동차의 제조사에 따라 다소 차이가 있어 해당 차종의 회로도와 세부 동작 조건은 제조사가 공급하는 정비 지침서를 참고하기 바란다.). 입력측이 동작 조건을 확인 결과 이상이 없는 상태에서 쿨링 유닛의 출력 측 팬 모터 릴레이(fan motor relay)의 작동 전압을 확인하여 쿨링 유닛의 양부를 판정을 한다.

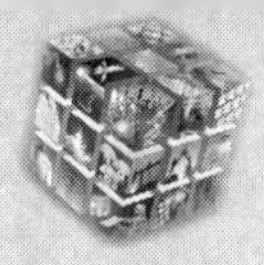

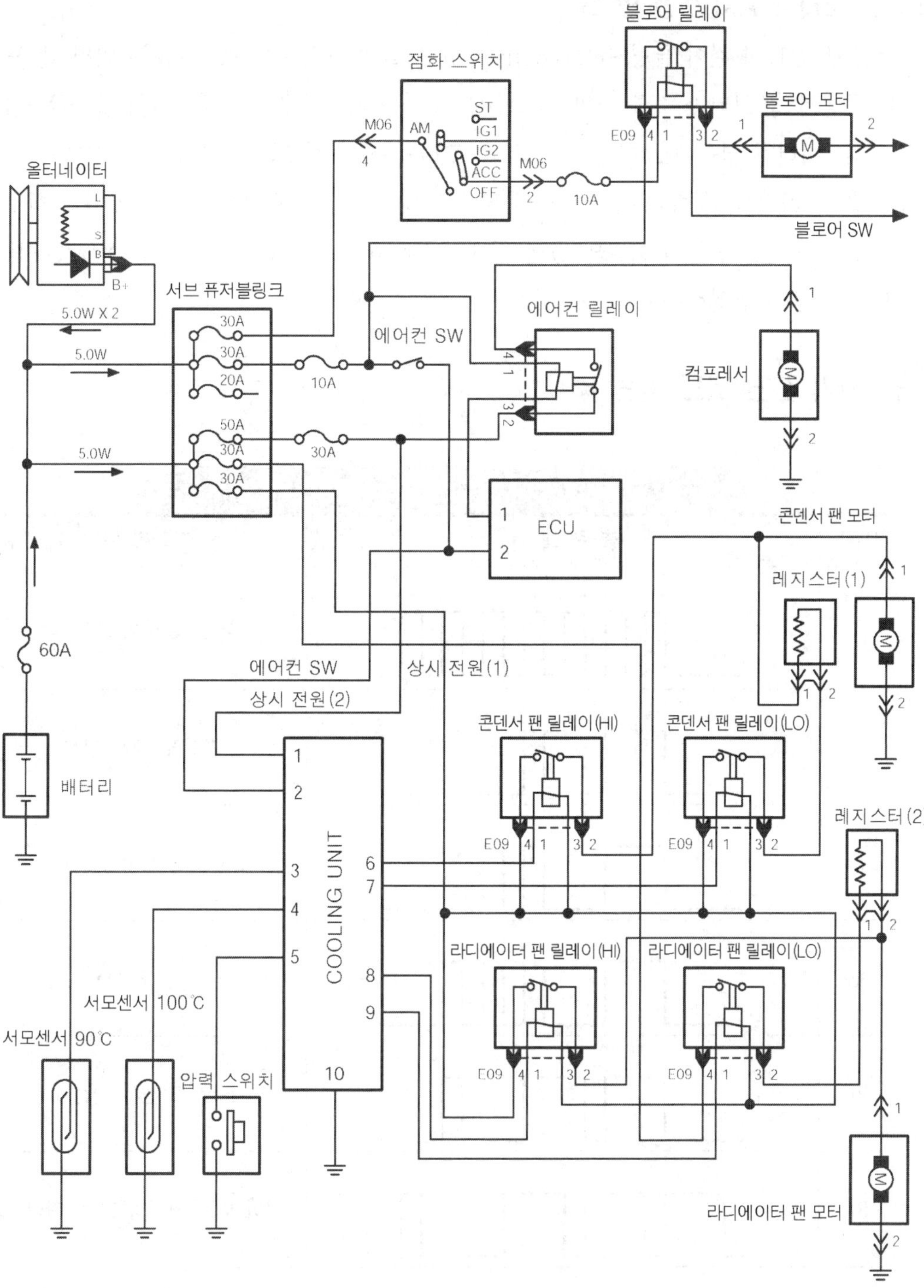
블로어 릴레이
점화 스위치
ST
IG1
IG2
ACC
OFF
AM
M06
블로어 모터
블로어 SW
올터네이터
B+
서브 퓨저블링크
30A
20A
50A
10A
5.0W X 2
5.0W
에어컨 SW
에어컨 릴레이
컴프레서
ECU
60A
배터리
콘덴서 팬 모터
레지스터(1)
레지스터(2)
에어컨 SW
상시 전원(1)
상시 전원(2)
콘덴서 팬 릴레이(HI)
콘덴서 팬 릴레이(LO)
COOLING UNIT
라디에이터 팬 릴레이(HI)
라디에이터 팬 릴레이(LO)
E09
서모센서 100℃
서모센서 90℃
압력 스위치
라디에이터 팬 모터

그림9-21 냉각회로(2)

### [3] 팬 모터가 항시 회전 할 때

그림 (9-21)과 같이 쿨링 유닛(cooling unit)을 사용하는 회로는 라디에이터 팬 모터 또는 콘덴서 팬 모터가 점화 스위치를 OFF 하였는데도 불구하고 계속 회전을 하는 경우도 있다. 이러한 경우에도 마찬 가지로 팬 모터의 전원 회로는 이상이 없는 상태로 판정해도 좋다. 따라서 전 항과 같이 쿨링 유닛에 입력되는 입력 회로를 확인하고 입력 회로에 이상이 없는 경우는 출력 회로의 출력 상태를 확인하여 최종적으로는 쿨링 유닛(cooling unt)의 양부를 판정한다.

## 6. 자기 진단 코드 읽는 법

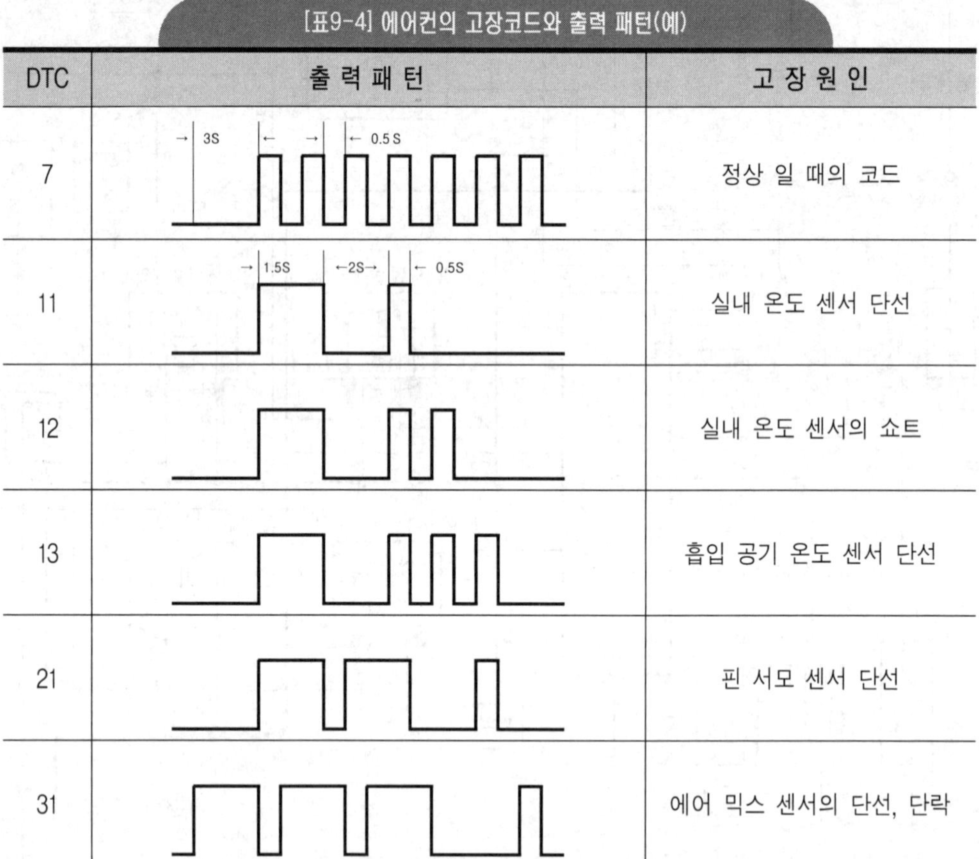

[표9-4] 에어컨의 고장코드와 출력 패턴(예)

| DTC | 출력 패턴 | 고 장 원 인 |
|---|---|---|
| 7 | | 정상 일 때의 코드 |
| 11 | | 실내 온도 센서 단선 |
| 12 | | 실내 온도 센서의 쇼트 |
| 13 | | 흡입 공기 온도 센서 단선 |
| 21 | | 핀 서모 센서 단선 |
| 31 | | 에어 믹스 센서의 단선, 단락 |

DTC 코드를 사용한 에어컨의 경우 자기 진단 커넥터에 아날로그 멀티 테스터 또는 LED식 체크 램프를 사용하여 표 (9-4)의 예와 같이 DTC(Diagnostics Trouble Code)코드의 출력 패턴(pattern)을 읽어 낼 수가 있다. 이 방법은 멀티 테스터의 선택 스위치를 전압 레인지에 위치하고 측정봉을 자기 진단 커넥터(예를 들면 제조사가 정한 커넥터의 핀 번호에 테스터의 측정봉을 접속하고)에 접속하고 점화 스위치를 OFF 상태에서 점화 스위치를 ON 시키면 표 (9-4)와 같은 출력 패턴이 출력되도록 되어 있다.

테스터의 지침이 0.5초 간격으로 짧게 ON, OFF를 반복하는 경우는 자기 진단 상으로 정상을 나타내며 테스터의 지침이 1.5초 동안 약 4.5V의 전압이 출력이 되었다 2초간 0V로 떨어지고 0.5간 짧게 테스터의 지침이 4.5V 가까이 올라갔다 떨어지는 것을 반복하면 DTC 코드는 11을 나타내는 것으로 실내 온도 센서의 단선을 의미하게 된다.

이 DTC 코드는 제조사의 차량에 따라 다르므로 해당 차량의 정비 지침서를 참고하기 바란다.

## ■ 저자약력

# 김 민 복

- 1971 ~ 1974년     수도 전기 공업 고등학교 전자과 졸업
- 1974년     무선 설비 기사 3급, 특수 무선 기사 취득
- 1976 ~ 1979년     육군, 통신 학교 121기 (전역)
- 1975 ~ 1983년     명지대학 전자공학과 졸업
- 1983 ~ 1986년     현대 전자(주) 연구소 자동차 전장품 개발
   (트립 컴퓨터, ETACS 하드웨어 설계)
- 1987 ~ 1992년     현대 전자(주) 자동차 전장품, 생산 기술 과장 (現) 하이닉스(주)
- 1986년     미쓰비시 전기(주) 엔진 ECU 품질 보증 연수
- 1987년     미쓰비시 전기(주) A/T ECU 품질 보증 연수
- 1992 ~ 1996년     현대 자동차 정비 연수원, 정비 교육
- 1997 ~ 1998년     현대 자동차 고객 지원 팀장
- 1999 ~ 2000년     기아 자동차 정비 연수원, 정비 교육
- 2000 ~ 2003년     현대, 기아 통합 본부 정비 교육
- 2003 ~ 현재     최신 자동차 전기, 자동차 센서, 자동차 기초 전기 등 집필
- (現) e-자동차 전기 연구원

※ e-mail : eecar1234@yahoo.co.kr

전기전자시리즈 ❺

# ◈ 전기장치 고장진단

정가 20,000원

| | |
|---|---|
| 2005년  8월  29일  초 판 발 행 | 엮 은 이 : 김민복 · 장형성 |
| 2022년  1월  5일  제1판6쇄발행 | 발 행 인 : 김 길 현 |
| | 발 행 처 : (주) 골든벨 |
| | 등    록 : 제 1987-000018 호 |
| | ⓒ 2005 *Golden Bell* |
| | I S B N : 89－7971－619－2－93550 |

ⓤ 04316 서울특별시 용산구 245[원효로1가 53-1] 골든벨빌딩 5~6F

● TEL : 도서 주문 및 발송 02-713-4135 / 회계 경리 02-713-4137

내용 관련 문의 02-713-7452 / 해외 오퍼 및 광고 02-713-7453

● FAX_  02-718-5510     ● 홈페이지_  www.gbbook.co.kr     ● E-mail_  7134135@ naver.com



이 책에서 내용의 일부 또는 도해를 다음과 같은 행위자들이 사전 승인없이 인용할 경우에는 저작권법 제93조「손해배상청구권」에 적용 받습니다.

① 단순히 공부할 목적으로 부분 또는 전체를 복제하여 사용하는 학생 또는 복사업자

② 공공기관 및 사설교육기관(학원, 인정직업학교), 단체 등에서 영리를 목적으로 복제·배포하는 대표, 또는 당해 교육자

③ 디스크 복사 및 기타 정보 재생 시스템을 이용하여 사용하는 자